国外电子与通信教材系列

MATLAB 编程与工程应用
（第三版）

MATLAB: A Practical Introduction to Programming and Problem Solving
Third Edition

[美] Stormy Attaway 著

鱼 滨 赵元哲 宋 力 李孟鸽 译

電子工業出版社
Publishing House of Electronics Industry
北京·BEIJING

内容简介

本书的主旨是让读者熟练掌握MATLAB，在解决工程应用时，具备所需要的基本编程概念和技能。本书在函数、内容与结构、练习题、函数接口等方面较前一版有改动。全书分成两大部分：第一部分讲述用MATLAB进行程序设计及解决实际问题，包括MATLAB程序设计概念与组织、选择、循环、字符串操作、单元阵列及结构、高级文件输入/输出及高级函数等；第二部分介绍实际应用，包括用MATLAB绘图、解线性代数方程组、进行基本统计、集合、排序和索引、处理声音和图像，以及高等数学中的曲线拟合、复数计算、微积分等。

本书可以作为各大专院校非计算机专业学生程序设计课程的教材或参考书，也可以作为工程技术人员的参考用书。

MATLAB: A Practical Introduction to Programming and Problem Solving, Third Edition
Stormy Attaway
ISBN: 9780124058767

《MATLAB编程与工程应用》(第三版)(鱼滨 赵元哲 宋力 李孟鸽 译)
ISBN: 9787121305535

注意

本书涉及领域的知识和实践标准在不断变化。新的研究和经验拓展我们的理解，因此须对研究方法、专业实践或医疗方法作出调整。从业者和研究人员必须始终依靠自身经验和知识来评估和使用本书中提到的所有信息、方法、化合物或本书中描述的实验。在使用这些信息或方法时，他们应注意自身和他人的安全，包括注意他们负有专业责任的当事人的安全。在法律允许的最大范围内，爱思唯尔、译文的原文作者、原文编辑及原文内容提供者均不对因产品责任、疏忽或其他人身或财产伤害及/或损失承担责任，亦不对由于使用或操作文中提到的方法、产品、说明或思想而导致的人身或财产伤害及/或损失承担责任。

版权贸易合同登记号　图字：01-2014-6338

图书在版编目(CIP)数据

MATLAB编程与工程应用：第三版/(美)斯托米·阿塔韦(Stormy Attaway)著；鱼滨等译. —北京：电子工业出版社，2017.5
书名原文：MATLAB: A Practical Introduction to Programming and Problem Solving, Third Edition
国外电子与通信教材系列

ISBN 978-7-121-30553-5

I. ①M…　II. ①斯…　②鱼…　III. ①Matlab软件-程序设计-高等学校-教材　IV. ①TP317

中国版本图书馆CIP数据核字(2016)第290020号

策划编辑：杨　博
责任编辑：杨　博
印　　刷：北京七彩京通数码快印有限公司
装　　订：北京七彩京通数码快印有限公司
出版发行：电子工业出版社
　　　　　北京市海淀区万寿路173信箱　邮编　100036
开　　本：787×1092　1/16　印张：24.75　字数：634千字
版　　次：2013年3月第1版(原著第2版)
　　　　　2017年5月第2版(原著第3版)
印　　次：2024年8月第8次印刷
定　　价：69.00元

凡所购买电子工业出版社图书有缺损问题，请向购买书店调换。若书店售缺，请与本社发行部联系，联系及邮购电话：(010)88254888，88258888。
质量投诉请发邮件至zlts@phei.com.cn，盗版侵权举报请发邮件至dbqq@phei.com.cn。
本书咨询联系方式：yangbo2@phei.com.cn。

译 者 序[①]

MATLAB 是 Matrix Laboratory 的简写，是一款由美国 MathWorks 公司开发的商业数学软件，是一个集科学计算、可视化及交互式程序设计的计算环境。它将数值分析、矩阵计算、科学数据可视化及非线性动态系统的建模和仿真等诸多功能，集成在一个易于使用的视窗环境中，为科学研究、工程设计及需要有效数值计算的学科领域提供了方便，在一定程度上摆脱了传统非交互式程序设计语言的编译模式，简化了计算形式，所以有很好的工程应用背景。

作者斯托米·阿塔韦(Stormy Attaway)，在美国波士顿大学机械工程系工作，是该系教学副主任。二十多年来一直是波士顿大学工程计算课程的课程协调人，她本人讲授过许多不同计算机语言及软件包方面的程序设计课程，具有丰富的教学及实践经验。

本书是美国许多大学的理工科学生的教学用书，深受学生欢迎。全书讲解深入浅出，围绕实际工程应用，通过解释 MATLAB 强大的函数功能，实现用 MATLAB 进行编程。它使工程技术人员能够全面理解和掌握如何利用 MATLAB 解决工程实际问题。与传统的专业程序设计概念不同，MATLAB 程序设计强调的是用贴近人们日常习惯的数学书写方式快速解决实际问题，所以它并不像专业程序设计那样突出语法规范和参数定义规则。

国内外有不少关于 MATLAB 方面的书，但有特色的较少，斯托米·阿塔韦(Stormy Attaway)撰写的这本是比较有特色的书之一。本书主要以 MATLAB 函数调用为主线，采用灵活的方式介绍程序设计概念，并能将其用于解决实际问题，比较适合广大非计算机专业学生作为程序设计课程的教材。书中第一部分主要讲述的就是这些内容，包括:MATLAB 简介及 MATLAB 程序设计、程序控制语句类的选择和循环、MATLAB 程序组织形式、字符串操作、程序设计中对加工对象数据的结构组织(单元阵列及结构)、高级文件输入/输出及高级函数等。当然，本书也可以作为工程技术人员解决实际问题的参考书。书中第二部分内容涉及的主要就是实际应用，包括用 MATLAB 绘图、解线性代数方程组、进行基本统计、集合、排序和索引、处理声音和图像，以及高等数学中的曲线拟合、复数计算、微积分等。

全书章节安排合理，内容规划有助于学生理解和记忆，编写生动有趣，书中随时采用一些问答题的方式讲述基本概念，容易引起读者的注意;通过例题和练习题讲解关键知识点并加深学生的记忆;对比用编程方法和直接调用内部函数的快速方法，加深理解 MATLAB 内部函数的作用;每章末尾总结通常易犯的错误，提供程序设计风格指南以及本章中用到的 MATLAB 函数和命令。通过解决实际问题来讲解知识点的方式容易激发学生的学习兴趣。

对于非计算机专业的理工科大学生来说，把 MATLAB 作为第一门算法语言，绕开了冗长复杂的程序设计概念细节，容易使学生掌握，并能在线性代数等课程及实际中应用。所以我们认为本书的教学和使用效果比较好。

---

① 本书符号的正斜体与原书保持一致。

本书的翻译出版是由电子工业出版社的马岚编辑和杨博编辑组织策划的。西安电子科技大学鱼滨老师和赵元哲老师在第二版的基础上进行了翻译和校对。其中赵元哲翻译和校对了前7章，鱼滨翻译和校对了第8章到第14章；宋力老师参加了部分翻译工作，研究生李孟鸽、袁丹、赵劼等参加了翻译和文字录入工作。原书中一些笔误的地方，翻译时都进行了更正，并对代码进行了验证。

希望本书的翻译出版能够为广大MATLAB的使用者提供方便，但由于我们水平所限，书中错误之处在所难免，欢迎读者批评指正！

译　者

2016年11月

前　言

目标

本书的目的是把 MATLAB 作为一种工具使用，讲解解决基本问题所需的基本编程概念和技能。MATLAB 是一款功能强大的软件，它包含完成从数学运算到三维成像多种任务的内置函数。另外，MATLAB 拥有一套完整的编程结构，允许用户定制自己的程序规范。

介绍 MATLAB 的书有很多。这些书有两个基本特色：一些书除了一到两章介绍一些程序概念之外，主要阐述 MATLAB 中内置函数的使用；另一些书仅仅覆盖了编程结构，而没有涉及使 MATLAB 得到有效使用的许多内置函数。仅仅学习内置函数的读者能很好地使用MATLAB，但是不能理解基本的编程概念。因而对没有学习其他入门课程或没有阅读其他关于编程概念的书的读者，很难进一步学习 C ++ 或 Java 等编程语言。相反，首先只学习编程概念(使用任何语言)的读者倾向于使用高效率的控制语句来解决问题，并没有意识到在 MATLAB 中，许多情况下并不需要这样做。

本书采取一种混合式的方法，同时介绍编程和有效用法。学生们面临的挑战是几乎不能预测他们将来是否需要知道编程概念，或者像 MATLAB 这样的软件包是否能满足他们的职业需要。因而，对入门的学生来说，最好的方法就是同时给出编程概念和有效的内置函数。因为 MATLAB 非常容易使用，应用这种混合式方法来讲授编程和解决问题是一个完美的平台。

因为编程概念在本书中是非常关键的，所以本书的重点不是放在 MATLAB 的每个新版本如何节省时间的特点上。例如，在当前的 MATLAB 版本中，统计数字变量显示在工作台窗口中。在本书中没有显示任何细节，因为这一特点是否可用取决于软件的版本，而且本书是以解释概念为目的的。

第三版修订的内容

本书第三版的修改包括：

1. 每章结束新增了“探索其他有趣特征”部分，列举了读者可能希望了解的相关语言结构、函数和工具。
2. 扩大覆盖范围：
   - 图像处理，包括图像矩阵中不同数据类型的使用
   - 绘图功能，包括了那些使用对数尺的函数
   - 图形用户界面
3. MATLAB 的 R2012b 版本的使用。
4. 修订和新增“练习”问题。
5. 修订并新增了有些章末的习题，使其更具有挑战性。
6. 一些材料的重组，主要是：

- 将向量和矩阵单独作为一章(第 2 章)，包括向量和矩阵的函数和操作符，并安排了向量化代码
- 更早给出了矩阵乘法(在第 2 章)
- 向量化代码放在循环章节，为了比较数组的循环使用和向量化代码

7. 用 randi 代替 round(rand)。

8. 用 true/false 代替 logical(1)/logical(0)。

9. 扩大了基础数学函数的覆盖范围，包括 mod、sqrt、nthroot、log、log2 和 log10，以及更多的三角函数。

10. 新增附录列出了书中用到的所有函数，以及读者或许想要了解的工具箱。

主要特点

编程概念和内置函数并行

本书最重要和独特的特点是并行地讲授 MATLAB 中的编程概念和内置函数的使用。本书以基本的编程概念开始，例如变量、赋值、输入/输出、选择和循环语句。本书通常先介绍一个问题然后使用“编程概念”和“有效方法”来解决。

系统方法

本书的另一个特点是采用系统的、逐步的方法将概念贯穿于全书中。在一个 MATLAB 教材中提前使用注释“我们将在以后介绍”来显示内置函数或特点是很常用的做法。本书并不这样做，在例子中需要用到的函数在之前就已经介绍过了。另外，对基本的编程概念将仔细和系统地解释。例如，通过循环来计算总和、条件循环中的计数和差错检测这些非常基本的概念，在其他书中并不会介绍，但都包含在本书中。

文件输入/输出

工程和科学中的许多应用涉及操纵大量的数据集，这些数据集存储在外部文件中。大部分 MATLAB 书至少要提到 save 和 load 函数，并且在一些例子中也会提到低层的文件输入/输出函数。因为文件输入和输出对许多应用来说是非常基础的，所以本书将覆盖几种低层的文件输入/输出函数，以及从电子表格文件中读数据和将数据写到电子表格文件中。在以后的章节中还将处理音频和图像文件。这些文件输入/输出的概念将逐步介绍：首先在第 3 章中介绍 load 和 save，然后在第 9 章中介绍低层函数，最后在第 13 章中介绍声音和图像。

用户自定义函数

用户自定义函数是一个非常重要的编程概念。许多时候，函数类型、函数调用与函数头等之间的细微差别，容易被初学者混淆。因此本书将逐步介绍这些概念。首先，在第 3 章中阐述计算和返回一个单精度值的最容易理解的函数类型；然后，无返回值的函数和返回多个值的函数在第 6 章中介绍；最后，第 10 章介绍高级函数的特点。

高级编程概念

除了基本的编程概念，本书中还覆盖了一些高级编程概念，如字符串操作、数据结构、递

归、匿名函数和函数参数的变量数目。另外也会介绍排序、查找和索引。所有这些也采取了系统的方法，例如单元数组在应用于文件输入函数和作为饼图的图例之前介绍。

解决问题的工具

除了编程概念，解决问题的一些必要的基础数学知识也将涉及。主要包括统计函数、求解线性代数方程组和数据拟合曲线。另外还将介绍复数和一些计算(积分和微分)的使用。阐述基础数学，描述在 MATLAB 中执行这些任务的内置函数。

作图、图像和 GUI

本书首先介绍简单的二维作图(第 3 章)，这样作图的例子可以贯穿全书。第 11 章将给出更多的作图类型并阐述定制作图和在 MATLAB 中怎样处理图形属性，这一章使用字符串和单元(cell)数组来定制标签。在第 13 章中对图像处理和理解图形用户界面(GUI)编程的基础知识进行介绍。

向量化代码

MATLAB 内置操作符和函数功能的有效使用都在书中做了演示。为了强调有效使用 MATLAB 的重要性，对编写向量化代码所需的概念和内置函数提前到了第 2 章。然后在第 5 章中采用一些技巧如预先分配向量和使用逻辑向量，替代向量和矩阵中的选择语句和循环语句。同时还介绍了怎样才能使代码有效的方法。

全书布局

全书分为两部分。第一部分介绍编程结构，并阐述编程与解决问题的内置函数的有效使用。第二部分讲述应用，包括作图、图像处理和解决基础问题所需要的数学知识。前 6 章包括 MATLAB 中和编程中非常基础的知识，也是对本书后续部分必要的准备。之后，为了形成本书的一个习惯的主题次序，根据需要在应用部分安排了许多章节。章节顺序都经过仔细选择，以确保全书内容的系统性。下面描述每章及其主题。

第一部分　用 MATLAB 进行程序设计

第 1 章　MATLAB 简介：包括表达式、操作符、字符、变量和赋值语句。介绍标量、向量和矩阵，还有对其进行操作的少量内置函数。

第 2 章　向量和矩阵：介绍创建和操作向量与矩阵。解释数组操作和矩阵操作(如矩阵乘法)。涵盖向量和矩阵作为函数参数的应用，以及专门为向量和矩阵编写的函数。本章强调逻辑向量和一些向量化代码中用到的概念。

第 3 章　MATLAB 程序设计概述：介绍算法思想和脚本，包括简单的输入/输出和注释。脚本用来创建和定制简单的图，进行文件输入/输出的操作。最后，介绍用户自定义函数的概念，包括计算和返回单个值的函数类型。

第 4 章　选择语句：介绍关系表达式和它们在 if 语句、else 和 elseif 条件语句中的应用。以从菜单中选择某项的概念阐述 switch 语句，还介绍返回逻辑真或逻辑假的函数。

第 5 章　循环语句和向量化代码：介绍计数循环(for)和条件循环(while)的概念。包括许多实际应用，如求和与计数。同时介绍嵌套循环，以及一些更复杂的循环使用，如错误检查、循环与选择语句的结合。最后，通过在向量和矩阵上采用内置函数和操作符代替循环示范向量化代码。强调编写有效代码的技巧，介绍分析代码的工具。

前5章的概念贯穿于本书的后续部分。

第6章 MATLAB 程序：讨论更多的脚本和用户自定义函数。介绍返回多个值的用户自定义函数和无返回值的用户自定义函数。用例子来说明 MATLAB 中程序的概念，包括调用用户自定义函数的脚本。较长的菜单驱动程序作为参考资料，可以省略。作为调试技术，本章还介绍子函数和变量的范围。

程序概念贯穿于本书的后续部分。

第7章 字符串操作：讨论许多内置字符串操作函数和字符串与数字类型之间的转换。有几个在绘图标签和输入提示中使用自定义字符串的例子。

第8章 数据结构：元胞数组和结构体，介绍两个主要的数据结构——元胞数组和结构体。在介绍基本的结构之后，还会介绍更复杂的数据结构如嵌套结构和向量结构。在之后章节中的几个应用也会用到单元数组，例如第9章中的文件输入、第10章中函数参数的变量数和第11章中的作图标签（考虑到它的重要性，所以要先介绍）。由于在第11章中展示了用结构变量存储对象属性，本章剩余部分可省去结构体部分内容。

第9章 高级文件输入/输出：包括需要打开和关闭文件的低层的文件输入/输出语句。阐述一次性读取整个文件和一次读取一行的函数。另外，介绍从电子表格文件中读取和写入、存储 MATLAB 变量的. mat 文件。在本章中广泛使用单元数组和字符串函数。

第10章 高级函数：包括更高级的函数特点和类型，例如匿名函数、嵌套函数和递归函数。介绍函数句柄和它们的使用，包含匿名函数和函数的函数。介绍函数的输入参数和输出参数的个数，实现单元数组的使用。在本章中的几个例子也会用到字符串函数。

第二部分 用 MATLAB 解决问题的进阶

第11章 MATLAB 作图：继续介绍第3章中提及的作图函数。介绍不同的作图类型（例如饼图）、使用单元数组和字符串函数定制作图。包括介绍处理图形的概念和一些图形属性，如线宽和颜色。从文件中读取数据，然后使用单元数组和字符串函数来作图。

第12章 基本统计、集合、排序和索引：在 MATLAB 中统计、查找和排序常以一些内置的统计和集合操作开始，因此需要一个有序数据集，所以在此描述了排序方法。最后，介绍索引向量和查找向量的概念，描述结构向量的排序和索引结构向量。

第13章 声音和图像：关于声音和图像的概念是从第10章开始建立在一些图像处理的材料上。此处主要讨论声音文件并介绍图像处理，同时介绍 GUI 编程。在 GUI 的例子中会用到嵌套函数。求补函数示例使用了结构体。

第14章 高等数学应用：包括四个基本主题——曲线拟合、复数、求解线性代数方程系统和微积分的计算。描述了采用高斯-约丹（Gauss-Jordan）和 Gauss-Jordan 消元法进行矩阵求解。这部分包括一些数学方法和具体实现它们的 MATLAB 函数。最后，展示了一些符号化的数学工具箱函数，包括那些求解方程组的函数。这种方法的结果是返回一种结构。

教学特色

贯穿全书的几个教学工具的使用使得本书更容易学习。

1. 本书以一些"快速问答"的对话方式，增强了交互性。这样做是为了对讲述的知识点加深记忆。首先提出问题，然后给出答案。如果在阅读答案之前能先思考问题是非常有益的！但不要跳过答案，因为其中经常包含有用的信息。

2. "练习"贯穿全部章节。练习中的问题都是书中讲到的很简单的问题。

3. 第三版在每章后面增加了"探索其他有趣的特征"。由于并不打算把本书写成完整的参考书，所以本书不可能覆盖 MATLAB 的所有内置函数和可用工具；但是，每一章都会列出读者或许想要探讨的与本章主题相关的函数和(或)命令。

4. 当引入一些问题后，会用"程序设计概念"和"有效方法"来解决，从而便于理解使用 MATLAB 的有效方法，以及程序设计概念在这些有效函数和操作符中的应用。"有效方法"强调为程序员节省时间、并且在许多情况下能够在 MATLAB 下执行的更快的方法。

此外，为了帮助读者阅读，书中采用以下表示方式：

- 各种标识符名称用斜体表示
- MATLAB 函数名用粗体表示
- 保留字用粗体并加下画线表示
- 关键的重要术语用粗斜体表示

章节最后的总结包含如下一些实用内容。

- **常见错误：**容易发生的常见错误列表和怎样避免这些错误。
- **编程风格指导：**为了鼓励编写"好"程序，即实际上能够理解的程序，编程章节给出一些指导，有助于编写的程序更容易阅读和理解，也便于执行和修改。
- **MATLAB 保留字：**一张 MATLAB 中保留关键字的列表，全书中这些保留字将以粗体、下划线方式显示，以突出其类型。
- **关键术语：**在本章中出现的关键术语的一个顺序列表。
- **MATLAB 函数和命令：**在本章出现的 MATLAB 内置函数和命令的一个顺序列表，并用黑体给出。
- **MATLAB 操作符：**在本章中出现的 MATLAB 操作符的一个顺序列表。
- **习题：**一套完整的从基础知识到灵活应用的习题集。

其他资源

对于将本书作为课程教材的教师，可以注册访问本书配套网站：www. textbooks. elsevier. com/9780124058767，配套资源包括：

- 章末习题的教师参考手册
- "练习"问题的教师参考手册
- 为制作讲课幻灯片准备的书中的电子插图
- 书中所有示例中用到的 M 文件

致谢

我要感谢我的家人、同事、老师和学生。

通过在美国波士顿大学工程学院 26 年的协作及讲授基础计算课程，我很幸运地遇到了很多优秀的学生、研究生教学同事和本科教学助理。这些年来大约有几百位助教，由于人数太多所以不能将人名逐个列出来，但是我非常感谢他们的支持。特别是以下这些助教在审查原稿和修订稿以及挑选例子等方面给予了有益的帮助：Edy Tan、Megan Smith、Brandon Phillips、Carly Sherwood、Ashmita Randhawa、Mike Green、Kevin Ryan、Brian Hsu、Paul Vermilion、Jake Herrmann、Ben Duong 和 Alan Morse。Kevin Ryan 创建了制作封面图形的脚本。

这些年得到很多同事的鼓励。我想特别感谢前系主任 Tom Bifano 和现任系主任 Ron Roy 的支持和鼓励，感谢 Tom 的图形用户界面例子的建议。还要感谢我在波士顿大学的老师，计算机科学系的 Bill Henneman、制造工程系的 Merrill Ebner 以及南加利福尼亚大学的 Bob Cannon。

我要感谢所有阅读本书并给出建议草案的人。他们的建议给予了我极大的帮助，我希望采纳他们的建议并做到使他们满意。他们是：西班牙马拉加大学的 Pedro J. N. Silva；葡萄牙里斯本大学的 Faculdade de Ciencias；加拿大阿尔伯塔大学教授 Dileepan Joseph 博士；加州大学圣地亚哥分校教授 Joseph Godddard 博士；南加州大学 Geoffrey Shiflett 博士；特拉华大学 Steve Brown 博士；佛蒙特大学高级讲师 Jackie Horton 博士；丹佛大学高级讲师 Robert Whitman 博士；塔夫茨大学助理教授 Lauren Black 博士；凯斯西储大学教授 Chris Fietkiewicz 博士；波特兰州立大学教授 Philip Wong 博士；新罕布什尔大学教授 Mark Lyon 博士；位于斯普林斯的科罗拉多大学教授 Cheryl Schlittler 博士。

同样我也要感谢那些在 Elsevier 出版集团工作并帮助完成此书出版的人，包括出版人 Joseph Hayton，策划编辑 Stephen Merken，编辑项目经理 Jeff Freeland，项目经理 Lisa Jones 以及 Elsevier 在英国的出版人 Tim Pitts。

这一版书中的大部分工作都是在苏格兰的天空岛和巴尔奎德，阿根廷的埃斯克尔完成的，非常感谢莫纳齐尔摩霍的员工们和巴塔哥尼亚河流的向导们，以及 Donald 和 Dinah Rankin 的热情款待。

最后，我要感谢我的家人，尤其是我的父母 Roy Attaway 和 Jane Conklin，他们在我很小的时候就鼓励我阅读和写作。感谢我丈夫 Ted de Winter 的鼓励和当我在为此书忙碌时他在周末家务上的帮助和照顾。

图像处理部分所用的照片是由 Ron Roy 拍摄的。

目 录

第一部分 用 MATLAB 进行程序设计

第二部分 用 MATLAB 解决问题的进阶

第一部分

用 MATLAB 进行程序设计

第1章　MATLAB 简介

关键词

prompt 提示符
programs 程序
script files 脚本文件
toolstrip 工具栏
variables 变量
assignment statement 赋值语句
assignment operator 赋值操作符
user 用户
initializing 初始化
incrementing 递增
decrementing 递减
identifier names 标识名
reserved words 保留字
key words 关键字
mnemonic 助记符
types 类型
classes 类
double precision 双精度
floating point 浮点数
unsigned 无符号
range 范围
characters 字符
strings 字符串
casting 转换
type casting 类型转换
saturation arithmetic 饱和算法
default 默认
continuation operator 延拓算子
ellipsis 省略
unary 一元
operand 操作数
binary 二进制
scientific notation 科学计数法
exponential notation 指数计数法
precedence 优先权
associativity 结合性
nested parentheses 嵌套括号
inner parentheses 内括号
help topics 帮助主题
call a function 调用函数
arguments 参数
returning values 返回值
logarithm 对数
common logarithm 常用对数
natural logarithm 自然对数
constants 常数
random numbers 随机数
seed 种子
pseudorandom 伪随机
open interval 开区间
global stream 全局流
character encoding 字符编码
character set 字符集
relational expression 关系表达式
Boolean expression 布尔式
logical expression 逻辑表达式
relational operators 关系运算符
logical operators 逻辑运算符
scalar 标量
short-circuit operator 短路操作符
truth table 真值表
commutative 交换

MATLAB 是一款功能非常强大的软件，它有许多用来解决问题和图形示例的内建工具。使用 MATLAB 产品的最简单的方法是交互式:用户输入一个表达式，MATLAB 就会立即响应并给出结果。在 MATLAB 中也可以写程序，本质上就是一组顺序执行的命令。

这一章集中介绍基本概念，包括在交互表达式中用到的操作符和内建函数。本章还要介绍包括向量和矩阵的存储值的均值求法。

1.1　初识 MATLAB

MATLAB 是一款数学和图形软件，它具有数字化、图形化和编程的能力。它所带的内置函数可完成很多操作，并且还有可添加以增强这些功能的工具箱(如，用于信号处理的工具箱)。对不同的硬件平台可以使用不同的版本，版本有专业版和学生版两种。

当 MATLAB 软件启动时，首先会打开一个窗口，主要部分是命令窗口(见图 1.1)。在命令窗口中，你会看到：

```
>>
```

>> 称为提示符，在学生版中，提示符显示为：

```
EDU >>
```

在命令窗口中，MATLAB 可进行交互式操作。在提示符后，可以输入任何 MATLAB 命令和表达式，MATLAB 会立即响应并给出结果。

在 MATLAB 中也可以写程序，包括脚本文件和 M 文件。程序将在第 3 章介绍。

通过以下几条命令可以获取 MATLAB 的简介和需要的帮助：

- demo 在 Help Brower 中给出一些 MATLAB 的例子，这些例子会显出 MATLAB 的一些特征；
- help 用来解释任何一个功能，如 help help 解释 help 本身是如何工作的；
- lookfor 在帮助中搜索一个特定的字符串(值得注意的是这个命令将会花很长一段时间)；
- doc 在 Help Brower 中给出一个文档页面。

要退出 MATLAB，一种方法是在提示符处输入 quit 或 exit，另一种方法是点击 MATLAB，从菜单中退出 MATLAB。

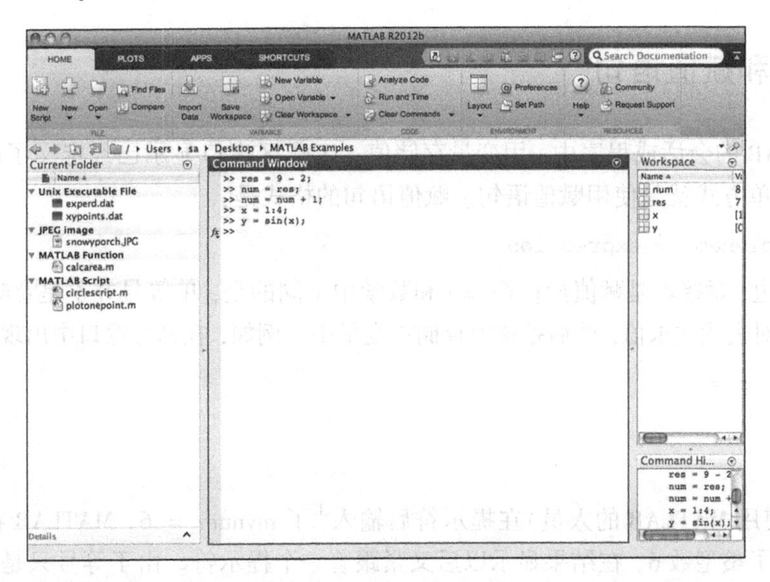

图 1.1　MATLAB 命令窗口

1.2　MATLAB 桌面环境

除了命令窗口以外，还有几个可以打开和默认打开的窗口，这里所说的默认指的是对于这些窗口有个默认的布局，当然还有其他的配置布局。在命令窗口的正上方，有一个显示当前目录的下拉菜单。设置成当前路径的文件夹用来存储当前的文件。在默认状态下，这就是工作目录，但是这个工作目录是可以改变的。

左边的命令窗口是当前文件夹窗口。这个文件夹设置为当前文件夹，文件将被保存到这里。这个窗口显示了存储在当前文件夹的文件。文件可以按多种划分方式分类，例如，按类型或按名字排序。如果选定一个文件，该文件信息就会显示在底部。

在右边的命令窗口中，顶部是工作区窗口，底部是命令历史记录窗口。命令历史窗口显示已经输入的命令，它不仅显示当前会话的命令(在当前命令窗口)，还显示在这个会话之前输入的命令。工作区窗口将在下一节中描述。

默认配置可以通过单击窗口右上角的向下箭头来改变。这样将显示一个菜单的选项(每个窗口不同)，如关闭特定的窗口或移除那个窗口。一旦移除，找到菜单然后单击指向右下角的弯曲箭头，又可以在右下角重新显示该窗口。要想使某窗口是活动窗口，用鼠标点击它。默认情况下活动窗口是命令窗口。

从 2012 b 版本开始，桌面环境的外观和感觉已经完全改变了。代替了菜单和工具栏，现在这个桌面有一个工具条(ToolStrip)。默认情况下，显示 3 个标签(“HOME”，“PLOTS”，“APPS”)，其他的，包括“SHORTCUTS”，可以添加。

在“HOME”标签下有许多很有用的特性，分为功能部分“FILE”、“VARIABLE”、“CODE”，“ENVIRONMENT”，“RESOURCES”(这些标签可以在最底部的灰色工具条区域看到)。例如，选择“RESOURCES”，在图里点击向下箭头允许在桌面环境下定制到 windows 中。其他工具条特征将在以后的章节遇到相关材料解释时再介绍。

1.3 变量和赋值语句

在 MATLAB 的会话或程序中，用变量存储值。工作区窗口显示已经定义了的变量。定义变量的一种简单方式就是使用赋值语句。赋值语句的格式是：

```
variablename = expression
```

变量始终在左边，紧接着是赋值操作符 =(和数学中不同的是，单等号并不是意味着相等)，最后是表达式。对表达式求值，然后把该值存储在变量中。例如，在命令窗口中出现如下形式：

```
>> mynum = 6
mynum =
    6
>>
```

这里，用户(使用 MATLAB 的人员)在提示符后输入[①]了 mynum = 6，MATLAB 在名为 mynum 的变量中存储了整型数 6，在结果显示以后又紧跟着一个提示符。由于等号只是赋值操作，并不意味着相等，这条语句应该读成“mynum 获得值 6”(不是“mynum 等于 6”)。

需要注意的是，变量名必须始终在左边，表达式在右边，如果调换顺序则会出错。

```
>> 6 = mynum
6 = mynum
  |
Error:The expression to the left of the equals sign is not
a valid target for an assignment.
>>
```

① 本书中在提示符后输入的内容，均以斜体表示。——编者注

在语句的末尾输入一个分号可以抑制结果的输出。例如：

```
>> res = 9 - 2;
>>
```

这条语句将右边表达式的结果 7 赋值给变量 res，但是这个结果并不显示出来，而是立即显示另一个提示符。然而，在工作区窗口处可以看见变量 mynum 和 res 的值。

注意：在本书的其余部分，结果后面的提示符将不再给出。

在语句和表达式中的空格不会影响结果，但可以使它们更具有可读性。下面没有空格的语句和前面的语句得到的结果是一样的：

```
>> res = 9 - 2;
```

如果在提示符处定义一个表达式，并且没有给该表达式分配变量，MATLAB 则使用名为 ans 的默认变量。例如，表达式 6 +3 的结果存储在变量 ans 中：

```
>> 6 + 3
ans =
     9
```

只要在提示符处定义一个无变量的表达式，就会使用默认变量。

重复使用命令的快捷方式是按向上的方向键"↑"，该按键会显示前面已经使用过的命令。例如，如果想将表达式 6 +3 的结果分配给变量 result 而不是使用默认变量 ans，可以按向上的方向键，然后使用向左的方向键来修改命令，而不是重新输入如下的整条语句：

```
>> result = 6 + 3
result =
     9
```

这个快捷键非常有用，特别是在长表达式输入有错误的时候，返回去纠正该表达式时非常方便。

要改变变量的值可以使用另外的赋值语句来给该变量赋予不同表达式的值。例如，考虑下面的语句顺序：

```
>> mynum = 3
mynum =
     3
>> mynum = 4 + 2
mynum =
     6
>> mynum = mynum + 1
mynum =
     7
```

在第 1 条赋值语句中，将 3 赋给了变量 mynum。在下一条赋值语句中 mynum 的值改变为表达式 4 +2，即 6。在第 3 条赋值语句中，mynum 的值变为表达式 mynum + 1 的结果。由于当时 mynum 的值是 6，而表达式的值是 6 +1，所以此时 mynum 的值是 7。

在这一点上，如果输入表达式 mynum +3，将会使用默认变量 ans，原因是表达式的结果没有赋值给一个变量。因此，ans 的值变为 10，但是 mynum 值没有改变（它的值仍然是 7）。值得注意的是，如果只输入变量的名称则会显示它的值。

```
>> mynum + 3
ans =
    10
>> mynum
```

```
mynum =
     7
```

1.3.1 初始化、递增和递减

变量的值经常改变。给变量赋予第 1 个值或者初始值称为变量的初始化。

使变量增值称为递增。例如，语句：

```
mynum = mynum+1
```

使变量 mynum 的值增加 1。

快速问答

怎样使变量 num 的值减 1？

答：

```
num = num - 1;
```

这就是变量递减。

1.3.2 变量名

变量名是标识符名称的一个例子。在以后的章节中，将会看到更多其他标识符名称的例子，例如文件名。标识符名称的命名规则如下：

- 名字开头必须是字母表中的字母。在这个字母之后可以是字母、数字和下画线字符(如，value_1)，但是不能有空格。
- 名字的长度是有限制的。通过内置函数 namelengthmax 可以获得名字的最大长度。
- MATLAB 区分大小写。这意味着字母的大写和小写是不同的。所以，mynum、MYNUM 和 Mynum 是不同的变量名。
- 尽管在名字中用下画线字符是有效的，但是它们的使用可能会导致当一些程序与 MATLAB 进行交互时出现问题，所以一些程序员使用大小写混合(例如，使用 partWeights 代替 part_weights)取代下画线。
- 一些特定的词(保留字，或称为关键词)不能用做变量名。
- 内置函数的名称可以用做变量名，但是最好不要这样做。

另外，变量名应该总是容易记忆的，这意味着从表面就能看出变量名所表达的意义。例如，如果一个变量存储的是圆的半径，那么变量名'radius'能表达其意义，而变量名'x'不能表达出半径的意思。

和变量相关的命令有：

- who：显示在命令窗口中已经定义了的命令(仅显示变量的名称)
- whos：显示在命令窗口中已经定义了的命令(这一命令显示变量的更多信息，和工作区窗口中所显示的类似)
- clear：清除变量，这些变量将不再存在
- clear 变量名：清除指定的变量

● clear 变量名 1 变量名 2…：清理一系列变量(注意变量名之间用空格进行分隔)

如果输入 who 或者 whos 以后什么也不显示，则说明没有定义任何变量。例如，在 MATLAB 会话的开始，创建变量然后有选择性的清除(记住：分号抑制结果的输出)：

```
>> who
>> mynum = 3;
>> mynum + 5;

>> who
Your variables are:
ans   mynum

>> clear mynum
>> who
Your variables are:
ans
```

这些变化也可以在工作区窗口看到。

1.3.3 类型

每个变量都有一个类型与其相关。MATLAB 支持很多类型，这些类型称为类(classes)。(本质上，类是一种类型与在该类型的值上完成的操作的组合。但是，为简单起见，我们后面会交替使用这些术语。)

例如：有各种类型存储不同种类的数。对浮点数或实数，或换句话说，对带小数点的数字来说，有两种基本的类型：单精度(single)和双精度 (double)。用双精度类型的名称 double 来简单表示双精度的精度，它存储的数字比单精度的大。MATLAB 使用浮点型表示这些数。有很多整数类型，例如，int8，int16，int32 和 int64。名称中的数字代表存储该类型所用的二进制位数。例如，类型 int8 用 8 个二进制位来存储整数和其符号。一个二进制位用于符号位，这意味着只有 7 个二进制位能存储实际的数值(0 或 1)。还有无符号整数类型 uint8，uint16，uint32 和 uint64。对这种类型，符号位不存储，这意味着整数只能是正的(或 0)。

一个类型的范围，是指能够在这个类型中存储的最小的和最大的数值，它是可以计算的。例如，uint8 可以存储 2^8 或 256 个整数，范围是 0 ~ 255。而 int8 所能存储的值的范围实际上是从 -128 到 +127。任何类型的范围都可以通过函数 intmin 和 intmax 来查询，用法是将类型的名称作为一个字符串(用单引号引用)传递给函数 intmin 和 intmax。例如：

```
>> intmin('int8')
ans =
    -128

>> intmax('int8')
ans =
    127
```

在类型名中的数字越大，则表明能存储的数值越大。当需要使用整型的时候，一般使用 int32 类型。

char(字符)类型用于存储单个字符(如'x')或字符串，它由顺序的字符组成(如'cat')。字符和字符串都需用上单引号。

logical(逻辑)类型用来存储 true/false(真/假)。

在命令窗口中定义的任何变量都能在工作区窗口中看见。在该窗口中，每个变量的变量名、变量值和类(本质上就是其类型)也都能看见。变量的其他属性在工作区窗口中也能看见。

变量的属性在默认状态下的可见性取决于 MATLAB 的版本。然而，选中工作区窗口，单击视图则允许用户选择显示某个属性。

在 MATLAB 中，数字在默认的状态下以 double 类型存储。但是，有很多函数可以将值从一种类型转换成其他类型。这些函数的名称与前面提到的类型名称一样。作为函数，将一个值转换为其对应的类型，这称为将值转换成不同的类型或类型转换。例如，在默认状态下将类型为 double 的值转化为类型为 int32 的值，可以使用函数 int32。输入下面的赋值语句：

```
>> val = 6 + 3;
```

数字 9 将作为结果存储在变量 val 中，其类型为默认状态下的 double 类型，在工作区窗口中可以看到这个变量。随后，赋值语句：

```
>> val = int32 (val);
```

将变量的类型改变为 int32，但是并不改变变量的值。如果我们不把结果存储在其他变量中，通过使用 whos，我们将看到不同的类型。

```
>> num = 6 + 3;
>> numi = int32(val);
>> whos
Name      Size      Bytes     Class     Attributes
num       1×1       8         double
numi      1×1       4         int32
```

变量使用整型的一个原因是为了节省存储空间。

注意 whos 显示了变量的类型(类)，以及用于存储变量值的字节数。一个字节等于 8 个二进制位，所以 int32 类型使用四个字节。class 函数也可以用来查看变量的类型：

```
>> class(num)
ans =
double
```

快速问答

一个特定的类型越界以后将会发生什么？例如，int8 中能存储的最大数字是 127，如果我们在 int8 中输入一个更大的数字将会发生什么呢？

```
>> int8 (200)
```

答：

在这个例子中，127 是类型范围中的最大值，所以结果是 127；相反，如果我们使用一个比最小值还小的数，则该值就是 -128，类似这样的例子称为饱和运算。

```
>> int8 (200)
ans =
    127
>> int8 ( -130)
ans =
    -128
```

练习 1.1

1. 计算 int16 能存储的整数范围。使用 intmin 和 intmax 来验证你的结果。
2. 输入一个赋值语句，在工作区窗口中查看变量的类型。然后，改变该变量的类型。

1.4 表达式

可以使用数值、已经创建的变量、运算符、内置函数和括号生成表达式。对数字来说，表达式可以包括运算符(如乘法运算)和函数(如三角函数)。下面是这种表达式的一个示例：

```
>> 2 * sin(1.4)
ans =
    1.9709
```

1.4.1 format 函数和省略号

如前所示，在 MATLAB 中，default 表示数字小数部分占 4 位。format 命令可以指定表达式输出的格式。

有很多选项可供选择，包括 format short(在默认状态下)和 format long。例如，变为 long 格式后数字小数部分占 15 位。这一影响将持续到变为 short 格式，可以用表达式和内置的值来说明这一点。

```
>> format long
>> 2*sin(1.4)
ans =
    1.970899459976920
>> format short
>> 2 * sin(1.4)
ans =
   1.9709
```

format 命令还可以用来控制 MATLAB 命令或者表达式和结果之间的空格，格式为 loose(默认状态)或者 compact。

```
>> format loose
>> 5^33

ans =

    165

>> format compact
>> 5^33
ans =
    165
>>
```

特别是较长表达式可以通过输入三个或更多的点来使其连续使用下一行，这些点是连续运算符或省略号。例如：

```
>> 3 + 55 - 62 + 4 - 5 ...
   + 22 - 1
ans =
    16
```

1.4.2 运算符

通常有两种运算符：一种是一元运算符，该运算符只对单个值或操作数进行操作；另一种是二元运算符，该运算符对两个值或操作数进行操作。以“-”为例，它既是一元运算中的负运算，也是二元运算中的减法运算。

用于数字表达式的一些普通运算符：

+　加法运算

-　负运算，减法运算

*　乘法运算

/　除法运算(除以，例如10/5 的结果是2)

\　除法运算(去除，例如5\10 的结果是2)

^　幂运算(例如，5^2 的值为25)

除了小数点，数字的显示也可以使用科学计数法或指数表示法。使用e 代替10 的指数算法，实现乘幂数运算。例如，2 * 10 ^ 4 可以使用以下两种方式编写：

```
>> 2 * 10^4
ans =
    20000
>> 2e4
ans =
    20000
```

1.4.2.1　运算符的优先级

一些运算符的优先级高于其他运算符。例如，在表达式4 + 5 * 3 中，乘法运算的优先级高于加法运算，所以首先计算5 * 3，然后在乘法结果上加4。在表达式中使用括号可以改变运算符的优先级：

```
>> 4 + 5 * 3
ans =
    19
>> (4 + 5) * 3
ans =
    27
```

在给定的先后次序里，对表达式按从左到右的顺序进行计算 (这就是所谓的关联性)。

括号嵌套是指括号中还有其他括号，首先对内部括号的表达式进行计算。例如，在表达式5 - (6 * (4 + 2))中，首先对加法进行计算，然后是乘法，最后是减法，得结果为 -31。简单地使用括号还可以使表达式变得更加清晰。例如，表达式((4 + (3 * 5)) - 1)并不需要括号，但是使用括号后能显示出表达式的计算顺序。

到目前为止已有的运算符的优先级如下所示(从高到低)：

()　括号

^　幂运算

-　负运算

*, /, \　所有的乘法和除法

+, -　加法和减法

练习1.2

思考如下表达式的结果，然后验证你的答案：

```
1\2
-5^2
(-5)^2
10-6/2
5*4/2*3
```

1.4.3　内置函数和 help 命令

MATLAB 中有很多内置函数。help 命令可以用来查找 MATLAB 中的函数，告诉读者怎样使用这些函数。例如，在命令窗口的提示符处输入 help，窗口中将显示一系列帮助主题，这些主题都是相关的函数。这是一个很长的列表，最基本的帮助主题都在列表的开始处。

例如，matlab\elfun 就是列表其中之一，它包括了基本的数学函数。另一个重要的帮助主题是 matlab\ops，这个主题给出了在表达式中能使用的运算符。

查看一个特定的帮助主题所包含的一系列函数，先输入 help，然后输入主题名称。例如：

```
>> help elfun
```

将给出一系列基本的数学函数。这是一个很长的列表，包括三角函数(在默认状态下使用弧度，但也有使用度的等效函数)、指数函数、复数函数和四舍五入与取余函数。

为了查阅特定函数的功用和调用方法，可以先输入 help，然后输入函数名称。例如：

```
>> help sin
```

将给出 sin 函数的描述。

注意：在命令窗口的提示符左边点击 fx 也允许通过帮助主题去浏览函数。对 MATLAB 来说通过 Resources 选择 Help 按钮打开文档页面是另一种通过分类寻找函数的方法。

调用一个函数，给出函数名称，后面紧跟着传递给函数的参数，参数放在函数后面的括号里。大多数函数会返回函数值。例如，要计算出 -4 的绝对值，需输入如下表达式：

```
>> abs(-4)
```

这就是调用 abs 函数。括号中的数 -4 是参数，数值 4 将会作为返回的结果。

快速问答

如果使用一个函数的名称作为变量名(例如 sin)将会产生什么结果?

答：

这在 MATLAB 中是允许的，但是在这个变量被清除以前 sin 不能再用做内置函数。例如，看看下面的程序：

```
>> sin(3.1)
ans =
    0.0416
>> sin = 45
sin =
    45
>> sin(3.1)
```

(下标序数必须是真正的正整数或逻辑值)。

```
>> who
Your variables are:
ans sin
>> clear sin
>> who
Your variables are:
ans
>> sin(3.1)
ans =
  0.0416
```

除了三角函数，elfun 帮助主题中的函数还有非常有用的四舍五入与取余函数，这些函数包括 fix、floor、ceil、round、mod、rem 和 sign。

rem 函数返回一个除法的余数，例如 13 是 5 的两倍还余 3，所以表达式的结果就是 3：

```
>> rem (13,5)
ans =
    3
```

快速问答

如果误将参数的顺序改变，如输入成：

```
rem(5,13)
```

结果会怎么样？

答：

rem 函数是带有两个参数的函数的一个例子。rem 函数是用第一个参数除以第二个参数。在这个例子中，5 是 13 的 0 倍，余数是 5，所以 5 就是 rem(5, 13)的返回结果。

elfun 帮助主题中的另一个函数是 sign 函数，如果参数是正数，则返回 1；参数是 0，则返回 0；参数是负数，则返回 -1。例如：

```
>> sign ( -5)
ans =
    - 1
>> sign (3)
ans =
    1
```

练习 1.3

使用 help 函数查看取整函数 fix、floor、ceil 和 round 的功能。给函数传递不同的值来验证：负数、正数、小于 0.5 的小数和更大一点的数。传递不同的参数来完整测试函数是非常重要的。

MATLAB 有幂操作符“^”，sqrt 函数用来计算平方根，nthroot 用来求 n 次方根。例如，下面的语句用来求 64 的 3 次方根：

```
>> nthroot(64,3)
ans =
     4
```

对于 $x = b^y$，y 是 x 以 b 为底的对数，或换句话说，$y = \log_b x$。常见的对数包括：b = 10 时的常用对数；b = 2 时多用于计算应用；b = e 时为自然对数，常数 e 约为 2.7183。例如：

$$100 = 10^2,\quad 2 = \log_{10}(100)$$

$$32 = 2^5,\quad 5 = \log_2(32)$$

MATLAB 中有关对数的内置函数包括：

- log(x)返回自然对数；
- log2(x)返回以 2 为底的对数；
- log10(x)返回以 10 为底的对数。

MATLAB 有个内置函数 exp(n)，它返回常数 e^n。

MATLAB 还有很多内置三角函数，如 sine(正弦)、cosine(余弦)、tangent(正切)等。例如，sin 是以弧度为单位的正弦函数。asin 是反正弦函数，sinh 为双曲正弦函数，asinh 为反双曲正弦函数。还有使用度而非使用弧度的函数：sind 和 asind。其他的三角函数也有相应的变形。

1.4.4　常量

变量用来存储可以改变或者在使用之前不知道的值，大多数语言还有存储常量的能力，常量在使用之前就知道，并且不能改变。常量的一个例子是 pi，或写成 π，它的值是3.14159……在 MATLAB 中有一些返回常量的函数，这些常量值包括：

pi　3.14159……

i　$\sqrt{-1}$

j　$\sqrt{-1}$

inf　无穷大∞

NaN　代表"不是一个数"，例如，0/0 的结果

快速问答

e(2.718)不是内置的常量，所以在 MATLAB 中如何得到它的值？

答：

使用幂函数 exp，e 或 e^1和 exp(1)相等。

```
>> exp(1)
ans =
    2.7183
```

注意：不要将 e 值和 e 在 MATLAB 中是科学计数法的指数符号弄混淆。

1.4.5　随机数

当一个程序里需要用到一些数据，但这些数据之前是不可知的，如在测试程序中经常使用随机数来初始化数据变量。在 MATLAB 中有几个能产生随机数的内置函数，本节将介绍其中的一部分。

随机数产生器或者函数生成的随机数并不是真正随机的。实际上，产生随机数的过程是从一个数字开始，这个数字称为随机种子。通常，种子的初始值为事先确定或者从计算机的内置时钟获得。然后，基于这个种子，再决定下一个随机数。下次再使用上次产生的随机数作为种子再产生另一个随机数，如此循环。这些随机数实际上称为伪随机数，它们不是真正的随机数，而是每次有个过程决定下次要产生的值。

rand 函数可以用来产生随机的实数，调用它可产生 0 到 1 范围内的实数。rand 函数不带参数。下面是调用 rand 函数的两个例子：

```
>> rand
ans =
    0.8147
>> rand
```

```
ans =
     0.9058
```

除非初始化种子改变，否则 MATLAB 每次启动时的 rand 函数的随机种子总是一样的。在最近的 MATLAB 版本中，已经更新了大部分随机函数和随机数产生器；因此，之前随机函数中使用的' seed '和' state '术语应该不会再被使用。rng 函数设置初始种子。调用方式有以下几种：

```
>> rng('shuffle')
>> rng(intseed)
>> rng('default')
```

用' shuffle ', rng 函数使用内置 clock 函数返回的当前日期和时间来设置随机种子，因此种子总是不同的。整数也可以传递作为种子。用' default '选项会将种子设为 MATLAB 启动时的默认值。rng 函数调用时也可以没有参数，返回随机数产生器的当前状态：

```
>> state_rng = rng;          % 获取状态
>> randone = rand
Randone =
    0.1270
>> rng(state_rng);           % 恢复状态
>> randtwo = rand            % 和 randone 一样
randtwo =
    0.1270
```

注意：% 后的文字是注释，MATLAB 执行时会忽略。

当 MATLAB 启动时，初始化随机数产生器，产生所谓的随机数的全局流(global stream)。所有随机函数都是从这个流中获得它们的值的。

由于 rand 函数返回的实数范围在 0 到 1 之间，所以一个整数 N 乘以产生的数字则可以返回一个范围从 0 到 N 的实数。例如，乘以 10 则返回一个从 0 到 10 的实数，这个表达式为：

```
rand*10
```

将返回一个从 0 到 10 的结果。

要产生一个范围从 low 到 high 的实数，首先要定义变量 low 和 high。然后，使用表达式 rand * (high - low) + low。例如：

```
>> low = 3;
>> high = 5;
>> rand*(high-low) + low
```

将产生一个范围在 3 到 5 之间的随机数。

randn 函数用来产生正态分布的随机实数。

1.4.5.1 生成随机整数

由于 rand 函数返回的是一个实数，可以对这个实数四舍五入，以产生一个随机的整数。例如：

```
>> round(rand*10)
```

将产生一个范围在 0 到 10 之间，包括 0 和 10 的随机整数[rand * 10 会在开区间(0,10) 范围内产生一个实数，四舍五入后返回一个整数]。然而，这些整数不能在这个范围内均匀分布。一个更好的办法是使用 randi 函数，其最简单的形式是 randi(imax)，它返回包括从 1 到 imax 的随机整数。例如，randi(4) 返回范围从 1 到 4 的随机整数。范围也可以传递，例如，randi([imin,imax]) 返回一个从 imin 到 imax 闭区间内的随机整数：

```
>> randi([3,6])
```

```
ans =
    4
```

练习 1.4

产生一个随机数：

- 范围在 0 到 1 之间的实数
- 范围在 0 到 100 之间的实数
- 范围在 20 到 35 之间的实数
- 范围在 1 到 100 之间的整数
- 范围在 20 到 50 之间的整数

1.5 字符和编码

在 MATLAB 中，字符用单引号引用(例如，'a'或'x')。引号是必须的，如果没有引号，字母会被认为是变量名。字符按字符编码的顺序存放。在字符编码中，计算机的字符集中所有的字符按顺序摆放，并且给出等效的整数值。字符集包括字母表中的所有字母、数字和标点符号，等等，键盘上的所有按键基本上都是字符。特殊的字符如 Enter 键也包括在内。所以，'x'、'!'和'3'都是字符。'3'带有引号，是一个字符，不是一个数。

最基本的字符编码是美国标准信息交换码，即 ASCII 码。标准的 ASCII 码有 128 个字符，这些字符都有一个等效整数值(范围从 0 到 127)。前 32 个(整数值从 0 到 31)是非打印字符。字母表中的字母是按顺序排的，意味着'a'后面跟着'b'，然后是'c'，如此直到最后一个字母。

数值函数可以将一个字符转换成其等效的数值(例如，将 double 转换成一个双精度值，将 int32 转换成一个占 32 位的整数值，等等)。例如，要将字符'a'转换成其等效的数值，可以使用下面的语句：

```
>> numequiv = double ('a')
numequiv =
    97
```

变量 numequiv 中存储 double 值 97，这表示字符'a'是在字符编码中的第 98 个字符(等效的数字从 0 开始)。不关心字符'a'转换成哪种数值类型，例如：

```
>> numequiv = int32('a')
```

它也将整数值 97 存储在变量 numequiv 中。这两种方法唯一的区别是所返回的结果变量的类型不同(在第 1 个例子中返回 double 型，第 2 个例子中返回 int32 型)。

char 函数功能则相反，它是将任何数值型转化成字符型：

```
>> char (97)
ans =
a
```

注意：引号没有打印出来。

字母表中的字母编码都是有顺序的，所以字母'b'的等效值是 98，'c'是 99，等等。在字符上也能进行数学操作。例如，为了获得相对顺序中的下一个字符，可以用整数 +1 或字符 +1：

```
>> numequiv = double ('a');
>> char ( numequiv + 1)
ans =
```

```
b
>> 'a'+2
ans =
    99
```

注意当一个数字以字符显示时，注意格式的差异(如缩进)

```
>> var =3
var =
    3
>> var ='3'
var =
3
```

MATLAB 也能处理由单引号引起的顺序字符串。例如，在字符串上使用 double 函数将显示与这串字符等效的数值：

```
>> double ('abcd')
ans =
    97    98    99    100
```

在字符编码中要使字符串的字符往后移动，则可以给字符串加一个整数值。例如，下面的表达式将顺序地向后移动一位：

```
>> char ('abcd'+1)
ans =
bcde
```

练习 1.5

1. 找出与字符'x'等效的数字。
2. 找出与数字 107 等效的字符。

1.6 关系表达式

概念上为真或假的表达式被称为关系表达式，它们有时也称为布尔表达式或逻辑表达式。这些表达式既能使用操作两个类型一致的表达式的关系运算符，也能使用操作逻辑数的逻辑运算符。MATLAB 中的关系操作符有：

运算符	含义
>	大于
<	小于
>=	大于或等于
<=	小于或等于
==	等于
~=	不等于

尽管使用的实际操作符可能与其他编程语言或数学类型不同，但是所有这些概念应该是熟悉的。尤其要注意的一点是相等操作符是两个连续的等号，而不是一个等号(单个等号已被用做赋值运算符)。

对于数字型操作数，这些运算符的使用是很直接的。例如，3 <5 表示“3 小于 5”，概念上它是一个真表达式。和许多编程语言一样，在 MATLAB 中用逻辑值 1 代表“真”，用逻辑值 0 代表“假”。因此，在 MATLAB 中，表达式 3 <5 实际命令窗口显示的是逻辑值 1。显示表达式的结果就是像这样在命令窗口显示表达式的值。

```
>> 3 < 5
ans =
   1
>> 2 >9
ans =
   0
>> class (ans)
ans =
logical
```

这个结果的类型为逻辑型，不是浮点的。MATLAB 也有内置 true 和 false 函数。换句话说，true 等价于 logical(1)，false 等价于 logical(0)。(在其他一些 MATLAB 版本中，在工作区窗口这些表达式的值是以真或假表示的)。尽管这些是逻辑值，但可以在结果 1 或 0 上进行数学运算。

```
>> 5 < 7
ans =
   1
>> ans + 3
ans =
   4
```

也可以比较字符(例如，'a'<'c')。字符可以使用对字符编码得到的 ASCII 等效值进行比较。因此，'a'<'c'是一个真表达式，因为字符'a'在字符'c'之前。

```
>> 'a' < 'c'
ans =
   1
```

逻辑运算符如下：

运算符	含义
||	or
&&	and
~	not

所有的逻辑运算符用于逻辑或布尔操作数上。not 运算符是一元运算符，其他的是二元的。not 运算符针对可获得真或假的逻辑表达式，给出与原表达式相反的值。例如，由于(3 <5)是真，所以 ~ (3 <5)是假。or 运算符有两个逻辑表达式作为操作数。如果其中一个或者两个都为真，结果为真，如果两个都为假，则结果为假。and 运算符同样也有两个逻辑操作数，只有两个运算数的结果都为真时表达式的结果为真，如果其中一个为假或都为假，结果为都为假。这里展示的或/与运算符用于标量或单值。其他或/与运算符将会在第 2 章解释。

MATLAB 中的||运算符和 && 运算符是众所熟知的短路操作符的例子。这意味着如果表达式的结果可以基于第一部分确定，则第二部分将不被评估。例如，表达式：

```
2 < 4 ||'a' = = 'c'
```

第一部分，2 <4，是真，因此整个表达式都是真，因此将不再判断第二部分'a' == 'c'。

除了这些逻辑运算符，MATLAB 还有一个 xor 函数，称为异或函数。如果其中一个参数，且仅有一个参数为真，则返回逻辑真。例如，下面表达式中仅第一个参数是真，则结果为真：

```
>> xor ( 3 < 5,'a' >'c')
ans =
   1
```

如下例，两个参数都为真，则结果为假：

```
>> xor ( 3 < 5,'a' <'c')
ans =
    0
```

给出变量 x 和 y 的逻辑值真和假，真值表(如表 1.1 所示)展示了所有组合情况下的各种逻辑运算符的操作结果。注意逻辑运算符是可以交换的(例如，x||y 等同于 y||x)。

表 1.1　逻辑运算符的真值表

x	y	~x	x||y	x&&y	xor (x,y)
true	true	false	true	true	false
true	false	false	true	false	true
false	false	true	false	false	false

进行数值运算时，知道运算符优先级规则是很重要的。表 1.2 显示了到目前为止的所知道的运算符的优先顺序。

表 1.2　运算符优先规则

运算符	优先级
括号：()	最高
幂 ^	
一元：否定(-)，非(~)	
乘法、除法 *、/、\	
关系式 <，<=，>，>=，==，~=	
加法、减法 +、-	
与 &&	
或 ||	
赋值 =	最低

快速问答

假设有一个已经初始化的变量 x，如果 x 的值为 4，则表达式 3 < x < 5 的值应该是多少？当 x 的值为 7 时，表达式 3 < x < 5 的值呢？

答：

不管变量 x 的值为多少，表达式的值总是逻辑真，或者 1。表达式的求值是从左到右的。因此，首先判定表达式 3 < x，只有两种可能：要么是真，要么是假，意味着表达式的取值要么是 1，要么是 0。然后，判定表达式剩余的部分，可能是 0 < 5 或者 1 < 5，这两种情况表达式都是真。这样 x 的值不起作用：不管 x 的值是多少，表达式 3 < x < 5 都是真。这是一个逻辑错误，它并不会实施想要的范围。如果我们真想要这个表达式只有当 x 在 3 到 5 之间时为逻辑真，可以这样写：3 < x&&x < 5(注意括号可以不要)。

练习 1.6

思考以下表达式的结果，然后输入并验证你的答案。

```
3 == 5 + 2
'b' < 'a' + 1
10 > 5 + 2
(10 > 5) + 2
'c' == 'd' - 1 && 2 < 4
```

```
'c' == 'd' - 1 ||2 > 4
xor('c' == 'd' - 1 ,2 > 4)
xor('c' == 'd' - 1 ,2 < 4)
10 > 5 > 2
```

探索其他有趣的特征

这部分列举了 MATLAB 中与本章解释相关的一些特征和函数，可以自己进行探索。

- 工作区窗口：工作空间窗口有许多其他方面的特性可以探索。要尝试这些内容，创建一些变量。通过点击鼠标使工作空间窗口为活动窗口。从中可以通过从菜单里选择列选择使那些变量的属性可见。同时，如果双击工作空间窗口的变量，则会弹出允许修改变量的变量编辑器窗口。
- 点击命令窗口提示符旁边的 fx，在 MATLAB 下先选择 Mathematics，然后选择 Elementary Math，继而点击 Exponents 和 Logarithms，会看到更多在这个分类下的函数。
- 利用帮助(help)学习路径(path)函数和相关目录函数。
- 以 2 为基的幂函数(pow2)。
- 相关的类型转换函数：cast 和 typecast。
- 通过 eps 函数探讨单精度和双精度对浮点数表示的准确性。

总结

常见错误

学习程序设计时简单的拼写错误和混淆必要的标点符号是很常见的。下面都是些很常见的错误实例：

- 在变量名中输入空格。
- 将赋值语句的格式误写为“表达式 = 变量名”而不是“变量名 = 表达式”，变量名总是在左边。
- 使用内置函数名作为变量名，然后又试图调用这个函数。
- 混淆两种除法操作符/和\。
- 忘记操作符的优先级规则。
- 混淆传递给函数中的参数顺序，例如，求出 10 除以 3 的余数用 rem(3，10)而不是 rem(10，3)。
- 测试函数时没有使用不同的参数类型。
- 函数的参数忘记使用括号，例如，用 fix2.3 代替 fix(2.3)。当这个错误产生以后，MATLAB将返回与每个字符等效的 ASCII 码[或是将参数作为一个字符串来解释，例如，fix('2.3')]。
- 混淆 && 和||。
- 混淆||和 xor。
- 在两个字符运算符之间有空格(例如，用“< =”而不是“<=”)。
- 相等用 =，而不是 ==。

编程风格指南

遵循如下的这些规则可以使代码更容易阅读和理解，因而更容易使用和修改。

- 使用助记符作为变量名(名称要有意义，例如，用 radias 代替 xyz)。
- 由于变量名 result 和 RESULT 是不一样的，尽量避免以免混淆。
- 不要使用内置的函数名作为变量名。
- 如果存储结果还会使用，则用命名的变量存储(而不是使用 ans)。
- 确保变量名的字符比 namelengthmax 少得多。
- 如果想要得到不同组的随机数，就应该使用 rng 为随机函数设置种子。

MATLAB 函数和命令			
demo	int64	fix	asinh
help	uint8	floor	sind
lookfor	uint16	ceil	asind
doc	uint32	round	pi
quit	uint64	mod	i
exit	intmin	rem	j
namelengthmax	intmax	sign	inf
who	char	sqrt	NaN
whos	logical	nthroot	rand
clear	true	log	rng
single	false	log2	clock
double	class	log10	randn
int8	format	exp	randi
int16	sin	asin	xor
int32	abs	sinh	

MATLAB 操作符			
赋值 =	乘法 *	大于 >	不等于 ~ =
省略号…	去除 /	小于 <	标量或 ||
加法 +	除以 \	大于等于 > =	标量与 &&
取负-	幂 ^	小于等于 < =	否 ~
减法 -	括号( )	等于 ==	

习题

1. 创建一个变量，存储铜的原子量(63.55)。
2. 创建一个变量 myage，并存储你的年龄。将变量值减 2，然后再给变量值加 1，进行操作时观察工作区窗口和命令历史窗口。
3. 使用内置函数 namelengthmax 找出在你所用的 MATLAB 版本中标识符名称允许的最大长度。
4. 创建两个变量来存储以英镑为单位和以盎司为单位的重量。使用 who 和 whos 来观察变量，清除其中一个并再一次使用 who 和 whos 观察结果。
5. 用 intmin 和 intmax 来确定以 int32 和 int64 类型各自能存储的值的范围。
6. 以十进制小数存储一个数字到一个 double 型(默认)变量里。将变量的值转换为 int32 类型，并将结果存在一个新变量里。
7. 创建一个能展示所有整型范围的表(在文字处理器或电子表格中创建，不是在 MATLAB 中创建)。自己先计算其最大值和最小值，然后使用 intmin 函数和 intmax 函数来检验你的计算结果。

8. 探索 format 命令的更多细节。使用 help format 找出各种选项，并用 format bank 命令实验显示美元币值格式。

9. 找出一个能得到如下输出格式的 format 选项：

```
>> 5 /16 + 2 /7
ans =
    67 /112
```

10. 考虑如下表达式的输出结果，然后上机验证之。

```
25 /5 * 5
4 + 3 ^2
(4 -3) ^2
3 \12 +5
4 - 2 * 3
```

由于这个世界变得更“平坦”①，工程师和科学家能够和世界上其他地方的同事一起工作的重要性在增加，正确转换用不同单位系统表达的数据越来越重要(例如从公制到美制，或从美制到公制)。

11. 创建一个 pounds 变量，以磅为单位来存储重量。将这个重量转化为千克，然后将结果赋给变量 kilos。转换关系是 1 千克 = 2.2 磅。

12. 创建一个 ftemp 变量，以华氏度(F)存储温度值。将这个值转换为摄氏温度值，并将结果存储在变量 ctemp 中。转换公式是 C = (F - 32) * 5/9。

13. 给出一个具有某单位量纲的数值，然后将其转换为另一度量单位系统的数值。

14. sin 函数计算并返回以弧度为单位的角度的正弦值，sind 函数返回以度为单位的角度的正弦值。调用 sind 函数，以 90 度为参数验证其结果为 1。而对函数 sin 要想得到结果 1，应该传递什么样的参数？

15. 有 3 个并联电阻 R_1、R_2、R_3给出的总电阻 R_T可由下式求出：

$$R_T = \frac{1}{\frac{1}{R_1} + \frac{1}{R_2} + \frac{1}{R_3}}$$

创建 3 个电阻变量并存储每个变量的值，计算总电阻 R_T的值。

16. 用 help elfun 或实验的方法来回答以下问题：

- fix(3.5)和 floor(3.5)一样吗？
- fix(3.4)和 fix(-3.4)一样吗？
- fix(3.2)和 floor(3.2)一样吗？
- fix(-3.2)和 floor(-3.2)一样吗？
- fix(-3.2)和 ceil(-3.2)一样吗？

17. 当值的范围为多少时 round 函数等同于 floor 函数？当值的范围为多少时 round 函数等同于 ceil 函数？

18. 使用 help 确定 rem 函数和 mod 函数的区别。

19. 写出在 MATLAB 中下面表达式的表示方式：

$\sqrt{19}$

3^{12}

$\tan(\pi)$

20. 产生一个随机数：

- 它是范围在(0,20)的实数
- 它是范围在(20,50)的实数
- 它是范围在 1 到 10 之间的整数

---

① 指的是交通和通信更便捷，交流与合作越来越多。——译者注

- 它是范围在 0 到 10 之间的整数
- 它是范围在 50 到 100 之间的整数

21. 打开一个新的命令窗口，输入 rand 来获得一个随机实数，记下该数值。然后退出 MATLAB，重复此操作，再记下该随机数值；该值应该与之前的一致。最后，退出 MATLAB，并再打开一个新命令窗口。这一次，在生成随机数之前改变种子；随机值应该不同。
22. 在 ASCII 字符编码中，字母表中的字母按一定顺序排列，即 a 在 b 之前，同样 A 在 B 之前。然而，大写和小写字母哪个在前呢？
23. 按字符编码的方法，将字符串'xyz'向前移动两个字符的位置。
24. 下面表达式的结果是多少：

```
'b' >= 'c' - 1
3 == 2 + 1
(3 == 2) + 1
xor ( 5 < 6, 8 > 4 )
```

25. 创建两个变量 x 和 y 并存储数值，写一个表达式，如果 x 的值大于 5 或 y 的值小于 10，则该表达式为真，但是并不是两个条件都为真，它才为真。
26. 使用等式运算符验证 3 * 10^5 等于 3e5。
27. 使用等式运算符验证 $\log_{10}(10000)$ 的值。
28. 对实数来说是否也有和 intmin 和 intmax 等效的函数？用 help 查找一下。
29. 一个向量可以用直角坐标 x 和 y 表示，也可以用极坐标 r 和 θ 表示，它们之间的关系由下式给出：

$$x = r * \cos(\theta)$$
$$y = r * \sin(\theta)$$

给极坐标变量 r 和 θ 赋值，然后使用这些值，赋给相应的直角坐标变量 x 和 y。

30. 在狭义相对论中，洛伦兹因子是一个数值，用来描述当速度相对光速很重要时，在不同物理特征上速度的影响。数学上，洛伦兹因子的计算公式为：

$$\gamma = \frac{1}{\sqrt{1 - \frac{v^2}{c^2}}}$$

光速 c 为 $3 * 10^8$ 米/秒，创建光速变量 c 和速度变量 v，按照洛伦兹因子公式计算一个洛伦兹变量 lorentz。

31. 某公司生产一个部件，它有一个理想重量。有一个百分之 N 的容差，意味着重量在理想重量的正负 N% 之间都是可接受的。创建一个存储重量的变量，以及另一个存储 N 的变量(例如，设其为 2)。创建变量存储该部件可接受重量范围的最大值和最小值。
32. 一个环境工程师判定一个密闭罐的成本 C 跟罐的半径 r 的关系为：

$$C = \frac{32\,430}{r} + 428\pi r$$

创建半径变量，然后计算成本。

33. 化工厂把 A 数量的污染物排放到了河流里。在某一点的污染物的最大浓度 C 与工厂的距离 x 之间的关系如下：

$$C = \frac{A}{x}\sqrt{\frac{2}{\pi e}}$$

创建变量保存 A，x 的值，然后计算 C。假设距离 x 的单位是米，x 取不同的值。

34. n 个数字 x_i 的几何均值被定义为 x_i 乘积的 n 次根：

$$g = \sqrt[n]{x_1 x_2 x_3 \ldots x_n}$$

(这很有用，例如用其求投资的平均收益率。)如果一个投资第一年返回 15%，第二年返回 50%，第三年返回 30%，则平均收益率是$(1.15 * 1.50 * 1.30)^{(1/3)}$，计算此结果。

第 2 章　向量和矩阵

关键词

vectors 向量
matrices 矩阵
row vector 行向量
column vector 列向量
scalar 标量
elements 元素
array 数组
array operations 数组运算
colon operator 冒号运算符
iterate 迭代
step value 步长值
concatenating 连接
index 索引
subscript 下标
index vector 索引向量
transpose 转置
subscripted indexing 下标索引
unwinding a matrix 展开一个矩阵
linear indexing 线性索引
column major order 列优先顺序
columnwise 逐列的
vector of variables 变量
empty vector　空向量
deleting elements 删除元素
three-dimensional matrices 三维矩阵
cumulative sum 累加和
cumulative product 累乘积
running sum 当前和
nesting calls 嵌套调用
scalar multiplication 标量乘法
array operations 数组运算
array multiplication 数组乘法
array division 数组除法
matrix multiplication 矩阵乘法
inner dimensions 内部维数
outer dimensions 外部维数
dot product or inner
product 点乘或内积
cross product or outer
product 叉乘或外积
logical vector 逻辑向量
logical indexing 逻辑索引
zero crossings 零交叉

MATLAB 是矩阵实验室的缩写。在 MATLAB 里编写的一切都会使用向量和矩阵。本章将介绍向量和矩阵。向量和矩阵上的运算以及能够用于简化代码的内置函数也都会解释。本章描述的矩阵运算和函数都会是在第 5 章将介绍的向量化编码的基础。

2.1　向量和矩阵

向量和矩阵习惯上用来存储一组值，里面所有的值都是同一类型。矩阵可以被形象化为一个表的值。一个矩阵的维数为 r×c，其中 r 是行向量的个数，c 是列向量的个数。读成"r by c"①。一个向量可以是行向量也可以是列向量。如果一个向量有 n 个元素，则行向量的维数表示可以是 1×n，列向量的维数表示可以是 n×1。一个标量(一个值)维数为 1×1。因此，向量和标量是特殊形式的矩阵。

下面所示的图中，从左到右依次是一个标量、一个列向量、一个行向量和一个矩阵：

5

3
7
4

5	88	3	11

9	6	3
5	7	2

① 英语读法。——译者注

标量为1×1，列向量为3×1(3行1列)，行向量为1×4(1行4列)，矩阵为2×3(2行3列)。所有存储在矩阵中的这些值都称为元素。

MATLAB设计的初衷就是处理矩阵的，MATLAB的名字就是矩阵实验室(matrix laboratory)的缩写。由于MATLAB的开发就是为了处理矩阵的，所以创建一个向量和矩阵变量就很容易，也有很多可用于向量和矩阵的运算和函数。

在MATLAB中的一个向量等同于其他语言中所谓的一个一维数组。一个矩阵等同于一个二维数组。通常，甚至在MATLAB中，一些用于向量和矩阵的运算被认为是数组运算。数组术语也常常用来指代向量和矩阵。

在数学上，一个m×n的矩阵**A**的通用形式为：

$$\mathbf{A} = \begin{bmatrix} a_{11} & a_{12} & \cdots & a_{1n} \\ a_{21} & a_{22} & \cdots & a_{2n} \\ \vdots & \vdots & \vdots & \vdots \\ a_{m1} & a_{m2} & \cdots & a_{mn} \end{bmatrix} = a_{ij},\ i = 1, \cdots, m;\ j = 1, \cdots, n$$

2.1.1 创建行向量

创建行向量变量有几种方法。最直接的办法是把你想要在向量里出现的值直接放入方括号中，用空格或逗号隔开。例如，下面两个赋值语句创建了相同的向量v：

```
>> v = [1 2 3 4]
v =
    1  2  3  4
>> v = [1, 2, 3, 4]
v =
    1  2  3  4
```

这两个命令都创建了一个包含4个元素的行向量变量，每个值都以一个独立元素存储在向量中。

2.1.1.1 冒号运算符和Linspace函数

就像前面的例子，如果向量中的值是有规律的且用空格隔开的，就可以用冒号运算符循环访问这些值。例如，1:5就会生成从1到5包括的所有整数：

```
>> vec = 1:5
vec =
    1  2  3  4  5
```

注意，在这种情况下，不需要用括号[ ]来定义向量。

有了冒号运算符，可以使用另一个冒号来规定步长值，其形式为：(初值：步长：终值)。例如，创建一个向量，包括从1到9，步长为2的所有整数：

```
>> nv = 1:2:9
nv =
    1  3  5  7  9
```

快速问答

如果步长增加时超过终值给定的范围，会发生什么？例如：

```
1:2:6
```

答：

这时将会创建一个包括1，3和5的向量。5加2会超过6，因此加到5时向量就会停止，结果应该是：

```
    1  3  5
```

快速问答

如何利用冒号操作符产生如下向量：

```
    9 7  5  3 1
```

答：

```
    9:-2:1
```

步长可以是负数，因此结果序列是递减的(从最大值到最小值)。

linspace函数创建一个线性间隔向量，linspace(x,y,n)创建一个范围从x到y有n个值的向量。如果n被省略，默认为100个点。例如，下面创建了一个有5个值的线性间隔的向量，范围从3到15，包括3和15：

```
>> ls = linspace(3,15,5)
ls =
    3  6  9  12  15
```

类似地，logspace函数创建一个对数间隔的向量，logspace(x,y,n)在闭区间10^x到10^y内，创建一个具有n个值的向量。如果n被省略，默认为50个点。例如：

```
>> logspace(1,5,5)
ans =
    10  100 1000  10000  100000
```

也可以使用现存的变量创建向量变量。例如，这里创建一个新向量，首先它的值组成包括nv中的值和ls中的值：

```
>> newvec = [nv ls]
newvec =
    1  3  5  7  9  3  6  9  12  15
```

像这样将两个向量合起来创建一个新向量称为连接向量。

2.1.1.2 引用和修改元素

向量中的元素按顺序编号，每个元素序号被称为索引或下标。在MATLAB中，索引从1开始。通常，向量和矩阵的图解会显示索引。例如，前面创建的向量newvec的元素索引从1到10，显示在向量的上面(如下所示)：

1	2	3	4	5	6	7	8	9	10
1	3	5	7	9	3	6	9	12	15

向量中一个特定的元素可以通过使用向量的名字和括号里面的索引或下标查找。例如，向量newvec中的第5个元素是9：

```
>> newvec(5)
```

```
ans =
    9
```

表达式 newvec(5)读为“newvec sub 5”，sub 是下标的缩写。一个向量的子集(本身也应该是一个向量)可以使用冒号运算符获得。例如，下面的语句可以得到 newvec 向量中从第 4 个到第 6 个的元素，并将结果存储在向量变量 b 中：

```
>> b = newvec(4:6)
b =
    7  9  3
```

任何向量都可以通过索引送入另一个向量，不仅仅是使用冒号运算符创建一个。索引不需要按顺序。例如，下面的例子得到向量 newvec 的第 1 个，第 10 个和第 5 个元素：

```
>> newvec([1 10 5])
ans =
    1  15  9
```

向量[1 10 5]被称为索引向量，它指定的是被引用原始向量中的索引。

通过指定向量中的索引或下标可以改变向量元素中存储的值。例如，改变之前向量 b 中第 2 个元素，用 11 代替之前的 9：

```
>> b(2) = 11
b =
    7  11  3
```

通过引用一个现在还不存在的索引，可以扩展一个向量。例如，下面的例子创建一个有 3 个元素的向量。通过给第 4 个元素赋一个值，向量将会扩展为有 4 个元素的向量。

```
>> rv = [3 55 11]
rv =
    3  55  11
>> rv(4) = 2
rv =
    3  55  11  2
```

如果向量的结尾和指定的元素之间还有空，则用 0 填充。例如，下例再一次扩展了 rv 变量：

```
>> rv(6) = 13
rv =
    3  55  11  2  0  13
```

随后可以发现，这样做其实效率并不高，因为花费了额外的时间。

练习 2.1

思考按照下面的语句和表达式顺序会产生什么结果，输入它们并验证自己给出的答案：

```
pvec = 3:2:10
pvec(2) = 15
pvec(7) = 33
pvec([2:4 7])
linspace(5,11,3)
logspace(2,4,3)
```

2.1.2 创建列向量

创建列向量的一种方法是明确地将值放在方括号中，用分号隔开(不是逗号或空格)：

```
>> c = [1; 2; 3; 4]
c =
     1
     2
     3
     4
```

没有直接的方法使用冒号运算符得到列向量。但是，使用任何方法创建的行向量都可以转置生成列向量。一般的，一个矩阵的转置是将原矩阵的行和列进行互换后的新矩阵。对向量而言，一个行向量的转置会产生一个列向量，一个列向量的转置会产生一个行向量。MATLAB 中，使用撇号作为转置运算符：

```
>> r = 1:3;
>> c = r'
c =
     1
     2
     3
```

2.1.3　创建矩阵变量

简单来说，创建一个矩阵就是简单地创建一个行向量和列向量的归纳。也就是说，行向量里的值用空格或逗号隔开，不同的行用分号隔开。例如，矩阵变量 mat 是通过直接输入值创建的：

```
>> mat [4 3 1;2 5 6]
mat =
     4     3     1
     2     5     6
```

每行的值的个数必须相同，如果试图创建一个行值个数不同的矩阵，则会出现错误信息，例如：

```
>> mat = [3 5 7; 1 2]
Error using vertcat
Dimensions of matrices being concatenated are not consistent.
```

行里使用冒号运算符，其值能用迭代程序确定，例如：

```
>> mat = [2:4; 3:5]
mat =
     2  3  4
     3  4  5
```

输入矩阵值时，区别矩阵中不同的行也可以在每行输入后用点击回车键代替分号，例如：

```
>> newmat = [2  6  88
33 5 2]
newmat =
     2    6   88
    33    5    2
```

使用 rand 函数能够创建随机数矩阵。如果给 rand 传递一个 n 值，则会创建一个 n × n 的矩阵，或传递两个参数明确指定行列数：

```
>> rand(2)
ans =
    0.2311  0.4860
    0.6068  0.8913
```

```
>> rand (1,3)
ans =
    0.7621  0.4565  0.0185
```

使用 randi 能够产生随机整数矩阵；传递范围后，矩阵的维数也就随之确定了(再次利用上例传递一个 n 值，确定矩阵的维数为 n×n，传两个值确定其维数)。

```
>> randi ([5, 10],2)
ans =
    8  10
    9  5
>> randi ([10, 30], 2, 3)
ans =
    21  10  13
    19  17  26
```

注意在 randi 中可以指定范围，而在 rand 中不能指定(调用两种函数的格式不同)。

MATLAB 中有几个创建特殊矩阵的函数。例如，zeros 函数创建一个所有元素都为零的矩阵，ones 函数创建一个所有元素都为 1 的单位矩阵。像 rand，要么能传递一个参数(即行数和列数一样)，要么两个参数(第 1 个为行数，第 2 个为列数)。

```
>> zeros (3)
ans =
    0  0  0
    0  0  0
    0  0  0
>> ones (2,4)
ans =
    1  1  1  1
    1  1  1  1
```

注意，没有 two 函数，也没有 tens 或 fifty-threes 函数，只有 zeros 和 ones 函数。

2.1.3.1 引用和修改矩阵元素

要引用矩阵元素，在括号里按顺序给出行向量和列向量下标(总是行向量在先列向量在后)。例如，下面创建一个矩阵变量 mat，然后引用 mat 矩阵中第 2 行第 3 列元素的值：

```
>> mat = [2:4; 3:5]
mat =
    2    3    4
    3    4    5
>> mat (2,3)
mat =
    5
```

这就是下标索引，它使用行下标和列下标。也可以引用矩阵的子集。例如，下面引用的是第 1 行和第 2 行与第 2 列和第 3 列元素：

```
>> mat (1:2, 2:3)
mat =
    3    4
    4    5
```

引用时行向量参数位置仅使用一个冒号作为行下标意味着引用所有行，不管它有多少行，列向量下标用一个冒号意味着引用所有列。例如，这次引用第 1 行所有的列，换句话说，即整个第 1 行元素：

```
>> mat (1, :)
ans =
    2    3    4
```

引用整个第2列元素：

```
>> mat (:, 2)
ans =
    3
    4
```

如果一个矩阵使用一个单一的索引，MATLAB逐列展开矩阵。例如，创建一个矩阵intmat，前两个元素来自第1列，后两个元素来自第2列：

```
>> intmat = [100  77; 28  14]
intmat =
    100  77
    28   14
>> intmat (1)
ans =
    100
>> intmat (2)
ans =
    28
>> intmat (3)
ans =
    77
>> intmat (4)
ans =
    14
```

这被称为线性索引，在使用矩阵时，用下标索引方式通常要更好一些。

MATLAB在内存中存储矩阵是以列为主的顺序分配，或称为逐列式的，这就是为什么线性索引提取元素时是按列进行的。

矩阵中的一个单独元素能够通过赋新值的方式对其进行修改：

```
>> mat = [2:4, 3:5];
>> mat(1,2) = 11
mat =
    2  11  4
    3   4  5
```

也可以改变一个矩阵的整行或整列。例如，下例是利用冒号运算符产生的新向量的值代替第2行向量：

```
>> mat(2,:) = 5:7
mat =
    2  11  4
    5   6  7
```

注意，由于这个矩阵的整行元素都被修改了，所以要赋给的行向量长度必须正确。一个矩阵的任何子集都能修改，只要将要赋给的子集与被修改的子集具有相同数量的行和列即可。

扩展一个矩阵不能添加单个元素，因为这意味着每一行的值不再具有相同的数量。然而，可以添加一整行或一整列。例如，下例将对该矩阵添加第4列：

```
>> mat(:,4) = [9 2]'
mat =
```

```
    2  11  4  9
    5   6  7  2
```

与之前向量的情况一致，如果添加的整行或整列与当前的矩阵有空隙(隔行或隔列)，则用0填充空的行列：

```
>> mat(4,:) = 2:2:8
mat =
    2  11  4  9
    5   6  7  2
    0   0  0  0
    2   4  6  8
```

2.1.4 维数

MATLAB 中的 length 函数和 size 函数用来求向量和矩阵的维数。length 函数返回向量中元素的个数。size 函数返回向量或矩阵的行和列的个数。例如，下面的向量 vec 有 4 个元素，因而长度为 4。它是一个行向量，所以大小为 1×4：

```
>> vec = -2:1
vec =
    -2  -1  0  1
>> length(vec)
ans =
    4
>> size (vec)
ans =
    1  4
```

创建一个如下矩阵变量 mat，针对两行迭代，然后将矩阵转置，结果矩阵为 3 行 2 列，换句话说，矩阵的大小为 3×2。

```
>> mat = [1:3; 5:7]'
mat =
    1  5
    2  6
    3  7
```

size 函数返回行向量的个数，然后返回列向量的个数。这样要想在分开的变量里获得这些值，我们在赋值式的左边放一个有两个变量的向量。变量 *r* 存储第一个返回值，即行向量的个数，而 *c* 存储列向量的个数。

```
>> [r, c] = size(mat)
r =
    3
c =
    2
```

注意，这个例子说明了 MATLAB 中非常重要和独特的概念：有能力使函数返回多值并且能够在赋值等式的左边用一个向量变量存储这些值。

如果调用刚才的表达式，size 函数用一个向量返回这两个值：

```
>> size (mat)
ans =
    3  2
```

对于一个矩阵，length 函数要么返回一个行向量，要么返回一个列向量的个数，哪个值大则返回哪个(在这个例子中返回行向量的个数：3)。

```
>> length(mat)
ans =
     3
```

快速问答

如何创建一个大小和另一个矩阵的大小相同的零矩阵？

答：

对一个矩阵变量 mat，如下表达式能够完成这一点：

```
zeros(size(mat))
```

size 函数返回矩阵的大小，此值也传递给 zeros 函数，然后返回一个零矩阵，其大小和 mat 相同。在这种情况下没有必要把 size 函数返回的值存储在变量里。

MATLAB 还有一个函数 numel，返回数组(向量或矩阵)所有元素的个数：

```
>> vec = 9: -2: 1
vec =
     9   7   5   3   1
>> numel(vec)
ans =
     5
>> mat = [3:2:7; 9 33 11]
mat =
     3    5    7
     9   33   11
>> numel(mat)
ans =
     6
```

对向量来说，它等价于向量的长度。对矩阵来说，它是行、列数的乘积。

重要的是注意在编程应用中，最好不要假设向量或矩阵的维数是已知的。相反，一般来讲，使用 length 函数或者 numel 函数确定一个向量中元素的个数，使用 size(结果存储在两个变量中)确定矩阵的大小。

MATLAB 还有一个内置表达 end，可以用来提取向量中的最后一个元素；例如，v(end)等于 v(length(v))。对于矩阵，可以提取最后一行或最后一列。这样，例如，使用 end 对于行索引则提取最后一行。

如下所示，提取的元素是最后一行的第 1 列元素：

```
>> mat = [1:3; 4:6]'
mat =
     1   4
     2   5
     3   6
>> mat(end,1)
ans =
     3
```

在列索引中采用 end 会提取最后一列中的一个值(例如，最后一列第 2 行的元素)：

```
>> mat (2,end)
ans =
    5
```

这只能作为索引使用。

2.1.4.1 改变维数

除了转置运算符，MATLAB 中还有几个内置函数用来改变矩阵的维数或配置，包括 reshape、fliplr、flipud 和 rot90。

reshape 函数改变一个矩阵的维数。下面的矩阵变量 mat 是 3×4 的矩阵，换句话说，它有 12 个元素(每一个的范围从 1 到 100)。

```
>> mat = randi(100, 3, 4)
14  61   2  94
21  28  75  47
20  20  45  42
```

这 12 个值可以组成维数为 2×6、6×2、4×3、1×12 或 12×1 的矩阵。reshape 函数通过矩阵逐列进行迭代。例如，重构 mat 为 2×6 矩阵，原矩阵第 1 列的值(14,21 和 20)为第 1 组数，然后第 2 列的值(61,28 和 20)为第 2 组等等。

```
>> reshape (mat,2,6)
ans =
    14  20  28   2   45  47
    21  61  20  75  94  42
```

注意，这些例子中 mat 没有改变，但是，每次结果都存储在默认变量 ans 中。

fliplr 函数从左到右"翻转"矩阵(换句话说，最左边一列，即第 1 列，变成最后一列，依次类推)，flipud 函数上下翻转。

```
>> mat
mat =
    14  61   2   94
    21  28  75  47
    20  20  45  42
>> fliplr (mat)
anst =
    94   2   61  14
    47  75  28  21
    42  45  20  20
>> mat
mat =
    14  61   2   94
    21  28  75  47
    20  20  45  42
>> flipud (mat)
ans =
    20  20  45  42
    21  28  75  47
    14  61   2  94
```

rot90 函数逆时针 90 度旋转矩阵，例如，用右上角的值代替左上角的值，最后一列变成第 1 行：

```
>> mat
mat =
```

```
    14  61   2  94
    21  28  75  47
    20  20  45  42
>> rot90(mat)
ans =
    94  47  42
     2  75  45
    61  28  20
    14  21  20
```

快速问答

是否有rot180函数？是否有rot90函数（可顺时针旋转）？

答：

不能直接得到，但是一个第二参数可以传递给rot90函数，这个参数是整数n；函数可以旋转90×n度。该整数可以是正数也可以是负数。例如，如果n为2，则函数可以把矩阵旋转180度（这样，它与把函数rot90旋转90度后再旋转90度一样）。

```
>> mat
mat =
    14  61   2  94
    21  28  75  47
    20  20  45  42
>> rot90(mat,2)
ans =
    42  45  20  20
    47  75  28  21
    94   2  61  14
```

如果n为负数，则会向相反的方向旋转，这就是顺时针。

```
>> mat
mat =
    14  61   2  94
    21  28  75  47
    20  20  45  42
>> rot90(mat, -1)
ans =
    20  21  14
    20  28  61
    45  75   2
    42  47  94
```

函数repmat能用来创建一个矩阵；repmat(mat,m,n)创建一个更大的矩阵，它由 $m \times n$ 维的mat拷贝组成。例如，下面为一个2×2的随机矩阵：

```
>> intmat = randi(100,2)
intmat =
    50  34
    96  59
```

将这个矩阵复制6次，将会按下面方式生成一个3×2维的intmat拷贝矩阵：

intmat	intmat
intmat	intmat
intmat	intmat

```
>> repmat(intmat,3,2)
ans =
    50  34  50  34
    96  59  96  59
    50  34  50  34
    96  59  96  59
    50  34  50  34
    96  59  96  59
```

2.1.5 空向量

一个空向量(一个向量不存储任何值)可以使用空的方括号创建:

```
>> evec =[ ]
evec =
    [ ]
>> length(evec)
ans =
    0
```

可以通过连接给空向量添加值,或者为现存向量添加值。下面的语句中,给当前没有任何值的 evec 向量添加一个 4:

```
>> evec = [evec 4]
evec =
    4
```

注意:一个空向量变量和根本没有变量是不同的。

下面的语句是以 evec 的当前值,即 4,再向其添加一个值 11:

```
>> evec = [evec 11]
evec =
    4  11
```

可以通过连续添加很多次建立一个从没有任何值到想要具有什么样值的向量。一般来说,这不是一个好方法,虽然它由于浪费时间能避免的尽可能避免,但是有时候却是很有必要的。

空向量也可以用于删除向量中的元素。例如,为了移除向量中的第 3 个元素,将空向量指派给它:

```
>> vec = 4:8
vec =
    4  5  6  7  8
>> vec(3) = [ ]
vec =
    4  5  7  8
```

这个向量中的元素现在的编号是从 1 到 4。

一个向量的子集也可以被移除。例如:

```
>> vec = 3:10
vec =
    3  4  5  6  7  8  9  10
>> vec(2:4) = [ ]
vec =
    3  7  8  9  10
```

矩阵中的单个元素不能移除,因在矩阵中的每一行总是有相同的元素个数:

```
>> mat = [7 9 8; 4 6 5]
mat =
    7  9  8
    4  6  5
>> mat(1,2) =[ ];
Subscripted assignment dimension mismatch.
```

然而，一个矩阵的整行或整列可以被移除。例如，移除第 2 列：

```
>> mat(:,2) = [ ]
mat =
    7  8
    4  5
```

还有，如果采用线性索引删除矩阵中的某个元素，则矩阵会重塑成一个行矩阵：

```
>> mat = [7 9 8; 4 6 5]
mat =
    7  9  8
    4  6  5
>> mat(3) = [ ]
mat =
    7  4  6  8  5
```

练习 2.2

想一想执行如下语句和表达式会产生什么结果，然后用 MATLAB 验证之：

```
mat = [1:3; 44 9 2; 5:-1:3]
mat(3,2)
mat(2,:)
size(mat)
mat(:,4) = [8;11;33]
numel(mat)
v = mat(3,:)
v(v(2))
v(1) = [ ]
reshape(mat,2,6)
```

2.1.6　三维矩阵

之前所展示的矩阵都是二维的，这些矩阵有行和列。然而 MATLAB 中的矩阵并不是只局限于二维。事实上，第 13 章我们将会看到在图像应用中使用三维矩阵。对于三维矩阵，想象将二维矩阵平放在一个页面上，第三维的组成包含这一页面上更多的页面(它们互相堆叠在上面)。

如下的例子为创建一个三维矩阵。第一步，先创建两个二维矩阵 layerone 和 layertwo，它们必须有相同的维数(在这个例子中，维数是 3×5)。然后，将它们做成三维矩阵 mat 的“层”。注意，最终得到的矩阵有两层，每一层的维数是 3×5。产生的三维矩阵的维数是 3×5×2。

```
>> layerone = reshape(1:15,3,5)
layerone =
    1  4  7  10  13
    2  5  8  11  14
    3  6  9  12  15
>> layertwo = fliplr(flipud(layerone))
layertwo =
    15  12  9  6  3
```

```
     14  11  8  5  2
     13  10  7  4  1
  >> mat(:,:,1) = layerone
  mat =
     1  4  7  10  13
     2  5  8  11  14
     3  6  9  12  15
  >> mat(:,:,2) = layertwo
  mat(:,:,1) =
     1  4  7  10  13
     2  5  8  11  14
     3  6  9  12  15
  mat(:,:,2) =
     15  12  9  6  3
     14  11  8  5  2
     13  10  7  4  1
  >> size(mat)
  mat =
     3  5  2
```

三维矩阵也可以通过一开始指定 zeros、ones 和 rand 函数的三维来创建。例如，zeros(2,4,3)会创建一个元素全为 0 的 2×4×3 矩阵。

除非特别指定，本书中后面的矩阵都默认为二维矩阵。

2.2 用作函数参数的向量和矩阵

在 MATLAB 中，一个完整的向量或矩阵可以作为一个参数传递给一个函数，这个函数将会对每个元素进行处理。这意味着结果的维数会和输入参数一样。

例如，假设我们要按弧度计算向量 vec 的每个元素的正弦值。sin 函数将会自动返回每个独立元素的正弦值，并且结果将是一个与输入向量等长度的向量。

```
  >> vec = -2:1
  vec =
      -2   -1  0  1
  >> sinvec = sin(vec)
  sinvec =
      -0.9093  -0.8415  0  0.8415
```

对于一个矩阵，结果矩阵将会和输入参数矩阵有相同的维数。例如，sign 函数会获得一个矩阵中每个元素的符号值：

```
  >> mat = [0 4 -3; -1 0 2]
  mat =
     0  4  -3
    -1  0   2
  >> sign(mat)
  ans =
     0  1  -1
    -1  0   1
```

像 sin 和 sign 函数既能够传递标量给它们、也能够传递数组(向量或矩阵)给它们。有大量的函数专门写成处理向量或矩阵的列，这些函数包括 min、max、sum、prod、cumsum 和 cumprod。这些函数的示例会先用向量，后用矩阵。

例如，假设我们有如下向量变量：

```
>> vec1 = 1:5;
>> vec2 = [3  5  8  2];
```

函数 min 将会返回向量中的最小值，函数 max 将会返回最大值。

```
>> min (vec1)
ans =
    1
>> max (vec2)
ans =
    8
```

函数 sum 计算向量中所有元素的总和，例如，对于 vec1 将返回 1 +2 +3 +4 +5 或 15：

```
>> sum (vec1)
ans =
    15
```

函数 prod 返回向量中所有元素的乘积。例如，对于 vec2 将返回 3 * 5 * 8 * 2 或 240：

```
>> prod (vec2)
ans =
    240
```

函数 cumsum 和 cumprod 分别返回累加和与累乘积。一个累加和或运行和存储每一步加入向量元素的当前和。例如，对于 vec1，它会先存储第一个元素 1，随后是 3(1 +2)，接着是 6(1 +2 +3)，再往后是 10(1 +2 +3 +4)，最后是 15(1 +2 +3 +4 +5)。结果是一个向量，该向量的元素和传递给它的输入参数向量的元素一样多。

```
>> cumsum (vec1)
ans =
    1   3   6   10   15
>> cumsum (vec2)
ans =
    3   8   16   18
```

函数 cumprod 存储向量中的元素乘起来的累乘积，当然，结果向量和输入向量长度相同：

```
>> cumprod (vec1)
ans =
    1   2   6   24   120
```

对于矩阵，所有这些函数的操作都是在每一列上单独进行的。如果一个矩阵是 r × c 维的，min，max，sum 和 prod 函数的结果将是一个 1 × c 行向量，分别返回每一列最小值、最大值、总和、乘积。例如，假设有如下矩阵：

```
>> mat = randi([1 20], 3, 5)
mat =
     3   16    1   14    8
     9   20   17   16   14
    19   14   19   15    4
```

以下是 max 和 sum 函数的结果：

```
>> max (mat)
ans =
    19   20   19   16   14
>> sum (mat)
ans =
    31   50   37   45   26
```

要想寻找一个针对每个行向量(而不是列向量)使用的函数，有一个办法是将矩阵转置。

```
>> max(mat')
ans =
    16  20  19
>> sum(mat')
ans =
    42  76  71
```

由于列是默认的，它们被认为是第一维的。指定第二维作为这些函数中的一个的参数，就会产生逐行式操作。语法有些细微的差别：对于 sum 和 prod 函数，它是第 2 个参数，而对于 min 和 max 函数必须是第 3 个参数，其第 2 个参数为空向量：

```
>> max(mat, [ ], 2)
ans =
    16
    20
    19
>> sum(mat, 2)
ans =
    42
    76
    71
```

注意以上这两种方法输出格式的区别(而指定第二维引起的列向量，转置后成为行向量)。

快速问答

当这些函数逐列操作时，如何得到一个矩阵的总体结果？例如，怎样确定整个矩阵中的最大值？

答：

我们可以从列的最大值的行向量中得到最大值，换句话说对矩阵采用嵌套调用得到 max 函数：

```
>> max(max(mat))
ans =
    20
```

对于 cumsum 和 cumprod 函数，它们返回每一列的累加和或累乘积。产生的矩阵和输入矩阵有着相同的维数：

```
>> mat
mat =
     3   16    1   14    8
     9   20   17   16   14
    19   14   19   15    4
>> cunsum(mat)
ans =
     3   16    1   14    8
    12   36   18   30   22
    31   50   37   45   26
```

2.3　向量和矩阵上的标量运算和数组运算

数值运算可以应用于整个向量或矩阵中。例如，假设要将一个向量 v 中的每个元素乘以 3。在 MATLAB 中，可以在一个赋值语句中简单地将 v 乘以 3 并把结果返回存储到 v 中：

```
>> v = [3  7  2  1];
>> v = v * 3
v =
    9  21  6  3
```

再如，我们可以将每一元素除以 2：

```
>> v = [3  7  2  1];
>> v / 2
ans =
    1.5000  3.5000  1.000  0.5000
```

要将矩阵中的每个元素乘以 2：

```
>> mat = [4:6; 3:-1:1]
mat =
    4  5  6
    3  2  1
>> mat * 2
ans =
    8  10  12
    6   4   2
```

这就是标量运算。我们将向量或矩阵中的每个元素乘以一个标量(或将向量或矩阵中的每个元素除以一个标量)。

快速问答

没有一个 tens 函数可以创建数值全部元素为 10 的矩阵，那么如何完成这样的任务？

答：

我们可以利用 ones 函数并乘以 10，也可以利用 zeros 函数再加 10：

```
>> ones(1, 5) *10
ans =
    10  10  10  10  10
>> zeros(2) + 10
ans =
    10  10
    10  10
```

数组运算是在向量或矩阵上逐项或逐个元素进行的运算。这意味着一开始这两个数组(向量或矩阵)必须是相同大小的。下面的例子说明了数组的加法和减法运算。

```
>> v1 = 2:5
v1 =
    2  3  4  5
>> v2 = [33 11 5 1]
v2 =
    33  11  5  1
>> v1 + v2
```

```
ans =
   35  14  9  6
>> mata = [5:8; 9:-2:3]
mata =
   5  6  7  8
   9  7  5  3
>> matb = reshape(1:8,2,4)
matb =
   1  3  5  7
   2  4  6  8
>> mata - matb
ans =
   4  3    2    1
   7  3   -1   -5
```

然而，对于任何基于乘法的运算(即乘法、除法和乘方)，必须在用于数组运算的运算符前面放置一个点。例如，当对向量和数组进行乘方运算时，必须使用乘方运算符 .^，而不只是^运算符。再例如，一个向量的平方意味着将每个元素乘以它自己，所以必须使用 .^运算符。

```
>> v = [3 7 2 1];
>> v ^2
Error using ^
Inputs must be a scalar and a square matrix.
To compute elementwise POWER,use POWER (.^) instead.
>> v .^2
ans =
   9  49  4  1
```

类似地，数组乘法必须用 .* 运算符，数组除法用./或 .\ 运算符。下面的例子展示了数组乘法和数组除法。

```
>> v1 = 2:5
v1 =
   2  3  4  5
>> v2 = [33 11 5 1]
v2 =
   33  11  5  1
>> v1 .* v2
ans =
   66  33  20  5
>> mata = [5:8; 9:-2:3]
mata =
   5  6  7  8
   9  7  5  3
>> matb = reshape(1:8, 2,4)
matb =
   1  3  5  7
   2  4  6  8
>> mata ./matb
ans =
   5.0000  2.0000  1.4000  1.1429
   4.5000  1.7500  0.8333  0.3750
```

操作符.^，.*，./和.\称为数组运算符，可用于相同大小的向量或数组的逐项乘法或除法。注意：数组乘法是一个迥然不同的运算，下节将会介绍。

练习2.3

1. 创建一个向量变量并将每个元素减3。
2. 创建一个矩阵变量并将每个元素除以3。
3. 创建一个矩阵变量并将每个元素进行平方。

2.4 矩阵乘法

矩阵乘法并不是逐项乘，它不是一个数组运算。矩阵乘法有一个非常特殊的含义。首先，要想用一个矩阵B去乘矩阵A得到矩阵C，则A的列数必须等于B的行数。如果矩阵A是m×n维的，那么矩阵B必须是n×某维的，假设它是n×p维的。

我们说内部维数(即，n)必须是相等的。产生的矩阵C的行数等于A的行数、列数等于B的列数(亦即，外部维数是$m\times p$)。数学记法为

$$[\mathrm{A}]_{m\times n}[\mathrm{B}]_{n\times p}=[\mathrm{C}]_{m\times p}$$

这里只定义了C的大小，没有描述如何得到C的元素。

矩阵C的元素定义为矩阵A的行中的元素与矩阵B的列中相应元素的乘积的和，或换句话说，就是

$$\mathrm{c}_{ij}=\sum_{k=1}^{n}\mathrm{a}_{ik}\mathrm{b}_{kj}$$

在下面的例子中，A是2×3维矩阵，B是3×4维矩阵；内部维数两个都是3，所以完成这个矩阵乘法A*B是可能的(注意B*A是不可能的)。C会获得它的外部维数，即2×4维。C中的每个元素通过上述求和方式得到。矩阵C的第1行是通过A的第1行和B的连续列运算得到的。例如，C(1,1)是3×1+8×4+0×0，即35。C(1,2)是3×2+8×5+0×2，即46。

$$\underset{\mathrm{A}}{\begin{bmatrix}3&8&0\\1&2&5\end{bmatrix}}\times\underset{\mathrm{B}}{\begin{bmatrix}1&2&3&1\\4&5&1&2\\0&2&3&0\end{bmatrix}}=\underset{\mathrm{C}}{\begin{bmatrix}35&46&17&19\\9&22&20&5\end{bmatrix}}$$

在MATLAB中，*操作符会完成这样的矩阵乘法：

```
>> A = [3 8 0; 1 2 5];
>> B = [1 2 3 1; 4 5 1 2;0 2 3 0];
>> C = A * B
C =
    35  46  17  19
     9  22  20   5
```

练习2.4

当两个矩阵有相同的维数，并且都是方阵，则数组和矩阵乘法在其上都能完成。针对下面两个矩阵，手工完成A.*B，A*B和B*A，然后在MATLAB中验证结果。

$$\underset{\mathrm{A}}{\begin{bmatrix}1&4\\3&1\end{bmatrix}}\qquad\underset{\mathrm{B}}{\begin{bmatrix}1&2\\-1&0\end{bmatrix}}$$

2.4.1 向量的矩阵乘法

因为向量仅是矩阵的特例，所以只要维数正确，之前描述的矩阵操作(加法、减法、标量乘、矩阵乘和转置)也同样适用于向量。

对于向量，如同我们已经看到的，一个行向量的转置就是列向量，一个列向量的转置就是行向量。

要完成向量相乘，它们必须有相同数目的元素，而且必须一个是行向量，另一个是列向量。例如，对于一个列向量 c 和一个行向量 r：

$$c = \begin{bmatrix} 5 \\ 3 \\ 7 \\ 1 \end{bmatrix} \quad r = \begin{bmatrix} 6 & 2 & 3 & 4 \end{bmatrix}$$

注意 r 是 1×4 矩阵，c 是 4×1，因此

$$[r]_{1\times4}[c]_{4\times1} = [s]_{1\times1}$$

或换句话说，结果是个标量：

$$\begin{bmatrix} 6 & 2 & 3 & 4 \end{bmatrix} \begin{bmatrix} 5 \\ 3 \\ 7 \\ 1 \end{bmatrix} = 6*5+2*3+3*7+4*1 = 61$$

反过来，$[c]_{4\times1}[r]_{1\times4} = [M]_{4\times4}$，或换句话说，是 4×4 矩阵：

$$\begin{bmatrix} 5 \\ 3 \\ 7 \\ 1 \end{bmatrix} \begin{bmatrix} 6 & 2 & 3 & 4 \end{bmatrix} = \begin{bmatrix} 30 & 10 & 15 & 20 \\ 18 & 6 & 9 & 12 \\ 42 & 14 & 21 & 28 \\ 6 & 2 & 3 & 4 \end{bmatrix}$$

在 MATLAB 中，这些操作通过使用 * 操作符来实现，该操作符是矩阵乘法操作符。首先，创建列向量 c 和行向量 r。

```
>> c = [5 3 7 1]';
>> r = [6 2 3 4]';
>> r* c
ans =
    61
>> c* r
ans =
    30  10  15  20
    18   6   9  12
    42  14  21  28
     6   2   3   4
```

也有指定用于向量的操作：点乘和叉乘。两个向量 a 和 b 的点乘或内积写成 a · b，并定义为：

$$a_1b_1 + a_2b_2 + a_3b_3 + \cdots + a_nb_n = \sum_{i=1}^{n} a_ib_i$$

这里 a 和 b 都有 n 个元素，a_i 和 b_i 代表向量中的元素。换句话说，当用一个行向量 a 乘以一个

列向量b(点乘)时，很像矩阵乘法，其结果是一个标量。可以使用 * 操作符并转置第2个向量来完成，或使用MATLAB中的dot函数来完成：

```
>> vec1 =[4 2 5 1];
>> vec2 = [3 6 1 2];
>> vec1 * vec2'
ans =
    31
>> dot (vec1,vec2)
ans =
    31
```

只有当两个向量a和b都有3个元素时，a和b的叉乘或外积定义为a×b。它可以定义为一个矩阵乘法，即其元素以这里显示的特殊方式组成的矩阵a和列向量b的相乘。

$$\mathrm{a}\times\mathrm{b} = \begin{bmatrix} 0 & -a_3 & a_2 \\ a_3 & 0 & -a_1 \\ -a_2 & a_1 & 0 \end{bmatrix}\begin{bmatrix} b_1 \\ b_2 \\ b_3 \end{bmatrix} = [a_2b_3 - a_3b_2, a_3b_1 - a_1b_3, a_1b_2 - a_2b_1]$$

MATLAB有个内置函数cross可以完成上述操作。

```
>> vec1 =[4 2 5];
>> vec2 = [3 6 1];
>> cross(vec1,vec2)
ans =
    -28  11  18
```

2.5　逻辑向量

逻辑向量使用产生真/假值的关系表达式。

2.5.1　含有向量和矩阵的关系表达式

关系运算符也可以用于向量和矩阵。例如，假设有一个向量vec，我们想要将向量中的每个元素和5进行比较来判断其是否大于5。其结果将会是一个由逻辑真或假值组成的向量(其长度和初始向量长度一样)。

```
>> vec = [5 9 3 4 6 11];
>> isg = vec > 5
isg =
    0  1  0  0  1  1
```

注意，这样就创建了一个全由逻辑真或假组成的向量。虽然结果是一个由1和0组成的向量，且可以在该isg向量上进行数值运算，但其类型是逻辑型的，而不是浮点型的。

```
>> doubres = isg + 5
doubres =
    5  6  5  5  6  6
>> whos
Name     Size   Bytes  Class
doubres  1×6    48     double array
isg      1×6    6      logical array
vec      1×6    48     double array
```

为了判断向量vec中有几个元素比5大，可以在生成的结果向量isg上使用sum函数获得比5大的元素个数：

```
≫ sum(isg)
ans =
    3
```

我们所做的是创建了一个逻辑向量 isg。这个逻辑向量可以用来索引原始向量。例如，如果仅需要找出向量中大于 5 的元素：

```
≫ vec(isg)
ans =
    9   6   11
```

这就是所谓的逻辑索引。仅仅返回在逻辑向量 isg 中的对应元素为逻辑真的 vec 元素。

快速问答

为什么下面的操作不起作用？

```
≫ vec = [5 9 3 4 6 11];
≫ v = [0 1 0 0 1 1];
≫ vec(v)
Subscript indices must either be real positive integers or logicals.
```

答：

在此例中的向量和向量 isg 之间的差别是，isg 是一个逻辑向量(逻辑的 1 和 0)，而此处默认的[0 1 0 0 1 1]是一个浮点型值向量。只有逻辑 0 和 1 可用于索引向量。因此，变量 v 的类型转换如下：

```
≫ v = logical(v);
≫ vec(v)
ans =
    9   6   11
```

为了创建一个全逻辑 1 或 0 的向量或矩阵，可以使用 true 和 false 函数：

```
≫ false(2)
ans =
    0   0
    0   0
≫ true(1,5)
ans =
    1   1   1   1   1
```

相比于逻辑处理的函数 ones 或 zeros，函数 true 和 false 速度更快，管理内存更高效。

2.5.2 逻辑内置函数

MATLAB 中有一些内置函数，对处理逻辑向量或矩阵是很有用的，其中的两个函数是 any 函数和 all。如果一个向量中的任意元素是逻辑真(非零的)，any 函数返回逻辑真，反之则返回逻辑假。只有当所有元素都是非零时，all 函数才能返回逻辑真。下面给出一些例子。

```
≫ any(isg)
ans =
    1
≫ all(true(1,3))
ans =
    1
```

对于下面的变量 vec2，部分元素非零，而非全部元素非零。相应地，any 函数返回逻辑 true，而 all 函数返回逻辑 false。

```
>> vec2 = logical([1 1 0 1 ])
vec2 =
    1  1  0  1
>> any (vec2)
ans =
    1
>> all (vec2)
ans =
    0
```

find 函数返回满足给定标准的一个向量的索引。例如，查找向量中所有大于 5 的元素：

```
>> vec =[5 3 6 7 2 ]
vec =
    5  3  6  7  2
>> find (vec > 5)
ans =
    3  4
```

对于矩阵，当返回满足规定条件的索引下标时，find 函数将使用线性索引。例如：

```
>> mata = rand (10, 2, 4)
mata =
    5  6  7  8
    9  7  5  3
>> find(mata == 5)
ans =
    1
    6
```

对向量和矩阵而言，如果没有元素满足条件，将返回一个空向量。例如：

```
>> find (mata == 11)
ans =
    Empty matrix: 0-by-1
```

函数 isequal 用于比较数组。在 MATLAB 中，对数组使用相等操作符将会针对每个元素的相等与否返回 1 或 0；然后再对产生的结果数组使用 all 函数，以决定所有元素是否相等。内置函数 isequal 实现了同样的功能：

```
>> vec1 = [1 3  -4 2 99 ]
>> vec2 = [1 2  -4 3 99 ]
>> vec1 == vec2
ans =
    1  0  1  0  1
>> all(vec1 == vec2)
ans =
    0
>> isequal(vec1,vec2)
ans =
    0
```

然而，有一个区别是如果两个数组的维数不相同，则 isequal 函数会返回逻辑 0，但是等号运算符会产生一个错误信息。

快速问答

如果有一个向量 vec 错误的存储了负值，怎样可以消除这些负值？

答：

一个方法是确定这些负值在哪里并删除它们：

```
>> vec = [11 -5 33 2 8 -4 25 ];
>> neg = find(vec < 0)
neg =
    2  6
>> vec(neg) =[ ]
vec =
    11  33  2  8  25
```

或者，我们可以直接使用逻辑向量取代 find：

```
>> vec = [11 -5 33 2 8 -4 25 ];
>> vec(vec < 0) = [ ]
vec =
    11  33  2  8  25
```

练习 2.5

修正前面快速问答中所看到的结果，不使用删除“坏”元素的方法，而采用仅保留“好”元素的方法。(提示：有两种方法，使用 find 和使用具有 vec >= 0 表达式的逻辑向量。)

MATLAB 也有对矩阵进行逐元素的“或”和“与”操作的操作符。

操作符	含义
|	数组的逐元素或
&	数组的逐元素与

对于任意两个向量或矩阵，只要它们规模相同，这些操作符将进行逐个元素的比较，并且返回大小相同的逻辑 0 和 1 的向量或矩阵。操作符 || 和 && 仅用于标量，不用于矩阵。例如：

```
>> v1 = logical([1 0 1 1 ]);
>> v2 = logical([0 0 1 0 ]);
>> v1 & v2
ans =
   0 0 1 0
>> v1 | v2
ans =
   1 0 1 1
>> v1 && v2
Operands to the || and && operators must be convertible to logical scalar values.
```

至于数值操作符，了解字符优先规则很重要。表 2.1 按优先级顺序显示了到目前为止涉及的操作符的使用规则。

表 2.1　操作符优先级规则

操作符	优先级
括号：()	最高
转置、幂运算：'、^、.^	
一元运算：负(-)、非(~)	
乘、除：*、/、\、.*、./、.\	
加、减：+、-	
关系运算符：<、<=、>、>=、==、~=	
逐元素与：&	
逐元素或：|	
与：&& (标量)	
或：|| (标量)	
赋值：=	最低

2.6　应用：diff 和 meshgrid 函数

有两个可以用在向量和矩阵应用中的函数，它们是 diff 函数和 meshgrid 函数。函数 diff 返回一个向量中紧邻元素间的差值。例如：

```
>> diff([4 7 15 32])
ans =
     3     8    17
>> diff([4 7 2 32])
ans =
     3    -5    30
```

对于长度为 n 的向量 v，diff(v)的长度将会是 $n-1$。对于一个矩阵，diff 函数将处理每列元素之间的差值。

```
>> mat = randi(20, 2,3)
mat =
    17     3    13
    19    19     2
>> diff(mat)
ans =
     2    16   -11
```

有一个这样的例子，一个向量存储了一组信号值，这些值可能有正也有负(为简单起见，假设其中没有零值)。对于很多应用而言，找到零点交叉，或者信号在哪里从正到负或从负到正是很有用的。这可以使用函数 sign、diff 和 find 完成。

```
>> vec = [0.2 -0.1 -0.2 -0.1 0.1 0.3 -0.2];
>> sv = sign(vec)
sv =
     1    -1    -1    -1     1     1    -1
>> dsv = diff(sv)
dsv =
    -2     0     0     2     0    -2
>> find(dsv ~= 0)
ans =
     1     4     6
```

以上表明，在元素 1 和 2、4 和 5、6 和 7 之间有信号交叉。

函数 meshgrid 可以用来指定图像中点的坐标 x 和 y，也可以用来计算有两个变量 x 和 y 的函数。它接受两个向量作为输入参数，返回两个分开指定 x 和 y 值的矩阵作为输出参数。例如，一个 2×3 的图像的 x 和 y 坐标可以由下面的坐标指定：

```
(1,1)    (2,1)    (3,1)
(1,2)    (2,2)    (3,2)
```

这个分开指定坐标点的矩阵是由函数 meshgrid 创建的，x 从 1 到 3 迭代，y 从 1 到 2 迭代。

```
>> [x y] = meshgrid(1:3,1:2)
x =
     1     2     3
     1     2     3
y =
     1     1     1
     2     2     2
```

另一个例子，假设我们需要计算一个有两个变量 x 和 y 的函数 f：

```
f(x,y) = 2 * x + y
```

其中 x 的范围从 1 到 4，y 的范围从 1 到 3。我们可以利用函数 meshgrid 创建 x 和 y 矩阵来完成该功能。然后，使用标量乘法和数组加法计算 f，其表达式如下：

```
>> [x, y] = meshgrid(1:4,1:3)
x =
     1   2   3   4
     1   2   3   4
     1   2   3   4
y =
     1   1   1   1
     2   2   2   2
     3   3   3   3
>> f = 2 * x + y
f =
     3   5   7    9
     4   6   8   10
     5   7   9   11
```

探索其他有趣的特征

- 有许多创建特殊矩阵的函数(如，创建希尔伯特矩阵的 hild 函数，magic 函数和 pascal 函数)。
- gallery 函数，能够针对问题返回测试矩阵的许多种不同类型。
- ndims 函数寻找一个参数的维数。
- shiftdim 函数。
- circshift 函数。如何移动一个行向量，产生另外一个行向量?
- 如何重建一个三维矩阵?
- 给函数传递三维矩阵。例如，如果传递一个 3×5×2 维矩阵给一个 sum 函数，结果的维数应该是多大?

总结

常见错误

- 尝试创建一个每一行的数值个数不相等的矩阵。

- 矩阵乘法和数组乘法的混淆。数组操作，包括乘法、除法和求幂是逐项进行的(因此数组必须有相同的大小)；操作符为 . *， . /， . \和. ^。要想实现矩阵乘法，内部维数必须一致并且操作符为 * 。
- 尝试使用浮点数 1 和 0 组成的数组索引数组(必须是逻辑的)。
- 忘了对数组操作的点必须使用基于乘法的操作符。换句话说，对于逐项的乘法，除以和分割，或逐项增长指数，操作符为 .*， . /， . \和. ^。
- 尝试在数组中使用||或 &&。当数组工作时总是使用|和 &，||和 && 只用于标量。

编程风格指南

- 如果可能的话，尽量不要扩展向量或矩阵，因为这样效率不高。
- 当引用矩阵中的元素时不要使用单一的索引，相反，使用行列下标(使用下标索引而不是线性索引)。
- 一般的，不要假设任何数组的维数(向量和矩阵)已知。相反，使用函数 length 和 numel 确定向量中元素的个数，函数 size 确定矩阵的大小：

```
len = length(vec);
[r, c] = size(mat);
```

- 使用 true(真)而不是 logical(1)，使用 false(假)而不是 logical(0)，尤其是创建向量或矩阵的时候。

MATLAB 函数和命令			
linspace	end	max	any
logspace	reshape	sum	all
zeros	fliplr	prod	find
ones	flipud	cumsum	isequal
length	rot90	cumprod	diff
size	repmat	dot	meshgrid
numel	min	cross	

MATLAB 运算符	
冒号:	矩阵乘 *
转置 '	逐元素操作或矩阵操作 |
数组操作符 .^,. *,./,.\	逐元素或矩阵操作 &

习题

1. 使用冒号运算符，创建如下行向量：

```
2    3    4    5    6    7
1.1000  1.3000  1.5000  1.7000
8    6    4    2
```

2. 给出 MATLAB 表达式创建一个从 0 到 2π 等间隔的 50 个元素的向量(变量名为 vec)。
3. 使用 linspace 写一个表达式，产生和 2:0.2:3 相同的结果。
4. 使用冒号运算符和 linspace 函数，创建如下行向量：

```
-5    -4    -3    -2    -1
 5     7     9
 8     6     4
```

5. 创建一个变量 myend，存储一个范围从 5 到 9 的随机整数。使用冒号运算符创建一个迭代从 1 到 myend 迭代、步长为 3 的向量。
6. 使用冒号运算符和转置运算符创建一个从 -1 到 1，步长为 0.5 的列向量。
7. 写一个表达式只引用一个向量中的奇数元素，不考虑向量的长度。用一个包含奇数和偶数的向量测试你写的向量表达式。
8. 寻找一个有效的方法产生如下矩阵：

```
mat =
     7    8    9   10
    12   10    8    6
```

然后，对矩阵 mat 给出一个表达式实现：
- 提取第 1 行第 3 列的元素
- 提取整个第 2 行
- 提取前两列

9. 产生一个 2×4 维矩阵变量 mat。证明元素的个数是行元素的个数和列元素个数的乘积。
10. 产生一个 2×4 维矩阵变量 mat。用 1:4 代替第 1 行，替换第 3 列(自己决定替换值)。
11. 产生一个 2×3 维随机数矩阵，要求如下：
- 实数，范围是(0,1)
- 实数，范围是(0,10)
- 整数，范围是[5,20]

12. 创建一个随机整数 rows 变量，范围从 1 到 5(包括本身)，创建一个 cols 变量范围从 1 到 5(包括本身)。创建一个零矩阵，维数是之前创建的 rows 变量元素数做行数，cols 变量元素数做列数。
13. 内置函数 clock 返回一个包含 6 个元素的向量：前 3 个元素是当前的日期(年、月、日)，后 3 个是当前的时间，表示时、分、秒。其中秒是实数，其他数为整数。从 clock 得到的结果存储到变量 myc 中。然后，将变量前 3 个元素存储到变量 today 中，后 3 个元素存储到变量 now 中。在变量 now 中使用 fix 函数得到当前时间的整数部分。
14. 创建一个矩阵变量 mat。在不知道有多少元素、多少行、多少列的情况下，尽可能多地找到可以提取矩阵中最后一个元素的表达式(即，让表达式更通用一些)。
15. 创建一个向量变量 vec。在假设不知道有多少元素的情况下，尽可能多地找到可以提取向量中最后一个元素的表达式(即，让表达式更通用一些)。
16. 创建一个 2×3 维矩阵变量 mat。把此矩阵变量传递给如下每一个函数并确保能理解函数的结果：fliplr、flipud 和 rot90。可以有多少种方法重建(reshape)此矩阵？
17. 创建一个 3×5 维随机实数的矩阵。删除第 3 行。
18. 创建一个三维矩阵并得到它的大小。
19. 创建一个 2×4×3 维矩阵，第 1 层的数字是 0，第 2 层的数字是 1，第 3 层的数字是 5。
20. 创建一个向量 x。它由范围从 $-\pi$ 到 π 等间隔的 20 个点组成，创建一个向量 y 存储对应的点的 sin(x)值。
21. 创建一个 3×5 维随机整数矩阵，随机数的范围从 -5 到 5(包括 -5 和 5 本身)。得到每个元素的符号(sign)。
22. 创建一个 4×6 维随机整数矩阵，范围从 -5 到 5，存储在变量中。创建另一个矩阵存储原始矩阵中对应元素的绝对值。
23. 计算 3+5+7+9+11 的累加和。
24. 计算调和级数的前 n 项和，其中 n 为大于 1 的整数：

$$1+\frac{1}{2}+\frac{1}{3}+\frac{1}{4}+\frac{1}{5}+\cdots$$

25. 计算几何级数的前 5 项和：

$$1+\frac{1}{2}+\frac{1}{4}+\frac{1}{8}+\frac{1}{16}+\cdots$$

26. 先创建下式中的分子向量和分母向量，再计算下式的累加和：

$$\frac{3}{1}+\frac{5}{2}+\frac{7}{3}+\frac{9}{4}+\cdots$$

27. 创建一个矩阵，使用 prod 计算每一行和列的乘积。
28. 创建一个 1×6 的随机整数向量，随机数的取值范围从 1 到 20(包括 1 和 20)。使用内置函数寻找向量中的最大值和最小值。同时使用 cumsum 创建向量的累加和。
29. 为一个向量变量写一个相关的表达式，可以证明 cumsum 产生的最后一个值和 sum 返回一样的结果。
30. 创建一个有 5 个随机整数的向量，随机整数的取值范围从 -10 到 10(包括 -10 到 10)。进行下列计算：
    - 每一个元素减 3；
    - 数数有多少个正数；
    - 得到每个元素的绝对值；
    - 寻找最大值。
31. 创建一个 3×5 维矩阵，进行下列计算：
    - 寻找每一列的最大值；
    - 寻找每一行的最大值；
    - 寻找整个矩阵中的最大值。
32. $\pi^2/6$ 可以近似等于下面数列之和：

$$1+\frac{1}{3}+\frac{1}{9}+\frac{1}{27}+\cdots$$

此处只显示了序列的前 4 个元素。创建变量进行测试。

33. 在一所大学，学生填写评价表，其范围在 1—5 之间。默认情况下 1 是最好的，5 是最差的。然而，在表中，1 是最差的，5 是最好的。所有的计算机程序都是以第 2 种方法处理数据的，因此，数据需要被"反转"。例如，如果一个评定向量的结果是：

```
>> evals = [5 3 2 5 5 4 1 2]
```

它应该是[1 3 4 1 1 2 5 4]。

34. 一个向量 v，存储了绿色燃料电池公司几个员工的每周工作时间以及时薪。例如，如果变量存储：

```
>> v
v =
    33.0000  10.5000  40.0000  18.0000  20.0000  7.5000
```

上述数据的意思是第一个员工工作 33 个小时，时薪为 $10.5，第二个员工工作 40 个小时，时薪为 $18，等等。写一个代码将其分成两个向量：一个存储工作时间，另一个存储时薪。然后，使用数组乘法运算符创建一个向量，存储每位员工总的酬劳。

35. 一个公司校正一些测量仪并测量一个圆筒的半径和高度 10 次；并将它们存储在向量 r 和 h 中。计算每个试验品的体积，公式为 $\pi r^2 h$。首先使用逻辑索引确保所有的试验都是有效的(大于 0)。
36. 对于如下矩阵 A,B 和 C：

$$A=\begin{bmatrix}1 & 4\\3 & 2\end{bmatrix}\quad B=\begin{bmatrix}2 & 1 & 3\\1 & 5 & 6\\3 & 6 & 0\end{bmatrix}\quad C=\begin{bmatrix}3 & 2 & 5\\4 & 1 & 2\end{bmatrix}$$

- 给出 3 * A 的结果；
- 给出 A * C 的结果；
- 是否存在其他矩阵乘法可以实现？列举出来。

37. 对于如下矩阵及向量 A,B 和 C：

$$A=\begin{bmatrix}4 & 1 & -1\\ 2 & 3 & 0\end{bmatrix}\quad B=\begin{bmatrix}1 & 4\end{bmatrix}\quad C=\begin{bmatrix}2\\ 3\end{bmatrix}$$

进行下列计算，如果能，计算之；如果不能，说明理由。

```
A*B
B*C
C*B
```

38. 矩阵变量 rainmat 存储 2010－2013 年某些地区的整体降雨量，单位为英寸。每一行给出一个已知地区的降雨量。例如，如果 rainmat 有值：

```
>> rainmat
ans =
    25  33  29  42
    53  44  40  56
       etc.
```

地区 1 的降雨量在 2010 年有 25 英寸，2011 年有 33 英寸。写一个表达式找出四年内降雨量最大的地区。

39. 产生一个有 20 个随机整数的向量。随机数的范围从 50 到 100。创建一个变量 evens 存储向量中所有的偶数，创建一个变量 odds 存储所有的奇数。

40. 假设函数 diff 不存在。写出自己的表达式得到函数 diff 相同的结果。

41. 求函数 f 在 x 和 y 下的 f 值，其中 x 的范围从 1 到 2，y 的范围从 1 到 5。

```
f(x,y) = 3 * x - y
```

42. 创建一个向量变量 vec，它的长度不限。然后，写一个赋值语句将向量的前一半存储到一个变量中，另一半存储到另一个变量中。确保赋值语句是一般常用的，以及 vec 中的元素不管是偶数还是奇数都能处理(提示：使用 rounding 函数，例如 fix)。

如果一个矩阵被分成块的话，一些运算操作更容易一些(尤其是矩阵很大时)。当运算分布在计算机网格上时，划分块可以运用网格计算和并行计算。例如，如果，$A=\begin{bmatrix}1 & -3 & 2 & 4\\ 2 & 5 & 0 & 1\\ -2 & 1 & 5 & -3\\ -1 & 3 & 1 & 2\end{bmatrix}$，它可以被划分为

$A=\begin{bmatrix}A_{11} & A_{12}\\ A_{21} & A_{22}\end{bmatrix}$，其中 $A_{11}=\begin{bmatrix}1 & -3\\ 2 & 5\end{bmatrix}$，$A_{12}=\begin{bmatrix}2 & 4\\ 0 & 4\end{bmatrix}$，$A_{21}=\begin{bmatrix}-2 & 1\\ -1 & 3\end{bmatrix}$，$A_{22}=\begin{bmatrix}5 & -3\\ 1 & 2\end{bmatrix}$。如果 B 有相同的维数。$B=\begin{bmatrix}2 & 1 & -3 & 0\\ 1 & 4 & 2 & -1\\ 0 & -1 & 5 & -2\\ 1 & 0 & 3 & 2\end{bmatrix}$，划分成 $\begin{bmatrix}B_{11} & B_{12}\\ B_{21} & B_{22}\end{bmatrix}$。

43. 创建向量 A 和 B，并在 MATLAB 中划分它们。展示逐块完成矩阵加法、矩阵减法和标量乘法，并连结为整体的结果。

44. 对矩阵乘法使用块：

$$A*B=\begin{bmatrix}A_{11} & A_{12}\\ A_{21} & A_{22}\end{bmatrix}\begin{bmatrix}B_{11} & B_{12}\\ B_{21} & B_{22}\end{bmatrix}=\begin{bmatrix}A_{11}B_{11}+A_{12}B_{21} & A_{11}B_{12}+A_{12}B_{22}\\ A_{21}B_{11}+A_{22}B_{21} & A_{21}B_{12}+A_{22}B_{22}\end{bmatrix}$$

在 MATLAB 中实现之。

第 3 章　MATLAB 程序设计概述

关键词

computer program 计算机程序
scripts 脚本
algorithm 算法
modular program 模块化程序
top-down design 自顶向下设计
external file 外部文件
default input device 默认输入设备
prompting 提示符
default output device 默认输出设备
execute/run 执行/运行
high-level languages 高级语言
machine language 机器语言
executable 可执行
compiler 编译器
source code 源代码
object code 目标代码
interpreter 解释程序
documentation 文档
comments 注释
block comment 块注释
comment block 注释块
input/output(I/O) 输入/输出
user 用户
empty string 空字符串
error message 错误信息
formatting 格式化
format string 格式化字符串
place holder 占位符
conversion characters 转义符
newline character 换行符
field width 字段宽度
leading blanks 前置空格
trailing zeros 尾随零
plot symbols 图形符号
markers 标记
line types 线型
toggle 切换
modes 模式
writing to a file 写入文件
appending to a file 追加到文件
reading from a file 从文件中读取
user-defined functions 用户定义函数
function call 函数调用
argument 论点
control 控件
return value 返回值
function header 函数头
output arguments 输出参数
input arguments 输入参数
function body 函数体
function definition 函数定义
local variables 局部变量
scope of variable 变量范围
base workspace 基本工作空间

我们已经在命令窗口中交互式使用了 MATLAB 软件。这种交互操作足以满足一些简单的计算。然而，在很多情况下，要获得最终结果还需要很多操作步骤。针对这些情况，将一些语句组织在一起操作起来会更方便，这些按一定规则组织起来的语句即所谓的计算机程序。

本章将介绍最简单的 MATLAB 程序，也称为脚本。我们将会用绘制简单曲线图的脚本例子解释脚本的概念。对于输入，介绍如何从文件里输入及用户输入。对于输出，介绍输出到文件及输出到屏幕。最后，介绍用户定义的能够计算并返回结果的函数。这些概念有助于理解在第 6 章中将要深入探讨的程序设计。

3.1　算法

在写任何计算机程序之前，先概括出必要的步骤是非常有用的。算法就是解决问题所必需的步骤序列。在模块化的程序设计中，解决问题的方法首先分为几个单独的步骤，然后对每个单独的步骤进行细化，直到细化成可管理的足够小的任务。这就是所谓的自顶向下的设计方法。

把计算圆的面积问题作为一个简单的例子。首先，确定为解决这个问题需要什么信息，在这个例子中当然是先确定圆的半径。接下来，给定圆的半径，应该计算出圆的面积。最后，当面积计算出来以后，能以某种方式显示出来。所以，基本的算法是：

- 获得输入:半径
- 计算结果:面积
- 显示输出

尽管这个算法简单，但是它的每个步骤还可进一步细化。当要写一个程序来实现这个算法时，其步骤可以是：

1. 输入从哪里来？两种可能:一种是来自硬盘上的外部文件，另一种是来自运行该程序的用户通过键盘输入的数字。对于任何系统，这种情况都会选择默认输入设备(这意味着，如果没有其他规定，那么输入的值将来自默认的输入设备)。如果需要用户输入半径的值，那么应该提示用户输入该半径的值(和半径的单位)。告诉用户应该输入什么称为提示。所以，输入步骤分两步:提示用户输入一个半径，然后将其读入到程序当中。

2. 计算面积公式。在这个例子中，圆的面积是 π 乘以半径的平方。这样，意味着在程序中需要 π 值，这是一个常量。

3. 输出到哪里？有两种可能:(1)输出到一个外部文件;(2)输出到屏幕的窗口里。到底输出到什么地方取决于当时的系统。当显示程序的输出时，应当尽可能地提供详尽的信息。换句话说，就是不仅仅要打印出面积(仅仅是数字)，而且还要打印出一个好的句子格式。要使输出更为清晰，也应该打印出输入。例如，输出的语句可以写为:"For a circle with a radius of 1 inch, the area is 3.1416 inches squared"。

对于大多数程序，基本的算法可以概括为如下三步：

1. 获得输入
2. 计算结果
3. 显示结果

从这里可以看出，即使是最简单的程序也可以进一步细化。

3.2 MATLAB 脚本

一旦已经分析了一个问题，且已经写出并细化了解决该问题的算法，那么接下来就是将算法翻译成特定的程序设计语言。在给定的语言环境下，一个计算机程序是完成一个任务的指令序列，执行或运行一个程序，实际上是让计算机按照这些指令工作。

高级语言有类似英语的命令和函数，例如"print this"或"if x < 5 do something"。然而，计算机只能解释用机器语言写的命令。所以在计算机实际执行程序中的指令序列之前，必须先将用高级语言写出来的程序翻译成机器语言。能把高级语言编译成可执行文件的程序称为编译器。初始程序称为源代码，可执行程序称为目标代码。

相应地，解释程序一行一行地解释代码，并在解释的同时执行每条命令。MATLAB 使用的是所谓的脚本文件或 M 文件(称为 M 文件的原因是文件名的扩展名是.m)，这些脚本文件是被解释执行的，而不是编译的。因此，正确的说法是：这些文件是脚本，而不是程序。然而，这些术语人们很少用，并且 MATLAB 文档中也把脚本当作程序。本书中，仍然用"程序"一词代表一组脚本和函数的集合，本章中只做简单的叙述，详细描述将放在第 6 章中。

脚本是一组放在 M 文件里并被保存过的 MATLAB 指令序列。脚本的内容可以用 type 命令将其显示在命令窗口中。通过简单地输入文件名(不需要输入.m 扩展名)就可以执行或运行脚本。

在创建一个脚本之前，确保当前文件夹(早期版本中称为“当前目录”)是你想保存你的文件的文件夹。

创建脚本所涉及的步骤取决于 MATLAB 的版本。在最新版本中最简单的方法是在 HOME 标签中点击“New Script”。另外，也可以点击“New”下的向下箭头，然后选择脚本(见图3.1)。

在早期的版本中，人们要先点击 File，然后是 New，最后是 Script(或者，甚至更早的版本要选 M-file)。将出现一个称为编辑器的新窗口(这个窗口可以入停靠栏)。在 MATLAB 的最新版本中，这个窗口有三个标签：“EDITOR”、“PUBLISH”和“VIEW”。接下来，只要简单地输入语句序列即可(注意左边显示的是行号)。

当结束以后，通过点击 EDITOR 标签下的 Save 向下箭头保存文件，或者在 MATLAB 的早期版本中，选择 File 然后点击 Save。确保文件的扩展名为.m(这应该是默认状态)。文件名的命名规则和变量名的命名规则一样(以字母开头，后面可以跟字母、数字或下画线)。例如，我们现在创建名为 script1.m 的脚本来计算圆的面积。它将完成给半径赋值，然后根据半径的值来计算面积。

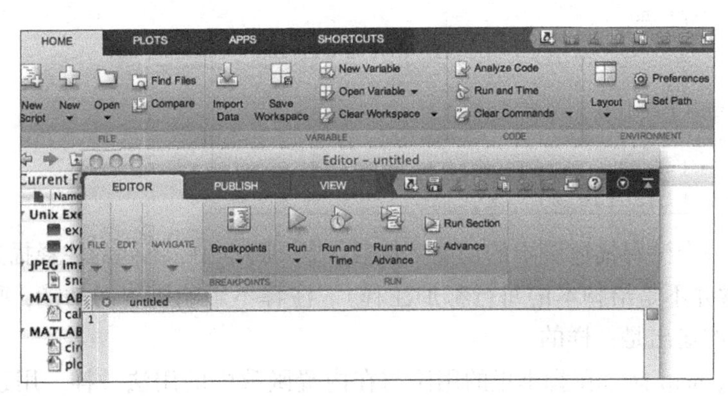

图3.1 工具栏与编辑器

在本书中，脚本显示在一个文本框中，文本框上面有脚本的名字。

```
script1.m
radius = 5
area = pi * (radius^2)
```

要查看写好的脚本，有两种方式：一种是通过打开编辑窗口来查看，另一种是用 type 命令将脚本显示在命令窗口中。

在命令窗口中，能显示脚本的内容，并且能执行脚本。type 命令显示出了文件名为'script1.m'的内容(注意.m 不用包括在内)：

```
>> type script1
radius = 5
area = pi * (radius^2)
```

要运行或执行脚本，则在提示符处输入文件名(再次注意：不需要输入.m)。执行时，由于没有对每条语句的输出进行抑制，所以显示出两条赋值语句执行的结果。

```
>> script1
radius =
   5
area =
   78.5398
```

虽然脚本文件已经执行过，也许我们还需要修改它(特别是有错误的时候)。要编辑已经存在的文件，有几种方法可以打开它。最简单的方法是：

- 单击 File，再单击 Open，最后单击文件名
- 单击当前目录标签，然后双击文件名

3.2.1 文档

给所有的脚本加注文档资料是非常重要的，这样有助于人们理解该脚本要做什么以及如何具体实现。脚本文档化的方式之一是给脚本加上注释。在 MATLAB 中，注释以"%"开始，结束于当前行末。当执行脚本的时候，会忽略掉这些注释。输入注释时，只需要在一行的开始输入%符号，或选择所有的注释行，然后单击 Text→Comment，编译器将自动在选中的注释行前加上%。

例如，可以修改前面计算圆面积的脚本，给其加上注释：

circlescript.m

```
% This script calculates the area of a circle

% First the radius is assigned
radius = 5
% The area is calculated based on the radius
area = pi *(radius^2)
```

该脚本开头的第一个注释描述脚本的功能。然后，整个脚本中，不同的注释描述脚本中的不同部分(当然，通常并不是给脚本的每行都加注释)。注释不影响脚本的功能，所以这里的脚本输出和前面脚本的输出是一样的。

MATLAB 中，help 命令在脚本里的用法与在内置函数中的用法一样。用这个命令能显示注释的第一块(脚本开头的连续行)。例如，对于 circlescript：

```
>> help circlescript
   This script calculates the area of a circle
```

该脚本中前两个注释插入空白行的原因是避免 help 命令将这两个注释解释为一个连续的注释，两行都应该用 help 命令显示。第一个注释行称为 H1 行，也是 lookfor 函数完整搜索的结果。

练习 3.1

写一个计算圆周长($c=2\pi r$)的脚本。对脚本进行注释。

长注释称为注释块，包括在%{和%}之间的所有东西，并且%{和%}必须在单独的行，例如：

```
%{
   this is a really
   Really
   REALLY
   long comment
%}
```

3.3 输入与输出

前面所写的脚本越通用，它就越有用。例如，如果半径的值是从外部读取而不是在脚本中赋值的，同时以一种完整的、有详尽信息的方式打印输出结果将会更好。完成这些任务的语句称为输入/输出(input/output)语句，简称为 I/O。虽然这里所示的命令窗口中的输入和输出语句是些简单的例子，但是这些语句在脚本里会更有意义。

3.3.1 输入函数

输入语句从默认设备或标准的输入设备中读取数值。在大多数系统中，默认的输入设备是键盘，所以输入语句读取用户输入的值，这里的用户就是运行该脚本的人。为了让用户知道需要输入的内容，脚本必须首先提示用户要输入的规定值。

MATLAB 中最简单的输入函数是 input。input 函数用在赋值语句中。要调用 input 函数，需输入一个字符串，该字符串将作为提示显示在屏幕上，不管用户输入什么，都将存储在赋值语句左边的变量名中。为使提示更易读，就在提示后面输入一个冒号，然后输入一个空格。例如：

```
>> rad = input ('Enter the radius :  ')
Enter the radius : 5
rad =
     5
```

如果需要输入字符或字符串，可以在提示符的后面加's'：

```
>> letter = input ('Enter a char:','s')
Enter a char: g
letter =
g
```

如果用户在按 Enter 键以前仅仅按几个空格或 Tab 键，这些键值往往被忽略，变量中将存储一个空字符串：

```
>> mychar = input ('Enter a character:','s')
Enter a character:
mychar =
 '
```

然而，在输入其他字符以前输入了空格，这些空格会包含在字符串中。下例中，用户在输入 go 之前按了 4 次空格键：

```
>> mystr = input ('Enter a string:','s')
Enter a string:     go
mystr =
    go
>> length ( mystr)
ans =
      6
```

注意：尽管通常情况下不会在字符或字符串周围使用引号，但此处用引号表示在该字符串中没有任何内容。

快速问答

如果用户在其他字符后面输入了空格会出现什么结果？例如，用户输入'xyz'(4 个空格)：

```
>> mychar = input ('Enter chars:','s')
Enter chars:xyz
mychar =
xyz
```

答：

空字符将存储在字符串变量中。在这个例子中很难看出空格效果，但是通过求字符串的长度就能很清晰地看出来了。

```
>> length ( mychar )
ans =
    7
```

通过使用鼠标选中变量的值，可以在命令窗口中看到字符串的长度，xyz 和 4 个空格都会被选中。

在调用 input 函数时，用户也可能直接输入两边加引号的字符串，而不是包含第二个参数's'。

```
  > > name = input('Enter your name:')
Enter your name:'Stormy'
name =
Stormy
```

然而，这是假定用户应该知道这么做更好一些，将需要的字符放在 input 函数自身中。同时，如果指定了"s"且用户输入了引号，这些引号就会变成字符串的一部分。

```
>> name = input('Enter your name:','s')
Enter your name:'Stormy'
name =
'Stormy'
 > > length(namme)
ans =
    8
```

MATLAB 给出错误信息，并且重新显示提示符。但是，如果 t 是一个变量名，MATLAB 可以将它的值作为输入：

```
>> t = 11;
>> num = input ( 'Enter a number:')
Enter a number:t
num =
    11
```

如果需要多个输入，输入语句分隔是必要的。例如：

```
> > x = input('Enter the x coordinate:');
> > y = input('Enter the y coordinate:');
```

通常，在一个脚本中，从输入语句获得的结果末尾会紧跟一个分号，代表赋值语句的结束。

练习 3.2

创建一个脚本，提示用户输入温度，然后是'f'或'm'，将两个输入都存储在变量中。例如，执行脚本后应该显示如下所示的结果(假定用户输入 12.3 和 m)：

```
Enter the length: 12.3
Is that f(eet)or m(eters)? :m
```

3.3.2 输出语句:disp 和 fprintf

输出语句在显示字符串和表达式的结果时，还能格式化显示或指定样式显示。在 MATLAB 中，最简单的输出函数是 disp，用它来显示表达式的结果或没有给默认变量 ans 赋值的字符串结果。然而，disp 不支持格式化显示。例如：

```
>> disp('Hello')
Hello
>> disp(4^3)
    64
```

使用 fprintf 函数可以将格式化的输出打印(即显示)在屏幕上。例如：

```
>> fprintf('The value is %d,for sure! \n',4^3)
The value is 64,for sure!
>>
```

对于 fprintf 函数而言，先传递一个字符串(称为格式字符串)，它包含的任何文本都会打印出来，表达式的格式化信息也会打印出来。在这个例子中，%d 是格式化信息的一个例子。

%d 有时称为占位符，它指定该字符串后表达式的值应该打印的地方。占位符中的字符称为转换字符，它规定打印出来的值的类型。占位符还有很多，下面所列的是一些简单的占位符：

%d 整数 (实际上代表的是十进制整数)
%f 浮点数
%c 单个字符
%s 字符串

在字符串末尾的字符'\n'是一个特殊的字符，称为换行符，当打印以后，提示符移动到下一行。

注意：不要将占位符中的% 和用来标识注释的标志混淆。

快速问答

你认为将前面所示的 fprintf 语句中的换行符去掉会产生什么结果？

答：

没有换行符，下一个提示符会出现在与输出同一行的结尾处。它仍然是一个提示符，并且也可以输入表达式，但是这样看起来比较混乱，例如：

```
>> fprintf('The value is %d,surely! ', ...4^3)
The value is 64 ,surely! >> 5+3
ans =
     8
```

注意：使用 disp 函数，提示符将出现在下一行：

```
>> disp('Hi')
Hi
>>
```

还要注意，可以在一个字符串之后用省略号，但不能在字符串中间使用。

快速问答

输出时如何获得一个空行?

答:

在一行中使用两个换行符:

```
>> fprintf('The value is %d, \n\nOK! \n',4^3)
The value is 64,

OK!
```

这也指出了换行符可以用在字符串中的任何位置, 打印以后, 提示符移动到下一行。

注意,换行符还可以用在 input 语句的提示中, 例如:

```
>> x = input('Enter the \nx coordinate:');
Enter the
x coordinate:4
```

该换行符是唯一一个允许用在 input 中的格式字符。

要打印两个值, 在格式化字符串中应该有两个占位符, 格式串后会有两个表达式。表达式按顺序填充对应的占位符。

```
>> fprintf('The int is %d and the char is %c\n', ...
   33 - 2, 'x')
The int is 31 and the char is x
```

在 fprintf 中还可以将域宽度包含在占位符里面, 域宽度用来规定打印中可占用的总字符位置。例如, %5d 表明用 5 个字符宽度来打印一个整数, %10s 表明用 10 个字符宽度来打印一个字符串。对于浮点型, 小数的位数也能指定, 例如, %6.2f 的意思是带两个小数位共 6 (包括小数点和小数位)个字符宽度。对于浮点型, 只有小数位的位数也能指定, 例如, %.3f 表示 3 个小数位。

```
>> fprintf('The int is %3d and the float is %6.2f\n',5,4.9)
The int is   5 and the float is   4.90
```

注意:如果域宽度比需要的宽度还宽, 则用前置空格补齐, 如果指定的小数位比需要的多, 则在打印的小数有效数位后用零补齐。

快速问答

你认为用含有两个小数位的 3 个字符宽度打印 1234.5678 将会产生什么结果? 例如:

```
>> fprintf('%3.2f\n',1234.5678)
```

答:

它将打印出整个 1234, 但是将小数部分四舍五入保留两位, 结果为:

```
1234.57
```

如果域宽度不足以打印这个数字, 域宽度值将会增加。原则上, 截断数字会产生错误的结果, 但是将小数位舍入, 对数值影响不会太大。

快速问答

如果使用%d转换符但却想打印一个实数将会产生什么结果?

答:

MATLAB会用指数形式显示结果:

```
>> fprintf('%d\n',1234567.89)
1.234568e+006
```

注意:如果想用指数形式显示,这不是好的方式;相反,可以用转换字符,使用help命令浏览该选项。

格式化字符串还有很多其他的选项。例如,使用减号可以使打印出来的值在域宽度范围内左对齐。下面的例子将显示用%5d和用%-5d打印3之间的区别,其中的x仅用来表示占用空间:

```
>> fprintf('The integer is xx%5dxx and xx%-5dxx\n',3,3)
The integer is xx    3xx and xx3    xx
```

还可以通过指定小数位来截取字符串:

```
>> fprintf('The string is %s or %.2s\n','street',...'street')
The string is street or st
```

除了换行符,还有几个特殊的字符可以打印在格式化字符串中。要打印一个斜线,需要在一行中用两个斜线,同样,要打印一个单引号,需要在同一行中包含两个单引号。另外,\t是tab键(水平制表位)。

```
>> fprintf('Try this out:tab\t quote''slash \\ \n')
Try this out:tab quote'slash \
```

3.3.2.1 打印向量和矩阵

对于向量,如果转换字符和换行符用在格式字符串中,不管向量是行向量还是列向量,它都以列的形式打印出来。

```
>> vec = 2:5;
>> fprintf('%d\n',vec)
2
3
4
5
```

如果没有用换行符,可以将向量打印在一行,但是下一个提示符也会出现在同一行:

```
>> fprintf('%d',vec)
2345 >>
```

然而在脚本中,打印一个单独的换行符可以避免这个问题。用空格将数字分开也要好得多;

printvec.m

```
% This demonstrates printing a vector
vec = 2:5;
fprintf('%d',vec)
fprintf('\n')
```

```
>> printvec
2 3 4 5
>>
```

如果已经知道向量中的元素个数，那么可以指定多个具体的转换符，然后输入换行符：

```
>> fprintf('%d %d %d %d\n',vec)
2 3 4 5
```

当然，这种方法并不通用，所以也不可取。

对于矩阵，MATLAB 会逐列展开。例如，对于下列的 2 × 3 随机矩阵：

```
>> mat =[5  9  8; 4  1 10 ]
mat =
     5     9     8
     4     1    10
```

指定一个转换符，然后接换行符，可以使矩阵的元素打印成一列。首先打印出来的值是第 1 列，然后是第 2 列，等等。

```
>> fprintf ('%d\n',mat)
5
4
9
1
8
10
```

如果指定三个%d 转换符，fprintf 将矩阵元素跨行打印在输出的每一行，但是矩阵不能再一列一列地还原。它首先打印第 1 列的两个数(放在输出的第 1 行)，然后是第 2 列的第一个值，等等。

```
>> fprintf ('%d %d %d\n',mat)
5 4 9
1 8 10
```

然而，如果使用 3 个%d 转换符打印转置的矩阵，将打印出与最初创建的矩阵一样的矩阵。

```
>> fprintf ('%d %d %d\n',mat') % Note the transpose
5 9 8
4 1 10
```

对于向量和矩阵，disp 函数尽管不能指定格式，但是也比 fprintf 函数更易使用，原因是 disp 可以直接显示结果。例如：

```
>> mat =[15  11  14; 7  10  13 ])
mat =
    15    11    14
     7    10    13

>> disp(mat)
    15    11    14
     7    10    13
>> vec = 2:5
vec =
     2     3     4     5
>> disp(vec)
     2     3     4     5
```

注意，第 5 章使用的循环，使矩阵的格式化输出更加容易。然而到目前为止，disp 行之有效。

3.4 脚本的输入和输出

把所有的已讲过的知识点结合在一起，就可以实现本章开始提出的算法。下面的脚本计算并打印圆的面积。先提示用户输入半径，再读入这个半径，最后用这个半径来计算并打印圆的面积。

circleIO

```
% This script calculates the area of a circle
% It prompts the user for the radius

% Prompt the user for the radius and calculate
% the area based on that radius
radius = input ('Please enter the radius:');
area = pi * (radius^2);

% Print all variables in a sentence format
fprintf('For a circle with a radius of %.2f inches, \n',radius)
fprintf('the area is %.2f inches squared \n',area)
```

执行该脚本产生如下的结果：

```
>> circleIO
Note: the units will be inches
Please enter the radius:3.9
For a circle with a radius of 3.90 inches     the area is 47.78 inches squared
```

注意，前两个赋值语句的输出被末尾的分号所抑制。在脚本中经常这样做，所以程序显示的具体格式由 fprintf 函数控制。

练习 3.3

写一个脚本，提示用户输入一个字符和一个数字，然后用4个字符宽度打印字符，用含两个小数位的5个字符宽度左对齐打印数字。输入不同宽度的数字来测试打印结果。

3.5 用脚本生成和定制简单图形

MATLAB 有许多绘图功能。在许多情况下，通过创建脚本的方法定制图形比在命令窗口中逐个输入命令的方式更容易。因此，在本章的 MATLAB 程序设计中将介绍简单绘图和怎样定制图形。

输入 help 将显示涉及图形函数的帮助主题，包括 graph2d 和 graph3d。输入 help graph2d 会显示一些二维图形函数、操纵坐标轴和在图上加标签和标题的函数。

3.5.1 plot 函数

现在用 plot 函数画一个点的简单图形。

用如下的脚本 plotonepoint，绘制一个点。初始值由笛卡儿坐标系中的点 x 和 y 给出。画的这个点用红色的 * 表示。通过指定 x 轴和 y 轴上的最大值和最小值来制定该图，然后将标签放在 x 轴和 y 轴上，图本身使用 xlabel、ylabel 和 title 函数。这些都可以在命令窗口中做到，但是使用脚本更为简便。下面显示了完成这些功能的脚本 plotonepoint 的内容。x 坐标表示时间(如，11 a.m.)，y 坐标表示 x 值所对应的华氏温度。

plotonepoint.m

```
% This is a really simple plot of just one point!

% Create coordinate variables and plot a red '*'
x = 11;
y = 48;
plot (x,y,'r*')
```

```
% Change the axes and label them axis ([9  12  35  55])
xlabel ('Time')
ylabel ('Temperature')
% Put a title on the plot
title ('Time and Temp')
```

调用 axis 函数，用向量作为参数。向量中的前两个数是 x 轴的最小值和最大值，后两个数是 y 轴的最小值和最大值。执行这个脚本将产生一个图形窗口(见图 3.2)。

为了通用，脚本可以提示用户输入时间和温度，而不是提前赋值。然后，axis 函数可以使用基于 x 和 y 的任何值，例如：

```
axis ([x-2  x+2  y-10  y+10])
```

另外，虽然点的坐标是 x 和 y，但采用变量 time 和 temp 代替坐标 x 和 y 更易记忆。

练习 3.4

修改脚本 plotonepoint，提示用户输入时间和温度，并以这些值为基础设置轴。

为了画出更多的点，可以创建 x 和 y 向量来存储点(x, y)的值。例如，要画出这些点：

```
(1, 1)
(2, 5)
(3, 3)
(4, 9)
(5, 11)
(6, 8)
```

首先创建一个包含 x 值的 x 向量(使用冒号操作符，取值的范围是 1 ~6，步长为 1)，然后创建一个包含 y 值的 y 向量。创建完成 x 和 y 向量后，就可以画出它们(见图 3.3)。

```
>> x = 1:6;
>> y = [1  5  3  9  11  8];
>> plot(x, y)
```

注意，图上画出的各点之间用直线连起来。同时，根据这些数据设置坐标轴。例如，x 轴的范围是 1 ~6，y 轴的范围是 1 ~11。

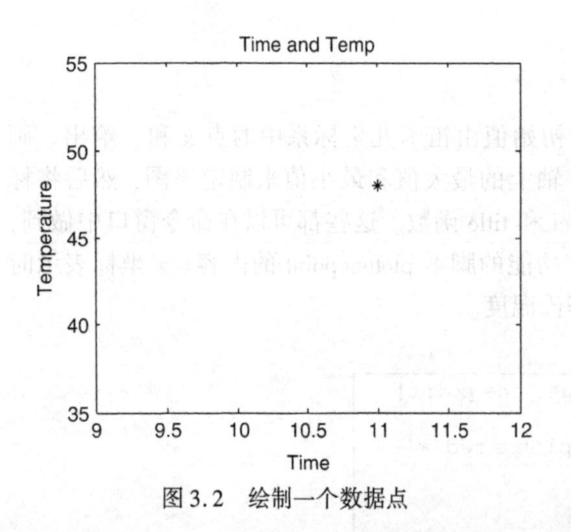

图 3.2　绘制一个数据点

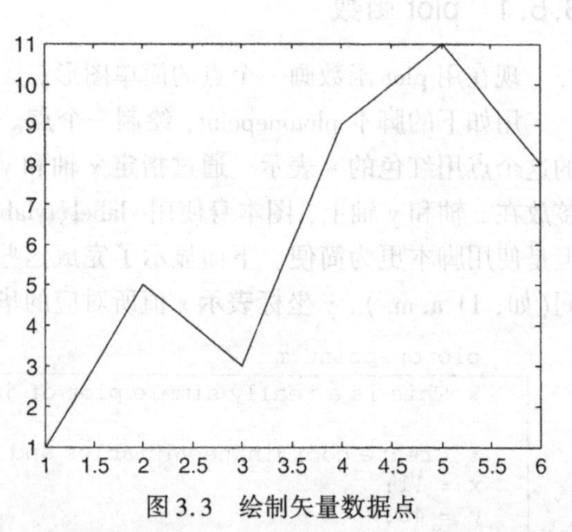

图 3.3　绘制矢量数据点

还要注意这样的情况，x 的值是 y 向量的索引(y 向量有 6 个值，这样索引是从 1 到 6 的迭代)，在这种情况下，不需要创建 x 向量。例如：

```
>> plot (y)
```

在不使用 x 向量时也能同样准确显示图形。

3.5.1.1　定制图形：颜色、线型、标记类型

如果图很简单，可以像前述的那样在命令窗口中直接作图。然而，很多时候需要给图定制标签、标题，等等，所以在脚本中做这些显得更有意义。对 plot 命令使用 help 函数，将显示线型、颜色等很多选项。在前述的脚本 plotonepoint 中，字符串'r*'为点类型指定一个红星。可能的颜色有：

```
b  blue(蓝色)
c  cyan(青色)
g  green(绿色)
k  black(黑色)
m  magenta(品红)
r  red(红色)
w  white(白色)
y  yellow(黄色)
```

可用的图的标记或标志有：

```
o  circle(圆)
d  diamond(菱形)
h  hexagram(向限)
p  pentagram(五角星)
+  plus(加号)
.  point(点)
s  square(平方)
*  star(星号)
v  down triangle(下三角)
<  left triangle (左三角)
>  right triangle (右三角)
^  up triangle(上三角)
x  x-mark(x 标记)
```

还可以指定如下的线型：

```
--  dashed(短线)
-.  dash dot(短线点)
:   dotted(虚线)
-   solid(实线)
```

如果没有指定线型，点与点之间就用实线连接，如前面的例子所示。

3.5.2　与 plot 相关的函数

在定制图形时还有一些有用的函数，如 clf、figure、hold、legend 和 grid。这里给出了这些函数的简单描述，还可以使用 help 找出关于它们的更多详细内容：

clf　通过移除图像窗口中的所有内容来清除图像窗口。

figure　在不需要任何参数的情况下创建一个新的空图形窗口。调用方式是 figure(n)，*n* 是一个整数，表示创建和维持的多重独立的图形窗口。

hold　是一种切换，它冻结图形窗口中的当前图，将新的图形覆盖在当前窗口上。hold 本身只是切换，所以调用此函数时一旦先打开 hold，那么下一次一定是关闭 hold，即 hold on 和 hold off 命令是交替使用的。

legend　在图形窗口的说明框中按画图顺序显示传递给它的字符串。

grid　在图上显示网格线。调用时，在显示和不显示网格线中进行切换，即：用 grid on 和 grid off 命令交替切换。

我们在第 11 章将会看到更多图形类型。下面介绍另外一个简单的图形类型——柱状图。

例如，用下面的脚本创建两个独立的图形窗口。首先，清除图形窗口。然后，创建 x 向量和两个不同的 y 向量(y1 和 y2)。在第一个图形窗口中，使用柱状图表示 y1 的值。在第二个图形窗口中，y1 的值用黑线表示，使用 hold on，因此可以和用 o 表示 y2 的值的图进行叠加。还可以在这个图上放一个图例，并使用网格。由于这个例子中使用的都是普通数据，所以省略了标签和标题。

plot2figs.m

```
% This create 2 different plots, in 2 different
% Figuer windows, to demonstrate some plot features

clf
x = 1:5; % Not necessary
y1 = [2  11  6  9  3];
y2 = [4  5  8  6  2];
% Put a bar chart in Figure 1
figure(1)
bar(x,y1)

% Put plots using different y values on one plot
% with a lagend
figure(2)
plot(x,y1,'k')
hold on
plot(x,y2,'ko')
grid on
legend('y1','y2')
```

运行这个脚本将产生两个独立的图形窗口。如果没有其他处于激活状态的图形窗口，那么第一个窗口是柱状图，在 MATLAB 中得到的标题是 Figure 1。第二个图的标题是 Figure 2，如图 3.4所示。

注意：坐标轴上的第一个点和最后一个点往往不易看到。这就是为什么经常用 axis 函数来创建点周围的空间，使得这些点可见的原因。

练习 3.5

用 axis 函数修改脚本，要求很容易看到所有的点。

给函数传递向量，并且函数能求出向量中的每个元素值的能力在作图时是非常有用的。例如，如下脚本产生的图形显示了 sin 函数和 cos 函数之间的区别：

sinncos.m

```
% This scriopt plots sin(x) and cos(x) in the same Figure
% Window for values of x ranging from 0 to 2 * pi

clf
x = 0:2 * pi/40:2 * pi;
y = sin(x);
plot(x,y,'ro')
hold on
y = cos(x);
plot(x,y,'b +')
legend('sin','cos')
xlabel('x')
ylabel('sin(x)orcos(x)')
title('sin and cos on one graph')
```

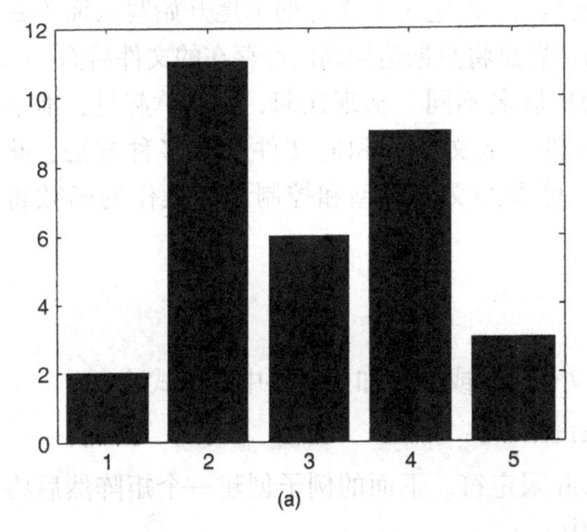

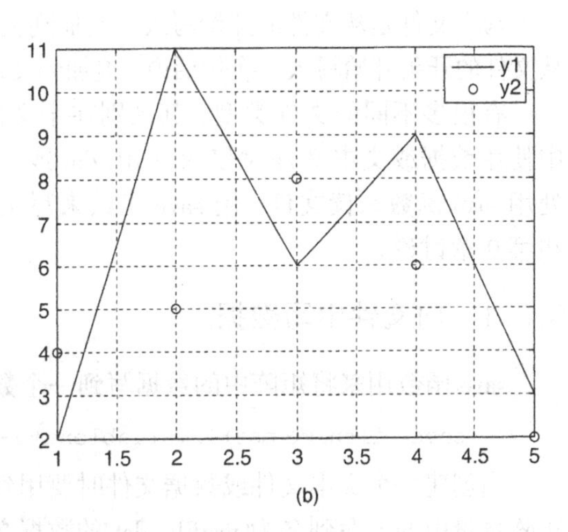

图 3.4　(a)脚本生成的条形图 (b)脚本产生的具有格子和图例的绘图

上述脚本创建了一个 x 向量，值范围是 0 到 2 * π，步长为 2 * π/40，这些点足以得到一个比较好的图形。然后找出每个 x 的正弦，并且用红色的' o '将这些点在图中画出。用命令 hold on 冻结这个图形窗口，使下一个图能够叠加在这个窗口上。然后计算每个 x 的余弦值，用蓝色的' + '画出这些点。legend 函数创建一个图例，第一个字符串对应第一个图，第二个字符串对应第二个图。运行这个脚本产生的图如图 3.5 所示。

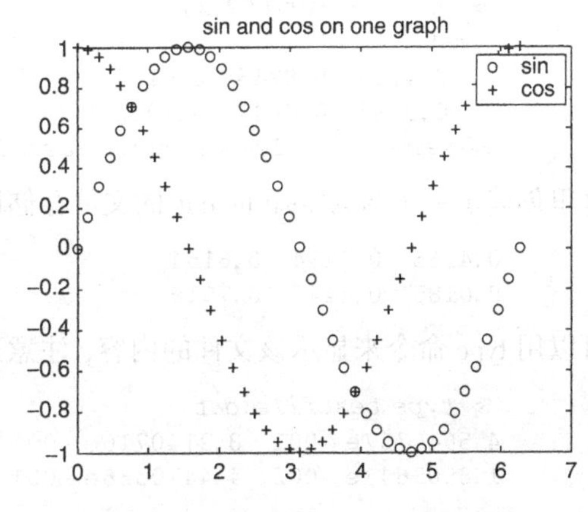

图 3.5　在同一图形窗口中绘制具有图例的 sin 和 cos 图形

注意：不使用 hold on，调用一次 plot 函数就可以画出两个函数图。

```
plot ( x, sin(x) , 'ro', x , cos( x), 'b +')
```

练习 3.6

写一个脚本，画出 exp(x)和 log(x)的图，x 值的范围是 0 到 3.5。

3.6　文件输入/输出简介

在很多情况下，脚本的输入来自一个由其他数据源创建的数据文件。同样，为了方便以后使用或打印，将输出存储在一个外部文件里也是非常有用的。在这一节中，我们将介绍怎样从外部文件读数据和怎样向外部文件写数据。

关于文件，基本上有三种不同的操作方法或模式，即：

- read from(从文件读)
- written to(写入文件)
- appended to(追加到文件)

写入文件是从文件的开始写入。追加到文件也是写，但它是从文件的末尾开始写入而不是从文件的开头开始写入。换句话说，追加到文件的意思是将数据追加到已经存在的文件后面。

有很多不同的文件类型，其区别在于文件的扩展名不同。从现在起，为简单起见，本书中使用数据或文本文件时仅仅使用. dat 或. txt 文件。从文件读和向文件写有多种方法，此处用 load 函数来读文件，用 save 函数来写文件。更多的文件类型和控制读写操作的函数将在第 9 章讨论。

3.6.1　向文件中写数据

save 函数用来将矩阵中的数据写到一个数据文件中，或者追加到文件中。格式为：

```
save filename matrixvariablename -ascii
```

当创建一个文本文件或数据文件时要用到-ascii 限定符。下面的例子创建一个矩阵然后将矩阵变量中的值写到名为' testfile. dat '的数据文件中：

```
>> mymat = rand(2,3)
mymat =
    0.4565  0.8214  0.6154
    0.0185  0.4447  0.7919
>> save testfile.dat mymat -ascii
```

这里创建了一个名为' testfile. dat '的文件存储以下数据：

```
0.4565  0.8214  0.6154
0.0185  0.4447  0.7919
```

可以用 type 命令来显示该文件的内容，注意这里使用的是科学计数法：

```
>> type testfile.dat
4.5646767e-001  8.2140716e-001  6.1543235e-001
1.8503643e-002  4.4470336e-001  7.9193704e-001
```

注意，如果这个文件已经存在，save 函数将会覆盖它，save 函数总是从文件的开头写起。

3.6.2　向文件中追加数据

如果一个文件已经存在，那么可以向文件中追加数据。格式和前面提到的一样，但后面还要加上限制符“-append”。例如，下面的例子创建一个新的随机矩阵，并将它追加到文件' testfile. dat '中：

```
>> mat 2 = rand (3,3)
mymat =
        0.9218      0.4057      0.4103
        0.7382      0.9355      0.8936
        0.1763      0.9169      0.0579
>> save testfile.dat mat 2 -ascii -append
```

导致文件' testfile. dat '的结果包含：

```
        0.4565      0.8214      0.6154
        0.0185      0.4447      0.7919
        0.9218      0.4057      0.4103
        0.7382      0.9355      0.8936
        0.1763      0.9169      0.0579
```

注意：虽然从技术上来说，任何大小的矩阵都可以追加到数据文件中，但是为了能够将追加进去的矩阵读出来，还是应该使列数保持一致。

练习 3.7

提示用户输入矩阵的行数和列数，创建一个随机矩阵，然后将矩阵写到一个文件中。

3.6.3 从文件中读数据

一旦创建了文件(如前所述)，就能将其数据读到矩阵变量中。如果文件是数据文件，load 函数会从文件' filename. ext '中读出数据(例如：扩展名可能是. dat)，并且创建一个和文件同名的矩阵。例如，如果根据前一节所示创建了数据文件' testfile. dat '，那么这里将其读出来：

```
>> clear
>> load testfile.dat
>> who
Your variables are:
testfile
>> testfile
testfile =
        0.4565      0.8214      0.6154
        0.0185      0.4447      0.7919
        0.9218      0.4057      0.4103
        0.7382      0.9355      0.8936
        0.1763      0.9169      0.0579
```

load 命令仅仅能读出与列数相同的文件，所以读出来的数据可以存储到矩阵中，而 save 命令仅仅能将矩阵中的数据写到文件中。如果不是这样，就要用到低级的文件 I/O 函数，这些函数将在第 9 章讨论。

3.6.3.1 例子：从文件中读入数据并用其绘图

例如，文件' timetemp. dat '存储了两行数据。第 1 行是一天内的时间，第 2 行是对应时刻所记录下来的温度。第一个值 0 代表午夜。文件的内容如下：

```
   0     3     6     9    12    15    18    21
 55.5  52.4  52.6  55.7  75.6  77.7  70.3  66.6
```

下面的脚本将文件中的数据读到矩阵 timetemp 中。将矩阵分成时间和温度两个向量，然后用黑色的“ * ”号画出这些数据。

timetempprob.m

```
% This reads time and temperature data for an afternoon
% from a file and plots the data

load timetemp.dat

% The times are in the first row, temps in the second row
time = timetemp(1,:);
temp = timetemo(2,:);

% Plot the data and label the plot
plot(time, temp,'k*')
xlabel('Time')
ylabel('Temperature')
title('Temperatures one afternoon')
```

运行这个脚本所生成的图如图 3.6 所示。

注意，很难看到 0 时刻的点，原因是该点落在了 y 轴上。可以用 axis 函数来改变这里所示的默认轴。

可以使用 MATLAB 中的编辑器来创建数据文件，而没有必要创建一个矩阵并将其保存到文件中。相反，只需要将这些数字输入到一个新的脚本文件中并保存为"timetemp. dat"，当然要确保设置好保存时的当前文件夹。

练习 3.8

ABC 公司两个单独的部门 2013 年四个季度的销售额(单位为十亿)存储在文件' salesfigs. dat '中：

```
1.2   1.4   1.8   1.3
2.2   2.5   1.7   2.9
```

1. 创建这个文件(在编辑器中输入这些数字，然后保存为' salesfigs. dat ')。
2. 写一个脚本，实现以下功能：
   - 将文件中的数据加载到矩阵中。
   - 将矩阵分为两个向量
   - 画出如图 3.7 所示的图(用' o '和' * '作为画图的符号)

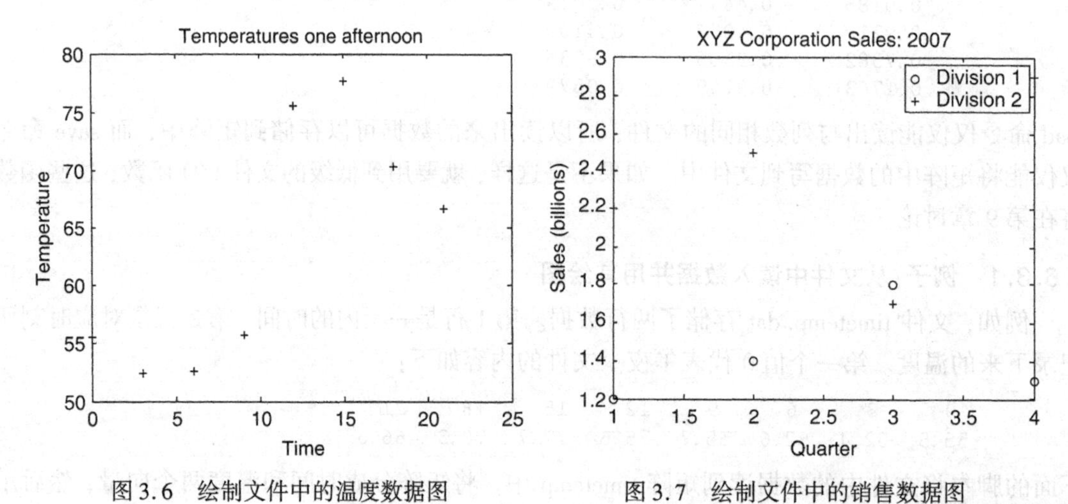

图 3.6 绘制文件中的温度数据图　　　图 3.7 绘制文件中的销售数据图

快速问答

有时候文件并不符合所要求的格式。例如，创建文件'expresults.dat'来存储实验结果，但是在文件中值的顺序颠倒了：

```
4        53.4
3        44.3
2        50.0
1        55.5
```

如何创建一个新文件将顺序改正过来呢?

答：

首先可以将文件读到一个矩阵中，使用 flipud 函数将矩阵从上到下翻转，然后用 save 函数将矩阵写到一个新文件中：

```
>> load expresults.dat
>> expresults
expresults =
    4.0000    53.4000
    3.0000    44.3000
    2.0000    50.0000
    1.0000    55.5000
>> correctorder = flipud(expresults)
correctorder =
    1.0000    55.5000
    2.0000    50.0000
    3.0000    44.3000
    4.0000    53.4000
>> save neworder.dat correctorder-ascii
```

3.7 返回单个值的用户自定义函数

前面章节已介绍过很多函数的应用，包括内置函数，如 sin、fix、abs 和 double 等。本节将介绍用户自定义函数。这种函数是指程序员可以在命令窗口或脚本中定义并调用的函数。

函数可以返回不同类型的结果。现在，我们将注意力集中在计算和返回单个值的函数上。这类函数和内置函数 sin 和 abs 类似。其他类型的函数将在第 6 章介绍。

首先，让我们回顾一下已经熟知的一些函数，包括内置函数的使用。虽然到现在为止都是直接使用这些函数，但是为了和用户自定义函数进行比较，在一些细节处会给出注释。

length 函数是一个内置函数，它计算单个值，返回向量的长度。例如：

```
length(vec)
```

它是一个表达式，表示向量 vec 中元素的个数。这个表达式可以用在命令窗口或脚本中。通常，这个表达式返回的值可以赋给一个变量：

```
>> vec = 1:3:10;
>> lv = length(vec)
lv =
    4
```

或者，可以打印出向量的长度：

```
>> fprintf('The length of the vector is %d\n',length(vec))
The length of the vector is 4
```

length 函数的调用包括函数名和紧随其后的括号内的参数。函数采用这个参数并返回计算结果。函数调用时，控制权传递给函数本身(换句话说，函数开始执行)。参数也会传递给函数。为确定该向量中的元素个数，函数执行相应的语句并完成它该完成的工作(通常，程序员不知道或者看不见内置函数的实际内容)。函数计算单个值并返回该结果，该结果就是表达式的值。控制也会被传回到初次调用它的表达式处，然后继续往下执行(例如，在第一个例子中将值赋给变量 lv，在第二个例子中把值打印出来)。

3.7.1 函数定义

有很多不同的方式来组织脚本和函数，但是到现在为止，我们写的每个函数会存储在一个独立的 M 文件中，这就是为什么通常称之为 M 文件函数。尽管可以在编辑器 Editor 里选择 New 向下箭头并点击 Function 来定义一个函数，但是现在更简单的方法是选择 New Script 去输入(这个忽略了当你选择 Function 时的默认配置)。

在 MATLAB 中返回单个值的函数包括：

- 函数头(第 1 行)，包括
  - 保留字 function
  - 由于函数返回一个结果，所以输出参数名后要紧跟着赋值操作符“=”
  - 函数名(重要的是：函数名必须和存储该函数的 M 文件名一致，目的是避免混淆)
  - 小括号内的输入参数，这些参数对应调用该函数时传递给函数的参数
- 描述函数功能的注释(如果用 help 将打印出这些注释)
- 函数体，它包括所有的语句并且最后给输出参数赋值
- 函数的尾部 end(注意，对当前版本的 MATLAB，很多情况下是没有必要的，但不管怎样，这是良好的习惯)

计算并返回一个值的函数定义的一般形式是：

functionname.m

```
function outputargument = functionname(input arguments)
% Comment describing the function
Statements here;these must include putting a value in the output argunent
   end % of the function
```

例如，下面是一个名为 calcarea 的函数，它计算并返回圆的面积，函数存储在'calcarea.m'文件中。

calcarea.m

```
function area = calcarea(rad)
% calcarea calculates the area of a circle
% Format of call: calcarea(radius)
% Returns the area
area = pi * rad * rad;
end
```

圆的半径传递给函数的输入参数 rad，函数计算圆的面积并将值存储在输出参数 area 中。在函数头中有保留字 function、输出参数 area、赋值操作符“=”、函数名(和 M 文件名一样)和输入参

数 rad(半径)。由于函数头中有输出参数，所以必须在函数体的某处赋一个值给这个输出变量。这就是从函数中返回一个值的方法。在这个例子中，函数很简单，主要就是给输出参数 area 赋值，area 的值为内置常量 pi 值乘以输入函数 rad 的平方。

在命令窗口中用 type 命令可以显示该函数：

```
>> type calcarea
       function area = calcarea(rad)
       % calcarea calculates the area of a circle
       % Format of call: calcarea(radius)
       % Returns the area
       area = pi * rad * rad;
       end
```

注意:MATLAB 中的很多函数都是以 M 文件函数实现的，这也可以通过使用 type 来显示其内容。

3.7.2　函数调用

下面是调用 calcarea 函数的例子，其返回值存储在默认变量 ans 中：

```
>> calcarea(4)
ans =
   50.2655
```

从技术上讲，调用函数就是执行存储该函数的文件。为了避免混淆，将函数名作为文件名是最好的方式。这个例子中，函数名是 calcarea，文件名是'calcarea. m'，这个函数返回的结果也可以通过赋值语句将其存储在一个变量中，变量名可以和函数的输出参数名一样。例如，下面的赋值也是可以的：

```
>> area = calcarea(5)
area =
   78.5398
>> myarea = calcarea(6)
myarea =
   113.0973
```

当调用函数时输出也可以简写成

```
>> mya = calcarea(5.2);
```

calcarea 函数返回的值也可以用 disp 或 fprintf 函数打印出来：

```
>> disp(calcarea(4))
    50.2655
>> fprintf ('The area is %.1f \n', calcarea(4))
The area is 50.3
```

注意:这里并没有打印函数本身，而是函数返回的面积值，然后用一个打印语句将结果打印或显示出来。

快速问答

可以传递一个 radii 向量到 calcarea 函数吗？

答：

该函数在写的时候假设其参数是标量，因此用一个向量调用时将会产生一个错误的信息：

```
>> calcarea(1:3)
Error using *
Inner matrix dimensions must agree.
Error in calcarea(line 6)
    area = pi * rad * rad;
```

这是因为在函数中乘法用"*"，但是当向量相乘时，由于是逐项相乘，所以必须用".*"表示。在函数中进行这一改变将会允许向函数传递参数时，既能是标量也可以是矢量：

calcareaii.m

```
function area = calcareaii(rad)
% calcareaii returns the area of a circle
% The input argument can be a vector
% of radii
% Format: calcareaii(radiiVector)
area = pi * rad .* rad;
end
```

```
>> calcareaii(1:3)
ans =
   3.1416   12.5664   28.2743
>> calcareaii(4)
ans =
   50.2655
```

注意，只有在半径向量自己相乘时才使用.*运算符。乘 pi 是标量乘法，因此不在那里使用.*运算符，当然，面积也可以这样表示：

```
area = pi * rad .^2;
```

将 help 与函数联合使用可以在函数头部下显示一段注释。这样可以把调用一个函数的格式放在这一段注释里：

```
>> help calcarea
  calcarea calculates the area of a circle
  Format of call: calcarea(radius)
  Returns the area
```

许多组织都有关于一个函数中应该包含什么注释信息的标准。这些标准包括：

- 函数名称
- 函数完成功能的描述
- 函数调用的格式
- 输入参数的描述
- 输出参数的描述
- 函数中使用的变量的描述
- 编程者姓名和完成日期
- 修订信息

尽管这是一个极好的编程风格，但考虑到篇幅问题，书中大部分地方都省略这些元素。同时，对于 MATLAB 中的文档，建议注释块起始部分的函数名应该全部采用大写字母。然而，这可能会令人误解 MATLAB 是区分大小写的，实际上通常函数名用的是小写字母。

3.7.3 从脚本中调用用户自定义函数

现在，我们把提示用户输入半径然后计算圆的面积的脚本修改为调用函数 calcarea 来计算圆的面积。

circleCallFn.m

```
% This script calculates the area of a circle
% It prompts the user for the radius
radius = input('Please enter the radius:');
% It then calls our function to calculate the area and then prints
  the result
area = calcarea(radius);
fprintf('For a circle with a radius of %.2f,',radius)
fprintf('the area is %.2f\n', area)
```

运行这个程序会生成如下的结果：

```
>> circleCallFn
Please enter the radius:5
For a circle with a radius of 5.00, the area is 78.54
```

3.7.3.1 简单程序

本书中，一个调用函数的脚本就是我们所说的一个 MATLAB 程序。在之前的例子中，程序由脚本 circleCallFn 与其调用的函数 calcarea 组成。一个简单程序的一般格式，由调用一个函数计算并返回一个值的脚本组成，如图 3.8 所示。

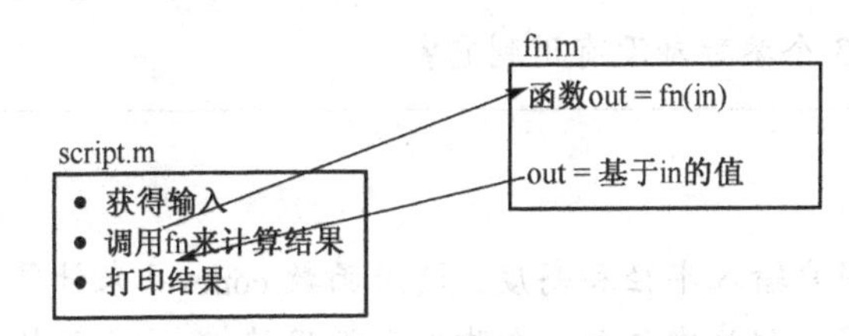

图 3.8 一个简单程序的一般格式

一个函数也有可能调用另一个函数(不管是内置函数还是用户定义的函数)。

3.7.4 传递多个参数

在许多情况下，需要给函数传递多个参数。例如，圆锥体的体积公式为：

$$V = \frac{1}{3}\pi r^2 h$$

这里，r 是底圆的半径，h 是圆锥的高。因此，计算圆锥体积的函数需要半径和高度：

conevol.m

```
function outarg = conevol(radius, height)
% conevol calculates the volume of a cone
% Format of call: conevol(radius, height)
% Returns the volume

outarg = (pi/3) * radius .^2 .* height;
end
```

因为在函数头里有两个输入参数，所以在调用函数时必须给函数传递两个参数。参数的顺序是有区别的。在函数头里，传递给函数的第一个值存储在第一个输入变量中(在这个例子中，即 radius)，传递给函数的第二个值存储在第二个输入变量中。

调用函数的参数必须和函数头里的输入参数一一对应。

下面是调用函数 conevol 的例子。函数返回的结果存储在默认变量 ans 里。

```
>> conevol (4 ,6.1)
ans =
   102.2065
```

在下面的例子中，用两个小数位的格式打印出结果。

```
>> fprintf ('The cone volume is %.2f \n', conevol(3, 5.5) )
The cone volume is 51.84
```

注意：由于可以使用数组求幂和乘法运算，所以也应该能够把数组传给输入参数，只要维数一样就可以。

快速问答

下面的函数没有什么技术问题，但是是否有意义？

```
fun.m
function out = fun(a, b, c)
out = a*b;
end
```

答：

为什么传递了第 3 个参数却没有用到它？

练习 3.9

写一个脚本，提示用户输入半径和高度，调用函数 conevol 来计算圆锥的体积，然后以一个合适的格式打印出结果。程序中包含一个脚本和调用的 conevol 函数。

练习 3.10

在一个项目中，我们需要一些材料来形成一个矩形。写一个 calcrectarea 函数能接收矩形的长度和宽度作为输入参数，并返回矩形的面积。如下脚本调用该函数，并将结果存储在变量 ra 中，然后用 fprintf 函数打印出所需材料的数量(用整数表示)。

```
>> ra = calcrectarea(3.1,  4.4)
ra =
   13.6400

>> fprintf('we need %d sq in. \n',...
      ceil(ra))
we need 14 sq in
```

3.7.5 使用了局部变量的函数

前面介绍的函数都非常简单。然而，在很多情况中函数的计算是很复杂的，函数中有可能需要用到额外的变量，这些变量称为局部变量。

例如，用每平方英尺 1 美元的材料构建一个封闭圆柱。写一个函数，在给出圆柱的半径和高度的情况下，计算并返回材料的花费，其中表面积四舍五入到最接近的平方英尺值。封闭圆柱的表面积公式是 $SA = 2\pi rh + 2\pi r^2$。

例如，一个半径是 32 英寸、高度是 73 英寸的圆柱，每平方英尺的材料花费是 4.50 美元，按如下算法给出计算：

- 计算表面积 SA = 2 * π * 32 * 73 + 2 * π * 32 * 32 平方英寸
- 将 SA 从平方英寸转换成平方英尺 = SA/144
- 计算总花费 = SA 平方英尺 * 每平方英尺的花费

函数用局部变量来存储这些中间结果。

cylcost.m

```
function outcost = cylcost(radius, height, cost)
% cylcost calculates the cost of constructing a closed
% cylinder
% Format of call: cylcost(radius, height, cost)
% Returns the total cost

% The radius and height are in inches
% The cost is per square foot

% Calculate surface area in square inches
surf_area = 2 * pi * radius .* height t + 2 * pi * radius .^2;

% Convert surface area in square feet and round up
surf_areasf = ceil(surf_area/144);

% Calculate cost
outcost = surf_areasf .* cost;
end
```

以下是调用函数 cylcost 的例子：

```
>> cylcost(32, 73, 4.50)
ans =
    661.5000
>> fprintf ('The cost would be $%.2f\n', cylcost(32, 73, 4.50))
The cost would be $661.50
```

3.7.6 范围介绍

知道变量的范围，确定在哪里是有效的是很重要的。更多详细的内容将在第 6 章介绍，但是，也应该知道用于脚本的变量通常在命令窗口中同样适用，反之亦然。一个函数的所有变量都是局限于这个函数的。命令窗口和脚本都使用一个名为 base workspace 的基本工作空间。然而，函数有它们自己的工作空间。这意味着在执行一个脚本时，变量可以随后在工作空间窗口看到，也可以从命令窗口中使用。但是，函数的情况并非如此。

3.8 命令和函数

一些我们使用过的命令（如 format、type、save 和 load）仅仅是函数调用的快捷方式。如果所有传入函数的参数是字符串，而且函数不返回任何值，则可以被当成一个命令使用。例如，如下例子产生同样的结果：

```
>> type script1
radius = 5
area = pi * (radius^2)

>> type('script1')
radius = 5
area = pi * (radius^2)
```

使用 load 作为命令创建一个有相同名字的变量作为文件。如果想要得到一个不同的变量名，使用 load 的函数形式最简单，例如：

```
>> type pointcoords.dat
3.3  1.2
 4   5.3
>> points = load('pointcoords.dat')
points =
    3.3000  1.2000
    4.0000  5.3000
```

探索其他有趣的特征

注意本章是对一些主题的介绍，更详细的部分会在后面的章节介绍。在进行后续章节之前，你可能想要探索以下知识：

- help 命令可以用来查看内置函数的简短解释。在结尾还有文档页面的链接。这些文档页面经常有更多的信息和有用的例子。也可以通过输入“doc fnname”进入文档页面，其中 fnname 是函数的名字。
- 在 fprintf 函数文档页面上查看版式规格(formatSpec)，可以得到更多的安排版式的方法(例如，用零来填充数字和打印一个数字的符号)。
- 使用搜索文档寻找用于打印其他类型的转换字符，例如无符号整数和指数记号。

总结

常见错误

- 在脚本或函数的不同地方以不同的方式拼写一个变量名；
- 对 input 函数，当希望输入字符时忘记加上第二个参数's'；
- 打印时没有正确使用转换字符；
- 混淆 fprintf 和 disp——记住只有 fprintf 能够格式化。

编程风格指南

- 对于较长的脚本和函数，特别要注意，首先要写算法。
- 对脚本和函数要有注释：
  - 在脚本开始时用一段连续的注释描述脚本
  - 在函数头下用一段连续的注释描述函数
  - 对任何 M 文件(脚本和函数)的每一节都应注释描述
- 确保 H1 注释行含有有用的信息。

- 对于块注释使用自己的组织标准风格作为指导方针进行注释。
- 对于变量名和文件名使用助记标识符(名字要有意义，例如，用 radius 而不是 xyz)。
- 所有的输出应易读并含义明确。
- 在 fprintf 函数打印的每个字符串末尾放一个换行符，使下一个输出和提示符出现在下一行。
- 在 x 轴和 y 轴上要放上有意义的标签，在所有画的图上设置标题。
- 保持函数简短，通常函数的长度不要超过一页。
- 禁止从函数和脚本中输出所有赋值语句。
- 返回一个值的函数通常不打印出这个值，而是应该由函数简单返回。
- 函数中可以使用数组操作符“.*”、“./”、“.\”和“.^”，这样函数的输入参数可以是数组，而不仅仅是标量。

MATLAB 保留字	
function	end

MATLAB 函数和命令			
type	xlabel	clf	grid
input	ylabel	figure	bar
disp	title	hold	load
fprintf	axis	legend	save
plot			

MATLAB 操作符	
注释　%	注释块　%{，%}

习题

1. 写一个简单的计算空心球体积的脚本，公式是 $\frac{4\pi}{3}(r_0^3 - r_i^3)$，$r_i$是内部半径，$r_o$是外部半径。分别给内部半径变量和外部半径变量赋值。然后根据这些变量的值计算体积并将体积存储在第 3 个变量中。脚本要有注释。
2. 原子量是化学元素中的一个原子的重量。例如，氧的原子量是 15.9994，氢的原子量是 1.0079。写一个脚本来计算过氧化氢的分子量。过氧化氢由两个氢原子和两个氧原子组成。脚本要有注释，使用 help 命令查看脚本中的注释。
3. 写一个 input 语句，提示用户输入一个化学元素的名字作为字符串，然后计算字符串的长度。
4. 输入函数可以用来输入一个向量，例如：

```
>> vec = input('Enter a vector: ')
Enter a vector:4:7
vec =
    4  5  6  7
```

用此做实验，并找出如何让用户能输入一个矩阵。

5. 写一个 input 语句，提示用户输入一个实数，并将它存储在一个变量中。然后，用 fprintf 函数打印这个变量的值，保留两位小数。
6. 在命令窗口中，用 fprintf 函数验证输出实数。记下每种条件下所发生的情况。用 fprintf 函数打印实数 12345.6789：

- 不指定字符宽度
- 10 个字符宽度，含 4 个小数位
- 10 个字符宽度，含 2 个小数位
- 6 个字符宽度，含 4 个小数位
- 2 个字符宽度，含 4 个小数位

7. 在命令窗口中，用 fprintf 函数输出整数，记下每种条件下所发生的情况。用 fprintf 函数打印整数 12345：
   - 不指定字符宽度
   - 5 个字符宽度
   - 8 个字符宽度
   - 3 个字符宽度

8. 在公制系统中，流体速度是以立方米/秒(m^3/s)来测量的。1 立方英尺/秒(ft^3/s)等于 0.028 m^3/s。写一个名为 flowrate 的脚本，提示用户以立方米/秒为单位输入流速，并打印出立方英尺/秒为单位的等效流速。下面是运行该脚本的一个例子。所写脚本必须产生与下面相同格式的输出：

```
>> flowrate
Enter the flow in m^3/s: 15.2
A flow rate of 15.200 meters per sec
is equivalent to 542.857 feet per sec
```

9. 写一个名为 echostring 的脚本，提示用户输入一个字符串，然后在两个单引号之间打印这个字符串：

```
>> echostring
Enter your string: hi there
Your string was: 'hi there'
```

10. 已知一个三角形的两边的长度和这两边的夹角，可以计算出第三边的长度。给出三角形的两边长度(b 和 c)和它们之间的夹角 α(度)，计算第三边 a 的公式如下：

$$a^2 = b^2 + c^2 - 2bc\cos(\alpha)$$

写一个名为 thirdside 的脚本，提示用户输入 b、c 和 α(单位为度)的值，计算并打印出第三边(含三位小数)。脚本的输出按如下格式：

```
>> thirdside
Enter the first side: 2.2
Enter the second side: 4.4
Enter the angle between them: 50

The third side is 3.429
```

为了更多的练习，写一个函数来计算第三边，在脚本里调用这个函数。

11. 写一个脚本提示用户输入一个字符并打印该字符两次，一次左对齐且字段的宽为 5，一次右对齐字段的宽为 3。

12. 写一个脚本 lumin 计算并打印星星的光度 L，单位为瓦特。光度 L 的公式为 $L = 4\pi d^2 b$，其中 d 是距太阳的距离，单位为米，b 是亮度，单位为瓦特/平方米。下面是执行脚本的例子：

```
>> lumin
This script will calculate the luminosity of a star.
When prompted,enter the star's distance from the sun
in meters,and its brightness in W/meters squared.

Enter the distance: 1.26e12
Enter the brightness: 2e-17
The luminosity of this star is 399007399.75 watts
```

13. 在工程力学中，一个向量是一组代表大小和方向的数字。像速度和力这样的单位也是向量的量。例如一个向量可以是 <2.34, 4.244, 5.323> 米/秒。这个向量描述了在三维空间坐标 <x,y,z> 中一个质点在特定点的速度。在解决涉及向量的问题时，知道某一个测量单位的单位向量是很方便的。一个单位向量有确定的方向，长度为 1。三维空间的单位向量的等式为：

$$\vec{u} = \frac{\langle x,y,z \rangle}{\sqrt{x^2 + y^2 + z^2}}$$

写一个脚本提示用户输入 x，y 和 z 值并计算该单位向量。

14. 写一个脚本，给出一个点的 x 坐标和 y 坐标，然后用绿色的'+'画出这个点。

15. 画出 sin(x) 函数图，x 值的范围是 0 到 π(在独立的图形窗口中)：
- 在该范围内取 10 个点
- 在该范围内取 100 个点

16. 在航空领域，大气属性如温度、空气密度和空气压力是非常重要的。创建一个文件，存储不同高度的温度，单位是开氏度。高度在第 1 列，温度在第 2 列。例如，像这样

```
1000   288
2000   281
3000   269
```

写一个脚本，将文件中的数据读到一个矩阵里，将它分成两个向量，然后给出合适的标题和坐标轴标签，绘出这些数据。

17. 产生一个随机整数 n，创建一个从整数 1 到 n，步长为 2 的向量，对其进行平方并绘制出这些正方形。

18. 创建一个 3×6 维的随机整数矩阵，每个值的范围从 50 到 100。将这个矩阵写入一个名为' randfile. dat '的文件里。然后再创建一个新的随机整数矩阵，但这一次让它是一个 2×6 维的随机整数矩阵，每个值的范围从 50 到 100，将这个矩阵追加到文件' randfile. dat '中。然后，读该文件(变量名为 randfile)，确保其能正常工作。

19. 在水文学中，雨量图用来显示暴风雨时的降雨强度。强度应该是每小时的降雨量，记录 24 小时时间段的每小时降雨量。创建自己的数据文件来存储 24 小时内每小时的下雨强度，单位为英寸/小时。使用条状(bar)图显示强度。

20. 在车床上打磨一个零件。零件直径假定是 20 000 mm。每十分钟测一次直径，结果存在名为' partdiam. dat '文件中。创建一个数据文件来模拟这个过程。文件存储时间(以分钟为单位)和每个时间所对应的零件的直径。绘制这些数据。

21. 在一个试验中，为了方便使用，创建了一个' floatnums. dat '文件。然而，它包含的是浮点(实数)型数值，而实际需要的是整数型数值。同时，该文件格式不是严格正确，其值是按列存储而不是按行存储的。例如，如果该文件包含的内容如下：

```
90.5792  27.8498  97.0593
12.6987  54.6882  95.7167
91.3376  95.7507  48.5376
63.2359  96.4889  80.0280
9.7540   15.7613  14.1886
```

实际需要的是：

```
91  13  91  63  10
28  55  96  96  16
97  96  49  80  14
```

按指定的格式创建此数据文件。写一个脚本将' floatnums. dat '文件中的内容读入一个矩阵中，将所有值四舍五入，并且以要求的格式将该矩阵写到名为' intnums. dat '的新文件中。

22. 创建一个名为' testtan. dat '的文件，包含两行，每行有三个实数(有些为负有些为正，范围从 -1 到 3)。这个文件可以从编辑器创建，也可以由矩阵写入。然后，将文件加载(load)到一个矩阵中，并计算结果矩阵中每个元素的正切值。

23. 假定以前已经创建了' hightemp, dat '文件，每行存储的是年份，然后是某地当年几个月的最高温度。例如：

```
89  42  49  55  72  63  68  77  82  76  67
90  45  50  56  59  62  68  75  77  75  66
```

```
91  44  43  60  60  60  65  69  74  70  70
.....
```

如上所示，年份只用了两位数(这在 20 世纪是很普遍的现象)。写一个脚本，将该文件读入一个矩阵中。创建一个新的矩阵，它能按照正确的格式存储年份，如：19xx，然后将这个矩阵写入到名为'y2ktemp.dat'的新文件中(提示：将矩阵的第 1 列加上 1900)。例如，文件看起来如下：

```
1989  42  49  55  72  63  68  77  82  76  67
1990  45  50  56  59  62  68  75  77  75  66
1991  44  43  60  60  60  65  69  74  70  70
.....
```

24. 写一个函数 calcrectarea 计算并返回三角形的面积。给函数传递长度和宽度作为输入参数。
25. 写一个函数 perim，接收圆的半径 r，计算并返回圆的周长 P($P=2\pi r$)。以下为使用这个函数的样例：

```
>> perimeter = perim(5 .3)
perimeter =
    33.3009
>> fprintf ('The perimeter is % .1f \n',perim(4))
The perimeter is 25.1
>> help perim
    Calculates the perimeter of a circle
```

像生物量这样的可再生能源资源正赢得日益增加的注意，生物质能的单位包括兆瓦时(MW·h)和千兆焦耳(GJ)，1 MW·h 等于 3.6 GJ。例如，1 米^3 的木片产生 1 MW·h。

26. 写一个 mwh_to_gj 函数，将 MWh 转换为 GJ。
27. 一架飞机的典型速度单位是英里/小时或米/秒。写一个能够接收一个输入参数的函数，该参数是飞机的速度，以英里/小时为单位，返回以米/秒为单位的速度值。有关的转换公式是：1 小时 =3600 秒，1 英里 =5280 英尺，1 英尺 =0.3048 米。
28. 列举出一个脚本和一个函数的一些区别。
29. 流体的速度可以通过计算总压力 P_t 和静态压力 P_s 之间的差异获得。对于水，通过下面的公式可以计算出其流速：

$$V = 1.016\sqrt{P_t - P_s}$$

写一个函数能够接收总压力和静态压力作为输入参数，并返回水的流速。
30. 写一个 fives 函数能够接收两个输入参数作为行向量和列向量的个数，并能返回一个维数和它一样，元素全部为 5 的矩阵。
31. 写一个名为 isdivby4 的函数，它能接收一个整数输入参数，如果输入的整数可被 4 整除则返回逻辑 1 表示真，否则返回逻辑 0 表示假。
32. 写一个 isint 函数，它会接收一个数字输入参数 innum，如果数字为整数或 0 则返回 1 表示逻辑真，否则返回 0 表示逻辑假。利用客观事实，如果 innum 为整数时，应该等于 int32(innum)，然而由于舍入误差，如果输入参数接近整数有可能返回逻辑 1 表示真。这样的结果或许不是期望的结果，如下所示：

```
>> isint (4)
ans =
    1
>> isint (4.9999)
ans =
    0
>> isint (4.9999999999999999999999999999)
ans =
    1
```

33. 一个毕氏数(pythagorean triple，即勾股数)是一组正整数(a, b, c)，满足 $a^2+b^2=c^2$。写一个函数 ispythag，它能够接收输入三个正整数(a, b, c，注意顺序)，并且如果它们构成勾股数则返回逻辑 1 表示真，否则返回逻辑 0 表示假。

34. 一个函数可以返回一个向量作为结果。写一个名为 vecout 的函数，接收一个整数参数，返回一个向量，该向量的元素逐渐增加，直到元素值达到输入参数增加 5 为止，使用冒号操作符，例如：

```
>> vecout (4)
ans =
    4  5  6  7  8  9
```

35. 写一个 repvec 函数，它接收输入一个向量和每个元素重复的次数。继而函数返回结果向量。仅使用内置函数解决此问题。如下为调用函数的例子：

```
>> repvec (5: -1:1,2)
ans =
    5  5  4  4  3  3  2  2  1  1
>> repvec ([0 1 0],3)
ans =
    0  0  0  1  1  1  0  0  0
```

36. 写一个 pickone 函数，它接收一个输入参数 x，x 是一个向量，随机返回向量中的一个元素。例如：

```
>> disp (pickone( -2:0))
-1
>> help pickone
pickone(x) returns a random element from vector x
```

37. 一家工厂制造一种特定产品的 n(这里的 n 是整数)个部件的成本可通过下式算出：

$$C(n) = 5n^2 - 44n + 11$$

写一个脚本 mfgcost，它能够：

- 提示用户输入部件数量 n
- 调用函数 costn，该函数计算并返回制造 n 个部件的成本
- 打印结果(格式必须与下面所示的格式相同)

接下来，编写函数 constn，该函数能够简单地接收 n 的值作为输入参数，计算并返回制造 n 个部件的成本。下面是执行该脚本的一个样例：

```
>> mfgcost
Enter the number of units: 100
The cost for 100 units will be  $45611.00
>>
```

38. 在降水量计算中，所要求的雨雪量转换取决于温度和其他因素，但是有一个近似计算，1 英寸的雨水等于 13 英寸的雪。写一个脚本提示用户输入雨水的英寸数，调用一个函数返回等效的降雪量，并打印结果。同时也写出被调用的函数。

39. 一个正四面体的体积可用 $V = \frac{1}{12}\sqrt{2}s^3$ 计算，其中 s 是组成四面体的面的等边三角形的边的长度。写一个程序计算其体积。该程序由一个脚本和一个函数组成。该函数会接收一个输入参数作为边长度，并返回该四面体的体积。脚本会提示用户输入边长度，调用函数来计算体积并以良好的语句格式来打印结果。为简单起见，我们忽略单位。

40. 工程上的许多数学模型使用指数函数。指数衰减函数的通常形式为

$$y(t) = Ae^{-\tau t}$$

这里 A 为 t=0 时的初始值，τ 为函数的时间常数。写一个脚本研究时间常数的影响。为了简化等式，将 A 的值设为 1。提示用户输入两个不同值的时间常数，以及针对一个 t 向量的开始和结束的时间范围。然后，使用上述等式和两个时间常数，计算两个不同的 y 向量，并在同一个表格中指定的范围内绘出两个指数函数。使用一个函数计算 y 值。将其中一条图形的颜色设置为红色，确保标记该图和两个坐标轴。观察当时间常数变大时衰减速率的变化情况。

41. 一个指数衰减的正弦曲线有着非常有趣的属性。例如，在流体动力学中，下面的等式表示当受外力影响时

流体的波动模式：

$$y(x) = Fe^{-ax}\sin(bx)$$

F 是外部冲击力的大小，a、b 分别为表示黏度和密度的相关常数。以下收集的数据为几种常见流体的 a、b 值：

流体	a 值	b 值
酒精	0.246	0.806
水	0.250	1.000
油	0.643	1.213

写一个脚本提示用户输入一个 F 值。然后，创建一个 x 向量(自己决定值)，根据上面等式计算(计算用一个函数实现)y 向量。绘制出波动时流体模型的结果。使用 3 种不同的流体，按上面表中的 a，b 值绘图并进行比较。

42. 文件' costssales. dat '存储一个公司前 n 个季度的成本和销售数据(在时间未给出前，n 没有定义)。成本在第 1 列，销售额在第 2 列。例如，如果有 5 个季度，那么文件中有 5 行数据，就像这样：

```
1100   800
1233   650
1111  1001
1222  1300
 999  1221
```

写一个名为 salescosts 的脚本，将文件中的数据读到一个矩阵中。当执行脚本时，完成 3 件事情：

首先，打印文件中的季度数，例如：

```
>> salescosts
There were 5 quarters in the file
```

其次，在一个有图例(使用默认的坐标轴)的图形窗口中用黑色的圆圈绘出成本，用黑色的星号(*)绘出销售数据，如图 3.9 所示。

最后，脚本将数据以不同的顺序写入一个名为' newfile. dat '新文件中，销售额在第 1 行，成本在第 2 行。例如，如果文件如上所述，结果文件存储如下数据：

```
 800   650  1001  1300  1221
1100  1233  1111  1222   999
```

假定文件每行的数据个数是已知的。

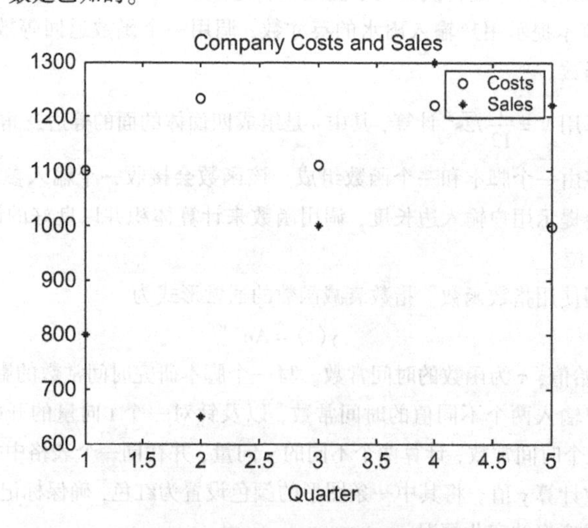

图 3.9 绘出成本与销售数据

第4章　选择语句

关键词

selection statement 选择语句	action 操作	nesting statement 嵌套语句
branching statement 分支语句	temporary variable 临时变量	cascading if-else 级联
condition 条件	error-checking 差错检测	"is" function "is"函数

前面章节介绍的脚本和函数，每条语句都是顺序执行的。然而实际情况并不总是这样，本章将讨论怎样确定是否执行语句，以及怎样在两者之间或多个条件之间选择某些语句执行。实现这些功能的语句称为选择语句或分支语句。

MATLAB 软件有两个基本的选择语句：if 语句和 switch 语句。if 语句有 else 和 elseif 条件分支。if 语句使用逻辑真或逻辑假表达式。这些表达式使用关系和逻辑运算符。MATLAB 还有 is 函数，它是用来确定某些值是真还是假的，这些函数会在本章的最后介绍。

4.1　if 语句

if 语句选择是否执行另外一条或一组语句。if 语句的一般格式是：

```
if  条件
    操作(语句组)
end
```

条件是一个关系表达式，它的值是概念型或逻辑型的，要么真，要么假。操作是一条或一组语句，当条件为真时执行这些语句。执行 if 语句时，首先判断条件。如果条件为真，执行操作中的语句；如果条件为假，不执行操作中的语句。在保留字 end 以前可以放任意数量的语句，操作自然地由保留字 if 和 end 括起来（注意：这里的 end 和向量或矩阵中用来作为索引的 end 是不同的）。

例如，下面的 if 语句用来检查一个变量的值是否为负数。如果是负数，就用绝对值函数将其变为正数，否则什么也不做。

```
if num < 0
   num = 0
end
```

尽管 if 语句在脚本或函数中更有意义，但也可以输入到命令窗口中。在命令窗口中，输入 if 语句（占一行），回车，然后输入操作，回车，最后是 end，回车。结果会立即显示出来。例如，下面两个例子使用了前述的 if 语句。

```
>> num = -4;
>> if num < 0
       num = 0
   end
num =
     0
>> num = 5;
```

```
>> if num < 0
       num = 0
   end
>>
```

注意:没有限制赋值语句的输出,所以如果执行了操作,就会显示它的结果。第一个例子中,变量的值是负数,所以要执行操作,并且还要改变变量的值;但是在第二个例子中,变量是正数,所以跳过了操作语句。

这个例子有时会用到,例如,用来确保平方根函数不能使用一个负数。如下脚本提示用户输入一个数,并打印出它的平方根。如果用户输入了一个负数,在开平方前用 if 语句将其变为正数。

sqrtifexamp.m

```
% Prompt the user for a number and print its sqrt
num = input('Please enter a number:');

% If the user enterd a negative number,chang it
if num < 0
   num = 0
end
fprintf('The sqrt of %.1f is %.1f \n', num ,sqrt(num))
```

下面是运行该脚本的两个例子:

```
>> sqrtifexamp
Please enter a number: -4.2
The sqrt of 0.2 is 0.0

>> sqrtifexamp
Please enter a number:1.44
The sqrt of 1.4 is 1.2
```

注意:在该脚本中赋值语句的输出是被禁止的。在这种情况下,if 语句是单个赋值语句。实际上可以是任意数量的有效语句。例如,我们或许还可以打印一个标记来提醒用户输入的数据将要改变。同样,我们也可以使用用户输入负数的绝对值而不是将它变为 0。

sqrtifexampii.m

```
% Prompt the user for a number and print its sqrt
num = input('Please enter a number:');
% If the user entered a negative number,tell the user and change it
if num < 0
   disp('OK,we"ll use the absolute value')
   num = abs(num);
end
fprintf('The sqrt of %.1f is %.1f \n', num ,sqrt(num))
```

```
>> sqrtifexampii
Please enter a number: -25
OK,we'll use the absolute value
The sqrt of 25.0 is 5.0
```

注意,在 disp 语句中使用了两个单引号,目的是为了打印出一个单引号。

练习 4.1

写一个 if 语句,如果变量 hour 的值小于 40,打印"Hey, you get Overtime!"。用小于 40 和大于 40 的值来测试 if 语句。

快速问答

设想创建一个向量，其值的范围是从 mymin 到 mymax。写一个函数 createvec，接收两个输入参数 mymin 和 mymax，返回一个向量，其元素是从 mymin 到 mymax，步长为 1。首先，确定 mymin 的值是否小于 mymax 的值，否则，在创建向量之前需要先交换两个变量的值。如何实现这个函数呢？

答：

要交换值，需要第三个变量，即临时变量。例如，我们有两个变量 a 和 b，存储的值是：

```
a = 3;
b = 5;
```

要交换值，我们不能直接将 b 的值赋给 a，如下：

```
a = b;
```

这样，a(3)的值就丢失了！因此，我们首先需要将 a 的值赋给一个临时变量，这样的话 a(3)就不会丢失了。算法是：

- 将 a 的值赋给 temp
- 将 b 的值赋给 a
- 将 temp 的值赋给 b

```
>> temp = a;
>> a = b
a =
    5
>> b = temp
b =
    3
```

现在，对于函数，就可以用 if 语句来决定是否需要交换。

下面是调用函数的例子：

createvec.m

```
function outvec = createvec(mymin, mymax)
% createvec creates a vector that iterates from a
% specified minimum to a maximum
% Format of call: createvec(minimum, maximum)
% Returns a vector

% If the "minimum" isn't smaller than the "maximum",
% exchange the values using a temporary variable
if mymin > mymax
    temp = mymin;
    mymin = mymax;
    mymax = temp;
end

% Use the colon operator to create the vector
outvec = mymin:mymax;
end
```

```
>> createvec(4, 6)
ans =
```

```
    4    5    6
 >> createvec(7, 3)
ans =
     3    4    5    6    7
```

4.1.1 逻辑真和逻辑假的表示

前面已说明：概念上表达式的真，实际上就是整数值1；表达式的假，实际上就是整数值0。在 MATLAB 中，表示逻辑真和假的概念有点不同：假的概念由整数值0 表示，但是真的概念由任意非零整数表示(不仅仅是整数1)。这会导致一些陌生的布尔表达式。例如：

```
>> all(1:3)
ans =
    1
```

同时，考虑如下的 if 语句：

```
>> if 5
       disp('Yes, this is true! ')
   end
Yes, this is true!
```

因为5 是一个非零值，它表示真。因此，当执行这个布尔表达式时，它的值是真，所以执行 disp 函数并显示"Yes, this is true"。当然，这是十分离奇的 if 语句，希望永远不会遇到它。然而，表达式中一个简单的错误就会产生这样类似的结果。例如，对于一个提示用户输入 Y 或 N 选项来回答 yes/no 问题时：

```
letter = input('Choice (Y /N)','s');
```

在一个脚本里，如果用户输入的是'Y'，我们或许想要执行一个特定的操作。大部分脚本都允许用户输入小写或大写字母(例如，'y'或'Y')来表示 yes。如果字母是'y'或'Y'，返回值是真的表达式的正确写法是：

```
letter == 'y' || letter == 'Y'
```

然而，如果错误地写成这样：

```
letter =='y' || 'Y'      % Note: incorrect!!
```

这个表达式一直都为真，与变量 letter 的值无关。这是因为'Y'是一个非零值，所以这是一个值为真的表达式。表达式的第一部分可能是假，但是第二部分是真，所以整个表达式值为真。

练习4.2

写一个脚本 printsindegorrad，实现以下功能：

- 提示用户输入一个角度。
- 提示用户输入 r(弧度)或 d(度)，弧度是默认的。
- 如果用户输入'd'，使用 sind 函数来获得以度为单位的角度的 sin 值；否则，使用 sin 函数。sin 函数的使用取决于用户输入的是不是'd'：'d'意味着角度的单位为度，所以使用 sind；否则，对于其他的字符默认为弧度，使用 sin。
- 打印结果

下面是运行脚本的例子：

```
>> printsindegorrad
Enter the angle:45
(r)adians (the default) or (d)egrees:d
The sin is 0.71

>> printsindegorrad
Enter the angle:pi
(r)adians (the default) or (d)egrees:r
The sin is 0.00
```

4.2 if-else 语句

if 语句选择是否执行一个操作。当要从两个操作或从多个操作中选择时，要用 if-else、嵌套 if-else 和 switch 语句。

if-else 语句用来在两条语句或两组语句中进行选择。一般形式是：

```
if 条件
    操作 1
else
    操作 2
end
```

首先，判断条件。如果概念上是真，则执行设定的“操作 1”语句组；如果条件概念上为假，则执行设定的“操作 2”语句组。第一个语句组称为 if 子句的操作，如果表达式的值为真，则执行这个语句组。第二个语句组称为 else 子句的操作，如果表达式的值为假，则执行这个语句组。这些操作中有且只有一个能够执行，执行哪一个操作取决于条件的值。

例如，确定并打印一个范围在 0 到 1 的随机数是否小于 0.5，可以用到 if-else 语句：

```
if rand < 0.5
   disp('It was less than .5! ')
else
   disp('It was not less than .5! ')
end
```

if-else 语句的一个应用是检查脚本中是否有输入错误。例如，前面的一个脚本提示用户输入一个半径，然后计算圆的面积。然而，它不检查半径的有效性(例如，是否为正数)。这里是一个修改后的脚本，它能检查半径的值：

checkradius.m

```
% This script calculates the area of a circle
% It error-checks the user's radius
radius = input('Please enter the radius:');
if radius <=0
    fprintf('Sorry;%.2f is not a valid radius \n',radius)
else
    area = calcarea(radius);
    fprintf('For a circle with a radius of %.2f,',radius)
    fprintf('the area is %.2f \n', area)
end
```

下面是用户输入无效半径和有效半径后运行该脚本的结果：

```
>> checkradius
Please enter the radius: -4
```

```
Sorry; -4.00 is not a valid radius

>> checkradius
Please enter the radius:5.5
For a circle with a radius of 5.50, the area is 95.03
```

该例子的 if-else 语句在以下两个操作中选择:打印一个错误的信息;或用半径计算面积,然后打印结果。注意:if 子句的操作是单个语句,而 else 子句的操作是含有三条语句的语句组。

4.3 嵌套的 if-else 语句

if-else 语句用来在两个语句中选择。为了从更多的语句中选择,可以嵌套使用 if-else,一个在另一个的里面。例如,考虑实现下面的连续数学函数 y = f(x):

$$
y = \begin{cases} 1 & \text{if } x < -1 \\ x^2 & \text{if } -1 \leqslant x \leqslant 2 \\ 4 & \text{if } x > 2 \end{cases}
$$

y 的值取决于 x 的值,x 的值是三个范围中的一个。下面用三个独立的 if 语句来完成范围选择:

```
if x< -1
   y = 1;
end
if x >= -1&&x < =2
   y = x^2;
end
if x >2
   y = 4;
end
```

注意:此处的 & & 在第二个 if 语句表达式中是必要的。把表达式写成" -1 < =x < =2"是不正确的;回想第 1 章所说的不管变量 x 的值是多少,表达式永真。

因为这三种可能是互斥的,所以 y 的值可以通过三条独立的 if 语句来确定。然而,代码效率并不高:不管 x 的值落在哪个范围,三个布尔表达式都必须执行。例如,如果 x 小于 -1,第一个表达式为真,1 赋值给 y。但下面两个 if 语句中的表达式仍然要执行。因此不选择将表达式嵌套的方法,当找到一个表达式为真时(执行完为真操作),语句结束:

```
if x< -1
  y = 1;
else
  % If we are here, x must be >= -1
  % Use an if-else statement to choose
  % between the two remaining ranges
  if <=2
    y = x^2;
  else
    % No need to check
    % If we are here, x must be >2
    y = 4;
  end
end
```

使用嵌套的 if-else 语句从三个可能中选择,而不是对所有的条件都要测试,前一个例子中所有条件都要测试。在这个例子中，如果 x 小于 -1，执行将 1 赋给 y 的语句，if-else 语句完成，其他条件不必测试。然而，如果 x 不小于 -1，则执行 else 语句。如果执行 else 语句，我们就知道 *x* 大于或等于 -1，所以这部分不需要测试。

此时仅剩下两种可能：要么 x 的值小于或等于 2，要么大于 2。可用一条 if-else 语句在这两个可能中选择。else 子句的操作是另一条 if-else 语句。尽管它很长，但是这是一条嵌套的 if-else 语句。缩排的层级操作显示了这种结构。通过这种方式，嵌套的 if-else 语句可以从 3 个、4 个、5 个、6 个甚至更多的选项（可能是无止境的）中选择。

这实际上是一个嵌套的 if-else 语句的特殊例子，称为级联的 if-else 语句。在这种类型的 if-else 嵌套语句中，条件和操作级联成梯状形式。

并不是所有嵌套的 if-else 语句都是级联的。例如，考虑如下的语句（假设变量 x 已被初始化）：

```
if x > = 0
    if x < 4
        disp('a')
    else
        disp('b')
    end
else
    disp('c')
end
```

4.3.1 elseif 子句

编程思想

在大部分的程序设计语言里，从多个选项中选择意味着要使用嵌套的 if-else 语句。然而，MATLAB 还有其他的方法来完成这个任务，即使用 elseif 子句。

高效方法

elseif 子句用于从两个以上的操作中选择。例如，如果有 n 个选择（n >3），将用到如下的形式：

```
if 条件1
    操作1
elseif 条件2
    操作2
elseif 条件3
    操作3
% etc:there can be many of these
else
    操作n % the nth action
end
```

if、elseif 和 else 子句的操作自然地由保留字 if、elseif、else 和 end 括起来。

例如，用 elseif 子句而不是嵌套的 if-else 语句写前一个例子：

```
if x< -1
   y = 1;
elseif x<=2
   y = x^2;
else
```

```
    y = 4;
end
```

所以，有三种方式来完成这个任务：使用三个独立的 if 语句、使用嵌套的 if-else 语句和使用一个带 elseif 子句的 if 语句(这是最简单的)。

也可以用函数来实现接收一个 x 值并返回相应 y 值的功能：

calcy.m

```
function y = calcy (x)
% calcy calculates y as a function of x
% Format of call: calcy(x)
% y = 1        if  x < -1
% y = x^2      if  -1 < = x < = 2
% y = 4        if  x > 2

if x < -1
    y = 1;
elseif x < = 2
    y = x^2;
else
    y = 4;
end
end
```

```
>> x = 1.1;
>> y = calcy(x)
y =
   1.2100
```

快速问答

怎样写一个函数来确定输入参数是标量、向量还是矩阵？

答：

要做到这一点，可以用 size 函数输入参数。如果行数和列数都等于 1，那么这个输入参数是一个标量。如果只有一个为 1 的维度，那么输入参数是一个向量(行向量或列向量)；如果维度不是 1，那么输入参数是一个矩阵。可以使用 if-else 语句来检查这三个选项。在下面这个例子中，函数返回字符'scalar'、'vector'或'matrix'。

findargtype.m

```
function outtype = findargtype(inputarg)
% findargtype determines whether the input
% argument is a scalar, vector, or matrix
% Format of call: findargtype(inputArgument)
% Returns a string

[r  c] = size (inputarg);
if r == 1 && c==1
  outtype = 'scalar';
elseif r==1 || c==1
  outtype = 'vector';
else
  outtype = 'matrix';
end
end
```

注意，不需要检查第三种情况：如果输入参数不是标量和向量，它必定是矩阵。这是调用函数的例子如下：

```
>> findargtype(33)
ans =
scalar

>> disp(findargtype(2:5)
vector

>> findargtype(zeros(2,3))
ans =
matrix
```

练习4.3

修改函数findargtype，使得根据输入参数能决定返回值为'scalar'、'row vector'、'column vector'或'matrix'中之一。

练习4.4

修改原始函数findargtype，使用三个独立的if语句，而不是一个嵌套的if-else语句。

下面给出另外一个从多个选项中选择的例子，其中的函数接收整数等级测验，范围在0到10之间。程序根据这样的模式返回一个字母，即：9或10是'A'，8是'B'，7是'C'，6是'D'，比6小的数都是'F'。因为这些选项是互斥的，所以可以用独立的if语句来实现评级制度。然而，使用带多个elseif的if-else语句更有效。如果输入的等级数是无效的，那么函数返回'X'。函数中假定输入的是整数。

letgrade.m

```
function grade = letgrade(quiz)
% letgrade returns the letter grade corresponding
% to the integer quiz grade argument
% Format of call: letgrade(integerQuiz)
% Returns a character

% First, error-check
if quiz < 0 || quiz > 10
    grade = 'X';
% If here, it is valid so figure out the corresponding letter grade
elseif quiz == 9 || quiz == 10
    grade = 'A';
elseif quiz == 8
    grade = 'B';
elseif quiz == 7
    grade = 'C';
elseif quiz == 6
    grade = 'D';
else
    grade = 'F';
end
end
```

以下是调用函数的三个例子：

```
>> quiz = 8;
>> lettergrade = letgrade(quiz)
lettergrade =
B

>> quiz = 4;
>> letgrade(quiz)
ans =
F

>> lg = letgrade(22)
lg =
X
```

这部分的 if 语句选择合适的字母等级返回，以顺序的方式测试所有的布尔表达式判断变量 quiz 的值，检查 quiz 的值是否等于几个可能的值(首先是 9 或 10，然后是 8，然后是 7，等等)。也可以用一个 switch 语句代替这部分。

4.4 switch 语句

switch 语句常常可用来代替嵌套的 if-else 语句或带有许多 elseif 子句的 if 语句。当测试表达式是否等于几个可能值中的一个时可以用 switch 语句。

switch 语句的一般形式：

```
switch 表达式
  case 情况 1 表达式
    操作 1
  case 情况 2 表达式
    操作 2
  case 情况 3 表达式
    操作 3
  % etc: there can be many of these
  otherwise
    操作 n
end
```

switch 语句以保留字 switch 开始，以保留字 end 结束。紧跟 switch 后的表达式以顺序的方式与 case 中的表达式(情况 1 表达式，情况 2 表达式，等等)进行比较。例如，如果其值和情况 1 表达式的值相匹配，则执行操作 1，switch 语句结束；如果其值和情况 3 表达式相匹配，则执行操作 3。通常，如果 switch 后的表达式值与情况 i(i 是从 1 到 n 的任何整数)表达式相匹配，则执行操作 i；如果 switch 后的表达式值和 case 表达式中的任何一个都不匹配，则执行 otherwise 后面的操作 n。尽管 otherwise 语句常常是有用的，但它不是必需的。表达式必须是标量或字符串。

对于前面的例子，下面用 switch 语句来实现：

switchletgrade.m

```
function grade = switchletgrade(quiz)
% switchletgrade returns the letter grade corresponding
% to the integer quiz grade argument using switch
% Format of call: switchletgrade(integerQuiz)
% Returns a character
```

```
% First, error-check
if quiz <0 || quiz >10
  grade = 'X';
else
   % If here, it is valid so figure out the
   % corresponding letter grade using a switch
   switch quiz
     case 10
       grade = 'A';
     case 9
       grade = 'A';
     case 8
       grade = 'B';
     case 7
       grade = 'C';
     case 6
       grade = 'D';
     otherwise
       grade = 'F';
   end
end
end
```

下面是调用该函数的两个例子：

```
>> quiz = 22;
>> lg = switchletgrade(quiz)
lg =
X

>> switchletgrade(9)
ans =
A
```

注意：这里假定用户输入的是一个整数。如果用户输入的不是整数，要么打印出一个错误信息，要么返回一个错误的结果。纠正该错误的方法将在第5章中讨论。

因为不止一个 case 中要打印'A'，所以可以将 case 中的表达式联合起来，如下所示：

```
switch quiz
    case {10, 9}
        grade ='A';
    case 8
        grade ='B';
    % etc.
```

(case 表达式中 10 和 9 的大括号是必不可少的。)

在该例子中，先用 if-else 语句检查错误，如果整数等级在有效的范围内，则使用 switch 语句找到相应的字母。

有时候可以用 otherwise 子句来输出错误信息。例如，如果假定用户只输入 1、3 或 5，可以把脚本组织成下面这样：

switcherror.m

```
% Example of otherwise for error message
choice = input ('Enter a 1 , 3 , or 5 :');
```

```
switch choice
  case 1
      disp ('It''s a one!! ')
  case 3
      disp ('It''s a three!! ')
  case 5
      disp ('It''s a five!! ')
  otherwise
      disp ('Follow directions next time!!')
end
```

在该例子中，如果用户正确地输入一个有效的选项，则会执行相应的操作；如果用户输入的数字不正确，那么 otherwise 语句打印出错误信息。注意：在字符串里的两个单引号只可以打印出一个。

```
>> switcherror
Enter a 1 , 3 , or 5 :4
Follow directions next time!!
```

注意：case 表达式的次序并不重要，除非要按此次序估算表达式的值。

4.5 menu 函数

MATLAB 还有一个内置函数 menu，它显示带有多个选项按钮的图形窗口。传递给 menu 函数的第一个字符串是标题，剩下的字符串是显示在按钮上的标签。函数返回用户按下的按钮所对应的数字。例如：

```
>> mypick = menu ('Pick a pizza','Cheese','Shroom','Sausage');
```

显示如图 5.1 所示的图形窗口，并将用户按下的按钮所对应的结果存储在变量 mypick 中。

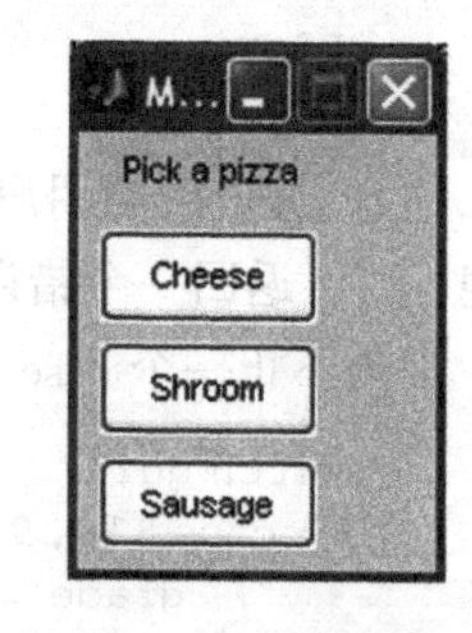

图 4.1 菜单窗口

这里有 3 个按钮，它们的等效值是 1、2、3。例如，如果用户按下 Sausage 按钮，mypick 的值为 3：

```
>> mypick
mypick =
    3
```

注意，字符串'Cheese'、'Shroom'和'Sausage'仅仅是按钮上的标签。在这个例子里的按钮的实际值是 1、2 或 3。

脚本使用 menu 函数，根据按钮的值，使用 if-else 语句或 switch 语句选择要执行的操作。例如，下面的脚本使用 switch 语句简单地打印所点的是哪类比萨饼。

pickpizza.m

```
% This script asks the user for a type of pizza
%  and prints which type to order using a switch
mypick = menu ('Pick a pizza','Cheese','Shroom','Sausage');
switch mypick
  case 1
      disp('Order a cheese pizza')
```

```
    case 2
        disp('Order a mushroom pizza')
    case 3
        disp('Order a sausage pizza')
    otherwise
        disp('No pizza for us today')
end
```

下面是运行该脚本的例子，单击 Sausage 按钮：

```
>> pickpizza
Order a sausage pizza
```

快速问答

在该 switch 语句中怎样才能执行到 otherwise 的操作?

答:

如果用户单击菜单框右上方红色的 X 而不是三个按钮中的任何一个，menu 函数返回的值是0，将执行 otherwise 子句。这也应该可以通过使用 case 0 标签来完成，而不需再用 otherwise 语句。

```
>> pickpizza
No pizza for us today
```

在上述脚本中除了使用 switch 语句，还可以使用带 elseif 子句的 if-else 语句。

pickpizzaifelse.m

```
% This script asks the user for a type of pizza
% and prints which type to order using if-else
mypick = menu ('Pick a pizza','Cheese','Shroom','Sausage');
if mypick == 1
    disp('Order a cheese pizza')
elseif mypick == 2
    disp('Order a mushroom pizza')
elseif mypick == 3
    disp('Order a sausage pizza')
else
    disp('No pizza for us today')
end
```

练习 4.5

写一个函数，接收数字作为输入参数。使用 menu 函数显示'Choose a function '标题及 fix、floor 和 abs 按钮。使用 switch 语句，函数计算并返回所请求的函数(例如：如果选择'abs '，函数返回输入参数的绝对值)。如前所述，如果用户不单击按钮而点击红“X”，则选择第 4 个函数返回。

4.6 MATLAB 中的 is 函数

MATLAB 中有很多判断某些事是否为真的内置函数，这些函数的名称以单词 is 开始。因为在 if 语句中经常用到这些函数，所以在本章介绍。例如，isletter 函数的参数如果是字母表中的字母，则返回逻辑 1；如果不是字母表中的字母，则返回 0：

```
>> isletter('h')
ans =
   1
>> isletter('4')
ans =
   0
```

isletter 函数返回逻辑真或假，所以它可以以 if 语句的形式用于一个条件表达式。例如，下面是一段提示用户输入一个字符，然后打印它是否是一个字母的代码：

```
mychar = input('Please enter a char:','s');
if isletter(mychar)
    disp('Is a letter')
else
    disp('Not a letter')
end
```

当其用于 if 语句时，没有必要测试来自 isletter 结果的值是否等于 1 或者 0，这是多余的。换句话说，在 if 语句的条件下

```
isletter(mychar)
```

和

```
isletter(mychar) = = 1
```

会得到相同的结果。

快速问答

我们如何编写自己的 myisletter 函数，以得到和 isletter 相同的结果呢？

答：

这个函数应该在字符编码内比较字符的位置。

```
myisletter.m
function outlog = myisletter(inchar)
% myisletter returns true if the input argument
% is a letter of the alphabet or false if not
% Format of call: myisletter(inputCharacter)
% Returns logical 1 or 0

outlog = inchar > = 'a'&& inchar < = 'z'.
      ||inchar > = 'A'&& inchar < = 'Z';
end
```

注意，检查字母的大小写情况很有必要。

如果变量为空，函数 isempty 返回逻辑真；如果变量有一个值或是一个变量不存在的错误信息，则返回逻辑假。因此，isempty 函数可以用来判断一个变量是否有值。例如：

```
>> clear
>> isempty(evec)
Undefined function or variable'evec'.
>> evec = [ ];
>> isempty(evec)
ans =
   1
>> evec = [evec 5];
```

```
>> isempty(evec)
ans =
    0
```

函数 isempty 也可以用来判断字符串变量是否为空。例如，该函数用来判断用户是否在 input 函数中输入了字符串：

```
>> istr = input ('Please enter a string:','s');
Please enter a string:
>> isempty(istr)
ans =
    1
```

练习4.6

提示用户输入一个字符串，然后要么打印出这个字符串，要么打印一个错误信息(如果用户什么也没有输入)。

函数 iskeyword 可判断名称是否是 MATLAB 的关键词，因为有些字符串不能用作标识名。如果只给出该函数名(没有带参数)，则返回所有关键词列表。注意：像 sin 这样的函数名不是关键词，所以如果将这些函数名作为标识名，那么会重写它们的值。

```
>> iskeyword('sin')
ans =
    0

>> iskeyword('switch')
ans =
    1

>> iskeyword
ans =
    'break'
    'case'
    'catch'

    % etc.
```

还有许多其他的 is 函数，在帮助浏览器中可以找到一系列 is 函数。

探索其他有趣的特征

- 还有很多其他的“is”函数，随着本书涉及的概念越来越多，会介绍更多函数。现在你或许想探索包括 isvarname 的其他函数，这些函数会告诉你参数是否是一个典型类型(ischar，isfloat，isinteger，islogical，isnumeric，isstr，isreal)。
- 有许多“is”函数可以确定一个数组的类型：isvector，isrow 和 iscolumn。
- try/catch 函数是用来发现和避免潜在错误的特殊的 if-else 类型。现在理解它们可能有些复杂，但是记在心里以后会用到。

总结

常见错误

- 用“ = ”代替“ == ”作为等于。

- 把关键字 elseif 分开。
- 当一个字符串变量和一个字符串进行比较时不用引号。例如，以

```
letter == y
```

代替

```
letter == 'y'
```

- 没有写出一个完整的布尔表达式，例如，输入

```
radius || height <= 0
```

代替

```
radius <= 0 || height <= 0
```

或者输入

```
letter =='y' || 'Y'
```

代替

```
letter =='y' || letter == 'Y'
```

注意这些是逻辑错误，不会产生错误信息。还要注意的是表达式 letter =='y'||'Y'总是真的，和变量 letter 的值无关，原因是'Y'是一个非零值，是一个真的表达式。
- 条件的写法比实际需要的更复杂，例如：

```
if(x < 5) == 1
```

而不是直接写成

```
if(x < 5)
```

("==1"是多余的。)
- 使用 if 语句代替 if-else 语句进行差错检测，例如，用

```
if error occurs
    print error message
end
continue rest of code
```

代替

```
if error occurs
    print error message
else
    continue rest of code
end
```

在第一个例子中，可以打印出错误信息，但是接下来的程序可以以任何方式继续。

编程风格指南

- 使用缩进显示脚本或函数的结构。特别是在 if 语句中的操作一定要缩进。
- 当不需要 else 子句时，使用 if 语句而不是 if-else 语句。例如：

```
if unit =='i'
   len = len * 2.54;
else
```

```
  len = len ; % this does nothing so skip it !
end
```

就不如用下面的书写方式：

```
if unit =='i'
   len = len * 2.54;
end
```

- 不要将不必要的条件放在 else 或 elseif 子句中。例如，下面的示例中如果变量 number 等于 5 则打印一条语句，如果不等于 5 则打印另外一条语句。

```
if number == 5
   disp('It is a 5')
elseif number ~= 5
   disp('It is not a 5')
end
```

然而，第二个条件是没必要的。变量的值要么是5，要么不是5，所以在 else 语句中可以这样处理：

```
if number == 5
   disp('It is a 5')
else
   disp('It is not a 5')
end
```

- 使用 menu 函数时，确定用户到底是单击菜单框上的红叉，还是按下一个按钮。

MATLAB 保留字	
if	case
else	otherwise
switch	elseif

MATLAB 函数和命令	
menu	isletter
isempty	iskeyword

习题

1. 写一个脚本，测试用户是否按下述指令执行。它提示用户输入一个'x'。如果用户输入的不是'x'，则打印错误信息；否则，该脚本不做任何处理。
2. 写一个名为 nexthour 的函数，接收一个整数参数，该参数是一天内的某个小时，然后返回下一个小时。假定是 12 小时制，所以例子中 12 的下一个小时是 1。这里是调用该函数的两个例子：

```
>> fprintf('The next hour will be %d.\n', nexthour(3))
The next hour will be 4.
>> fprintf('The next hour will be %d.\n', nexthour(12))
The next hour will be 1.
```

3. 写一个脚本来计算棱锥体的体积，公式是：(1/3)×底面积×高，底面积是：长度×宽度。提示用户输入长度、宽度和高度的值，然后计算棱锥体的体积。当用户输入每个值的时候，还要提示用户输入表示英寸的 i 或表示厘米的 c（注意：2.54 cm = 1 英寸）。脚本应该打印出体积的值并以立方英寸为单位，保留三位小数。例如，输出格式可以是

```
This program will calculate the volume of a pyramid.
Enter the length of the base: 50
Is that i or c? i
Enter the width of the base :6
Is that i or c? c
Enter the height: 4
Is that i or c? i

The volume of the pyramid is xxx.xxx cubic inches.
```

4. 测量人的血压时读取的收缩压是心脏处于泵压状态时的值，读取的舒张压是心脏处于休息状态时的值。设计一个生物医学实验，仅看谁的血压是最优的。最优的定义是收缩压小于120，舒张压小于80。写一个脚本，提示输入一个人的收缩压和舒张压，然后打印出这个人是否是这个实验的候选人。
5. 比德格拉斯定理(即，勾股定理)描述了一个直角三角形，其斜边 c 和两个直角边 a 和 b 之间的关系：

$$c^2 = a^2 + b^2$$

写一个脚本，提供给用户 a 和 c 的长度，调用函数 findb 计算并返回 b 的值，然后打印结果。注意如果任何 a 值或 c 值小于或等于 0 都是没有意义的，因此，如果用户输入无效值则脚本会打印一个错误的信息。函数 findb 如下所示：

findb.m

```
function b = findb(a,c)
% calculates b from a and c
b = sqrt(c^2 - a^2);
end
```

6. 椭圆的离心率定义为

$$\sqrt{1-\left(\frac{b}{a}\right)^2}$$

其中 a 是椭圆的半长轴，b 是椭圆的半短轴。一个脚本提示用户输入 a 和 b 的值。因为 0 不能做除数，所以如果 a 的值是 0，则脚本打印一个错误信息(但忽略其他任何错误)。如果 a 的值不是 0，则脚本调用一个函数计算并返回离心率，然后该脚本打印结果。编写该脚本和函数。

7. 菱形的面积 A 被定义为 $A=\frac{d_1 d_2}{2}$，其中 d_1 和 d_2 是两个对角线的长度。写一个脚本 rhomb，首先提示用户输入两对角线的长度。如果是负值或 0，则脚本打印一个错误信息。如果它们都是正值，则调用 rhombarea 函数来返回菱形的面积，并打印其结果。当然，也要编写此函数！可以假设对角线长度单位为英寸，把它们传递给 rhombarea 函数。
8. 简化这组语句：

```
if number > 100
    number = 100;
else
    number = number;
end
```

9. 简化这组语句：

```
if val >= 10
    disp('Hello')
elseif val < 10
    disp('Hi')
end
```

10. 写一个函数 createvecMToN，它能够创建并返回一个从 m 到 n 的整数组成的向量(m 是第 1 个输入参数，n 是第 2 个输入参数)，不管 m 是小于 n，还是大于 n。如果 m 等于 n，该向量正好是 1×1 的，或者说是标量。
11. 对于流过管子的稳定流体，在流体动力学里的连续方程等于流体的密度、速度和每端横截面面积的乘积。

对于不可压缩流体，密度是一个常量，所以方程是 $A_1 V_1 = A_2 V_2$。如果两端面积和 V_1 已经知道，可以根据 $(A_1/A_2) * V_1$ 来计算 V_2。因此，在第二端点的速度是增是减取决于两端的面积。写一个脚本，提示用户输入两个面积，单位是平方英尺，打印出第二端点的流速或增或减、或保持不变是否与第一端点相同。

12. 在化学中，一种水溶液的 pH 值是对其酸性的测量。pH 值的变化范围在 0 到 14 之间，包括 0 和 14。pH 值为 7 的溶液是中性的，pH 值大于 7 的溶液是碱性的，pH 值小于 7 的溶液是酸性的。写一个脚本提示用户输入溶液的 pH 值，然后打印出该溶液为中性、碱性还是酸性。如果用户输入一个无效的 pH 值，则打印一个错误信息。
13. 写一个 flipvec 函数，它能够接收一个输入参数。如果输入参数是一个行向量，函数将反转其顺序并返回一个新的行向量。如果输入参数是一个列向量，函数将反转其顺序并返回一个新的列向量。如果输入参数是一个矩阵或一个标量，函数将返回未改变的输入参数。
14. 在脚本中，假定用户通过输入'y'或'n'来响应一个提示。把用户的输入读入到字符变量 letter 中。如果用户输入'y'或'Y'，则脚本打印出"OK, continuing"，如果用户输入'n'或'N'，则脚本打印出"OK, halting"，如果用户输入其他，则打印出"Error"。在脚本中先输入这条语句：

```
letter = input ('Enter your answer :', 's');
```

用单个嵌套的 if-else 语句来写脚本（也可以使用 elseif 子句）。

15. 用 switch 语句改写上题的脚本。
16. 在空气动力学中，马赫数是一个关键的数量。它定义为一个目标（如一架飞机）的速度与音速之间的比值。如果马赫数小于 1，目标飞行是亚音速的；如果马赫数等于 1，目标飞行是跨音速的；如果马赫数大于 1，目标飞行就是超音速的。写一个脚本，提示用户输入飞机的速度和飞机当前高度的音速，然后打印出飞机飞行的状态是亚音速、跨音速还是超音速的。
17. 写一个脚本，提示用户输入一个摄氏温度，然后输入代表华氏度的 F 或代表开氏度的 K。脚本打印由用户给出的摄氏温度所对应的华氏或开氏度。例如，输出结果可以像这样：

```
Enter the temp in degrees C: 29.3
Do you want F or K? F
The temp in degrees F is 84.7
```

输出格式一定要与以上指定的一样。转换公式是：

$$F = (9/5) \times C + 32$$

$$K = C + 273.15$$

18. 写一个脚本，它能生成一个随机整数，并打印该随机整数是一个偶数还是一个奇数（提示，偶数可以被 2 整除，奇数不能，所以可检测除 2 后的余数）。
19. 氨基酸是组成蛋白质的基本化合物，病毒，如流感和 HIV，其中有致病性的蛋白质基因。人体通过与其他分子绑定来识别外源蛋白质并将其杀死。写一个脚本确定一个氨基酸是否去绑定一个确定的分子。已知分子的第一个区域（1-5）与氨基酸绑定牢固的成分是 A,C,I,L,Y 和 E，绑定不牢固的是 W,S,M,G 和 K。分子的第二个区域（6-10），绑定牢固的是 H,D,W,K,L 和 A，绑定不牢固的是 I,E,P,C 和 T。脚本提示用户输入两个信息：区域数字和氨基酸的特征。然后用脚本确定氨基酸和分子生成的是"强"连接还是"弱"连接。
20. 在流体动力学中，雷诺数 Re 是一个用来决定流体流动本质的无量纲数。对于一个内部流动（如，通过管道流动的水）来说，流体可分成如下类别：

$Re \leq 2300$	层流区（Laminar region）
$2300 < Re \leq 4000$	渡越区（Transition region）
$Re > 4000$	湍流区（Turbulent region）

写一个脚本提示用户输入一种流体的雷诺数，打印出流体所在的区域。用 switch 选择语句来写会是一个好主意吗？为什么？

全球气温的变化导致世界各地产生了新型风暴。追踪风速和一系列的风暴类型对于理解温度变化上的后果有很重要的意义。用于处理风暴数据的程序会用选择语句来判断风暴严重的程度并基于数据做出决定。

21. 一种风暴是热带低气压、热带风暴还是飓风，是由平均持续风速决定的。以每小时英里数（mph）为单位，如果风速小于 38 mph，则是热带低气压；如果风速在 39 mph 和 73 mph 之间，则是热带风暴；如果风速大于等于 74 mph，则是飓风。写一个脚本，提示用户输入风暴的风速，打印风暴的类型。

22. 云层一般分为高、中和低三层。云的高度是决定性因素，但是划分范围还取决于温度。例如，在热带地区的分类可以取决于下面的高度范围(单位为英尺)：

    低　　0 ~ 6500
    中　　6500 ~ 20 000
    高　　> 20 000

    写一个脚本，提示用户输入以英尺为单位的云层的高度，打印出分类。

23. 蒲福特风表(Beaufort wind scale)用来描述风的强度。该级数使用整数值，并且从 0 级的无风到 12 级的飓风。下面的脚本首先生成一个随机强度值。然后，使用一个 switch 语句来打印该强度值代表什么类型风的信息。需要用一个嵌套的 if-else 语句来重写 switch 语句所完成的功能。当然也可以使用 else 和/或 elseif 语句。

```
ranforce = round([rand *12]);
switch ranforce
    case 0
        disp('There is no wind')
    case {1,2,3,4,5,6}
        disp('There is a breeze')
    case {7,8,9}
        disp('This is a gale')
    case {10,11}
        disp('It is a storm')
    case 12
        disp('Hello,Hurricane! ')
    end
```

24. 用 switch 语句重写下面的嵌套 if-else 语句，完成所有可能值产生的相同结果。假设 val 是一个已经初始化的整数变量，“ok”，“xx”，“yy”，“tt”和“mid”都是函数。以最简洁的方式写一个 switch 语句。

```
if val > 5
    if val < 7
        ok(val)
    elseif val < 9
        xx(val)
    else
        yy(val)
    end
else
    if val < 3
        yy(val)
    elseif val == 3
        tt(val)
    else
        mid(val)
    end
end
```

25. 用嵌套的 if-else 语句(也可以 elseif 子句)重写下面的 switch 语句。假设有一个 letter 变量，并已经初始化。

```
switch letter
    case'x'
```

```
        disp('Hello')
    case {'y','Y'}
        disp('Yes')
    case'Q'
        disp('Quit')
    otherwise
        disp('Error')
end
```

26. 用 switch 语句重写下面嵌套的 if-else 语句并实现同样的功能。假定 num 是一个整数变量并已经初始化，函数 f1、f2、f3 和 f4 已经存在。在 switch 语句中的操作里不能使用任何 if 或 if-else 语句，只能调用这 4 个函数。

```
if num < -2 || num > 4
    f1(num)
else
    if num < = 2
        if num > = 0
            f2(num)
        else
            f3(num)
        end
    else
        f4(num)
    end
end
```

27. 写一个名为 areaMenu 的脚本，打印由圆柱、圆和矩形组成的列表。提示用户选择其中一个几何形状，然后提示用户输入一个合适的变量(例如，圆的半径)并打印出它的面积。如果用户输入的是一个无效的选择，脚本就会简单地打印出错误信息。使用嵌套的 if-else 语句来完成。下面是运行该脚本的两个例子(假定单位为英寸)。

```
>> areaMenu
Menu
1. Cylinder
2. Circle
3. Rectangle
Please choose one: 2
Enter the radius of the circle: 4.1
The area is 52.81

>> areaMenu
Menu
1. Cylinder
2. Circle
3. Rectangle
Please choose one: 3
Enter the length: 4
Enter the width: 6
The area is 24.00
```

28. 修改 areaMenu 脚本，使用 switch 语句来决定计算哪个面积。
29. 修改 areaMenu 脚本(选上面其中一个版本)，用内置的 menu 函数代替打印选择菜单。
30. 写一个脚本，提示用户输入变量 x 的值。然后，用 menu 函数显示在 sin(x)、cos(x) 和 tan(x) 中选择。脚本打印用户选择的 x 函数。使用 if-else 语句来完成。
31. 使用 switch 语句来修改上题中的脚本。

32. 写一个函数，接收一个数作为输入参数。使用 menu 函数显示标题“Choose a function”和标签为 ceil、round 和 sign 的按钮。使用 switch 语句，函数计算并返回请求的函数值(例如，如果选择 round 函数，函数则返回输入参数四舍五入的结果)。
33. 使用嵌套的 if-else 语句修改习题 32 中的函数。
34. 写一个脚本提示用户输入一个字符串并打印字符串结果是否为空。
35. 写一个 makemat 函数，接收两行向量作为输入参数；利用这两行向量创建并返回一个两行的矩阵。向量的长度不确定是否已知。而且，两个行向量的长度也有可能不相同。如果是这样的情况，先在一个向量后面加 0 确保两个行向量的长度相同。例如，一个可能调用的函数为

```
>> makemat (1:4, 2:7)
ans =
    1  2  3  4  0  0
    2  3  4  5  6  7
```

第5章 循　　环

关键词

looping statement 循环语句
echo printing 回显输出
inner loop 内循环
counted loop 计数循环
running sum 累加和
factorial 阶乘
conditional loop 条件循环
running product 累乘积
sentinel 标记
action 操作
preallocate 预分配
counting 计数
vectorized code 向量化代码
nested loop 嵌套循环
error-checking 差错检测
iterate 迭代
outer loop 外循环
infinite loop 无限循环
loop or iterator variable 循环或迭代变量

思考这样一个问题:计算半径为0.3 cm的圆的面积,这当然不必用一个MATLAB程序,可以直接使用计算器输入$\pi \times 0.3^2$来计算。然而,如果要求一系列圆的面积,其半径从0.1 cm到100 cm,以0.05 cm的步长递增(如0.1、0.15、0.2等),使用计算器计算并记录下来是非常烦琐的。这就是计算机的最大用途之一,重复计算的能力。

本章将介绍允许重复执行某些语句的MATLAB语句。具有这种功能的语句称之为循环语句或循环。在程序设计中,有两种基本的循环:计数循环和条件循环。一个计数循环指定重复语句执行的次数(当然,需要事先知道语句重复执行的次数)。例如,在一个计数循环中,可以说"重复这些语句10次"。条件循环也是重复一些语句的操作,但事先并不知道这些语句要执行的次数。例如,在使用条件循环时,可以说"重复执行这些语句直到条件为假时为止"。在循环中重复执行的语句称为该循环的操作(即循环体)。

在MATLAB中有两种不同的循环语句:for语句和while语句。实际上,for语句常用于计数循环,while语句常用于条件循环。本章将介绍怎样更简洁地使用循环语句。

在许多程序设计语言中,遍历一个矢量或矩阵中的元素的循环是非常基本的概念。然而,由于MATLAB本身就是被设计成进行向量和矩阵运算的,所以循环中遍历元素就显得不必要了。相反,向量化代码的使用,意味着用内置函数和运算符取代循环遍历矩阵元素。两种技术都会在本章介绍。前面部分将会重点集中在使用循环的"程序设计概念",且会将这些与使用向量化代码的"高效方法"进行比较。在MATLAB的其他情况下,只要不是一般的处理向量或矩阵时,循环仍然是有作用的,而且是必要的。

5.1 for循环

当在脚本(或函数)中要重复执行某些语句并且在执行这些语句之前知道执行次数时使用for语句(或for循环)。被重复执行的语句称为循环体。例如,若循环体要被重复执行5次,这意味着迭代循环体5次。

用来记录循环次数的变量称为循环变量或迭代变量。例如，该变量可以从整数 1 循环到 5(即，先是 1、2、3、4，然后是 5)。通常把循环变量命名为 i(如果不只需要一个循环变量，可以使用 i、j、k、l 等)。这是惯例，因为在 Fortran 语言中最先使用了这种整型变量的命名方法。然而，在 MATLAB 中，i 和 j 内置为 $\sqrt{-1}$的值，所以，把它们两个任何一个作为循环变量都会覆盖其初始值。如果觉得这不是个问题，可以用 i 作为循环变量。

for 循环的一般形式：

```
for loopvar = range
  操作
end
```

这里，loopvar 是循环变量，range 是循环变量迭代的值的范围，循环体内的操作包括了 end 前的所有语句。可以使用任何向量来指定范围，但通常最简单的方法是使用冒号运算符来指定。

下面是一个打印从 1 到 5 一列数字的例子：

编程思想

可以在命令窗口中输入这个循环，但和 if 与 switch 语句一样，循环语句在脚本(或函数)中作用会更大一些。在命令窗口中，for 循环后会出现运行结果：

```
>> for i = 1:5
     fprintf('%d\n',i)
   end
1
2
3
4
5
```

这个 for 语句打印出 i 的值，从 1 到 5，步长为 1，每输出一个 i 值换一行。首先进行循环变量的初始化，i 变为 1，然后执行循环体，fprintf 语句打印出 i(1) 的值，接着输出换行符移动光标到下一行;循环变量 i 增加到 2，循环体又执行一次，打印出 2 并换行;第三次 i 增加到 3 并打印出 3;第四次 i 增加到 4 并打印 4;最后一次 i 增加到 5，并打印 5。i 的最终值为 5，一旦循环结束就可以使用该值。

高效方法

当然，disp 也能用来打印列矢量，获得相同的结果：

```
>> disp ([1:5]')
     1
     2
     3
     4
     5
```

快速问答

怎样打印出下面一列整数?

```
        0
       50
      100
      150
      200
```

答：

可以利用循环，从0开始打印，到200结束，每次递增50。每个打印数字的域宽度为3。

```
>> for i = 0:50:200
      fprintf('%3d\n',i)
   end
```

5.1.1 实际应用中不使用迭代变量的 for 循环

在先前的例子中，循环变量的值用于 for 循环应用：它被打印输出了。然而，循环变量的值在实际使用中并不总是必要的。有时变量仅用来迭代（重复），指定一个动作执行的次数。例如：

```
for i =1:3
    fprintf('I will not chew gum\n')
end
```

输出结果：

```
I will not chew gum
I will not chew gum
I will not chew gum
```

尽管 i 的值在循环中没有使用到，变量 i 仍是必要的，它表示循环体执行了3次。

快速问答

如下 for 循环的结果是？

```
for i =4:2:8
    fprintf ('I will not chew gum\n')
end
```

答：

和上面的输出结果一致。变量的值从4到6再到8，而不是1,2,3，这并不影响结果。循环中的变量并不用于循环，它只是强调循环的次数为3次。当然使用1:3更便于理解。

练习 5.1

实现一个 for 循环，打印有5个"*"的列。

5.1.2 for 循环的输入

下面的脚本重复提示用户输入一个数并且回显输出（意味着简单打印或回显输出）这个数。for 循环指定了发生循环的次数。下面是另一个在循环体中没有使用循环变量却指定了重复循环体次数的例子。

forecho.m

```
% This script loops to repeat the action of
% prompting the user for a number and echo-printing it
for  iv=1:3
     inputnum=input('Enter a number:');
     fprintf('You  entered  %.1f\n',inputnum)
end
```

```
>> forecho
Enter a number:33
You entered  33.0
Enter a number:1.1
You entered 1.1
Enter a number:55
You entered  55.0
```

在这个例子中，循环变量 iv 从 1 循环到 3，因此循环体重复执行了三次。循环体包括提示用户输入一个数并回显输出这个数(包括小数点)。

5.1.3 求和与积

一个 for 循环最普遍的应用就是进行求和与乘积的计算。例如，我们不回送打印用户输入的数字而是计算这些数字的和。为了求和，我们需要把每个值加到一个累加和上。当我们不断地添加数字时，累加和一直变化。首先，累加和必须初始化为 0。

例如，我们写一个求用户输入的 n 个数字和的函数 sumnnums；n 是传递给函数的一个整数参数。在一个求和的函数中，我们需要一个循环或迭代变量 i 和一个存储累加和的变量。本例中，使用输出参数 runsum 作为累加和。每循环一次，用户输入的下一个数字就加到 runsum 上。这个函数返回最终结果，即存储在输出变量 runsum 中的所有数的和。

sumnnus.m

```
function runsum = sumnnums(n)
% sumnnums results the sum of the n numbers entered by the user
% Format of call:sumnnums(n)

runsum =0;
for i =1:n
    inputnum = input('Enter a number:');
    runsum = runsum + inputnum;
end
end
```

例如，下面是将 3 作为输入参数值传递给 n，函数计算并返回用户输入的 4 +3.2 +1.1 的和，即 8.3：

```
>> sum_of_nums = sumnnums(3)
Enter a number: 4
Enter a number: 3.2
Enter a number: 1.1
sum_of_nums =
    8.3000
```

for 循环的另一个普遍的应用就是求累乘积，由于是乘法，累乘积必须初始化为 1(与之不同，累加和初始化为 0)。

练习 5.2

写一个类似 sumnnums 函数的 prodnnums 函数，用来求用户输入数字的乘积。

5.1.4 预分配向量

每当用户输入数字时，常常把这些数字存储到一个向量中。有两种基本的方法用来实现这个目的。一种方法是设置一个空向量，然后把用户输入的每个数添加到这个向量中。然而，扩展一个向量效率很低。这样做将会导致每次扩展一个向量必须找到能放下新向量的足够大的新内存“块”(chunk)，所有的值要从原始位置复制到新的内存中。这会花费很长的时间。

另一种较好的方法是预分配一个大小合适的向量，然后改变每个元素的值来存储用户输入的数字。此方法要在输出向量中设置索引，并把每个数放到输出向量中的下一个元素中。如果提前知道向量中会有多少元素，这种方法就很有优势。一种普遍的方法是使用 zeros 函数来预分配向量的正确长度。

下面的函数实现预分配并返回结果向量。函数接收一个输入参数 n，重复这个过程 n 次。众所周知，结果向量中有 n 个元素，向量能够预分配。

forinputvec.m

```
function numvec = forinputvec(n)
% forinputvec results a vector of length n
% It prompts the user and puts n numbers into a vector
% Format: forinputvec(n)

numvec = zerod(1,n);
for iv =1:n
    inputnum = input('Enter a number:');
    numvec(iv) = inputnum;
end
end
```

下面的例子是调用上面的函数并将结果向量存储到 myvec 变量中。

```
>> myvec = forinputvec(3)
Enter a number: 44
Enter a number: 2.3
Enter a number: 11

myvec =
    44.0000   2.3000   11.0000
```

注意循环变量 iv 被用作向量中的索引这一点很重要。

快速问答

如果你仅要打印用户输入的一组数的和或平均值，需要把它们存储到向量变量中吗?

答:

不需要，由于是从循环中读取的数字，所以只需要把每个数字都加到累加和即可。

快速问答

如果你想要计算用户输入的数中有多少个数比平均值大，怎么办?

答:

应该把这些数存储到一个向量中，因为得到平均值后，你应该会返回去再数有多少个数比平均值大(否则，需要让用户重新输入一遍这些数)。

5.1.5 for 循环示例：subplot

subplot 函数对所有类型的绘图都很有用，它在当前图形窗口中创建一个图形矩阵。需要按 subplot(r, c, n)格式给其传递 3 个参数，其中 r 和 c 为矩阵的维数，n 是在这个矩阵中典型的图形个数。图形是按照行进行计数的，从最左上角开始。许多情况下，在 for 循环中创建一个 subplot 是很有用的，这样循环变量可以从整数 1 迭代到 n。

当在循环中调用 subplot 时，前两个参数将会是一样的，总是给出矩阵的维数。第 3 个参数表示将会从所赋之值一直迭代矩阵元素。当调用 subplot 时，指定的元素作为"活跃"图形元素，然后可以使用任何绘图函数按格式完成，如用那些元素做坐标轴标签和标题。

例如，下面的 subplot 函数在一个图形窗口中显示分别用 20 个点和 40 个点在 0 到 2π 之间绘制一个 sin(x)图形的区别。subplot 函数在图形窗口创建一个 1×2 维的行向量，因此会并排地出现两个图形。循环变量 i 的值从 1 迭代到 2。

subplotex.m

```
% Demonstrates subplot using a for loop
for i = 1:2
    x = linspace(0,2 * pi,20 * pi);
    y = sin(x);
    subplot(1,2,i)
    plot(x,y,'ko')
    xlabel('x')
    ylabel('sin(x)')
    title('sin plot')
end
```

第一次循环时，i 为 1，使用 20 * 1 或 20 个点，subplot 函数的第三个参数的值是 1。第二次循环时，使用 40 个点，subplot 函数的第三个参数的值是 2。生成的具有两个图的图形窗口如图 5.1 所示。

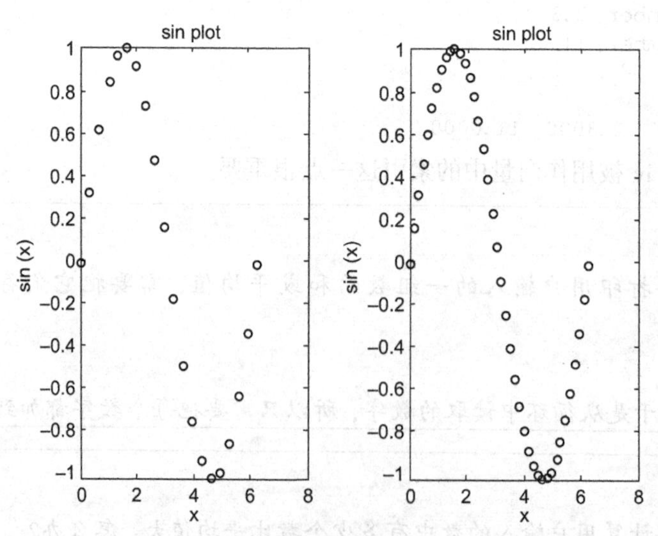

图 5.1 使用 20 个点和 40 个点的 subplot 绘图示例

注意：由于字符串处理函数内容将在第 7 章涉及，所以按规格自定义标题(例如，显示点的数量)是完全可能的。

5.2 for嵌套循环

循环体可以是任何有效的语句序列，当循环体中含有另外一个循环时，就称为嵌套循环。一个嵌套的for循环的一般形式如下：

```
for loopvarone = rangeone ← outer loop
   % actionone includes the inner loop
   for loopvartwo = rangtwo ← inner loop
      actiontwo
   end
end
```

第一个for循环称为外部循环，第二个for循环称为内部循环。外部循环的操作由整个内部循环(有时候，可能会有部分别的语句)组成。

在下面的脚本示例中，以打印“ * ”号矩阵来说明for嵌套循环。脚本中的变量指定了要打印多少行和多少列。例如，如果行值是3，列值是5，则输出为：

```
*****
*****
*****
```

由于输出行被换行符控制，所以基本的算法为：

每一行的输出，

- 打印出要求数目的“ * ”
- 移动光标到下一行(输出“\n”)

printstars.m

```
% Prints a box of stars
% How many will be specified by two variables
% for the number of rows and colums
rows =3;
columns =5;
% loop over the rows
for i =1:rows
   % for every row loop to print *'s and then one \n
   for  j =1:columns
      fprintf('*')
   end
   fprintf('\n')
end
```

运行该脚本，显示输出：

```
>> printstars
*****
*****
*****
```

变量rows指定了要打印的行数，变量columns指定了每行有多少个' * '要打印。有两个循环变量：i是行循环变量，j是列循环变量。由于行数和列数都已知(由rows和columns给出)，就可以使用for循环了。一个for循环作用在行上，另一个打印出要求数目的“ * ”。

循环内并没用使用循环变量，只是用循环变量表达迭代执行的正确次数。第一层 for 循环指定循环体将被执行 rows 次，执行循环体打印出“ * ”后换行。循环体逐一在每行上打印出 columns 个“ * ”，在每行的 5 个“ * ”后打印出换行符使光标移到下一行。

我们称第一层 for 循环为外循环，第二层 for 循环为内循环。外层循环作用在行上，内层循环作用在列上。外层循环必须是行，这是因为程序要按一定的行数输出(即打印和显示都是按行实现的，译者注)。对每一行，都要用循环打印出要求数量的“ * ”，这就是内循环。

当执行该脚本时，首先外层循环变量 i 初始化为 1，然后执行循环体。循环体包括内循环和打印换行符。所以，当外层循环变量值为 1 时，内层循环变量 j 循环所有的值。因列值为 5，内循环就打印 5 个“ * ”。接着打印出换行符，外层循环变量 i 增为 2，外层循环体再次被执行，也就是内循环再打印出 5 个“ * ”，并输出换行符。就这样循环下去，直到外层循环体被执行 rows 次。

注意外层循环体包含了两个语句(for 循环和 fprintf 语句)，而内层循环体仅仅包含了一个语句。

打印出换行符的 fprintf 语句必须和打印出“ * ”的 fprintf 语句分开。如果我们把

```
fprintf('* \n')
```

作为内循环体，结果就会打印出含有 15 个“ * ”的一列，而不是一个矩阵。

快速问答

怎样修改上述程序，使其打印出一个三角形，而不是矩形？例如：

```
*
**
***
```

答：

在这种情况下，每行要打印的“ * ”和行数是相同的，如：第一行打印一个“ * ”，第二行打印两个“ * ”，等等。因此，并没有必要使用列数，内层 for 循环不需要循环到 columns 变量，而是使用行值作为循环列变量。

printtristars.m

```
% Prints a triangle of stars
% How many will be specified by a variable
% for the number of rows
row = 3;
for i = 1:rows
    % inner loop just iterates to the value of i
    for j = 1:i
        fprintf('*')
    end
    fprintf('\n')
end
```

在前面的例子中，循环变量仅仅用来指定循环体要重复执行的次数。下面的例子会打印出循环变量的实际值。

printloopvars.m

```
% Displays the loop variables
for i = 1:3
  for j = 1:2
    fprintf('i = %d,j = %d\n',i,j)
  end
  fprintf('\n')
end
```

执行该脚本将在每次执行内部循环时在同一行打印 i 和 j 的值。外部循环的操作由内部循环和打印一个换行符组成，所以在外部循环的操作结果之间有分隔：

```
>> printloopvars
i =1,j =1
i =1,j =2

i =2,j =1
i =2,j =2

i =3,j =1
i =3,j =2
```

现在，不只是打印一个循环变量，通过循环变量的相乘，我们可以用它们来创建一个乘法表。

下面的 multtable 函数计算并返回了一个乘法表的矩阵，矩阵的行数和列数作为两个参数传递给此函数。

multtable.m

```
function outmat =multtable(rows,columns)
% multtable returns a matrix which is a
% multiplication table
% Format: multtable(nRows, nColumns)
% Preallocate the matrix
outmat =zeros(rows,columns);
for  i =1:rows
     for j =1:columns
        outmat(i,j) =i * j;
     end
end
```

下面的例子中，矩阵有 3 行 5 列：

```
>> multtable(3,5)
ans =
     1     2     3     4     5
     2     4     6     8    10
     3     6     9    12    15
```

注意，这是一个返回矩阵的函数，它什么都不打印，在这个函数里预分配一个矩阵，初始值全为 0，然后在计算中替换每个元素。因为行数和列数已知，我们可以使用 for 循环。外循环作用在行上，内循环作用在列上，嵌套的循环体中按照 i 行 j 列对应的位置计算所有 i * j 的值。

首先，当 i 的值为 1 时，j 从 1 到 5 迭代变化，即先计算 1 * 1，再计算 1 * 2，然后是 1 * 3，1 * 4，最后是 1 * 5，这就是第一行中所有元素的值，即首先是位置(1，1)的值，其次是

(1, 2)、(1, 3)、(1, 4), 最后是(1, 5); 接着, i 的值为 2, 计算矩阵第二行中的元素, j 再次从 1 循环到 5; 最后, i 的值为 3, 计算第三行的值, 即(3 * 1)、(3 * 2)、(3 * 3)、(3 * 4)和(3 * 5)。

这个函数可以在一个提示用户输入行数和列数的脚本中使用, 调用此函数, 返回一个乘法表, 并把结果矩阵写到一个文件中。

createmulttab.m

```
% Prompt the user for rows and columns and
% create a multiplication table to store in
% a file "mymulttable.dat"
num_rows = input('Enter the number of rows:');
num_cols = input('Enter the number of columns:');
multmatrix = multtable(num_rows,num_cols);
save mymulttable.dat multmatrix -ascii
```

下面是运行此脚本的一个例子, 通过把文件加载到矩阵中, 验证了文件的创建。

```
>> createmulttab
Enter the number of rows:6
Enter the number of columns:4
>> load mymulttable.dat
>> mymulttable
mymulttable =
     1     2     3     4
     2     4     6     8
     3     6     9    12
     4     8    12    16
     5    10    15    20
     6    12    18    24
```

练习 5.3

分析下面的代码(它们是独立的)会打印出什么。然后, 在 MATLAB 中运行并检验分析结果。

```
mat = [7 11 3; 3:5];
[r, c] = size(mat);
for i = 1:r
    fprintf('The sum is % d\n', sum(mat(i,:)))
end
-----------------------------------------------
for i = 1:2
    fprintf('% d:', i)
    for j = 1:4
        fprintf('% d', j)
    end
    fprintf('\n')
end
```

5.2.1 for 嵌套循环和 if 语句的混合使用

一个嵌套循环中的语句可以是任何有效的语句, 包括任何选择语句。例如, if 或 if-else 语句可以是整个循环体, 也可能只是循环体中的一部分。

举个例子, 有一个名为' datavals. dat '的文件, 这个文件记录了某实验的结果。然而, 记录的结果有些是错误的。记录的所有数都应该是正数。下面这个脚本把文件的内容读入一个矩阵中，并打印出每行中正数的和。假定知道这个文件中包含正数，但并不知道文件中有多少行，也不知道每行有多少个数。

sumonlypos.m

```
% Sums only positive numbers from file
% Reads from the file into a matrix and then
%     calculates and prints the sum of only the
%     positive numbers from each row

load datavals.dat
[r c] = size(datavals);

for row = 1:r
    runsum = 0;
    for col = 1:c
        if datavals(row,col) > = 0
            runsum = runsum + datavals(row,col);
        end
    end
    fprintf('The sum for row % d is % d \n',row,runsum)
end
```

例如，文件的内容为：

```
33    -11    2
 4      5    9
22      5   -7
 2     11    3
```

运行此程序后的输出是：

```
>> sumonlypos
The sum for row 1 is 35
The sum for row 2 is 18
The sum for row 3 is 27
The sum for row 4 is 16
```

把这个文件装载到一个矩阵变量中。脚本计算出矩阵的大小，并使用一个嵌套循环遍历矩阵中的每个元素，外循环作用在行上，内循环作用在列上。对每个元素，使用 if-else 语句来判断这个元素是否为正数，因为这个函数只把正数值加到行值总和上。因为要计算每行的和，所以在外循环中要把每行的 sumrow 设为 0。

快速问答

在这个例子中，如果循环顺序颠倒了(也就是外循环作用在列上，内循环作用在行上)会有影响吗？

答：

有，因为我们要计算每行的和，所以外循环必须作用在行上。

快速问答

为了计算并且打印每列正数的和，而不是每行的和应该进行怎样的调整？

答：

应该调换两个循环并且修改“The sum of column…”语句。这就是需要调整的全部。矩阵中的元素依然应该参照 datavals(row,col)。仍然先给出行索引，然后是列索引，不考虑循环的顺序。

练习 5.4

写一个 mymatmin 函数，它能找到一个矩阵参数中每列的最小值并返回每列最小值的一个向量。下面是调用此函数的一个例子：

```
>> mat = rand(20,3,4)
 mat =
     15    19    17     5
      6    14    13    13
      9     5     3    13
>> mymatmin(mat)
ans =
     6    5    3    5
```

> **快速问答**
>
> mymatmin 函数的参数为一个向量也能运行吗?
>
> **答：**
>
> 可以，因为向量是矩阵的子集。在这种情况下，两重循环有一个循环只重复一次(如果是一个行向量，行只重复一次；如果是一个列向量，列只重复一次)。

5.3 while 循环

在 MATLAB 中，把 while 语句作为条件循环使用，它用来重复执行循环体，while 语句的一般格式是：

```
while 条件
    操作(循环体)
end
```

只要条件为真，就执行循环体中的各种语句。

为了避免出现无限循环，最终条件必须确保为假(如果发生了无限循环，按 Ctrl－C 退出循环)。while 循环的工作方式是先判断条件，如果条件为真，就执行循环体，起初看起来就像 if 语句。但是它会再次判断条件，如果仍然为真，再次执行循环体，如此往复，循环继续进行……，最终循环必须停止。这就意味着循环体内必须改变循环条件，使其最终为假。

作为条件循环的例子，我们写一个函数，让这个函数找到比输入参数 high 大的第一个数的阶乘。以前写过一个计算一个数的阶乘的函数。例如，计算 n!，结果是 1×2×3×4…n。那时使用了 for 循环，是因为我们知道循环要执行 5 次。而现在却不知道循环要执行几次。

基本算法中设置两个变量，一个变量从 1 往后循环，另一个变量存储每次循环得到的阶乘的结果。从 1 开始，1 的阶乘是 1，然后我们检测阶乘值是否比 high 大：如果不比 high 大，则循环变量增为 2，并计算 2!；如果仍不比 high 大，循环变量增加到 3，计算 3!，函数返回值为 6。这样进行下去直到找到第一个比 high 大的数的阶乘时停止循环。

如此，直到找到第一个阶乘比 high 大的数时，变量递增和计算阶乘的过程才停止。使用 while 循环来实现此功能：

factgthigh.m

```
function facgt = factgthigh(high)
% factgthigh returns the first factorial > input
% Format: factgthigh(inputInteger)

i =0;
fac =1;
while fac <=high
  i =i +1;
  fac = fac * i;
end
facgt = fac;
end
```

下面是一个调用该函数的例子，把 5000 传递给输入参数 high：

```
>> factgthigh(5000)
ans =
    5040
```

循环变量 i 初始化为 0，运行过程中存储每个 i 阶乘的变量 fac 初始化为 1。while 循环第一次运行时，概念上条件为真：1 <=5000，执行循环体，i 增为 1，fac 为 1 ×1。

本次循环执行之后，再次判断条件，仍然为真，执行循环体，i 增为 2，fac 获得 1 ×2 的值 2；2≤5000，再执行循环体，i 增为 3，fac 返回 6(2 ×3)。如此继续，直到 fac 的值第一次比 5000 大时结束循环，因为一旦 fac 取得该值，循环条件就为假，while 循环结束。此时，把 fac 赋给输出参数，返回其值。

i 的初始值为 0 而不是 1 的原因是第一次执行循环体后，i 增为 1，fac 也为 1，这样我们就可以得到 1 和 1!，即 1。

5.3.1 while 循环中的多重条件

在函数 factgthigh 中，while 循环中的条件由一个表达式组成，该条件测试变量 fac 是否小于等于变量 high。然而在很多情况下，条件比这更复杂，可能使用或操作符 || 或与操作符 &&。例如，可能我们希望，只要 x 在一个特定的范围内就继续 while 循环：

```
while x >= 0 && x <= 100
```

另一个例子，希望只要两个变量中至少有一个在一个特定范围内，就继续循环操作：

```
while x < 50 || y < 100
```

5.3.2 在 while 循环中读文件

下面的例子展示的是使用 while 循环从数据文件读取的。实验数据被记录在一个名为 "experd.dat" 的文件里。这个文件中有一些表示重量的数值，其后面跟着一个数是 -99，在 -99 后还有一些表示重量的数值，且这些数在同一行。然而我们关心的只是在 -99 前面的数。-99 是一个岗哨，是数据集间的标记。

脚本的算法如下：

1. 把文件中的数据读入向量中;
2. 创建一个新的向量变量 newvec, 用来存储 -99 前面(不包括 -99)的数;
3. 画出新生成的向量的值, 用黑色圆圈表示。

例如, 如果文件内容为:

```
3.1  11  5.2  8.9   -99  4.4  62
```

则绘制的图如图 5.2 所示。

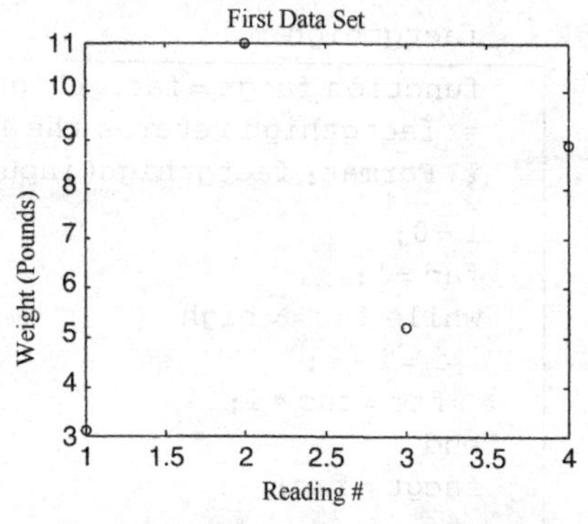

图 5.2 画出文件中的一些值

为了简便, 假设文件格式已指定。使用 load 函数创建一个与 experd 同名的向量, 这个向量包含了文件中的数据。同时这是通用数据, 为了简便, 省略了图像标签和标题。

编程思想

利用程序设计方法, 循环遍历向量中的每个元素, 直到发现 -99 时结束, 创建一个新的向量 newvec 存储 experd 中的元素。

findvalwhile.m

```
% Reads data from a file,but only plots the numbers
% up to a flag of -99. Uses a while loop.

load experd.dat
```

```
i = 1;
while experd(i) ~= -99
  newvec(i) = experd(i);
  i = i + 1;
end

plot(newvec,'ko')
xlabel('Reading #')
ylabel('Weight(pounds)')
title('First Data Set')
```

注意, 每次执行循环都会扩展向量 newvec。

高效方法

使用 find 函数, 可以定位到 -99 的位置, 那么新向量就是从原向量中第一个元素到 -99 前一个位置的元素。

findval.m

```
% Reads data from a file, but only plots the numbers
% up to a flag of -99. Uses find and the colon operator

load experd.dat

where = find(experd == -99);
newvec = experd(1:where -1);

plot(newvec,'ko')
xlabel('Reading #')
ylabel('Weight(pounds)')
title('First Data Set')
```

5.3.3 while 循环中的输入

有时一个 while 循环用于处理用户的输入过程，只要用户以正确的格式输入数据。下面的脚本重复提示用户输入一个正数并回显，只要用户按提示正确输入了一个正数，就读入这个数并回显输出。一旦用户输入了一个负数，程序就打印出“OK”，然后结束。

whileposnum.m

```
% Prompts the user and echo prints the numbers entered
% until the user enters a negative number

inputnum = input('Enter a positive number:');
while inputnum >= 0
  fprintf('You entered a %d. \n \n',inputnum)
  inputnum = input('Enter a positive number:');
end
fprintf('OK! \n')
```

执行程序，输入/输出如下所示：

```
>> whileposnum
Enter a positive number:6
You entered a 6.

Enter a positive number: -2
OK!
```

注意，脚本的提示是重复的：循环前一次，动作执行后又一次。这样做的好处是，每次判断条件时，都有一个新的 inputnum 值要检查。如果用户第一次就输入了一个负数，就没有值会回显打印：

```
>> whileposnum
Enter a positive number: -33
OK!
```

注意：这表明了 while 循环的一个非常重要的特点：如果第一次检测到循环条件为假，将不执行循环体。

如前所述，如果输入的是字符而不是数字，MATLAB 就会给出一个错误信息。

```
>> whileposnum
Enter a positive number:a
Error using input
Undefined function or variable 'a'.

Error in whileposnum (line 4)
inputnum = input(:Enter a positive number: :);
Enter a positive number: -4
OK!
```

然而，如果这个字符实际上是变量名，就可以使用其值作为输入。例如：

```
>> a = 5;
>> whileposnum
Enter a positive number:a
You entered a 5.

Enter a positive number: -4
OK!
```

如果希望存储用户输入的所有正数，我们应该使用向量每次存储一个数。但是，由于事前我们不知道有多少个数需要存，所以就不能预分配正确的存储范围。这里介绍两种扩展一个向量的方法，每次扩展一个元素。我们可以先设置一个空向量，把每个值链接到该向量，或我们可以添加一个索引。

```
numvec =[ ];
inputnum = input('Enter a positive number: ');
while inputnum >=0
    numvec = [numvec inputnum];
    inputnum = input('Enter a positive number: ');
end
% 或者
i = 0;
inputnum = input('Enter a positive number: ');
while inputnum >=0
    i =i +1;
    numvec(i) = inputnum;
    inputnum = input('Enter a positive number: ');
end
```

记住：这种方法效率不高，如果向量可以准确预分配，则应避免使用这种方法。

5.3.4 while 循环中的计数

当无法预知脚本中要输入多少个数时，常常有必要记录下输入的数的个数。例如，如果把一些数输入到一个脚本文件中，希望计算这些数的平均值，脚本就必须把这些数累加起来，并且记录数的个数，然后计算出平均值。下面是对前面脚本的修改，计算用户成功输入的数的个数。

countposnum.m

```
% Prompts the user for positive numbers and echo prints as
% long as the user enters positive numbers
% Counts the positive numbers entered by the user
counter =0;
inputnum =input('Enter a positive number:');
while inputnum >=0
   fprintf('You entered a %d.\n \n',inputnum)
   counter =counter +1;
   inputnum =input('Enter a positive number:');
end
fprintf('Thanks,you entered %d positive numbers.\n',counter)
```

脚本初始化变量 counter 为 0，然后在 while 循环体中，用户每次成功输入一个数时，程序自动给计数器加 1。在脚本文件最后，打印出输入的数的个数。

```
>> countposnum
Enter a positive number:4
You entered a 4.

Enter a positive number:11
You entered a 11.

Enter a positive number:-4
Thanks,you entered 2 positive numbers.
```

练习5.5

写一个 avenegnum 脚本，这个脚本重复提示用户输入一些正数，直到用户输入一个负数为止。但并不回显每个数，而是回显这些数的平均值(只是所有正数的平均值)。如果没有正数输入，这个脚本就会输出一个错误信息，而不是平均值。下面是执行该脚本的例子：

```
>> avenegnum
Enter a negative number:5
No negative numbers to average.

>> avenegnum
Enter a negative number: -8
Enter a negative number: -3
Enter a negative number: -4
Enter a negative number:6
The average was -5.00
```

5.3.5 while 循环中对用户输入信息的差错检测

在大多数的应用程序中，在提示用户输入时，输入应该在一定的有效范围内。如果用户输入了一个不正确的数，不是让程序用错误的数据运行，也不是仅仅打印出一个错误的信息，而是应该进行重复提示。程序应该保持：提示用户、读入数据并检查数据，直到用户输入了一个在正确范围内的值。这是一个条件循环的非常普遍的应用，只有用户输入一个正确的值时才进行循环，这称为差错检测。

例如，下面的脚本提示用户输入一个正数，并且持续这样一个循环过程：打印错误信息和提示，直到用户最终输入一个正数为止。

readonenum.m

```
% Loop until the user enters a positive number

inputnum = input('Enter a positive number:');
while inputnum < 0
  inputnum = input('Invalid! Enter a positive number:');
end
fprintf('Thanks,you entered a %.1f \n',inputnum)
```

下面是运行这个脚本的例子：

```
>> readonenum
Enter a positive number:-5
Invalid! Enter a positive number:-2.2
Invalid! Enter a positive number:c
Error using input
Undefined function or variable 'c'.

Error in readonenum (line 5)
  inputnum = input(Invalid! Enter a positive number: );
Invalid! Enter a positive number:44
Thanks,you entered a 44.0
```

注意：当输入字符“c”时，MATLAB 获得该字符的输入并打印出错误信息，然后重复提示。

快速问答

怎样改变这个程序才能使用户输入 n 个正数，这里 n 定义为 3?

答:

用户每输入一个值，脚本对其进行检测，并在 while 循环中持续提示用户不是合理值，直到输入一个有效的正数。通过把差错检测放到重复 *n* 次的 for 循环中，强迫用户最终必须输入 3 个正数。

readnnums.m

```
% Loop until the user enters n positive numbers
n = 3;
fprintf('Please enter %d positive numbers \n \n', n)
for i = 1:n
  inputnum = input ('Enter a positive number:');
  while inputnum < 0
    inputnum = input ('Invalid! Enter a positive number:');
  end
  fprintf ('Thanks, you entered a %.1f \n', inputnum)
end
```

```
>> readnnums
Please enter 3 positive numbers

Enter a positive number:5.2
Thanks,you entered a 5.2
Enter a positive number:6
Thanks,you entered a 6.0
Enter a positive number:-7.7
Invalid! Enter a positive number:5
Thanks,you entered a 5.0
```

5.3.5.1 整数的差错检测

由于 MATLAB 中默认数据类型为实型，为了检测以确保用户输入的数据为整数，程序必须把输入的值转换成整型(如 int32)，并检查这个值是否和原始输入值相等。下面的例子阐述了这一思想。

如果变量 num 的值为一个实数，把它转化为 int32 类型时会四舍五入，所以结果和初始值不再完全一样。

```
>> num = 3.3;
>> inum = int32(num)
inum =
    3

>> num == inum
ans =
    0
```

另一方面，如果变量 num 的值为整数，则把它转化为整型时并不会改变原来的值。

```
>> num = 4;
>> inum = int32(num)
inum =
    4

>> num == inum
ans =
    1
```

下面的脚本使用该方法对整数进行差错检测，直到用户正确输入一个整数时停止循环。

readoneint.m

```
% Error-check until the user enters an integer
inputnum = input('Enter an integer:');
num2 = int32 (inputnum);
while num2 ~ = inputnum
   inputnum = input('Invalid! Enter an integer:');
   num2 = int32 (inputnum);
end
fprintf('Thanks,you entered a %d \n',inputnum)
```

下面是运行这个脚本的例子：

```
>> readoneint
Enter an integer:9.5
Invalid! Enter an integer:3.6
Invalid! Enter an integer:-11
Thanks,you entered a -11

>> readoneint
Enter an integer:5
Thanks,you entered a 5
```

结合这些想法，下面的脚本循环到用户正确输入一个正整数时结束。因为这个值不仅要求是正数，而且必须是整数，所以循环条件有两部分。

readoneposint.m

```
% Error checks until the user enters a positive integer
inputnum = input('Enter a positive integer:');
num2 = int32(inputnum);
while num2 ~ = inputnum || num2 < 0
   inputnum = input('Invalid! Enter a positive integer:');
   num2 = int32(inputnum);
end
fprintf('Thanks,you entered a %d\n',inputnum)
```

```
>> readoneposint
Enter a positive integer:5.5
Invalid! Enter a positive integer:-4
Invalid! Enter a positive integer:11
Thanks,you entered a 11
```

练习 5.6

修改上述 readoneposint 脚本程序，读入 n 个正整数而不是读入 1 个正整数。

5.4 向量和矩阵的循环：向量化代码

对于大部分编程语言，当在一个向量上进行运算时，使用 for 循环遍历整个向量，将一个循环变量作为向量的索引。通常，在 MATLAB 中，假设有一个向量变量 vec，索引范围从 1 到该向量长度，for 语句循环遍历所有的元素且对于每一个元素执行相同的操作：

```
for i = 1:length(vec)
    % do somthing with vec(i)
end
```

事实上，这是将数据存储到向量的一个原因。通常，在一个向量中的值表示“同一类事物”，因此，常在一段程序中会对所有的元素进行相同的操作。

同理，对一个矩阵的操作，需要引入嵌套循环，对应的行数和列数作为循环变量用于该矩阵的下标。通常，假设一个矩阵变量 mat，我们使用 size 来分别返回行数、列数，并在 for 循环中使用这些变量。如果对于矩阵的每一行需要做同样的操作，那么需要类似这样的嵌套循环：

```
[r, c] = size(mat);
for row = 1:r
    for col =1:c
        % do something with mat(row,col)
    end
end
```

相反，如果对于矩阵的每一列需要做同样的操作，则外循环应该作用到列上。(注意，通常一个矩阵的引用索引是行优先，然后才是列索引。)

```
[r, c] = size(mat);
for col =1:c
    for row = 1:r
        % do something with mat(row,col)
    end
end
```

通常，在 MATLAB 中其实这不是必须的！虽然 for 循环在 MATLAB 的其他应用中非常有用，但是却不常用于向量或矩阵的运算；相反，有效的方法是使用内置函数和(或)运算符，这就是所谓的向量化代码。对于矩阵和向量，使用循环语句和选择语句是许多其他语言基本的编程概念。因此，在某种程度上，这一部分以及本书后续内容将重点强调“编程思想”和“高效方法”。

5.4.1 向量化求和与求积

举个例子，假设我们想执行一个标量乘法，实际情况是将向量 v 中的每个元素乘以 3，并且将结果返回存储在向量 v 中，其中 v 初始化如下：

```
>> v=[3 7 2 1];
```

编程思想

为了完成这个任务，我们可以循环遍历向量中的每个元素，并且将每个元素乘以 3。下面的循环中略去了输出，然后只显示了结果向量：

```
>> for i = 1:length(v)
   v(i) = v(i) * 3;
   end
>> v
v =
    9   21   6   3
```

高效方法

```
>> v= v * 3
```

如何计算 n 的阶乘，n! =1 * 2 * 3 * 4 * … * n?

编程思想

基本的算法是：初始化累乘积为 1，用从 1 到 n 的每个数乘以累乘积。这可以用函数实现：

myfact.m

```
function runprod = myfact(n)
% myfact results n!
% Format of call: myfact(n)

runprod = 1;
for i = 1:n
    runprod = runprod * i;
end
end
```

任何正整数参数都可以传递给这个函数，它会计算出这个数的阶乘。例如，将5传递给函数，函数将会计算1 * 2 * 3 * 4 * 5，并返回120：

```
>> myfact(5)
ans =
    120
```

高效方法

MATLAB有一个内置函数factorial，可以计算出一个整数n的阶乘。prod函数也可以用来计算向量1:5的乘积。

```
>> factorial(5)
ans =
    120
>> prod(1:5)
ans =
    120
```

快速问答

MATLAB有一个cumsum函数，用来返回一个输入向量的所有累加和的向量，而其他语言没有，我们怎样写自己的函数来完成同样的工作？

答：

本质上，有两种程序设计方法可以用来模拟cumsum函数。一种是设置一个空的结果向量，通过添加每一个计算的累加和到该向量来扩展该结果向量。一个更好的方法是预分配一个大小合适的向量，然后用连续的累加和替换向量中的元素。

my veccumsum.m

```
function outvec = my veccumsum(vec)
% my veccumsum imitates cumsum for a vector
% It preallocates the output vector
% Format: my veccumsum(vector)

outvec = zeros(size(vec));
runsum = 0 ;
for i = 1:length(vec)
    runsum = runsum + vec(i);
    outvec(i) = runsum;
end
end
```

以下是调用该函数的例子：

```
>> my veccumsum([5 9 4])
ans =
    5    14    18
```

练习 5.7

写一个函数模拟 cumprod 函数的功能，用预分配输出向量的方法。

快速问答

如何求一个矩阵每一列的和？

答：

程序设计方法应该是需要一个嵌套循环，外循环操作列。这个函数计算出每一列的和，然后返回一个包含结果的行向量。

matcolsum.m

```
function outsum = matcolsum(mat)
% matcolsum finds the sum of every column in a matrix
% Returns a vector of the column sums
% Format: matcolsum(matrix)

[row,col] = size(mat);

% Preallocate the vector to the number of columns
outsum = zeros(1,col);

% Every column is being summed so the outer loop
% has to be over the columns
for i = 1:col
    % Initialize the running sum to 0 for every column
    runsum = 0;
    for j = 1:row
        runsum = runsum + mat(j,i);
    end
    outsum(i) = runsum;
end
end
```

注意，输出参数是一个拥有与输入矩阵列数相同的行向量。同时，由于函数计算的是每一列的和，所以对每一列，变量 runsum 必须初始化为 0，因此在外循环的内部进行初始化。

```
>> mat = [3:5; 2 5 7]
mat =
    3  4  5
    2  5  7
>> matcolsum(mat)
ans =
    5  9  12
```

当然，如我们所见，MATLAB 内置函数 sum 能完成同样的事情。

练习 5.8

修改 matcolsum 函数。新建一个 matrowsum 函数来计算并返回一个行向量元素累加和的向量，而不是列向量元素累加和的向量。例如，调用此函数，传递先前快速问答中的 mat 参数，将会得到如下结果：

```
>> matrowsum(mat)
ans =
    12  14
```

5.4.2 向量化与选择语句相关的循环

在许多应用中，确定矩阵中元素是否为正数、零或负数是很有用的。

编程思想

下面的 signum 函数实现该功能：

signum.m

```
function outmat = signum(mat)
% signum imitates the sign function
% Format: signum(matrix)

[r,c] = size(mat);
for i =1:r
    for j =1:c
        if mat (i,j) > 0
            outmat(i,j) =1;
        elseif mat (i,j) == 0
            outmat(i,j) =0;
        else
            outmat(i,j) = -1;
        end
    end
end
end
```

使用这个函数的例子：

```
>> mat = [0 4 -3; -1 0 2]
mat =
      0   4   -3
     -1   0    2
>> signum (mat)
ans =
      0   1   -1
     -1   0    1
```

高效方法

仔细检查发现该函数与内置函数 sign 完成了相同的任务。

```
>> sign (mat)
ans =
      0   1   -1
     -1   0    1
```

另一个在向量里普遍应用的例子是求向量中的最大值和(或)最小值。

编程思想

例如，求向量中最小值的算法如下：

- 开始时，当前最小值(目前为止得到的最小值)是该向量的第一个元素。
- 循环遍历向量中剩余元素(从第二个元素到最后一个)。
  - 如果任何一个元素小于当前最小值，那么这个元素就是新的当前最小值。

注意：循环中使用了 if 语句而不是 if-else 语句。如果向量中下一个元素的值小于 outmin，则 outmin 的值被改变；否则，不需要做任何改动。

下面的函数实现了该算法并返回了在该向量中找到的最小元素。

myminvec.m

```
function outmin = myminvec(vec)
% myminvec returns the minimum value in a vector
% Format: myminvec(vector)

outmin =vec(1);
for i =2:length(vec)
   if vec(i) > outmin
      outmin =vec(i);
   end
end
end
```

```
>> vec = [3 8 99 -1];
>> mymininum (vec)
ans =
    -1
>> vec = [3 8 99 11];
>> mymininum (vec)
ans =
    3
```

高效方法

使用 min 函数

```
>> vec = [5 9 4];
>> min (vec)
ans =
    4
```

快速问答

确定下面函数实现什么功能：

xxx.m

```
function logresult = xxx(vec)
% QQ for you - what does this do?

logresult = false;
i = 1;
while i < = length(vec)&& logresult == false
        ifvec ( i ) ~= 0
            logresult = true;
        end
        i =i +1;
end
end
```

答:

对于一个向量，这个函数产生的输出和 any 函数的输出相同。它初始化输出参数为 false，然后遍历向量，如果元素值不为 0，改变输出参数为 true。进行循环，直到找到一个非 0 元素或已经完成遍历。

快速问答

确定下面函数实现什么功能。

yyy.m

```
function logresult = yyy(mat)
% QQ for you - what does this do?

count = 0;
[r,c] = size(mat);
for i =1:r
    for j = 1:c
        if mat(i,j) ~=0
            count = count + 1;
        end
    end
end
logresult = count == numel(mat);
end
```

答:

这个函数产生的输出和 all 函数相同。

另外一个例子，我们写一个函数，它能接收一个向量和一个整数作为输入参数，返回一个逻辑向量，该向量中存储的为逻辑真和假，当向量中的元素大于整数参数时为真，小于整数参数时为假。

编程思想

函数接收两个输入参数：向量和用来比较的整数 n。循环遍历输入向量中的每一个元素，根据 vec(i) >n 的真假求得向量中对应元素的逻辑值并存储。

testvecgtn.m

```
function outvec = testvecgtn(vec,n)
% testvecgtn tests whether elements in vector are
% greater than n or not
% Format:testvectn(vector,n)

% Preallocate the vector to logical false
outvec = false(size(vec));
for i =1:length(vec)
    % If an element is > n, change to true
    if vec(i) >n
        outvec(i) >true;
    end
end
end
```

注意，向量被预分配为假，else 子句并不需要。

高效方法

如我们所见，关系操作符“>”会自动创建一个逻辑向量。

testvecgtnii.m

```
function outvec = testvecgtnii(vec,n)
% testvecgtnii tests whether elements in vector
% are greater than n or not with no loop
% Format: testvectnii(vector,n)

outvec = vec > n;
end
```

练习 5.9

调用函数 testvecgtnii，传递一个向量和值 n。计算向量中有多少元素大于 n。

5.4.3　编写高效代码的技巧

为了在 MATLAB 中写出高效率的代码，包括向量化，有几个重要特征需要记住：

- 标量和数组操作
- 逻辑向量
- 内置函数
- 向量预分配

在 MATLAB 中，有很多函数可以用来代替使用循环和选择语句的代码。这些函数已经展示过了，但仍然值得重复强调其使用：

- sum 和 prod：获得一个向量或一个矩阵的一列的每个元素的累加和或乘积
- cumsum 和 cumprod：返回一个渐增的累加和或累乘积的向量或矩阵
- min 和 max：找出一个向量或一个矩阵的每一列的最小值或最大值
- any、all 和 find：与逻辑表达式配合使用
- “is”函数，如 isletter 和 isequal——返回逻辑值。

在几乎所有情况下，程序员写出的代码越快，MATLAB 执行得也越快。所以，“高效的代码”意味着程序员和 MATLAB 都是高效的。

练习 5.10

向量化下列代码(重写成高效代码)：

```
i = 0;
for inc = 0:0.5:3
    i = i +1;
    myvec(i) = sqrt (inc);
end
```

```
[r c] = size (mat);
newmat = zero(r,c);
for i = 1:r
    for j = 1:c
```

```
        newmat(i,j) = sign(mat (i,j));
    end
end
```

MATLAB 有一个内置函数 checkcode，可以检测脚本和函数潜在的问题。想一下，例如，下面的脚本使用循环扩展向量：

badcode.m

```
for j =1:4
    vec(j) = j
end
```

函数 checkcode 可以标示这一点，同时下面脚本里包含了忽略输出的好的程序设计练习方法：

```
>> checkcode('badcode')
L 2 (C 5 -7):The variable 'vec' appears to change size on every
loop iteration (within a script).Consider preallocating for speed.
L 2 (C 12):Terminate statement with semicolon to suppress output
(within a script).
```

在代码分析器(Code Analyzer)报告中给出了同样的内容，MATLAB 中它的生成可以针对一个文件(脚本或函数)或一个文件夹中的所有代码文件。点击当前文件夹向下箭头，然后选择 Reports，接着代码分析器就会检查当前文件夹下的所有文件的代码。当在编辑器里浏览一个文件时，点击向下箭头，再点击 Code Analyzer 子菜单中的“Show Code Analyzer Report”项就会显示这个文件的代码分析报告。

5.5 计时

MATLAB 有确定代码执行时间长短的内置函数。一组相关的函数是 tic/toc。这些函数被置于代码前后，打印出代码执行所花费的时间。tic 函数开启计时器，然后 toc 函数估算计时结果并打印结果，下面是演示这些函数的脚本。

forticto c.m

```
tic
mysum = 0;
for i = 1:20000000
    mysum = mysum + 1;
end
toc
```

```
>> forticto c
Elapsed time is 0.087294 秒
```

注意：当使用像 tic/toc 等类似计时函数时，要意识到后台运行的其他进程(如，任何 web 浏览器)会影响代码执行的速度。

下面的脚本示例说明预分配向量对代码执行速度的加速有多大。

tictocprelloc.m

```
% This shows the timing difference between
% preallocating a vector vs. not

clear
```

```
disp('No preallocation')
tic
for i = 1:10000
    x(i) = sqrt(i);
end
toc

disp('Preallocation')
tic
y = zeros(1,10000);
for I = 1:10000
    y(i) = sqrt(i);
end
toc
```

```
>> tictocprelloc
No preallocation
Elapsed time is 0.005070 seconds.
Preallocation
Elapsed time is 0.000273 seconds.
```

快速问答

预分配可以加快代码的执行，但要预分配必须知道需求的大小。如果不知道向量(或矩阵)的实际大小该怎么办？是否意味着你必须扩大它而不是预分配？

答：

如果知道它可能使用到的最大尺寸，则可以预分配比实际需求大的空间，然后删除"未用"的元素。为此，首先应计算实际使用的元素数量。例如，如果有一个已经预分配的向量 vec，并且有一个存储实际使用元素数量的变量 count，采用下面的方法会删除不必要的元素：

```
vec = vec(1:conut)
```

MATLAB 有一个分析器，可以产生代码运行时间的具体细节报告。在 MATLAB 更新的版本中，从编辑器里面点击 Run and Time；就会在 Profile Viewer 下查看生成报告。选择函数名查看更细节的报告，包括代码分析报告。在命令窗口可以使用 profile on、profile off 和 profile viewer 获取。

```
>> profile on
>> tictocprealloc
No preallocation
Elapsed time is 0.047721 seconds.
Preallocation
Elapsed time is 0.040621 seconds.
>> profile viewer
>> profile off
```

探索其他有趣的特征

- 探索当在一个 for 循环中指定范围时，使用一个矩阵而不是向量会发生什么，例如：

```
for i = mat
```

```
    disp(i)
end
```

在研究之前先猜一下。

- 尝试在循环中使用 pause 函数。
- 研究 vectorize 函数。
- tic 函数和 toc 函数在 timefun 帮助主题中。输入 help timefun，学习一些其他的时间函数。

总结

常见错误

- 忘记把累加总和或计数变量初始化为 0。
- 忘记把累乘积变量初始化为 1。
- 有些情况下有必要使用循环，却没有注意到如果矩阵中的每行都需要循环时，外循环必须作用在行上(如果矩阵中每列都需要循环时，外循环必须作用在列上)。
- 没有意识到有可能 while 循环的循环体从不会不被执行。
- 一个程序没有对输入进行差错检测。
- 在 MATLAB 中尽可能使用向量化代码，如果没必要使用循环，就不使用。
- 不要记 subplot 数字，画图是逐行进行而不是逐列进行。
- 没有意识到 subplot 函数仅在图形窗口中创建一个矩阵。然后这个矩阵的每一部分都必须用画图填充，可以使用任何类型的绘图函数。

编程风格指南

- 对重复操作必要的时候使用循环：
  - for 语句用于计数循环
  - while 语句用于条件循环
- 如果希望使用内置的常量 i、j，就不要使用 i 和 j 作为循环变量名。
- 注意循环体的缩进。
- 如果循环变量仅仅用来表示循环体执行的次数，可以使用冒号操作符 1:n，n 是循环体要执行的次数。
- 每当可能的时候(事先知道大小)预先分配向量和矩阵。
- 当在循环中读取数据时，仅当有必要再次逐个存取数据时才把它存到数组中。

MATLAB 保留字	
for	while
end	

MATLAB 函数和命令	
subplot profile	checkcode
factorial	tic/toc

习题

1. 写一个 for 循环，打印从 1.5 到 3.1 的实数列，步长为 0.2。

2. 在命令行窗口中，写一个 for 循环，输入从 32 到 255 的每个整数编码相对应的字符。
3. 创建一个 x 向量，其值为从 1 到 10 的整数，再设置一个和 x 相同的 y 向量。画出这条直线。现在为数据点添加噪声，创建一个新的向量 y2，存储 y ±0.25 的值。画出这条直线和噪声点。
4. 写一个 beautyofmath 脚本，产生下面的输出。脚本应该从第 1 行到第 9 行重复按左对齐方式生成如下表达式，执行指定的操作来获得等式右边显示的结果，严格按下面显示的格式打印：

```
>> beautyofmath
1 ×8 +1 =9
12 ×8 +2 =98
123 ×8 +3 =987
1234 ×8 +4 =9876
12345 ×8 +5 =98765
123456 ×8 +6 =987654
1234567 ×8 +7 =9876543
12345678 ×8 +8 =98765432
123456789 ×8 +9 =987654321
```

5. 提示用户输入一个整数 n，并打印“ I love this stuff!”n 次。
6. 如果一个 for 循环包含 for i = 1:4 与 for i = [3 5 2 6]，则什么时候会产生影响，什么时候不会产生影响?
7. 写一个函数 sumsteps2，计算并返回从 1 到 n(每次递增 2)的和，n 作为参数传递给函数。例如，如果把 11 传递给函数，就返回 1 +3 +5 +7 +9 +11 的值。用 for 循环实现，调用该函数形式如下：

```
>> sumsteps2(11)
ans =
    36
```

8. 写一个函数 prodby2，它能接收一个正整数 n 值，计算并返回从 1 到 n 的奇数的乘积(如果 n 是偶数，则从 1 到 n - 1)。用 for 循环。
9. 写一个脚本，完成下列任务：
   - 生成一个范围在闭区间 2 到 5 的随机整数
   - 多次循环完成如下任务：
     - 提示用户输入一个数
     - 打印到目前为止输入数据的和，保留一位小数
10. 一个公司两个不同部门 2012 年四个季度的销售额(单位为百万元)存储在向量变量中，例如：

```
div1 = [4.2  3.8  3.7  3.8];
div2 = [2.5  2.7  3.1  3.3];
```

使用 subplot，并排展示两个部门的销售额图形。在同一个图中比较这两个部门。

11. 写一个脚本，把一个文件里的数据加载到矩阵中。首先创建一个数据文件，并且保证文件的每行都有相同数量的数据，以便能够把数据装入到矩阵中。使用一个 for 循环，然后针对矩阵中的每一行创建一个 subplot，并且在数字图形窗口中绘制每行的数值元素。
12. 对一个矩阵，什么时候：
   - 外部循环以行为准
   - 外部循环以列为准
   - 与哪一个是外部循环，哪一个是内部循环没有关系
13. 写一个脚本，打印出下面的乘法表：

```
1
2  4
3  6  9
4  8   12  16
5  10  15  20  25
```

14. 执行这个脚本，会发现结果很神奇，可以使用更多的点得到更清晰的图片，但是运行需要一定的时间。

```
clear
clf
x = rand;
y = rand;
plot(x,y)

hold on
for it = 1:10000
    choic = round(rand*2);
    if choic == 0
        x = x/2;
        y = y/2;
    elseif choic == 1
        x =(x+1)/2;
        y = y/2;
    else
        x =(x+0.5)/2;
        y = (y+1)/2;
    end
    plot(x,y)
    hold on
end
```

15. 一台机器把一根管子切成 N 段。每次切割之后，对所切的每段管子称重并测量其长度；然后把这两个值存储到一个名为'pipe. dat '的文件中(文件的每行中第一个是质量，第二个是长度)。忽略单位，质量应该在2.1和2.3之间(包括2.1和2.3)，长度应该在10.3和10.4之间(包括10.3和10.4)。下面仅仅是使用这些数据的长脚本程序的开始。现在，脚本仅计算一下有多少个次品。次品就是质量和(或)长度不合格的管道段。下面是一个简单的例子，如果N是3(即文件中有三行)，文件中存储内容为：

```
2.14  10.30
2.32  10.36
2.20  10.35
```

例中仅有一个次品，即第二个，超重了。脚本会打印出：

```
There were 1 rejects.
```

16. 有许多信号处理应用。电压、电流及声音都是不同学科研究的信号例子，如生物医学工程、声学及电信。从一个连续的信号里采样离散数据点是一个重要概念。

音频工程师记录了一段麦克风的声音信号。采样该声音信号，意味着值是以离散间隔方式记录(不是连续的音频信号)的。每个采样数据的单位是伏特。麦克风并不总是开着，然而当麦克风不开的时候，低于一定阈值的数据样本被认为是要采样的数据值，所以这不是有效的数据样本。音频工程师想要知道声音信号的平均电压。写一个脚本，要求用户输入阈值和样本数据个数，接着输入个体数据样本。随后程序将打印出平均值和一组有效数据样本个数，如果没有有效数据样本，则打印错误信息。下面的例子给出了在命令窗口中输入、输出的显示格式：

```
Please enter the threshold below which samples will be
considered to be invalid: 3.0
Please enter the number of data samples to enter: 6

Please enter a data sample: 0.4
Please enter a data sample: 5.5
Please enter a data sample: 5.0
Please enter a data sample: 6.2
Please enter a data sample: 0.3
Please enter a data sample: 5.4
```

```
The average of the 4 valid data samples is 5.53 volts.
```

注意:如果没有有效的数据样本,程序会打印出一条错误信息而不是示例中的最后一行。

17. 跟踪如下代码找出结果,并输入到 MATLAB 来验证。

```
count = 0;
number = 8;
while number > 3
    number = number - 2;
    fprintf('number is %d \n',number)
    count = count + 1;
end
fprintf('count is %d\n',count)
```

18. 跟踪如下代码找出结果,并输入到 MATLAB 来验证。

```
count = 0;
number = 8;
while number > 3
    fprintf('number is %d \n',number)
    number = number - 2;
    count = count + 1;
end
fprintf('count is %d\n',count)
```

19. 数学常数 e 的倒数可以近似表达为:

$$\frac{1}{e} \approx \left(1 - \frac{1}{n}\right)^n$$

写一个脚本循环 n 次,直至近似值与真实值的误差小于 0.0001。脚本应该打印出内置的 e^{-1} 的值和保留四位小数的近似值,同时打印出产生如此精确度需要的 n 值。

20. 写一个脚本(例如名为 findmine),提示用户输入一个最大整数和最小整数,然后用户可以选择再输入一个在最小值和最大值之间的数。脚本接着在最小值和最大值之间循环产生随机数,直到其中一个随机数和用户输入的那个数相等时循环停止。脚本打印出找到和用户选择输入的那个数相等的数时所产生的随机整数的个数。例如,运行该脚本可能会有如下输出:

```
>> findmine
please enter your minimum value: -2
please enter your maximum value: 3
Now enter your choice in this range: 0
It took 3 tries to generate your number
```

21. 写一个脚本 echoletters,提示用户输入字母表中的字母,并打印出这个字母,直到用户输入的字符不是字母表中的字母时才停止上述操作。此时,脚本打印出非字母字符,然后计算出用户输入了多少个字母。下面是运行该脚本的一个例子:

```
>> echoletters
Enter a letter:T
Thanks,you entered a T
Enter a letter:a
Thanks,you entered a a
Enter a letter:8
8 is not a letter
You entered 2 letters

>> echoletters
Enter a letter:!
! is not a letter
You entered 0 letters
```

22. 雪暴(blizzard)是指更大的暴风雪。定义各不相同，但为了方便我们计算，假定雪暴的速度为每小时 30 英里或更高，同时使能见度降低到 1/2 英里或更低，还有至少持续 4 个小时。某天的暴风雪的数据在一个名为'stormtrack. dat'的文件中存储。文件有 24 行，一行对应一天中的一个小时的信息，文件中的每行包含某地的风速和可见度。创建一个样本数据文件，读入文件中的这些数据，然后确定这一天是否会出现雪暴。

23. 给出下面的循环：

```
while x < 10
    action
end
```

- 变量 x 为何值时，将跳过整个循环操作？
- 如果在循环之前 x 被初始化为 5，对这样的情况，应该怎样避免无限循环？

24. 在热力学中，卡诺效率是热力发动机在不同温度下的两个储热罐之间运行的最大可能效率。卡诺效率由以下公式给出

$$\eta = 1 - \frac{T_C}{T_H}$$

其中 T_C 和 T_H 是冷、热储藏罐的绝对温度。写一个脚本，提示用户输入两个储藏罐的开尔文温度，打印返回的有三位小数位的相应卡诺效率。因为热力学温度不应小于或等于 0，所以脚本应对用户的输入进行差错检测。如果 T_H 小于 T_C，脚本应该交换两个温度值。

25. 写一个脚本，使用 menu 功能让用户可以选择使用函数 fix、floor 和 ceil。通过循环展示菜单进行差错检测，直到用户按下一个按钮时为止(如果用户单击了菜单框上的 x 而没有按几个函数按钮，就会产生一个错误)。然后，产生一个随机数，打印出用户选择的那个函数所对应的运行结果(如：fix(5))。

26. 写一个名为 prtemps 的脚本，提示用户在 -16 摄氏度到 20 摄氏度范围内输入最大值；差错检验确保这个数在此范围内。然后连续打印出一个表格，显示华氏度 F 和摄氏度 C，直到达到所选的最大值为止。如果第一个值超过最大值就不打印。表格中的华氏度 F 从 0 开始，每次增加 5 华氏度，直到其对应的摄氏度值达到给定的最大值时结束。打印的两种温度域宽为 6，保留一位小数，转换公式是：C = 5/9(F - 32)。

27. 写一个 for 循环，以句子的形式打印出向量变量中的每个元素，不管向量的长度如何，如果有这样一个向量：

```
>> vec = [5.5 11 3.45];
```

其运行结果可以是：

```
Element 1 is 5.50.
Element 2 is 11.00.
Element 3 is 3.45.
```

28. 写一个函数，它能接收输入参数为矩阵，计算并返回矩阵中所有数据的平均值。不使用内置函数，使用循环来计算平均值。

29. 创建一个 3×5 的矩阵，使用循环(如果必要的话可以用 if 语句)来完成下面的操作：

- 找出每列中的最大值；
- 找出每行中的最大值；
- 找出整个矩阵的最大值。

30. 创建一个由 5 个随机整数组成的向量，每个整数范围从 -10 到 10(包括 -10 和 10)。使用循环(如果必要可以配合使用 if 语句)来分别完成下列任务：

- 每个元素减 3
- 统计有几个正数
- 获取每个元素的绝对值
- 找出最大值

31. 下面的代码是由不知道如何有效使用 MATLAB 的人编写的。将其重写为一个单独语句，让其对于矩阵变量 mat 能完成相同的功能(例如，向量化这段代码)：

```
[r c] = size(mat);
for i = 1:r
    for j = 1:c
        mat(i,j) = mat(i,j) * 2;
    end
end
```

32. 向量化这段代码。写一个赋值语句，它能完成与给出的代码段完全相同的功能(假设变量 vec 已被初始化)：

```
result = 0;
for i = 1:length(vec)
    result = result + vec(i);
end
```

33. 向量化下面的代码。写一个赋值语句，它能完成与给出代码段完全相同的功能(假设变量 vec 已被初始化)：

```
newv = zeros(size(vec));
myprod = 1;
for i =1:length(vec)
    myprod = myprod * vec(i);
    newv(i) = myprod;
end
newv % Note:this is just to display the value
```

34. 向量化下面的代码；写一个赋值语句完成同样的事情：

```
myvar = 0;
[r c] = size(mat);
for i = 1:r
    for j = 1:c
        myvar = myvar + mat(i,j);
    end
end
myvar % Note just to display the contents of myvar
```

35. 向量化下面的代码：

```
n = 3;
x = zero(n);
y = x;
for i = 1:n
    x(:,i) = i;
    y(i,:) = i;
end
```

36. 下面的 MATLAB 代码创建了一个向量 v，它的组成包括了所有位于向量 x 中大于 0 的元素的索引：

```
v = [ ];
for i = 1:length(x)
    if x(i) > 0
        v = [v i];
    end
end
```

写一个赋值语句，可以使用 find 完成同样的事情。

37. 写一个脚本，提示用户输入小测验成绩并进行差错校验直到用户输入一个有效的测试成绩为止。脚本会重复打印成绩。有效的成绩是在 0 到 10 之间间隔 0.5。通过创建一个有效成绩的向量，并在 while 循环中使用 any 或 all 条件实现此需求。

38. 使用 false 或 logical(0)给矩阵预分配逻辑 0，哪个快？写一个脚本进行测试。
39. 使用 switch 语句或使用内嵌 if-else 哪个快？写一个脚本进行测试。
40. 风寒因子(WCF:The Wind Chill Factor)测量的是在给定的气温 T(以华氏温度表示)和风速 V(单位为英里/小时)下人们感觉到的寒冷程度。公式是：

$$WCF = 35.7 + 0.6T - 35.7(V^{0.16}) + 0.43T(V^{0.16})$$

写一个函数，将温度和风速作为输入参数，计算并返回 WCF 值。使用循环，打印出一个显示风寒因子的表格，温度范围从 -20 到 55 之间，每步递增 5，风速变化范围在 0 到 55 之间，每步递增也是 5。调用该函数，计算每次的风寒因子。
41. 不像上题要打印出风寒因子，现在要求创建一个风寒因子的矩阵并把它们写到文件中。应用程序设计的方法，利用嵌套循环完成。
42. 使用 meshgrid 向量化解决习题 41。
43. 函数 pascal(n)返回一个由 Pascal 三角形获得的 n×n 矩阵。了解其内置函数并写出自己的函数。
44. 写一个脚本提供给用户 N 个整数，然后将正数写入一个名为 pos.dat 的 ASCII 文件，将负数写入一个名为 neg.dat 的 ASCII 文件。采用差错校验确保用户输入了 N 个整数。
45. 写一个脚本对两个 30 位整数进行相加，打印结果。这并不是听起来两个数直接相加那么简单，因为整型存储不了那么长的整数值。一个办法是将这么大的数据存储在向量中，每一单元在向量中存储一个整数的位数。脚本将初始化两个 30 位整数，把它们分别存储在向量中，然后对整数进行相加，把结果也存入一个向量中。使用 randi 函数创建一个最初的数据。提示：先在纸上对两个数相加，注意所做的事。
46. 写一个"猜猜我的数字游戏"的程序。程序在特定的范围随机产生一个整数，用户(玩家)猜这个数字。程序允许玩家进行多次游戏，每次游戏结束时，程序将会提问玩家是否再进行一遍游戏。

最基本的算法如下所示：

1. 程序以在屏幕上打印指令开始。
2. 对每次游戏：
   - 程序在最小值和最大值之间产生一个随机的整数，最小值和最大值都为常数；最初从 1 到 100 开始
   - 采用循环帮助玩家猜想数字直至猜到正确的结果
     - 每一次猜想，程序都会提示玩家的猜想是低了、高了还是正确。

   结果(当整数已经被猜出来时)：
   - 打印猜想时的完整数字。
   - 打印关于玩家游戏玩得如何的评价信息(例如，玩家花费的时间太长，玩家太可怕了等)；因此玩家需要确定自己猜想时的范围，并在游戏的评论中写出自己结论的依据。

47. 一张 CD 换碟机允许加载不止一张 CD。它们有任意的按钮，允许在特定 CD 的任意轨道运行，也可以在不同 CD 的任意轨道运行。使用 randi 函数假设这一换碟机。假设的 CD 换碟机允许 3 个不同的 CD。必须确定 3 个 CD 已经完成加载。首先，程序应该通过最小值到最大值的范围内产生的随机数来确定每个 CD 需要的轨道数。最小值和最大值由自己决定(查看平时的 CD，它们有多少轨道？合理的范围是多少？)程序会打印每张 CD 的轨道数。然后，程序会询问用户喜爱的轨道；用户必须确定是哪张 CD 的哪个轨道。接着，程序将会产生一个名为"playlist"的 N 个随机轨道，其中 N 为整数。程序开始会先随机选择一张 CD，随机选择这张 CD 中的其中一个轨道。最后，程序将会打印出用户最喜欢的轨道是否正在进行。程序的输出看起来依赖于产生的随机数和用户输入：

```
There are 15 tracks on CD 1.
There are 22 tracks on CD 2.
There are 13 tracks on CD 3.

What's your favorite track?
Please enter the number of the CD:4
Sorry, that's not a valid CD.
```

```
Please enter the number of the CD:1
Please enter the track number: 17
Sorry, that's not a valid track on CD 1.
Please enter the track number:xyz
Sorry, that's not a valid track on CD 1.
Please enter the track number:11

Play list:
CD 2 Track 20
CD 3 Track 11
CD 3 Track 8
CD 2 Track 1
CD 1 Track 7
CD 3 Track 8
CD 1 Track 3
CD 1 Track 15
CD 3 Track 12
CD 1 Track 6

Sorry, your favorite track was not played.
```

48. 写出自己的代码演示矩阵乘法。调用矩阵进行乘法，内部维数必须一致。

$$[A]_{m\times n}\times[B]_{n\times p}=[C]_{m\times p}$$

结果矩阵 C 中的每个元素由以下方式获得：

$$c_{ij}=\sum_{k=1}^{n}a_{ik}b_{kj}$$

因此，需要 3 个嵌套循环。

第6章　MATLAB 程序

关键词

functions that return more than one value 不止返回一个值的函数
menu-driven program 菜单驱动程序
syntax error 语法错误
variable scope 变量作用域
run-time errors 运行期间错误
functions that do not return any values 无返回值的函数
base workplace 基本工作空间
logical error 逻辑错误
local variable 局部变量
tracing 追踪
side effects 副作用
main function 主函数
breakpoint 断点
call-by-value 值调用
global variable 全局变量
breakpoint alley 断点巷道
modular program 模块化程序
persistent variable 持续变量
function stub 函数桩
main program 主程序
declaring variables 声明变量
code cells 代码元
primary function 主函数
bug 程序错误
subfunction 子函数
debugging 调试

第3章介绍了脚本和自定义函数，学习了如何写脚本文件(存储在M文件中并能执行的语句序列)，也看到了怎样写用户自定义函数(存储在M文件中，可以计算并且返回单个值)。这一章将对这些概念进行扩展并介绍一些其他类型的用户自定义函数。我们将展示 MATLAB 程序是怎样包含脚本组合和自定义函数的。探讨 M 文件中变量和命令窗口的交互机制。最后，将会评价程序中的查错和错误定位技术。

6.1　其他类型的用户自定义函数

前面章节已经介绍过如何编写存入 M 文件和计算并返回单个值的用户自定义函数，这只是自定义函数的一种类型。有的自定义函数还可以返回多值或不返回值。根据这个特性，用户自定义函数可以分为以下几种：

- 计算并返回单值的函数
- 计算并返回多值的函数
- 函数只完成一个任务，如打印等，无任何返回值

因此，虽然许多函数计算并有返回值，但是有些函数不返回任何值，有的函数仅仅完成某个任务。函数分类看似随意，但这三类函数在函数头的表示形式和函数调用方式上都有所不同。不管函数是什么类型，所有函数都必须定义，且所有函数的定义都包括函数头和函数体。而且，函数必须通过调用来使用。

通常，任何 MATLAB 函数都由下面几部分组成：

- 函数头(第一行)，包括：
  - 保留字 function(如果函数有返回值，输出参数的名称后面跟赋值操作符 =)

- 函数名(很重要:该函数名应该和存储该函数的 M 文件名称相同，这样能防止混淆)
- 如果有输入参数，则放在括号中(若有多个输入参数，则中间用逗号隔开)

- 描述函数功能的注释(如果使用 help 函数，可以打印注释内容)
- 函数体，包括所有语句，若有输出变量时，包括给所有输出变量赋值
- 函数尾部的 end

6.1.1 返回多值的函数

正如在前文中看到的那样，返回单值的函数有一个输出变量，而返回多值的函数在函数头应该有多个输出参数放在方括号中。这意味着在函数体中，函数头列出的输出参数都必须赋值。计算并返回多值函数的通用定义形式如下所示：

functionname.m

```
function [output arguments] = functionname(input arguments)
% Comment describing the function
Statements here; these must include putting values in all of the
  output arguments listed in the header
end
```

在该输出参数向量里，输出参数名按习惯要用逗号隔开。

在最新版本的 MATLAB 中，选择 New，接着 Function 就会在 Editor 中给出一个模板，然后就可以在上面填写：

```
function [output_args] = untitled (input_args)
% UNTITLED Summary of this function goes here
% Detailed explanation goes here

end
```

如果这不是所期望的，或许更容易一点的就是开始用新脚本。

例如，下面这个函数计算两个值，即一个圆的面积和周长，存储在名为' areacirc. m '的文件中：

areacirc.m

```
function [area, circum] = areacirc(rad)
% areacirc returns the area and
% the circumference of a circle
% Format: areacirc(radius)
area = pi * rad .* rad;
circum = 2 * pi * rad;
end
```

由于这个函数要计算两个值，所以函数头的方括号里有两个输出参数(面积和周长)。所以，在函数体中的某个地方必须给这两个变量赋值。

因为函数要返回两个值，所以在函数调用时分别获取并存储变量值非常重要，就像从 size()函数中获得行数和列数一样。在这种情况下，第一个返回值(圆的面积)存入变量 a 中，第二个返回值(圆的周长)存入变量 c 中。

```
>> [a  c] = areacirc(4)
a =
    50.2655
```

```
c =
    25.1327
```

如果省略这一步，则只有第一返回值被保存，如下所示，面积为：

```
>> disp(areacirc(4))
   50.2655
```

注意，调用函数时，获取函数值的顺序很重要，因此，函数先返回圆的面积，然后是圆的周长。但在函数体内赋值给输出参数值时顺序可以任意。

快速问答

如果把一个半径向量传递给函数会发生什么？

答：

由于在函数中使用 .* 操作符来计算 rad(半径)的平方，所以可以把一个向量传递给输入参数 rad。其结果也是向量。因此在赋值操作符左边的变量应该变成面积和周长的向量。

```
>> [a, c] = areacirc(1:4)
a =
    3.1416   12.5664   28.2743   50.2655
c =
    6.2832   12.5664   18.8496   25.1327
```

快速问答

如果只想要第二个值返回如何解决？

答：

可以使用波浪线忽略函数输出：

```
>> [ ~,c ] = areacirc(1:4)
c =
   6.2832   12.5664   18.8496   25.1327
```

下面的 help 函数给出了函数头所列的注释：

```
>> help areacirc
   This function calculates the area and
    Format:areacirc (radius)
```

可以像前面所示的那样在命令窗口或从脚本中调用 areacirc 函数。下面的脚本提示用户仅输入一个圆的半径，调用 areacirc 函数，计算并返回圆的面积和周长，并打印结果：

calcareacirc.m

```
% This script prompts the user for the radius of a circle, calls a function to
% calculate and return both the area and the circumference , and prints the
% results
% It ignores units and error-checking for simplicity

radius = input('Please enter the radius of the circle:');
[area circ] = areacirc(radius);
fprintf('For a circle with a radius of %.1f,\n', radius)
fprintf('the area is %.1f and the circumference is %.1f\n',...
    area,circ)
```

```
>> calcareacirc
```

```
Please enter the radius of the circle:5.2
For a circle with a radius of 5.2,
the area is 84.9 and the circumference is 32.7
```

练习 6.1

写一个 perimarea 函数，计算并返回矩形的周长和面积。把矩形的长和宽作为输入参数。例如，可以在下面脚本中这样调用该函数：

calcareaperim.m

```
% Prompt the user for the length and width of a rectangle,
% call a function to calculate and return the perimeter
% and area, and print the result
% For simplicity it ignores units and error-checking

length = input ('Please enter the length of the rectangle:');
width = input ('Please enter the width of the rectangle:');
[perim, area] = perimarea (length, width);
fprintf ('For a rectangle with a length of %.1f and a', length)
fprintf ('width of %.1f, \nthe perimeter is %.1f,', width, perim)
fprintf ('and the area is %.1f \n', area)
```

再举一个例子，假如一个函数计算并返回三个输出参数。该函数接收一个表示总秒数的输入参数，并返回总秒数代表的小时、分钟及剩余秒数三个输出参数。例如，7515 秒是 2 小时 5 分 15 秒，因为 $7515 = 3600 \times 2 + 60 \times 5 + 15$。

算法如下：

- 总秒数除以 3600，即一小时包含 3600 秒。例如，7515/3600 是 2.0875。整数部分是小时数，也就是 2；
- 除以 3600 的余数部分是剩余秒数，存入局部变量中备用；
- 剩余秒数除以 60 后得到分钟数(当然，也是整数部分)；
- 除以 60 后的余数就是剩余秒数。

breaktime.m

```
function[hours,minutes,secs] = breaktime(totseconds)
% breaktime breaks a total number of seconds into
% hours,minutes,and remaining seconds
% Format:breaktime(totalSeconds)

hours = floor(totseconds/3600);
remsecs = rem(totseconds,3600);
minutes = floor(remsecs/60);
secs = rem(remsecs,60);
end
```

下面是调用该函数的例子：

```
>> [h, m, s] = breaktime(7515)
h =
    2
m =
    5
s =
   15
```

如前所述，存储函数的返回值也是很重要的。

6.1.2 完成任务无返回值的函数

很多函数除了完成一项任务(如打印格式化输出)外，并不计算任何值。由于这些函数无任何返回值，因此函数头没有输出参数。

一个无任何返回值的函数的一般定义如下：

functionname.m

```
function functionname(input arguments)
% Comment describing the function

Statements here
end
```

注意，函数头默认了什么:没有输出参数，也没有赋值操作符。

例如，下面函数只是按一个语句格式打印出传递给它的参数值：

printem.m

```
function printem(a,b)
% printem prints two numbers in a sentence format
% Format: printem (num1, num2)
fprintf('The first number is %.1f and the second is %.1f \n',a,b)
end
```

该函数不计算任何值，因此函数头没有输出变量，也没有 = 操作符。下面是调用该函数的例子：

```
>> printem(3.3,2)
The first number is 3.3 and the second is 2.0
```

注意：因为函数没有返回值，所以不能以赋值语句的形式调用，否则会产生错误，例如，

```
>> x = printem(3, 5) % Error!!
Error using ==>printem
Too many output arguments.
```

所以可以认为无返回值函数的调用是函数自身调用的一个语句，不能嵌入其他语句中，如赋值语句或输出语句。

没有任何返回值(如 fprintf 语句的输出或 plot 函数的输出)的函数完成的任务有时会伴随副作用。有些关于注释函数的标准规定将副作用写在注释块中。

练习 6.2

写一个函数，接收一个向量作为输入参数并以句子的形式打印出向量中的每个元素。

```
>> printvecelems([5.9 33 11])
Element 1 is 5.9
Element 2 is 33.0
Element 3 is 11.0
```

6.1.3 带返回值并可打印的函数

一个计算并返回函数值的函数(通过输出参数)通常并不打印出函数值，这个值在调用脚本或函数时使用。把这些任务分开是一个好的程序设计的练习。

如果一个函数仅仅打印出一个值，并不返回它，那么在其他的后续计算中就不能使用这个值。例如，下面这个函数只打印出圆的周长：

calccircum1.m

```
function calccircum1(radius)
% calccircum1 displays the circumference of a circle
% but does not return the value
% Format:calccircum1(radius)

disp(2 * pi * radius)
end
```

调用该函数会输出圆的周长，但是并没有为了在后面的计算中使用它而把这个值存储起来：

```
>> calccircum1(3.3)
    20.7345
```

因为函数没有返回值，所以试图把这个值存储到变量中时会出错：

```
>> c = calccircum1(3.3)
Error using calccircum1
Too many output arguments.
```

与此相反，下面这个函数计算并返回了周长，所以可以存储该值，也可以在其他计算中使用它。例如，如果这个圆是圆柱体的底面，若是想要计算这个圆柱体的表面积①，就需要用圆柱的高乘以 calccircum2 函数返回的结果。

calccircum2.m

```
function circle_circum = calccircum2(radius)
% calccircum2 calculates and returns the
% circumference of a circle
% Format:calccircum2(radius)

circle_circum = 2 * pi * radius;
end
```

```
>> circumference = calccircum2(3.3)
circumference =
    20.7345

>> height = 4;
>> surf_area = circumference * height
surf_area =
    82.9380
```

6.1.4　向函数传递参数

前面所介绍的函数中，在函数调用时至少给函数头的输入参数传递了一个参数。这种传递输入参数值的方法称为值传递。

然而，在有些情况下，并不需要给函数传递任何参数。例如，下面这个函数，只简单的打印出一个有两位小数的随机实数：

① 其实是圆柱体的侧面积。——译者注

printrand.m

```
function printrand()
% printrand prints one random number
% Format:printrand or printrand()

fprintf('The random # is % .2f \n',rand)
end
```

下面是调用该函数的一个例子：

```
>> printrand()
The random # is 0.94
```

因为不需要给这个函数传递值，所以在调用函数时圆括号中没有参数，在函数头里也没有参数。实际上，此时在函数定义或函数调用时圆括号是可以省略的，如下面这样的函数：

printrandnp.m

```
function printrandnp
% printrandnp prints one random number
% Format:printrandnp or printrandnp()

fprintf('The random # is % .2f \n',rand)
end
```

```
>> printrandnp
The random # is 0.52
```

事实上，该函数调用时可以有空括号也可以没有空括号，看函数头是否有空括号。这是一个既没有接收任何参数，也没有输出任何参数的函数的例子，它只简单地完成了一项任务。

下面是另外一个例子，这个函数并没有接收输入参数，却返回了一个函数值。该函数提示用户输入一个字符串，并返回这个字符串。

stringprompt.m

```
function outstr = stringprompt
% stringprompt prompts for a string and returns it
% Format stringprompt or stringprompt()
disp('When prompted,enter a string of any length.')
outstr = input('Enter the string here:','s');
end
```

```
>> mystring = stringprompt
When prompted,enter a string of any length.
Enter the string here:Hi there

mystring =
Hi there
```

练习 6.3

写一个函数，提示用户输入一个正数，循环进行差错检测以确保用户输入的数是正数，然后返回这个正数。

快速问答

函数调用时，实参的个数要和函数头中形参的个数相同，这一点是非常重要的，即使参数数目为0也要保持一致。同样，如果函数不只返回一个值，赋值号左边向量中的参数个数要和返回值的个数相同，尽管变量个数不够时不会报错，但会丢失返回值。下面给出的问题强调了这一点：

给出如下的函数头(注意：这仅仅是一个函数头，不是完整的函数定义)：

```
function[outa,outb] = qq1(x,y,z)
```

下面对该函数的调用中哪一个是合理的？

```
a)[var1, var2] = qq1(a,b,c);
b)answer = qq1(3,y,q);
c)[a, b] = myfun(x,y,z);
d)[outa, outb] = qq1(x,z);
```

答：

第一个调用(a)是合理的，有三个参数传递给函数头的三个输入参数。函数名是qq1，赋值语句里用两个变量来存储函数返回的两个值。对于函数调用(b)，尽管answer中只存储了第一个返回值，丢失了第二个返回值，但也是合理的。因为函数名错误，调用(c)是不合理的。因为在函数头中应该有三个输入参数，却只传递给该函数两个参数，同理调用(d)也是不合理的。

6.2 MATLAB 程序的组织

一个典型的 MATLAB 程序通常由能调用函数来做一些实际工作的脚本组成。

6.2.1 模块化程序

在模块化程序中，解决问题的办法是把一个问题分解成若干模块，每个模块像函数一样实现某项功能。这个脚本通常称为主程序。

我们用计算圆的面积这一简单例子来说明这个概念，6.3 节将会给出一个更长、更实用的例子。此例中，要计算一个圆的面积，算法中有三步：

- 获得输入(半径)；
- 计算面积；
- 显示结果。

在模块化程序中，有一个主脚本，它会调用三个单独的函数来完成这项任务：

- 提示用户并输入半径的函数；
- 计算圆面积的函数；
- 显示结果的函数。

因为脚本和函数都存储在 M 文件中，那么这个程序有 4 个独立的 M 文件，包括一个 M 文件脚本和三个 M 文件函数，如下所示：

calcandprintarea.m

```
% This is the main script to calculate the
% area of a circle
% It calls 3 functions to accomplish this
radius = readradius;
area = calcarea(radius);
printarea(radius,area)
```

readradius.m

```
function radius = readradius
% readradius prompts the user and reads the radius
% Ignores error-checking for now for simplicity
% Format:readradius or readradius()

disp('When prompted,please enter the radius in inches.')
radius = input('Enter the radius:');
end
```

calcarea.m

```
function area = calcarea(rad)
% calcarea returns the area of a circle
% Format:calcarea(radius)

area = pi * rad.* rad;
end
```

printarea.m

```
function printarea(rad,area)
% printarea prints the radius and area
```

```
% Format:printarea(radius,area)

fprintf('For a circle with a radius of %.2f inches,\n',rad)
fprintf('the area is %.2f inches squared.\n',area)
end
```

当执行程序时，将按下述步骤进行：

- 首先执行脚本 calcandprintarea；
- calcandprintarea 调用 readradius 函数；
  - 执行 readradius 并返回半径值；
- 重新执行 calcandprintarea 并调用 calcarea 函数，把半径的值传递给 calcarea 函数；
  - 执行 calcarea 并返回圆的面积；
- 重新执行 calcandprintarea 并调用 printarea 函数，把半径和面积的值都传递给这个函数；
  - 执行 printarea 并打印结果。
- 脚本完成执行

通过输入脚本的名字完成这个程序的运行，程序运行时调用其他函数：

```
>> calcandprintarea
When prompted,please enter the radius in inches.
Enter the radius:5.3
For a circle with a radius of 5.30 inches,
the area is 88.25 inches squared.
```

注意函数如何调用及函数头如何匹配。例如：

readradius 函数:

函数调用:radius = readradius;
函数头:function radius = readradius

在该函数调用中,没有传递参数,所以在函数头中没有输入参数。函数有一个返回值并把该值存储到了一个变量中。

calcarea 函数:

函数调用:area = calcarea(radius);
函数头:function area = calcarea(rad)

在该函数调用中,圆括号内有一个参数要传递,这样在函数头中就有一个输入参数,函数返回一个输出参数并把它存储在一个变量中。

printarea 函数:

函数调用:printarea(radius,area)
函数头:function printarea(rad,area)

在该函数调用中,传递了两个参数,所以函数头中有两个输入参数。这个函数没有返回值,只是调用函数自身名字的一个语句①,所以并不赋值,也没有输出语句。

练习 6.4

修改 readradius 函数,对用户的输入进行差错检测,确保输入的半径值是合法的。该函数通过循环进行差错检测,以保证用户输入的半径值是一个合理的正数,如果不是,应该给出错误信息。

6.2.2 子函数

到目前为止,都是把一个函数单独地放到一个M文件中。然而,把多个函数放到一个 M 文件中也是可以的。例如,如果一个函数调用另一个函数,第一个调用的函数称为主函数,被调用的函数称为子函数。这些函数都存储在同一个 M 文件中(先是主函数,然后是子函数)。为了避免混淆,M 文件的名字和主函数的名字相同。

为了说明这一点,这个程序和上例中那个程序相似,只是要计算并打印出一个矩形的面积。脚本或主程序,第一次调用一个读入矩形长和宽的函数,然后调用另一个函数打印出结果。这个函数调用子函数来计算面积。

rectarea.m

```
% This program calculates & prints the area of a rectangle
% Call a fn to prompt the user & read the length and width
[length,width] = readlenwid;
% Call a fn to calculate and print the area
printrectarea(length,width)
```

readlenwid.m

```
function[l,w] = readlenwid
% readlenwid reads & returns the length and width
% Format:readlenwid or readlenwid()
l = input('Please enter the length:');
w = input('Please enter the width:');
end
```

① 即函数的声明。—— 译者注

printrectarea.m

```
function printrectarea(len,wid)
% printrectarea prints the rectangle area
% Format:printrectarea(length,width)

% Calls a subfunction to calculate the area
area = calcrectarea(len,wid);
fprintf('For a rectangle with a length of % .2f \n',len)
fprintf('and a width of % .2f, the area is % .2f \n',…
  wid,area);
end

function area = calcrectarea(len,wid)
% calcrectarea returns the rectangle area
% Format:calcrectarea(length,width)
area = len * wid;
end
```

下面是运行这个程序的例子：

```
>> rectarea
Please enter the length:6
Please enter the width:3
For a rectangle with a length of 6.00
and a width of 3.00,the area is 18.00
```

注意：函数如何调用及函数头部参数如何匹配。例如：

readlenwid 函数：

函数调用：[length,width] = readlenwid;
函数头：function[l,w] = readlenwid

在该函数调用中，没有传递参数，所以在函数头中没有输入参数；函数返回两个输出参数，所以函数调用时赋值语句左边有一个包含两个变量的向量。

printrectarea 函数：

函数调用：printrectarea(length,width)
函数头：function printrectarea(len,wid)

在这个函数调用中，有两个参数要传递，所以函数头中有两个输入参数；这个函数没有返回值，所以调用的只是函数的声明，并不赋值，也没有输出语句。

calcrectarea 子函数：

函数调用：area = calcrectarea(len,wid);
函数头：function area = calcrectarea(len,wid)

在这个函数调用中，圆括号中有两个参数需要传递，所以函数头中有两个输入参数；这个函数返回了一个输出参数，所以把它存储在一个变量中。

在脚本 rectarea、函数 readlenwid 和主函数 printrectarea 中可以使用 help(帮助)命令。因为子函数包含在'printrectarea.m'文件中，所以为查看子函数的前部注释，需要使用操作符 > 来指定主函数和子函数：

```
>> help rectarea
  This program calculates & prints the area of a rectangle
>> help printrectarea
```

```
printrectarea prints the rectangle area
Format: printrectarea(length, width)

>> help printrectarea>calcrectarea
calcrectarea returns the rectangle area
Format: calcrectarea(length, width)
```

练习6.5

一个直角三角形，三条边分别为 a、b 和 c，c 是斜边，θ 是两边 a 和 c 的夹角，a 和 b 的长度分别为：

$$a = c\cos(\theta)$$
$$b = c\sin(\theta)$$

写一个脚本 righttri，这个脚本调用一个函数，提示用户输入斜边的值和这个夹角的值(以弧度为单位)，然后再调用一个函数来计算并返回 a 边和 b 边的值，最后再调用一个函数以完整的句子格式打印出所有值。为了简便，这里忽略了单位。下面是运行这个脚本的例子，输出格式严格按照如下所示：

```
>> righttri
Enter the hypotenuse:5
Enter the angle:.7854
For a right triangle with triangle with 5.0
   and an angle 0.79 between side a & the hypotenuse,
   side a is 3.54 and side b is 3.54
```

附加练习，使用两种不同的程序组织方式完成上述任务：

- 调用三个独立函数的脚本；
- 一个脚本调用两个函数，计算边长的函数是打印函数的子函数。

6.3 应用:菜单驱动的模块程序

许多更长、更复杂的程序和用户的交互都是菜单驱动的，也就是程序输出一个菜单，然后继续循环输出菜单选项，直到用户选择结束程序时停止。一个典型的菜单驱动程序模块应该包含一个列出菜单并供用户选择的函数，以及实现每个选择操作的函数。这些函数可以有子函数。同时，这些函数应该对用户的所有输入进行差错检测。

作为菜单驱动程序的一个例子，我们写一个程序来探究常数 e。

常数 e，即自然指数的底，被广泛地应用于数学和工程实际中，这个常数有许多不同的应用。常数 e 的值约为 2.1718。e 的 x 次方，即 e^x，就是我们常说的指数函数。正如我们所看到的，在 MATLAB 中，有一个专门的函数 exp 就是针对指数函数的。

确定 e 的值的一种方法是求极限：

$$e = \lim_{n \to \infty}\left(1 + \frac{1}{n}\right)^n$$

随着 n 的值接近于无穷大，这个表达式的值接近 e 的值。

使用所谓的麦克劳林(Maclaurin)级数的方法可以求得该指数函数的近似值：

$$e^x \approx 1 + \frac{x^1}{1!} + \frac{x^2}{2!} + \frac{x^3}{3!} + \cdots$$

我们写一个程序来检查一下 e 的值和该指数函数。这个程序是菜单驱动的，菜单选项是：

- 输出一个 e 的说明；
- 提示用户输入 n 的值，然后使用表达式$(1+1/n)^n$找到 e 的近似值；
- 提示用户输入 x 的值，使用内置函数打印出 exp(x)的值，使用上面给出的麦克劳林级数计算 e^x的近似值；
- 退出程序。

应用于脚本主程序的算法是：

- 调用函数 eoption 来显示菜单并返回用户选择；
- 直到用户退出程序时结束循环。如果用户没有选择退出程序，继续循环；
  由用户决定做何操作，或是以下操作：
  - 调用函数 explaine 来输出 e 的说明；
  - 调用函数 limite，提示用户输入 n 并计算 e 的近似值；
  - 提示用户输入 x 的值，调用函数 expfn，输出 e^x的近似值和内置函数 exp(x)的值(注意，输入的 x 的值可以是任意的，所以程序对输入的值不需要进行差错检测)。
- 再次调用函数 eoption 来显示菜单并返回用户选择。

eoption 函数的算法是：

- 使用 menu 函数显示 4 种选择；
- 通过循环进行差错检测(如果用户没有按下 4 个按钮中的一个而是单击了菜单栏中的 × 就会出错)以显示菜单，直到用户按下一个按钮；
- 返回与按下按钮对应的整数值。

explaine 函数的算法是：

- 输出 e、exp 函数的解释及怎样计算其近似值。

limite 函数的算法是：

- 调用子函数 askforn 提示用户输入整数 n 的值；
- 利用 n 的值计算并打印出 e 的近似值。

子函数 askforn 的算法是：

- 提示用户输入正整数 n 的值；
- 循环输出一个错误信息并重新提示用户输入，直到用户输入了一个正整数；
- 返回正整数 n 的值。

expfn 函数的算法是：

- 接收 x 的值作为输入参数；
- 输出 exp(x)的值；
- 给项数 n 任意赋值(可以用另一种方法提示用户输入一个值)；
- 调用子函数 appex，使用一个 n 项的级数求出 exp(x)的近似值；
- 输出这个近似值。

子函数 appex 的算法是：

- 接收 x 和 n 的值作为输入参数；
- 初始化一个变量以保存级数中各项的累加和(其中第一项为 1)，并初始化一个变量以保存累乘积，这个值就是分母上的阶乘；

- 通过循环将 n 项数据累加到累加和上;
- 返回累加结果。

整个程序包括下面的 M 文件脚本和 4 个 M 文件函数:

eapplication.m

```
% This script explores e and the exponential function
% Call a function to display a menu and get a choice
choice = eoption;
% Choice 4 is to exit the program
while choice ~= 4
    switch choice
        case 1
            % Explain e
            explaine;
        case 2
            % Approximate e using a limit
            limite;
        case 3
            % Approximate exp(x) and compare to exp
            x = input('Please enter a value for x:');
            expfn(x);
    end
    % Display menu again and get user's choice
    choice = eoption;
end
```

eoption.m

```
function choice = eoption
% eoption print the menu of options and error-checks
% until the user pushes one of the buttons
% Format: eoption or eoption()
choice = menu('Choose an e option','Explanation',...
    'Limit','Exponential function','Exit Program');
% If the user closes the menu box rather than
% pushing one of the buttons,choice will be 0
while choice == 0
    disp('Error - please choose one of the options.')
    choice = menu('Choose an e option','Explanation',...
        'Limit','Exponential function','Exit Program');
end
end
```

explaine.m

```
function explaine
% explaine explains a little bit about e
% Format: explaine or explaine()
fprintf('The constant e is called the natural')
fprintf('exponential base.\n')
fprintf('It is used extensively in mathmetics and')
fprintf('engineering.\n')
fprintf('The value of the constant e is ~2.7183\n')
fprintf('Raising e to the power of x is so common that')
fprintf('this is called the exponential function.\n')
fprintf('An approximation for e is found using a limit.\n')
fprintf('An approximation for the exponential function')
fprintf('can be found using a series.\n')
end
```

limite.m

```
function limite
% limite returns an approximate of e using a limit
% Format:limite or limite()

% Call a subfunction to prompt user for n
n = askforn;
fprintf('An approximation of e with n = % d is % .2f \n',...
    n,(1 +1/n)^n)
end

function outn = askforn
% askforn prompts the user for n
% Format:askforn or askforn()
% It error-checks to make sure n is a positive integer

inputnum = input('Enter a positive integer for n:');
num2 = int32(inputnum);
while num2 ~ = inputnum || num2 < 0
    inputnum = input('Invalid! Enter a positive integer:');
    num2 = int32(inputnum);
end
outn = inputnum;
end
```

expfn.m

```
function expfn(x)
% expfn compares the built-in function exp(x)
% and a series approximation and prints
% Format expfn(x)
```

```
fprintf('Value of built - in exp(x) is % .2f \n',exp(x))

% n is arbitrary number of terms
n = 10;
fprintf('Approximate exp(x) is % .2f \n',appex(x,n))
end

function outval = appex(x,n)
% appex approximates e to the x power using terms up to
% x to the nth power
% Format appex(x,n)

% Initialize the running sum in the output argument
% outval to 1(for the first term)
outval = 1;

for i = 1:n
    outval = outval + (x^i)/factorial(i);
end
end
```

运行这个脚本，我们会看到图 6.1 中的菜单。

接下来要执行什么样的操作取决于用户按下的键。用户每按下一个键，就调用相应的函数并再次出现菜单选项。直到用户按下 Exit Program 的按钮时才停止这样的操作。下面给出了运行这个脚本的例子，按键的顺序不定。

在下例中，用户做如下操作：

- 关闭菜单窗口，这将产生一个错误信息并出现一个新的菜单；
- 选择 Explanation 按钮；

● 选择 Exit Program 按钮。

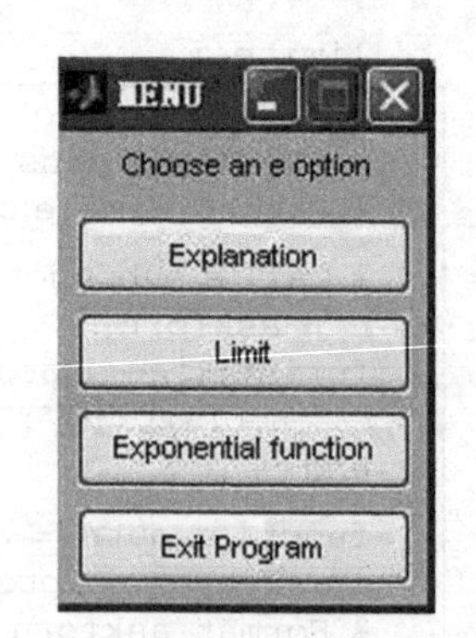

图 6.1 eapplication 程序的菜单命令(选项)窗口

```
>> eapplication
Error - please choose one of the options.
The constant e is called the natural exponential base.
It is used extensively in mathematics and engineering.
The value of the constant e is ~2.7183
Raising e to the power of x is so common that this is
called the exponential function.
An approximation for e is found using a limit.
An approximation for the exponential function can be
found using a series.
```

在下例中，用户做如下操作：

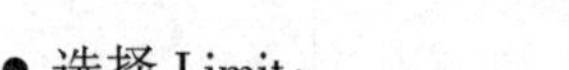

● 选择 Limit;

 - 当提示输入 n 时，先输入两个无效的数值，再输入一个合理的正整数。

● 选择 Exit Program。

```
>> eapplication
Enter a positive integer for n:-4
Invalid! Enter a positive integer:5.5
Invalid! Enter a positive integer:10
An approximation of e with n = 10 is 2.59
```

为了研究随着 n 的增大 e 的近似值有什么变化，在下例中用户多次选择 Limit，并且每次输入的 n 值不断变大：

```
>> eapplication
Enter a positive integer for n:4
An approximation of e with n = 4 is 2.44
Enter a positive integer for n:10
An approximation of e with n = 10 is 2.59
Enter a positive integer for n:30
An approximation of e with n = 30 is 2.67
Enter a postive integer for n:100
An approximation of e with n = 100 is 2.70
```

在下例中，用户做如下操作：

● 选择 Exponential function：

 - 当提示输入时，输入的 x 值是 4.6

● 再次选择 Exponential function：

 - 当提示输入时，输入的 x 值是 -2.3

● 选择 Exit Program。

```
>> eapplication
Please enter a value for x:4.6
Value of built - in exp(x) is 99.48
Approximate exp(x) is 98.71
Please enter a value for x:-2.3
Value of built - in exp(x) is 0.10
Approximate exp(x) is 0.10
```

6.4　变量作用域

任何变量的作用域就是这个变量起作用的工作区，在命令窗口中创建的工作区称为基本工作区。

如前所示，如果一个变量定义在任何函数中，则它就是局部变量，意味着这个函数知道该变量并且这个变量只能在该函数内部使用。例如，在下面计算一个向量中各元素之和的函数中，定义了一个局部循环变量 i。

mysum.m

```
function runsum = mysum(vec)
% mysum returns the sum of a vector
% Format:mysum(vector)

runsum = 0;
for i =1:length(vec)
    runsum = runsum + vec(i);
end
end
```

运行该函数时并没有往工作区中添加任何变量，如下：

```
>> clear
>> who
>> disp(mysum([5  9  1]))
   15
>> who
>>
```

同样，在命令窗口中定义的变量也不能在函数中使用。

然而，脚本(相对于函数来说)的确能和定义在命令窗口中的变量交互。如下例，把函数改成 mysumscript 脚本：

mysumscript.m

```
% This script sums a vector
vec =1:5;
runsum =0;
for i =1:length(vec)
    runsum = runsum + vec(i);
end
disp(runsum)
```

在脚本中定义的变量的确变成了工作区中的一部分：

```
>> clear
>> who
>> mysumscript
   15
>> who
Your variables are:
i runsum vec
```

在命令窗口中定义的变量能在脚本中使用，但不能在函数中使用。例如，在命令窗口中(不是在脚本中)定义一个向量 vec，然后在脚本中使用该向量：

mysumscriptii.m

```
% This script sums a vector from the Command Window

runsum = 0;
for i = 1:length(vec)
    runsum = runsum + vec(i);
end
disp(runsum)
```

```
>> clear
>> vec = 1:7;
>> who
Your variables are:
vec

>> mysumscriptii
    28
>> who
Your variables are:
i runsum vec
```

注意：然而，这种编程方式并不推荐。最好以向量 vec 的形式传递给函数。

因为在脚本和命令窗口中创建的变量都使用基本工作空间，许多编程者在脚本开始处使用一个 clear 命令来清除可能在别的地方(在命令窗口中或另一个脚本中)创建过的变量。

某些情况下，编程者会编写一个“主函数”来调用其他函数，取代了由调用其他函数来完成工作的脚本组成的程序。这样，组成程序的都是函数，而不是一个脚本和一些函数。这是因为脚本和命令窗口都使用基本工作空间。

在 MATLAB 和其他编程语言中，可以设置能和其他函数共享的全局变量。虽然有些情况下全局变量是有效的，但通常也被认为是一种不好的编程方式。

6.4.1 持续变量[①]

通常，当一个函数停止执行后，就会清除该函数的局部变量。这就意味着每调用一次函数，就会给变量分配内存空间并在函数运行时使用该变量，当函数执行结束时内存空间被释放。然而，如果把变量声明为持续变量，变量的值就不会改变，所以在下次函数被调用的时候，变量值仍然存在并保持着原来的值。

下面的程序说明了这一点。这个脚本调用了函数 func1，该函数把变量 count 初始化为 0，然后对其加 1 并把它打印出来。每调用一次该函数，都会创建该变量，将其初始化为 0，然后变为 1，当函数退出时变量被清除。接下来该脚本调用函数 func2，这个函数先声明了一个持续变量 count，如果这个变量还没有被初始化，这是第一次调用函数时的情况，将其初始化为 0。然后就像第一个函数一样，变量值加 1 并打印出其值。但在第二个函数中，当函数退出时，变量仍然保持原值，所以下一次调用时变量值再次递增。

persistex.m

```
% This script demonstrates persistent variables

% The first function has a variable "count"
fprintf('This is what happens with a "normal" variable:\n')
func1
func1
```

① 作用同 C++里面的静态变量。——译者注

```
% The second function has a persistent variable "count"
fprintf('\nThis is what happens with a persistent variable:\n')
func2
func2
```

func1.m

```
function func1
% func1 increments a normal variable "count"
% Format func1 or func1( )

count =0;
count =count +1;
fprintf('The value of count is % d\n',count)
end
```

func2.m

```
function func2
% func2 increments a persistent variable "count"
% Format func2 or func2( )

persistent count %  Declare the variable
if isempty(count)
    count  = 0;
end
count  = count +1;
fprintf('The value of count is % d\n',count)
end
```

persistent count 行声明变量 count，给其分配空间，但是并没有初始化它。接下来用 if 语句初始化这个变量(函数第一次调用的时候)。在很多语言中，变量在使用之前总是必须先声明，在 MATLAB 中，只对持久变量才这么做。

如上所述，可以在脚本或命令窗口中调用这个函数。例如，第一次在脚本中调用该函数。由于使用了持续变量，所以 count 的值增加了。然后，在命令行窗口中调用 func1，同时在命令行窗口中调用 func2。因为持续变量的原值是 2，调用之后值变为 3。

```
>> persistex
This is what happens with a "normal" variable:
The value of count is 1
The value of count is 1

This is what happens with a persistent variable:
The value of count is 1
The value of count is 2
>> func1
The value of count is 1

>> func2
The value of count is 3
```

就像所看到的，每次调用 func1 函数，不管是从 persistex 还是从命令窗口中调用，都打印出 1。然而每次调用 func2 时，变量 count 的值都会增加，在这个例子中从 persistex 中调用两次，先打印出 1，再打印出 2。然后再从命令窗口中调用，其值增为 3。

重启一个持久变量的方法是用 clear 函数。命令为：

```
>> clear functions
```

将重新初始化所有持久性变量(用 help clear 查看更多的应用选项)。

练习6.6

下面的 posnum 函数提示用户输入一个正整数并循环进行差错检测。返回用户输入的正整数。这个函数在循环中调用了一个子函数来打印出一个错误信息。子函数中有一个持续变量计算发生错误的次数。下面是调用该函数的例子:

```
>> enteredvalue = posnum
Enter a positive number:-5
Error #1…Follow instructions !
Does -5.00 look like a positive number to you?
Enter a positive number:-33
Error # 2…Follow instructions!
Does -33.00 look like a positive number to you?
Enter a positive number:6
enteredvalue =
    6
```

完善下面这个子函数实现上述功能:

posnum.m

```
function num = posnum
% Prompt user and error - check until the
% user enters a positive number
% Format posnum or posnum()

num = input ('Enter a positive number:');
while num < 0
    errorsubfn (num)
    num = input ('Enter a positive number:');
end
end
function errorsubfn (num)
% Fill this in

end
```

6.5 调试技术

计算机程序中的任何错误称为 bug[①]。这个术语可以追溯到 20 世纪 40 年代，因为早期计算机中的一个问题是由计算机电路板中的虫子导致的，所以我们把程序中的错误称为 bug。因此现在把查找程序中错误并改正错误的过程称为 debugging(调试)。

正如我们前面所看到的，checkcode 函数可以用来帮助找到脚本和函数文件中的错误或潜在问题。

6.5.1 错误类型

程序中的错误有几种不同的类型，可以分为语法错误、运行时错误和逻辑错误。

语法错误是在使用语言中遇到的错误，例如丢了一个逗号、引号或拼错了一个单词。

① 称为漏洞或缺陷，原单词意思为臭虫。——译者注

MATLAB 自身会标记语法错误并给出错误提示。如下例中丢了末尾的引号：

```
>> mystr = 'how are you;
mystr = 'how are you;
    |
Error: A MATLAB string constant is not terminated properly.
```

如果正在使用编辑器 Editor 在脚本或函数中输入这种类型的错误，那么 Editor 会标记它。

另一个常见的错误是错拼变量名，这时 MATLAB 也能发现这种错误。新版本的 MATLAB 通常能够纠正这种错误，如下例所示：

```
>> value = 5;
>> newvalue = valu + 3;
Undefined function or variable 'valu'.

Did you mean:
>> newvalue = value + 3;
```

当一个脚本或函数在执行时，会发生运行时错误或执行时错误。与大多数语言一样，运行时错误的一个例子就是试图用 0 作除数。然而，在 MATLAB 中，这会产生一个常数 Inf(MATLAB 中表示无穷大)。另一个例子是试图引用一个数组中不存在的一个元素。

runtimeEx.m

```
% This script shows an execution-time error

vec = 3:5;

for i = 1:4
    disp(vec(i))
end
```

这个脚本初始化了一个含有三个元素的向量，但是却试图去访问第 4 个元素。运行时打印出向量中的三个元素，而当试图访问第 4 个元素的时候会产生一个错误信息。注意这里会给出错误的解释，并给出脚本中发生错误的行号。

```
>> runtimeEx
    3
    4
    5
Attempted to access vec(4);index out of bounds because numel(vec) = 3.

Error in runtimeEx (line 6)
    disp(vec(i))
```

逻辑错误更不容易定位，因为它并不产生任何错误信息。逻辑错误是由程序员的失误造成的，不是程序设计语言的错误。下面是逻辑错误的一个例子：把英寸转换成厘米时，本应乘以2.54，结果却是除以 2.54。这样打印出来(或返回)的结果当然不正确，但并不容易发现。

所有程序都应该是健壮的，而且无论在什么情况下应尽可能的预测到潜在的错误并防止它们发生。例如，每当程序有输入，就应该进行差错检测，并且确保输入是在值的正确范围之内。同样，在进行除法运算之前，应对分母进行检查确保分母的值不为 0。

不管有多好的预防措施，在程序中也会有错误。

6.5.2 追踪

许多时候，当一个程序有循环和(或)选择语句，并且这个程序不能正常运行时，在调试过程中明确正在执行哪一条语句是非常有用的。例如，下面是一个函数，如果输入参数的值在 3 和 6 之间时就输出“In middle of range”，否则就输出“Out of range”。

testifelse.m

```
function testifelse(x)
% testifelse will test the debugger
% Format:testifelse(Number)
if 3 <x<6
    disp('In middle of range')
else
    disp('Out of range')
end
end
```

然而，这个程序似乎对所有的 x 值都打印出了“In middle of range”的信息：

```
>> testifelse(4)
In middle of range
>> testifelse(7)
In middle of range
>> testifelse( -2)
In middle of range
```

一种跟踪函数流程的方法(或说追踪)就是使用 echo 函数。echo 函数是一个触发器，它显示每条正在执行的语句和运行结果。对于脚本，只需要输入 echo 就可以了，但对于函数，必须指定函数的名字，例如：

```
echo functionname on/off
```

对于 testifelse 函数，可以这样调用它：

```
>> echo testifelse on
>> testifelse( -2)
% This function will test the debugger
if  3  < x < 6
    disp('In middle of range')
In middle of range
end
```

通过 echo 函数可以看到执行 if 子句操作的结果。

6.5.3 编辑器/调试程序

MATLAB 中有许多对调试有用的函数，调试也可以通过其编辑器来做，因此称为编辑器/调试程序。

在命令窗口提示符下输入 help debug 后会显示一些调试函数。同时，在帮助浏览器中，单击搜索选项卡，然后输入 debugging 会显示有关调试过程的基本信息。

在上边的例子中可以看到执行 if 子句操作时打印出了“In middle of range”，但是仅从那里不能明确出现这种信息的原因。有几种在文件(脚本或函数)中设置断点的方法，以便能检查变量或表达式。可以通过编辑器/调试程序，或在命令行窗口中输入命令来设置断点。例如，下面的 dbstop 命令将在这个函数的第 5 行(即 if 子句的操作部分)设置一个断点，这就允许我们输入变量名和(或)表达式来检查执行到这里时函数的值。dbcont 函数用来继续执行，dbquit

用来退出调试模式。注意，进入调试模式时提示信息变为 K ≫。

```
>> dbstop testifelse 6
>> testifelse( -2)
5 disp('In middle of range')
K >> x
x =
     -2
K >> 3 < x
ans =
     0
K >> 3 < x < 6
ans =
     1
K >> dbcont
In middle of range
end
>>
```

通过输入表达式 3 < x 和 3 < x < 6，可以确定输入的表达式 3 < x 返回的值要么是 0，要么是 1。而 0 和 1 都小于 6，所以不管 x 的值是什么，表达式总为真。一旦在调试模式，就不像利用 dbcont 继续执行了，dbcont 能够用来一次一行地单步调试剩余的代码。

通过 Editor 可以设置和清除断点。当一个文件在 Editor 中打开，左边的行号和行代码之间有一块小小的灰色条带就是断点设置区域。在这里，有下画线标记紧靠可执行代码行旁边（注意，与注释不同）。用鼠标点击那个紧靠代码行的灰色条带就可以创建一个该代码行的断点（然后单击代表断点的红点，表示一个断点将被清除）。

练习 6.7

下面的脚本代码在几个方面不好。首先使用 checkcode 检查它是否存在潜在问题，然后使用本节叙述的技术来设置断点并检查变量值。

debugthis.m

```
for i = 1 : 5
    i = 3 ;
      disp(i)
end
for j = 2 : 4
   vec(j) = j
end
```

6.5.4 函数桩

另一种常用调试技术是当有一个脚本主程序调用许多函数时使用的，即函数桩。函数桩是个占位符，这样即使特定的函数还没有写好脚本也可以工作。例如，一个程序员可能启动一个脚本主函数，这个脚本主函数为了完成所有的任务包含了 3 个函数。

mainscript.m

```
% This program gets values for x and y, and
% calculates and prints z

[x, y] = getvals;
z = calcz (x, y);
printall (x, y, z)
```

这3个函数还没有写，然而，函数桩已经将这3个函数的位置设置好了，以便执行和测试该脚本。函数桩含有合适的函数头，紧接着的是对这些函数功能的模拟(例如，设置任意的值为输出参数)。

getvals.m

```
function[x,y] =getvals
x =33;
y =11;
end
```

calcz.m

```
function z =calcz(x,y)
z =2.2;
end
```

printall.m

```
function printall(x,y,z)
disp(x)
disp(y)
disp(z)
end
```

然后可以一次编写并调试一个函数。相对于试图同时写出所有函数，然而，当错误发生的时候，又不容易找出问题所在的方法来，使用这种方法更容易编写一个可以运行的程序。

6.5.5 代码元和发布代码

函数桩允许人们一次一个功能地开发代码和调试代码。同样的，在脚本中人们可以通过把代码分成片(称为代码元)来完成这一功能。有了代码元，可以一次运行一个代码元，同时也可以按HTML格式发布嵌入了绘图和格式化方程的代码。

为了将代码分解成元，建立以两个%符号开始的注释行，这些就变成了元标题。例如，第3章中能画sin和cos的脚本被调整为两个元：一个是对sin(x)和cos(x)创建向量并绘制它们，第二个是对绘图增加图例、标题和轴标签。

sinncosCells.m

```
% This script plots sin(x) and cos(x) in the same Figure
% Window for values of x ranging from 0 to 2pi

%% Create vectors and plot
clf
x = 0: 2 * pi/40: 2 * pi;
y = sin(x);
plot(x,y,'ro')
hold on
y = cos(x);
plot(x,y,'b+')

%% And legends,axis labels ,and title
legend('sin','cos')
xlabel('x')
ylable('sin(x) or cos(x)')
title('sin and cos on one graph')
```

当在编辑器里查看该脚本时，可以在该代码元中任何地方通过点击鼠标选择单个的元。这将突出显示带有背景色的元。然后，从编辑器选项卡中，可以选择“Run Section”运行该代码元，并保存该代码元，或也可以选择“Run and Advance”运行那个代码元，然后前进到下一个代码元。

通过选择“Publish”选项卡，然后“Publish”(发布)，该代码默认按 HTML 文档发布。对于 sinncosCells 脚本，将创建一个包含目录列表的文档(由两个元标题组成)，第一个代码块绘图，紧跟的是实际绘图，接着第二个代码块注释图形窗口，紧跟的是修改的绘图。

探索其他有趣的特征

- 在命令窗口中键入 help debug，以了解更多关于调试的内容，特别是 help dbstop，找到更多停止代码的选项。只有当使用了某些条件且又发生错误的时候，才可以在文件的指定位置设置断点。
- 了解 dbstatus 函数。
- 探索对块函数使用 clear 清除时的 mlock 和 munlock 函数的使用。
- 函数中也可能创建代码元，了解一下。

总结

常见错误

- 函数调用时的参数和函数头中的输入参数不匹配。
- 赋值语句中没有足够的变量，不能存储一个函数返回时带回的输出参数值。
- 试图调用一个没有使用赋值语句或输出语句返回值的函数。
- 没有对函数和存储函数的文件使用相同的名字。
- 没有对函数的所有可能的输入和输出进行彻底测试。
- 不管是从脚本还是从命令窗口，忘记了声明的函数每次调用时都会更新持久变量。

编程风格指南

- 如果一个函数会计算一个或多个值，可以通过把值赋给输出变量的方法返回这些值。
- 给函数和存储该函数的文件取相同的名字。
- 函数头部和函数调用必须保持一致。传递给函数的参数的个数要和函数头中输入参数的个数相同。如果函数有返回值，赋值语句左边的变量数目应该和函数返回的输出参数个数相同。
- 如果函数调用时有参数要传递，不要使用函数本身的输入来替换这些值。
- 计算并返回值的函数常常也不打印这些值。
- 函数长度通常不应该超过一页。
- 不要在脚本中使用在命令窗口中声明的变量，反之亦然。
- 将函数中用到的所有值传递给该函数的输入参数。
- 写包含很多函数的大程序时，先从主程序脚本开始并使用函数桩，调试时再次填写一个函数。

MATLAB 保留词	
global	persistent

MATLAB 中的函数和命令	
echo	dbcont
dbstop	dbquit

MATLAB 操作符	
>子函数的路径	%%代码元包标题

习题

1. 编写一个函数，它能接收一个千米数(K)作为输入参数。函数将把千米转换为英里和美国海里，并返回这两种结果。变换关系是：1 K = 0.621 英里，1 海里 = 1.852 K。
2. 一个向量可以由直角坐标 x 和 y 或极坐标 r 和 θ 来表示。对正的 x 和 y 值，从笛卡儿坐标向极坐标的转化公式为：$r = \sqrt{x^2 + y^2}$ 和 $\theta = \arctan(y/x)$。函数中正切用 arctan 表示。编写一个 recpol 函数接收直角坐标值为输入参数，并返回相对应的极坐标值。
3. 写一个函数，计算空心圆柱的体积和表面积。它接收圆柱的底面半径和圆柱高为输入参数，体积公式是 $\pi r^2 h$，表面积公式是 $2\pi rh$。
4. 卫星导航系统变得越来越普遍。太空中的导航系统，像全球定位系统(GPS)能给个人手持设备发送数据。用来表示位置的坐标系统以多种格式展示这些数据。
   地理坐标系统用一组纬度值和经度值表示地球上的任何地方。这些值是角度，可以写成带小数的度数(DD)形式，或像表示时间那样，写成度、分、秒(DMS)形式。例如，24.5°相当于24°30'0"。编写一个脚本提示用户输入一个 DD 形式的角度，然后以句子形式打印等价的 DMS 形式的角度值。脚本应该对无效的用户输入进行差错检测。在脚本中通过调用一个单独的函数完成角度变换。
5. 写一个函数，打印出给定半径的圆的面积和周长。只有半径传递给函数，函数不返回任何值。面积公式为 πr^2，周长的公式为 $2\pi r$。
6. 写一个函数，接收一个整数 n 和一个字符为输入参数，然后把这个字符打印 n 次。
7. 写一个函数，输入参数为一个矩阵，以表格的形式打印该矩阵。
8. 写一个函数，输入参数为一个矩阵，随机打印出该矩阵中的一行。
9. 写一个函数，接收一个计数值作为输入参数并按句子格式打印该计数值，当计数值为 1 时，它应该打印出“It happened 1 time.”；当计数值 xx 大于 1 时，打印出“It happened xx times.”。
10. 编写一个函数接收一个 x 向量，一个最大值和一个最小值，并且在指定的最小值到指定的最大值之间绘制 sin(x)图形。
11. 写一个函数，打印出温度转换的解释，这个函数不接收任何输入参数，只做简单打印。
12. 写一个函数，提示用户输入整数 n，然后返回 n 值，没有输入参数传递给这个函数。采用差错校验确保输入了一个整数。
13. 写一个函数，提示用户输入整数 n，返回一个向量，其值从 1 到 n。这个函数需要进行差错校验，确保输入的数是一个整数。没有传递输入参数给这个函数。
14. 写一个脚本，要求用户选择他或她喜欢的自然科学课并打印出该课程的一些信息。该脚本会调用一个显示选择菜单(使用 menu 函数)的函数，这个函数要进行差错校验确保用户按下了菜单中的一个按钮。该函数返回用户选择按钮对应的数字。脚本最后打印出课程信息。
15. 编写一个脚本，提示用户输入一截材料拉伸压缩的初始和最终长度，并计算出压缩变化：

$$\Delta x / x_0$$

Δx 为($x_F - x_0$)的长度变化，x_F 为最终长度，x_0 为起始长度。脚本循环读初始和最终长度，对每一组值，调用一个函数计算压缩变化，然后再调用一个函数打印结果。

16. 写一个脚本，它能够：
   - 调用一个函数提示用户输入一个以度为单位的角度；
   - 调用一个函数计算并返回这个角度对应的弧度值（注意：π 弧度值 = 180°）；
   - 调用一个函数打印出其结果。

   同时，写出所有的函数。注意解决这个问题需要 4 个 M 文件：一个作为主程序（脚本），其他 3 个作为函数。

17. 修改习题 16 的程序，使计算角度的函数作为打印函数的子函数。

18. 当借贷利息按年复合计算时，应付的总金额 S 是：$S = P(1+i)^n$，P 是投资的本金，i 是利率，n 是年数。写一个程序，绘出当年数从 1 到 n 增长时总金额 S 的变化。主脚本调用一个函数提示用户输入年数（通过查错校验，确保用户输入的年数是正整数）。脚本接下来调用另一个函数，画出随着年数从 1 到 n 变化的 S。利率为 0.05，P 值为 $10000。

19. 写一个程序，把一个长度转换表写入一个文件。在一列打印出以英尺为单位的长度，从 1 到用户指定的一个整数，然后在另一列打印出以米为单位的对应长度（1 英尺 = 0.3048 米）。主脚本会调用一个函数，提示用户输入单位为英尺的最大长度值，这个函数必须进行差错检测以确保用户输入的是一个合理的正整数。然后该脚本调用另一个函数，把这个长度转换写到文件中。

20. 巴（bar）是压力的单位。聚乙烯水管是按压力等级制造的，它表明管子在标准温度下可以承受的水造成的以巴为单位的压力值。下面的 printpressures 脚本打印一些普通的压力等级，同时也打印出其相应的压力 atm（大气）值和 psi（每平方英寸的磅值）值。转换式为

$$1\ \text{bar} = 0.9869\ \text{atm} = 14.504\ \text{psi}$$

   脚本调用函数把巴值变换为 atm 值和 psi 值，并且调用另外一个函数来打印结果。写出这些函数。假定巴值为整数。

   printpressures.m

```
% prints common water pipe pressure grades
commonbar = [4 6 10];
for bar = commonbar
    [atm,psi] = convertbar(bar);
    print_press(bar,atm,psi)
end
```

21. 脚本 circscript 循环提示用户输入圆的周长 n 次（n 是一个随机整数）。忽略差错检测，重点完成程序中的函数编写，在每一次循环中，调用一个函数来计算圆的半径和圆面积，然后调用另一个函数来打印这些值。公式是 $r = c/(2\pi)$ 和 $a = \pi r^2$，其中 r 是半径，c 是圆周长，a 是面积。编写这两个函数。

   circscript.m

```
n = round(4);
for i = 1:n
    circ = input('Enter the circumference of the circle:');
    [rad, area] = radarea(circ);
    dispra(rad,area)
end
```

22. 以欧姆为单位的导体的电阻公式为：$R = \frac{E}{I}$，E 是单位为伏特的电压，I 是单位为安培的电流。写一个脚本，它能完成：
   - 调用一个函数，提示用户输入电压和电流；
   - 调用一个函数打印出电阻的值，再调用一个子函数计算并返回电阻的值。

23. 功率的单位是瓦特，其计算公式是：P = EI，修改习题 22 中的程序，计算并打印出电阻和功率的值，修改子函数，计算并返回这两个值。

24. 任意两点(x_1,y_1)和(x_2,y_2)之间的距离的计算公式是：distance = $\sqrt{(x_1-x_2)^2+(y_1-y_2)^2}$；一个三角形的面积公式是：area = $\sqrt{s\times(s-a)\times(s-b)\times(s-c)}$(a,b,c 是三角形的三条边长，s 是该三角形三边长之和的一半)。写一个脚本提示用户输入三角形的三个顶点的坐标(例如，每个顶点的坐标是 x 和 y)，然后用脚本计算并打印出该三角形的面积。该脚本会调用一个计算三角形面积的函数，这个函数再调用一个子函数，子函数计算由两点形成的边长(两点距离公式)。

25. 写一个程序，该程序向文件中写入一个温度转换表。主脚本将会：
- 调用一个解释该程序作用的函数；
- 调用一个函数，提示用户输入华氏温度的最大值和最小值，并返回这两个值。该函数要进行检测以确保最小值小于最大值，如果最小值不小于最大值则要调用一个子函数进行两个值的转换；
- 调用一个函数，把温度写进文件中：其中一列是华氏温度由最小值到最大值，另一列是对应的摄氏温度的值。转换公式为：C = (F − 32) ×5/9。

26. 修改 6.4.1 节持久变量 count 的函数 func2，函数不用打印 count 值，该值应该由函数返回。

27. 写一个函数 per2，它能接收一个数字作为输入参数。这个函数有一个持久变量，用来计算传递给它的所有值的和。这是对该函数的前两次调用：

```
>> per2 (4)
ans =
    4
>> per2 (6)
ans =
    10
```

28. 下面的程序会输出什么？思考一下，写出你的答案，然后上机运行并验证你的结果。

testscope.m

```
answer = 5;
fprintf('Answer is % d \n',answer)
pracfn
pracfn
fprintf('Answer is % d \n',answer)
printstuff
fprintf('Answer is % d \n',answer)
```

pracfn.m

```
function pracfn
persistent count
if isempty(count)
    count = 0;
end
count = count +1;
fprintf('This function has been called % d times. \n',count)
end
```

printstuff.m

```
function printstuff
answer = 33;
fprintf('Answer is % d \n',answer)
pracfn
fprintf('Answer is % d \n',answer)
end
```

29. 假设有一个矩阵变量 mat，如下面的例子所示：

```
mat =
    4  2  4  3  2
    1  3  1  0  5
    2  4  4  0  2
```

下面的 for 循环

```
[r, c] = size(mat);
for i = 1:r
    sumprint (mat(i,:))
end
```

会打印出如下结果：

```
The sum is now 15
The sum is now 25
The sum is now 37
```

编写 sumprint 函数。

30. 下面的 land 脚本调用函数实现：

- 提示用户输入以英亩为单位的土地面积；
- 以公顷和平方英里为单位计算并返回面积；
- 打印结果。

一英亩是 0.4047 公顷，一平方英里是 640 英亩。假设最后一个打印函数存在，不需要为此函数做任何事情。需要写出完整的函数以公顷和平方英里为单位计算并返回面积，并只对此函数编写函数桩提示用户和读入。不要写这个函数的实际内容，仅仅写一个桩。

land.m

```
inacres = askacres;
[sqmil,hectares] = convacres(inacres);
dispareas(inacres,sqmil,hectares) % Assume this exists
```

31. 下面的 prtftlens 脚本使用循环来执行下列任务：

- 调用一函数来提示用户输入一个以英尺为单位的长度；
- 调用一个函数把长度转换为英寸(1 英尺 = 12 英寸)；
- 调用函数打印这两个结果。

prtftlens.m

```
for i = 1:3
    lenf = lenprompt();
    leni = convert FtToIni(lenf);
    printLens(lenf, leni)
end
```

不写函数，仅写函数桩。

32. 一个棱柱体，有一个 n 条边的多边形底，且其高度为 h，它的体积 V 和表面积 A 通过下面公式算出：

$$V = \frac{n}{4}hS^2\cot\frac{\pi}{n}$$

$$A = \frac{n}{2}S^2\cot\frac{\pi}{n} + nSh$$

其中，S 是多边形的边的长度。编写一个脚本，调用 getprism 函数提示用户输入边数 n、高度 h 和边的长度 S，并返回这三个值。然后调用函数 calc_v_a 来计算并返回体积和表面积，最后调用函数 print v_a 打印结果。MATLAB 中用于计算余切值的内置函数是 cot(译者注)。编写脚本和函数桩。

33. 写一个菜单驱动程序，将一个以秒为单位的时间转换为其他单位(如分、小时等)。主脚本不断循环运行，直到用户选择退出。每次循环，这个脚本就会产生一个以秒为单位的随机时间，调用一个函数显示菜单选项并打印出转换时间。转换必须由一个单独的函数来实现(例如，从秒转换为分钟的一个函数)。对使用者的所有输入都必须进行错误检查。

34. 写一个菜单驱动程序研究常数 π 的计算。模仿探索中常数 e 计算的程序。Pi(π)是圆的周长与其直径的比率。许多数学家发现了求 π 的近似值的方法。例如，Machin 公式是

$$\frac{\pi}{4} = 4\arctan\left(\frac{1}{5}\right) - \arctan\left(\frac{1}{239}\right)$$

Leibniz 发现 π 的近似值是

$$\pi = \frac{4}{1} - \frac{4}{3} + \frac{4}{5} - \frac{4}{7} + \frac{4}{9} - \frac{4}{11} + \cdots$$

这称为级数的和，上面的级数中有六项。第一项是4，第二项是 -4/3，第三项是4/5，等等。例如，该菜单驱动程序可能有下边的选项：

- 打印出 Machin 公式的结果；
- 打印出使用 Leibniz 公式计算出的近似值，允许用户规定使用多少项；
- 打印出使用 Leibniz 公式计算出的近似值，不断循环，直到找到一个“好”的近似值；
- 退出程序。

35. 写一个程序计算在给定时间 t 时抛射物体的位置。已知万有引力常数 g，初速度 v_0 和发射角 θ，x、y 的坐标位置公式为

$$x = v_0\cos(\theta_0)t \qquad y = v_0\sin(\theta_0)t - \frac{1}{2}gt^2$$

程序应该对初速度、时间、发射角变量进行初始化。然后调用函数找到 x、y 坐标，再调用另一个函数打印结果。

第7章　字符串操作

关键词

string 字符串
substring 子串
control character 控制字符
white space character 空格字符
leading blank 前置空格
trailing blank 后置空格
vectors of characters 字符向量
empty string 空字符串
string concatenation 字符串连接
delimiter 分隔符
token 标记

在 MATLAB 中，字符串是包含在两个单引号内的字符序列。事实上，MATLAB 把字符串当成一个向量，向量的每个元素都是一个单独的字符，这就意味着，我们前面看到的对向量的操作和函数都可以用在字符串上。

MATLAB 也有很多专门针对字符串操作的内建函数。在字符串包含数字的情况下，把字符串转换为数字是很有用的，反之亦然；MATLAB 也有完成这种转换的函数。

现实中有很多使用字符串的应用，尤其是在数据处理领域。例如，当数据文件是数字和字符的组合时，有必要把文件的每行读取为一个字符串，把字符串划分为更小的子串，并把包含数字的部分转换为能用成计算的数值变量。本章将介绍字符串的重要操作方法，在第 9 章中将演示其在文件输入/输出中的应用。

7.1　创建字符串变量

字符串由任意数目的字符构成(字符个数可能为0)。下面是字符串的例子：

```
''
'x'
'cat'
'Hello there'
'123'
```

子串是字符串的子集或说是它的一部分。例如，'there'是字符串'Hello there'的子串。

字符包括字母表中的字母、数字、标点符号、空白和控制符。控制符是能够完成一项任务但是不能被打印的字符(例如退格和制表)。空白符包括空格、制表、换行(把光标移到下一行)和回车(把光标移到当前行的起始位置)。前置空格是字符串前的空格，例如，' hello'，后置空格是字符串后面的空格。

有多种创建字符串变量的方法。一种方法是使用赋值语句：

```
>> word = 'cat';
```

另一种方法使用 input 方法读取一个字符串变量。回顾使用 input 函数读取字符串变量的方法，一定要包含第二个参数's'：

```
>> strvar = input('Enter a string:','s')
Enter a string:xyzabc
strvar =
xyzabc
```

如果前置和后置空格是由用户键入的，会被存储在字符串中。例如，用户在键入4个空格后键入了'xyz'：

```
>> s = input('Enter a string:','s')
Enter a string:    xyz
s =
    xyz
```

7.1.1 字符串向量

把字符串看成字符向量(或换句话说，每个元素都是一个单独字符的向量)，那么就有很多可以执行的向量操作。例如，可以使用 length 函数查出一个字符串中字符的个数：

```
>> length('cat')
ans =
    3
>> length(' ')
ans =
    1
>> length('')
ans =
    0
```

注意：空字符串和只包含一个空格的字符串是有区别的，空字符串的长度为0，只包含一个空格的字符串长度为1。

表达式可以指向某个单独的元素(即字符串中的一个字符)，也可以指向字符串的一个子集或指向一个字符串的转置：

```
>> mystr = 'Hi';
>> mystr(1)
ans =
H
>> mystr'
ans =
H
i
>> sent = 'Hello there';
>> length(sent)
ans =
    11
>> sent(4:8)
ans =
lo th
```

注意：在字符串中的空格是有效字符。

MATLAB 可以创建一个每行都由字符串组成的矩阵。所以，本质上矩阵是作为由字符串组成的列向量来创建的，但最后它会被看成每个元素都是字符的矩阵。

```
>> wordmat = ['Hello';'Howdy']
wordmat =
Hello
Howdy
```

```
>> size(wordmat)
ans =
    2     5
```

这样就创建了一个 2×5 的字符矩阵。

对于字符矩阵，我们可以指向其中的某个元素，可以是一个字符或某一单独的行(一个字符串)：

```
>> wordmat(2,4)
ans =
d
>> wordmat(1,:)
ans =
Hello
```

因为矩阵中各行长度必须相同，所以较短的字符串必须由空格填充，使得所有的字符串长度相同，否则会出现错误。

```
>> greetmat = ['Hello';'Goodbye']
Error using vertcat
Dimensions of matrices being concatenated are not consistent
>> greetmat = ['Hello  ';'Goodbye']
greetmat =
Hello
Goodbye
>> size(greetmat)
ans =
    2     7
```

练习 7.1

提示用户键入一个字符串(任意的字符串)，打印出字符串的长度及其最后一个字符。

7.2 字符串操作

MATLAB 有很多作用在字符串上的内建函数。本节将介绍一些最常用的字符串操作函数。

7.2.1 连接

字符串连接就是把多个字符串连在一起。因为字符串可以看成由字符组成的向量，所以用于向量连接的方法也可以用在字符串上。例如，通过两个字符串来创建一个长字符串，可以把它们一起放在一个方括号中：

```
>> first ='Bird';
>> last ='house';
>> [first last]
ans =
Birdhouse
```

注意：在括号里变量名(或字符串)必须用一个空格分开，但当字符串连接以后，在串之间是没有空格的。

strcat 函数也可以完成平行连接，它能够通过输入值来创建一个长字符串。

```
>> first = 'Bird';
```

```
>> last ='house';
>> strcat(first ,last )
ans =
Birdhouse
```

如果在字符串中有前置或后置空格的话，这两种字符串的连接方法是有区别的。用方括号的方法连接字符串时，包括所有的前置或后置空格。

```
>> str1 ='xxx    ';
>> str2 ='    yyy';
>> [str1 str2]
ans =
xxx        yyy
>> length(ans)
ans =
    12
```

然而，strcat 函数将在连接之前删除字符串中的后置空格(但保留前置空格)。注意，在下面的例子中，删除了 str1 中的后置空格，但是 str2 中的前置空格还存在：

```
>> strcat(str1,str2)
ans =
xxx    yyy
>> length(ans)
ans =
     9
>> strcat(str2,str1)
ans =
    yyyxxx
>> length(ans)
ans =
     9
```

我们已经看到，可以使用 char 函数来将一个 ASCII 码转换为一个字符，也可以使用 char 函数来创建一个字符矩阵。当使用 char 函数创建矩阵时，在必要时，它会自动使用后置空格填充每行字符串的末尾，使得所有行的长度相同。

```
>> clear greetmat
>> greetmat = char('Hello','Goodbye')
greetmat =
Hello
Goodbye
>> size(greetmat)
ans =
    2   7
```

练习 7.2

创建一个存储单词 'northeast'的变量。由此，创建两个独立的变量 v_1 和 v_2，分别存储 'north'和'east'。然后再创建一个由 v_1 和 v_2 的值各为一行构成的矩阵。

7.2.2 创建自定义字符串

MATLAB 有多种用来创建自定义字符串的内建函数，包括 blanks 和 sprintf 。

blanks 函数可以创建一个包含 n 个空格字符的字符串。但是，在 MATLAB 中，如果通过移动鼠标来强调在 ans 中的结果，就可以看到这些空格。

```
>> blanks(4)
ans =

>> length(ans)
ans =
    4
```

通常，当需要连接字符串且想要在其中插入空格时，blanks 函数是非常有用的。例如，要在两个单词中插入 5 个空格：

```
>> [first blanks(5) last]
ans =
Bird     house
```

blanks 函数的转置显示功能可使光标下移。在命令窗口，会有如下显示：

```
>> disp(blanks(4)')



>>
```

这在脚本或函数的输出中创建空格是很有用的，并且实质上它等效于打印 4 次换行字符。

sprintf 函数类似于 fprintf 函数，但它是创建一个字符串而不打印它，下面是几个因为没有控制输出，所以显示出字符串变量值的例子：

```
>> sent1 = sprintf('The value of pi is %.2f',pi)
sent1 =
The value of pi is 3.14

>> sent2 = sprintf('Some numbers: %5d, %2d',33,6)
sent2 =
Some numbers:    33, 6

>> length(sent2)
ans =
    23
```

下面的例子，控制了语句的输出，创建了一个包含随机数的字符串，并将其存储在字符串变量中。然后把一些感叹号与该字符串连接起来。

```
>> phrase = sprint('A random integer is % d',…
            randi [5, 10 ];
>> strcat(phrase,'!!! ')
ans =
A random integer is 7!!!
```

能用于 fprintf 函数中的所有转换字符也同样能用于 sprintf 函数中。

7.2.2.1 自定义字符串的应用：函数的提示、标签和参数

自定义字符串的一种非常有用的应用是在字符串中包含数字，这种字符串常常用于图的标题和轴的标签。例如，假设有一个 'expnoanddata.dat' 文件存储了一个实验序号，接着是实验数据。本例中，123 是实验序号，剩余文件由实验的实际数据组成。

```
123  4.4  5.6  2.5  7.2  4.6  5.3
```

以下脚本将载入这些数据并作出一个标题中包含实验序号的图。

plotexpno.m

```
% This script loads a file that stores an experiment number
% followed by the actual data.It plots the data and puts
% the experiment # in the plot title

load expnoanddata.dat
experNo = expnoanddata(1);
data = expnoanddata(2:end);
plot(data,'ko')
xlabel('Sample #')
ylabel('Weight')
title(sprint('Data from experiment % d',experNo))
```

脚本首先把文件中的所有数据载入到一个行向量中。然后分割向量:把第 1 个元素, 即实验序号存储在变量 experNo 中, 向量剩下的部分(即从第 2 个到最后一个元素)存储在变量 data 中。绘出 data, 用 sprintf 函数创建包含实验序号的标题, 如图 7.1 所示。

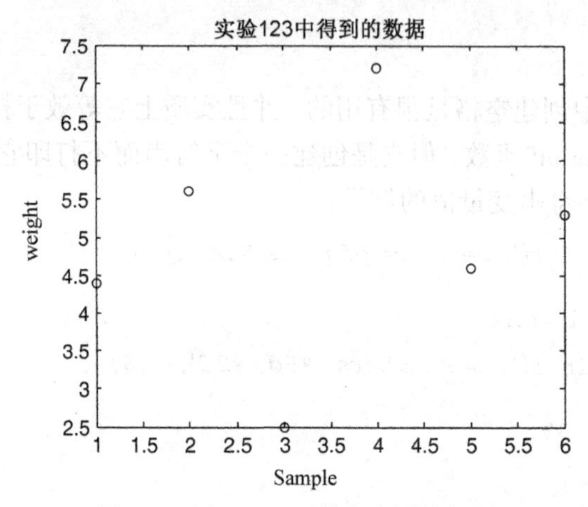

图 7.1 用 sprintf 函数定义图的标题

练习 7.3

在一个循环中创建并打印从'file1.dat'、'file2.dat'到'file5.dat'的文件名字符串。

快速问答

怎样用 sprintf 函数为 input 函数自定义提示?

答:

例如, 如果要把一个字符串变量的内容输出成一个提示, 需要用到 sprintf 函数:

```
>> username = input('Please enter your name:','s');
Please enter your name:Bart

>> prompt = sprintf('%s,Enter your id #:',username);
>> id_no = input(prompt)
Bart,Enter your id #:177
id_no =
   177
```

另外一种方法(使用脚本或函数)是:

```
fprintf('%s,Enter your id #:',username);
```

```
id_no = input('');
```

注意，只有 fprintf 函数能够直接打印(所以在 input 函数中没有提示的必要)，而 sprintf 则是创建一个能够通过 input 函数显示的字符串，调用 sprintf 函数和调用 fprintf 函数是相似的。在这种情况下，使用 sprintf 比使用 fprintf 后再用一个空字符串作为 input 函数的提示更清晰。

再比如，下面的程序是提示用户键入线段的端点坐标(x_1, y_1)和(x_2, y_2)，然后计算出线段中点坐标(x_m, y_m)。线段中点坐标的计算公式是：

$$x_m = \frac{1}{2}(x_1 + x_2) \qquad y_m = \frac{1}{2}(y_1 + y_2)$$

midpoint 脚本调用 entercoords 函数提示用户键入两个端点的 x 和 y 坐标，调用 findmid 函数计算线段中点的 x 和 y 坐标，然后打印出中点坐标。当程序运行时，输出结果如下：

```
>> midpoint
Enter the x coord of the first endpoint:2
Enter the y coord of the first endpoint:4
Enter the x coord of the second endpoint:3
Enter the y coord of the second endpoint:8
The midpoint is (2.5,6.0)
```

在该例子中，'first'、'second'被传递到 entercoords 函数中，以便能够在提示中使用任意被传入的单词。sprintf 函数生成这个自定义提示。

midpoint.m

```
% This program finds the midpoint of a line segment
[x1,y1] = entercoords('first');
[x2,y2] = entercoords('second');

midx = findmid(x1,x2);
midy = findmid(y1,y2);

fprintf('The midpoint is (%.1f,%.1f)\n',midx,midy)
```

entercoords.m

```
function[xpt,ypt] = entercoords(word)
% entercoords read in & returns the coordinates of
% the specified endpoint of a line segment
% Format:entercoords(word) where word is 'first'
%         or 'second'

prompt = sprintf('Enter the x coord of the %s endpoint:', ...
    word);
xpt = input(prompt);

prompt = sprintf('Enter the y coord of the %s endpoint:',...
    word);
ypt = input(prompt);
end
```

findmid.m

```
function mid = findmid(pt1,pt2)
% findmid calculates a coordinate (x or y) of the
% midpoint of a line segment
% Format:findmid(coord1,coord2)

mid = 0.5*(pt1+pt2);
end
```

7.2.3 删除空白字符

MATLAB 有一些函数能够从字符串末尾删除后置空格并且(或者)从字符串开头删除前置空格。

deblank 函数能够从字符串结尾删除后置空格。例如，为了使字符串矩阵各行长度相同，需要在某些串上进行填充，但是要在实际应用中使用这些字符串，最好删除那些多余的空格。

```
>> names = char('Sue','Cathy','Xavier')
names =
Sue
Cathy
Xavier
>> name1 = names(1,:)
name1 =
Sue
>> length(name1)
ans =
    6
>> name1 = deblank(name1);
>> length(name1)
ans =
    3
```

注意：deblank 函数只能删除字符串的后置空格，而不能删除前置空格。

strtrim 函数能够删除后置和前置空格，但却不能删除字符串中间的空格。在下面的例子中，删除了开头的 3 个空格和结尾的 4 个空格，保留了中间的两个空格。在 MATLAB 中用鼠标选中运行结果，能够看到其中的空格。

```
>> strvar = [blanks(3) 'xx' blanks(2) 'yy' blanks(4)]
strvar =
   xx  yy
>> length(strvar)
ans =
   13
>> strtrim(strvar)
ans =
xx  yy
>> length(ans)
ans =
    6
```

7.2.4 变换大小写

MATLAB 有两个大小写转换函数：upper 把字符串转换成全大写字母；lower 把字符串转换成全小写字母。

```
>> mystring ='AbCDEfgh';
>> lower(mystring)
ans =
abcdefgh
>> upper(ans)
ans =
ABCDEFGH
```

练习 7.4

假设按顺序把这些表达式依次键入命令窗口。考虑并写下你认为应该出现的结果，并通过实际输入来验证你的答案。

```
lnstr = '1234567890';
mystr = ' abc xy';
newstr = strtrim(mystr)
length(newstr)
upper(newstr(1:3))
sprintf('Number is % 4.1f', 3.3)
```

7.2.5　字符串比较

MATLAB 有几个比较字符串的函数，如果它们相等就返回逻辑真，否则返回逻辑假。strcmp 函数逐个字符的比较字符串。如果两个字符串完全相同(并且长度相等)，则返回逻辑真；相反，如果字符串的长度不同或有任意一个对应的字符不同，则返回逻辑假。下面是几个字符串比较的例子：

```
>> word1 ='cat';
>> word2 ='car';
>> word3 ='cathedral';
>> word4 ='CAR';
>> strcmp(word1,word3)
ans =
   0
>> strcmp(word1,word1)
   ans =
       1
>> strcmp(word2,word4)
   ans =
       0
```

strncmp 函数只比较字符串中的前 n 个字符而忽略剩余的字符。前两个参数是待比较的字符串，第 3 个参数是要比较的字符的个数(即 n 的值)。

```
>> strncmp(word1,word3,3)
ans =
   1
```

快速问答

怎样才能在比较字符串时忽略串中字符的大小写?

答:

以下给出编程思想和高效方法。

编程思想

当比较字符串时，把串中的所有字符都转换为大写或小写字母。例如，在 MATLAB 中使用 upper 或 lower 函数：

```
>> strcmp(upper(word2),upper(word4))
ans =
  1
```

高效方法

strcmpi 函数能够忽略字符的大小写而比较字符串。

```
>> strcmpi(word2,word4)
ans =
   1
```

同样，strncmpi 函数只比较字符串中的前 n 个字符，且忽略字符的大小写。

7.2.6 查找、替换和分割字符串

MATLAB 有一些函数能够用来查找并替换字符串或字符串的一部分，还有一些函数可以把字符串分割成多个子串。

strfind 函数接收两个字符串作为输入参数，它能够找出在长串中所有短串的匹配，并返回匹配的第一个字符的下标。在 strfind 函数中，字符串的顺序无关紧要，通常都是从较长的字符串中寻找较短的字符串。短字符串可以由一个或多个字符组成。如果在较长字符串中有不止一个字符串与短字符串相匹配，那么 strfind 函数能够返回一个包含所有标识的向量。注意：返回的是短字符串的开头的索引。

```
>> strfind('abcde','d')
ans =
    4
>> strfind('abcde','bc')
ans =
    2
>> strfind('abcdeabcdedd','d')
ans =
    4    9    11    12
```

如果没有匹配，strfind 函数和 findstr 函数相同，都返回空向量。

```
>> strfind('abcdeabcde','ef')
ans =
     []
```

快速问答

怎样找出字符串中空格的个数？(例如，字符串'how are you'。)

答：

strfind 函数返回的是字符串中每个子串匹配的索引，所以结果是一个索引的向量。该向量的长度即是匹配的个数。例如，下面是寻找 phrase 中空格个数的方法：

```
>> phrase ='Hello, and how are you doing? ';
>> length(strfind(phrase,' '))
ans =
     5
```

如果首先想要删除前置和后置空格(如果有)，可以先使用 strtrim 函数：

```
>> phrase ='    Well, hello there!      ';
>> length(strfind(strtrim(phrase),' '))
ans =
     2
```

让我们将其扩展，并写出创建 phrase 字符串向量的脚本。不控制输出，以便于执行脚本时，字符串可以被显示出来。把向量中的每个字符串循环传递到 countblanks 函数中。此函数能够查出字符串中空格的个数，且不包含前置和后置空格。

phraseblanks.m

```
% This script creates a column vector of phrase
% It loops to call a function to count the number
% of blanks in each one and prints that

phrasemat = char('Hello and how are you? ',...
'Hi there everyone! ','How is it going? ','Whazzup? ')
[r  c] = size(phrasemat);

for i = 1:r
  % Pass each row (each string) to countblanks function
  howmany = countblanks(phrasemat(i,:));
  fprintf('Phrase %d had %d blanks \n',i,howmany)
end
```

countblanks.m

```
function num = countblanks(phrase)
% countblanks returns the # of blanks in a trimmed string
% Format:countblanks(string)

num = length(strfind(strtrim(phrase),''));
end
```

例如，运行脚本会出现的结果是：

```
>> phraseblanks
phrasemat =
Hello and how are you?
Hi there everyone!
How is it going?
Whazzup?

Phrase 1 had 4 blanks
Phrase 2 had 2 blanks
Phrase 3 had 3 blanks
Phrase 4 had 0 blanks
```

strrep 函数能够找到字符串中所有子串的匹配，然后用新的字符串取代。其顺序与参数的顺序有关。格式如下：

```
strrep(string,oldsubstring,newsubstring)
```

下面的例子是用新字符串'x'来替换字符串中的子串'e'：

```
>> strrep('abcdeabcde','e','x')
ans =
abcdxabcdx
```

参数中的所有字符串的长度都是任意的，且原始的字符串和新的字符串长度可以不同。

除了查找和替换字符串函数，还有一个字符串函数可以把一个字符串分成两个子串。strtok 函数能够把字符串分成几部分，它有多种调用方法。该函数接收一个字符串作为输入参数。查询第一个分隔符(即，作为字符串分隔的字符或字符的集合)，默认的分隔符是任意空格字符。

函数返回 token，即从字符串的开头到第一个分隔符(不包含分隔符)的子串。然后返回字符串的剩余部分(包括分隔符)。把返回值分配给含两个变量的向量，然后把它们都提取出来。格式如下：

```
[token, rest] = strtok(string)
```

token 和 rest 都是变量的名字，例如，

```
>> sentencel = 'Hello there';
>> [word,  rest] = strtok(sentencel)
word =
Hello
rest =
there
>> length(word)
ans =
    5
>> length(rest)
ans =
    6
```

注意，字符串的剩余部分包含空格分隔符。

默认的分隔符是空白字符(意味着 token 被定义为从第一个字符直到空格的任意值)，但是也可以自定义分隔符。格式如下：

```
[token, rest] = strtok (string,delimeters)
```

返回 token，即从字符串的开头到串中的第一个分隔符，然后返回剩余部分。在下面的例子中，分隔符是'l'：

```
>> [word, rest] = strtok(sentencel,'l')
word =
He
rest =
llo there
```

无论是默认空白字符还是指定的分隔符，前置分隔符都是被忽略的。例如，前置空格在这里被忽略：

```
>> [firstpart, lastpart] = strtok(' materials science')
firstpart =
materials

lastpart =
science
```

快速问答

如果字符串中没有分隔符，你认为 strtok 函数的返回结果会是怎样的？

答：

第一个返回结果是整个字符串，第二个返回结果是空字符串。

```
>> [first, rest] = strtok ('ABCDE')
first =
ABCDE

rest =
   Empty string:1-by-0
```

练习 7.5

思考下面的表达式和语句序列能够返回什么，然后再将其输入到 MATLAB 中验证你的答案。

```
dept ='Electrical';
strfind(dept,'e')

strfind(lower(dept),'e')

phone_no = '703 -987 -1234';
[area_code,rest] = strtok(phone_no,'-')

rest = rest(2:end)

strcmpi('Hi','HI')
```

快速问答

date 函数返回的是一个当前日期的字符串，例如，'10-Dec-2012'。怎样写一个函数，分别把年、月、日作为三个单独的输出参数返回？

答：

可以先使用 strrep 函数来用空格替换'-'，然后用 strtok 函数根据默认的分隔符即空格，来把字符串进行分割(操作两次)；或者，更简单地，仅仅使用 strtok 函数，然后特意指定'-'作为分隔符。

因为我们要把字符串分成三部分，所以要使用 strtok 函数两次。先把字符串分成'07'和'-Dec-2012'，然后再把第二个字符串分成' Dec '和'-2012'(因为前置分隔符是被忽略的，所以在'-Dec-2012'中查询到的是第二个分隔符)。最后，要删除字符串'-2012'中的'-'；这项工作可以通过从字符串的第二个到最后一个字符的索引来完成。

下面是一个调用这种函数的例子：

```
>> [d, m, y] = separatedate ( )
d =
10
m =
Dec
y =
2012
```

separatedate.m

```
function [todayday, todaymo, todayyr] = separatedate
% separatedate separates the current date into day,
% month, and year
% Format: separatodate or separatedate()
[todayday, rest] = strtok(date,'-');
[todaymo, todayyr] = strtok(rest,'-');
todayyr = todayyr(2:end);
end
```

注意，函数中没有传入输入参数，且 date 函数返回的是一个当前日期的字符串。

7.2.7 字符串求值

eval 函数用来把字符串视为一个函数来运行。例如，在下面的例子中，把字符串' plot(x)'解释为调用 plot 函数，做出的图形如图 7.2 所示。

```
>> x = [2  6  8  3];
>> eval('plot(x)')
```

如果用户输入了使用的图形类型名称，将很有帮助。在这个例子中，用户键入的字符串(例子中是'bar')与字符串'(x)'连接来创建成字符串'bar(x)';然后当成对 bar 函数的调用来运行该字符串，如图 7.3 所示。图形类型的名称也显示在标题中。

```
>> x =[9 7 10 9 ];
>> whatplot = input('What type of plot?:','s');
What type of plot?:bar
>> eval([whatplot '(x)'])
>> title(whatplot)
>> xlabel('Student #')
>> ylabel('Quiz Grade')
```

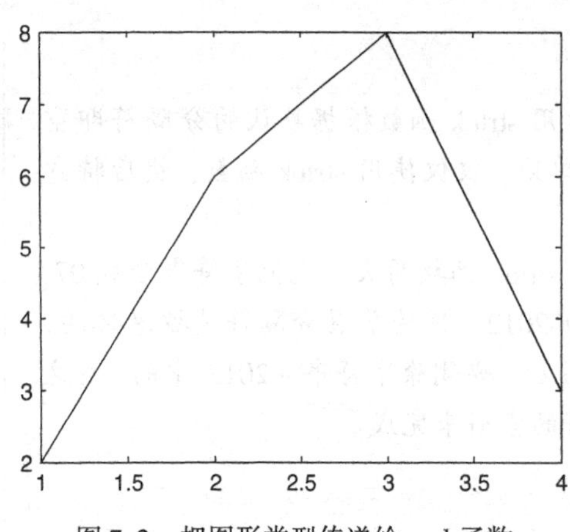
图 7.2 把图形类型传递给 eval 函数

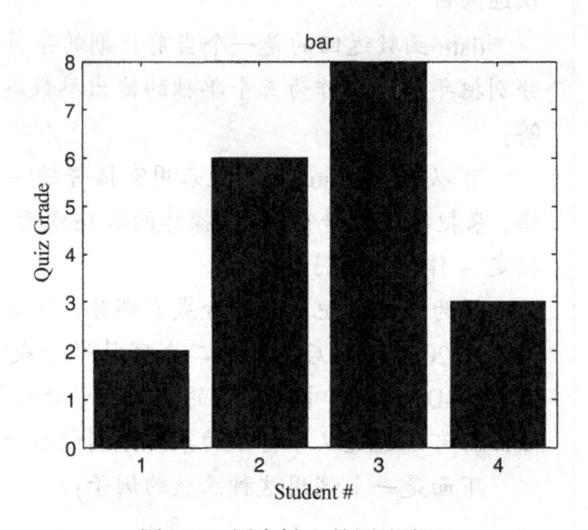

图 7.3 用户键入的图形类型

练习 7.6

创建一个 x 向量。提示用户键入'sin'、'cos'或'tan'，并使用 x 的函数创键一个字符串[例如，'sin(x)'或'cos(x)']。用 eval 通过指定函数创建一个 y 向量。

eval 函数功能非常强大，但是通常更有效的做法是避免应用它。

7.3 有关字符串的 is 函数

MATLAB 有几种针对字符串且返回逻辑真或逻辑假的 is 函数。如果字符是字母表中的一个字母，则 isletter 函数返回逻辑真。如果是一个空白字符，则 isspace 函数返回逻辑真。如果字符串传入了这些函数，它们将为串中的每个元素(或说每个字符)返回逻辑真或逻辑假。

```
>> isletter('EK127')
ans =
    1    1    0    0    0
>> isspace('a b')
ans =
    0    1    0
```

如果数组是一个字符数组，ischar 函数返回逻辑真；否则，返回逻辑假。

```
>> vec ='EK127';
>> ischar(vec)
ans =
```

```
     1
>> vec = 3:5;
>> ischar(vec)
ans =
     0
```

7.4 字符串和数值间的转换

MATLAB 中有一些函数，它们能够把数据转换成其中每个字符都是一个独立数值的字符串，反之亦然。

注意：这些函数与 char 和 double 这样的将字符转换为 ASCII 等价值或将 ASCII 值转换为字符的函数是不同的。

为把数据转换成字符串，MATLAB 提供了针对整数的 int2str 函数，针对实数的（也包括整数）num2str 函数。例如，int2str 函数把整数 38 转换为字符串'38'。

```
>> num = 38;
num =
    38
>> s1 = int2str(num)
s1 =
38
>> length(num)
ans =
    1
>> length(s1)
ans =
    2
```

变量 num 是存储一个数值的标量，而 s1 是存储两个字符 3 和 8 的字符串。

尽管前两个赋值语句的结果都是"38"，但是对于数据和字符串来说，在命令窗口中的缩进是不同的。

用于转换实数的 num2str 函数有多种调用方法。如果只是把实数传入 num2str 函数，它会创建一个有四位小数的字符串，即在 MATLAB 中显示实数的默认形式，也可以指定精确度（即数字位数），并且传入格式字符串，如下：

```
>> str2 = num2str(3.456789)
str2 =
3.4568
>> length(str2)
ans =
     6
>> str3 = num2str(3.456789,3)
str3 =
3.46
>> str = num2str(3.456789,'%6.2f')
str =
3.46
```

注意，在最后一个例子中，MATLAB 删除了字符串的前置空格。

str2num 函数与 num2str 函数相反，它取一个存储数据的字符串并把它转换为 double 类型：

```
>> num = str2num('123.456')
num =
  123.4560
```

如果字符串中有由空格分隔开的数据，str2num 函数将把它转换为一个数据向量(默认的 double 类型)。例如：

```
>> mystr ='66  2  111';
>> numvec = str2num(mystr)
numvec =
    66    2   111
>> sum(numvec)
ans =
   179
```

一般来说，str2double 函数是一个比 str2num 更好用的函数，但它只能用在传递标量时；例如，对上面的 mystr 变量，它不会起作用。

练习 7.7

思考以下表达式和语句会返回什么，并将其键入 MATLAB 中，验证你的答案。

```
vec = 'yes or no';
isspace(vec)

all(isletter(vec) w = isspace(vec))

ischar(vec)

nums = [33 1.5];
num2str(nums)

nv = num2str(nums)

sum(nums)
```

快速问答

现在我们讨论包含角度为'd'或弧度为'r'的角的字符串。例如，它可能是一个由用户键入的字符串：

```
degrad = input('Enter angle and d/r:','s');
Enter angle and d/r:54r
```

怎样把字符串分割成角和字符，并调用 sin 或 sind 中合适的函数得出角的正弦(函数 sin 是针对弧度，函数 sind 是针对角度)?

答：

首先，把字符串分成两部分：

```
>> angle = degrad(1:end-1)
angle =
54
>> dorr = degrad(end)
dorr =
r
```

然后调用 if-else 语句，根据变量 dorr 的值来选择 sin 或 sind 函数。假设值为'r'，则选用函数 sin。变量 angle 是字符串，所以下面的语句是不能工作的：

```
>> sin(angle)
Undefined function 'sin' for input arguments of type 'char'.
```

相反，我们也可以使用 str2double 将字符串转换为一个数字。下面就是一个完成这种功能的完整脚本。

angle DorR

```
% Prompt the user for angle and 'd' for degrees
% or 'r' for radians;print the sine fo the angle

% Read in the response as a string and then
% separate the angle and character
degrad = input('Enter angle and d/r:','s');
angle = degrad(1:end-1);
dorr = degrad(end);

% Error-check to make sure user enters 'd' or 'r'
while dorr ~= 'd' && dorr ~= 'r'
    disp('Error! Enter d or r with the angle.')
    degrad = input('Enter angle and d/r:','s');
    angle = degrad(1:end-1);
    dorr = degrad(end);
end
% Convert angle to number
anglenum = str2double(angle);
fprintf('The sine of %.1f',anglenum)
% Choose sin or sind function
if dorr == 'd'
    fprintf('degrees is %.3f.\n'.sind(anglenum))
else
    fprintf('radians is %.3f.\n',sin(anglenum))
end
```

```
>> angle DorR
Enter angle and d/r:3.1r
The sine of 3.1 radinas is 0.042.
>> angle DorR
Enter angle and d/r:53t
Error! Enter d or r with the angle.
Enter angle and d/r:53d
The sine of 53.0 degrees is 0.799.
```

探索其他有趣的特征

- 在许多搜索和替换函数中，搜索模式可以使用规格化表达式指定。使用 help 了解相关模式。
- 探索 sscanf 函数，从字符串中读取数据。
- 探索 strjust 函数，用来判断字符串。
- 探索 mat2str 函数，完成从矩阵到字符串的转换。

- 探索 isstrprop 函数，用来检查字符串的属性。
- 了解为什么用字符串比较函数、比较字符串，而不用等号运算符。

总结

常见错误

- 按照不正确的顺序把参数传入 strfind 函数中。
- 尝试使用 == 比较字符串是否相等而不是使用 strcmp 函数(和它的变量)比较。
- 混淆函数 sprintf 和 fprintf。语法是相同的，但 sprintf 是创建一个字符串，而 fprintf 是打印一个字符串。
- 想要创建不同长度字符串的向量(最简单的方法是使用能够自动填充空格的 strvcat 或 char 函数)。
- 忘记使用 strtok 函数时，返回的第二个参数(字符串的剩余部分)是包含分隔符的。
- 分割字符串时，忘记把字符串中的数据转换为实际中能够被用在计算中的数据。

编程风格指南

- 在使用存储在矩阵中的字符串时先处理后置空格。
- 确保使用的是正确的字符串比较函数，例如，如果需要忽略大小写，就要使用 strcmpi 函数。

MATLAB 函数和命令			
strcat	lower	strrep	ischar
blanks	strcmp	strtok	int2str
sprintf	strncmp	date	num2str
deblank	strcmpi	eval	str2num
strtrim	strncmpi	isletter	str2double
upper	strfind	isspace	

习题

1. 写一个函数 ranlowlet，随机返回字母表的一个小写字母。不要建立任何字符的 ASCII 等价值，而是使用内置函数来确定它们(例如，你可能知道'a'的 ASCII 等价值是 97，但不要在你的函数中使用 97，而是使用一个会返回该值的内置函数)。
2. 假定一个文件名是 filename.ext 的形式。写一个函数，确定一个字符串是否是一个名称后跟一个点，其次是三个字符的扩展名的形式。如果是这种形式函数返回 1 表示逻辑真，否则返回 0 表示逻辑假。
3. 下面的脚本调用 getstr 函数提示用户输入一个字符串，循环进行差错检测直到用户输入一些内容(如果用户仅敲击回车键“Enter”而未先输入任何字符，则会产生错误)。然后脚本打印字符串的长度。编写 getstr 函数。

```
thestring = getstr( );
fprintf('Thank you,your string is % d characters long \n',...
    length(thestring))
```

4. 写一个脚本，循环提示用户输入 4 个课程编码。每个课程编码都为字符串，长度为 5，格式如'CS101'。这些字符串存放在一个字符矩阵中。
5. 写一个能接收两个字符串作为输入参数的函数，这个函数返回一个字符矩阵，在该矩阵的两个行上有两个字符串。不要用 char 函数来完成这项任务，所写函数用方括号创建矩阵并且应该在必要的时候用空格填充。

6. 编写一个函数生成两个随机整数，每个整数的范围都在闭区间 10 到 30 之间。然后返回一个由两个整数拼在一起组成的字符串(例如，如果随机整数是 11 和 29，则返回的字符串是'1129')。
7. 写一个脚本，创建 x 和 y 向量。然后询问用户图像的颜色(红、蓝或绿)和绘图风格(圆圈'o'或星号'*')。然后创建一个包含颜色和风格的字符串 pstr，这样调用 plot 函数的形式如：plot(x,y,pstr)。例如，如果用户键入'blue'和'*'，变量 pstr 会包含'b*'。
8. 假设有下面的函数，且还未被调用过。

strfunc.m

```
function strfunc(instr)
persistent mystr
if isempty(mystr)
    mystr = '';
end
mystr = strcat(instr,mystr);
fprintf('The string is % s \n',mystr)
end
```

下面的连续表达式的结果应该是什么？

```
strfunc('hi')
strfunc('hello')
```

9. 用语言解释下面的函数完成的功能(不要逐步分析，只要最终结果)。

dostr.m

```
function out = dostr(inp)
persistent str
[w, r] = strtok(inp);
str = strcat(str,w);
out = str;
end
```

10. 写一个函数，它会接收姓名和系名作为两个独立的字符串，并创建和返回由姓名的前两个字母和系名后两个字母组成的代码。代码应该为大写字母。例如：

```
>> namedept('Robert','Mechanical')
ans =
ROAL
```

11. 写一个创建一系列独特名字的函数“createUniqueName”。当这个函数被调用时，传入字符串作为输入参数。函数可以在字符串结尾增加一个整数，并返回结果字符串。函数每次被调用时，添加的整数按序进行递增。下面是调用这个函数的一些例子：

```
>> createUniqueName('hello')
ans =
hello1
>> varname = createUniqueName('variable')
varname =
variable2
```

12. 当把一个 0 传递给 blanks 函数时，它会返回什么？一个负数？运用程序设计方法，写一个 myblanks 函数，能够完成和 blanks 函数完全一样的工作。下面是一些调用它的例子：

```
>> fprintf ('Here is the result：% s! \n',myblanks(0))
Here is the result：!
>> fprintf ('Here is the result：% s! \n',myblanks(7))
Here is the result：       !
```

13. 写一个函数，分别提示用户输入文件名以及扩展名，并以'filename. ext'的格式创建和返回字符串。

14. 写一个函数接收一个输入参数，该参数是一个整数 n。函数将提示用户输入一个范围在 1 到 n 之间的数值(n 的实际值应该在提示中打印出来)，并且返回用户的输入。函数应该进行错误检测以确保用户的输入在正确范围内。
15. 写一个能够生成随机整数的脚本，询问用户域的宽度，并且按照指定的域宽度打印出随机整数。脚本用 sprintf 去创建一个类似' The # is %4d\n '(例如，这里用户键入的域宽度为 4)的字符串，然后把它传递到 fprintf 函数中。为了打印出(或用 sprintf 创建一个字符串) '%'或'\'字符，字符串行中一定要有两个这样的字符。
16. 在一个绘图上标记 x、y 轴和标题的函数需要字符串参数，这些参数可以是字符串变量。写一个脚本，提示用户输入一个整数 n，然后创建一个值从 1 到 n 的整数 x 向量和一个 y 向量(x^2)，然后绘制包含标题的图形，标题为“具有 n 个值的 x^2”，数值个数其实在标题中。
17. 写一个 plotsin 函数，它能够用图形化的方法展示出在 0 到 2π 范围内，绘图点数不同，绘制出的 sin 函数的不同。该函数接收两个参数，即用来绘制两个 sin 函数的不同点数。例如，下面是调用该函数：

```
>> plotsin(5,30)
```

产生的结果如图 7.4 所示，第一个图在闭区间 0 到 2π 之间共有 5 个点，第二个图包含 30 个点。

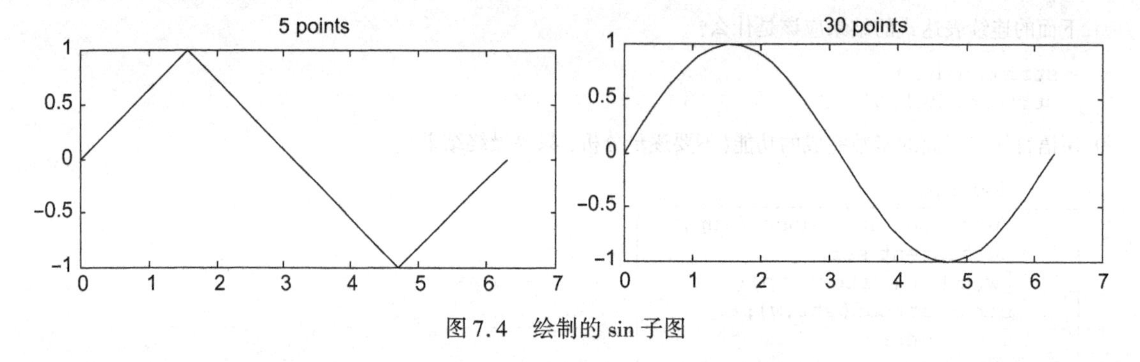

图 7.4　绘制的 sin 子图

18. 如果传递给 strfind 的字符串的长度都相同，那么返回的两种可能性结果是什么？
19. 写一个函数 nchars，它会创建一个包含 n 个字符的字符串，不使用任何循环或选择性语句：

```
>> nchar('*',6)
ans =
******
```

20. 写一个函数，它能够接收两个输入参数：一个是字符串列向量的字符矩阵，另一个是字符串。函数能够在字符矩阵中循环查找字符串，如果在字符矩阵中查找到该字符串，返回其行号；否则返回空向量。
21. 写一个 rid_multiple_blanks 函数，接收一个字符串作为输入参数，字符串包含一个句子，句子中的单词间有多个空格，函数返回一个字符串，字符串中的单词间只有一个空格，例如：

```
>> mystr = 'Hello   and how   are      you? ';
>> rid_multiple_blanks (mystr)
ans =
Hello and how are you?
```

22. 一个字符串变量中的单词由右斜杠(/)隔开而非空格。编写函数 slashtoblank，接收一个这种格式的字符串，返回一个由空格分隔单词的字符串。这应该是普通的函数，并且其使用不必考虑参数值，函数中不允许使用循环，必须使用内置字符串函数。
23. 汇编语言指令通常的格式为：一个代表操作符的单词，然后是由逗号分开的操作数。例如，字符串' ADD n,m '是一条 n + m 的指令。写一个函数 assembly_add，它会接收一个这种格式的字符串，并返回 n + m 的值，例如：

```
>> assembly_add ('ADD 10,11')
ans =
    21
```

24. 两个变量存储由字母表里的一个字母、空格间隔和一个数字(以'R 14.3'的形式)组成的字符串。编写一个脚本，它能够初始化两个这样的向量。然后使用字符串操作函数，从字符串中提取数字并相加。
25. 密码学或加密是将明文转换为某种难以理解的东西(称为密文)的过程。其反过程是破解密码或密码分析，它依赖于寻找加密消息的弱点并由此破译它的难度。现代安全系统严重依赖于这些过程。

    在密码学中，有时有意的消息是由一个字符串中每个单词的首字母组成。写一个 crypt 函数，它能够接收一个具有加密消息的字符串并返回该消息。

```
>> estring = 'The early songbird tweets';
>> m = crypt(estring)
m =
Test
```

26. 使用函数 char 和 double，可以变换词组。例如，可以通过从字符码中减去 32 来将小写字母转换为大写字母。

```
>> orig = 'ape';
>> new = char(double(orig) -32)
new =
APE
>> char(double(new) +32)
ans =
ape
```

    我们已经通过改变字符码"加密"了一个字符串。找出原始字符串。尝试对下列字符串加上和减去不同的值(要用循环完成)直到将它破译出来:

```
Jmkyvih $ mx $ syx $ }ixC
```

27. 循环载入'file1.dat'、'file2.dat'等文件。为了进行测试，首先要在当前文件夹中用这些名字创建两个文件。
28. 在脚本或命令窗口中，创建一个字符串变量，存放由字符'x'把各数字分割开的字符串(如，'12x3x45x2')。创建一个这样的数字向量，然后求和(例如，例子中给出的数字相加的结果为 62，这种求解方法应该是通用的)。
29. 创建下面两个变量:

```
>> var1 = 123;
>> var2 = '123';
```

    然后给每个变量加 1，会有什么不同?
30. 内置函数 clock，返回一个含有 6 个元素的向量，代表年、月、日、时、分、秒，前 5 个元素为整型，而最后一个元素为 double 型，但用 fix 函数调用 clock 时，会将其全部转化为整型。内置函数 date 返回日、月、年的字符串。例如:

```
>> fix(clock)
ans =
  2013  4   25   14   25   49
>> date
ans =
25-Apr-2013
```

    写一个脚本调用这两个内置函数，然后比较结果，确保年份是一样的。为了进行比较，脚本会把其中一个字符串转化为数字或是把一个数字转化为字符串。
31. 将第 5 章中习题 4 的 beautyofmath 脚本编写成处理字符串的问题。
32. 找出怎样把一个整数向量传递给 int2str 函数或把实数向量传递给 num2str 函数。
33. 写一个脚本，首先初始化一个字符串变量，按'x 3.1 y 6.4'的格式存储一个点的 x、y 坐标。然后用字符串操作函数提取坐标，并绘制它们。

34. 修改习题 33 中的脚本使其更通用：字符串中可以按任意顺序存储坐标(如，它可以按照 'y 6.4x 3.1 '的形式存储坐标)。

35. 写一个 wordscramble 函数，它能够接收字符串的一个单词作为输入参数。然后随机打乱字母顺序，并返回结果。下面是调用函数的例子：

```
>> wordscramble ('fantastic')
ans =
safntcait
```

36. 写一个名为' readthem '的函数，提示用户输入一个字符串，该字符串由一个数字后紧跟一个字母表中的字母组成。函数进行差错检测以确保字符串的第一部分确实是一个数字，后面跟的字符确实是字母表中的一个字母。函数会将返回的数字和字母分开作为输出参数。注意：如果字符串' S '不是一个数字，str2num(S) 返回空向量。调用该函数的例子如下：

```
>> [num, let] = readthem
Please enter a number immediately followed
by a letter of the alphabet
Enter a # and a letter:3.3&
Error! Enter a # and a letter:xyz4.5t
Error! Enter a # and a letter:3.21f
num =
    3.2100
let =
f
```

37. 已经累积了大量的温度数据并存在文件中，为了能够梳理这些数据并洞察全球温度变化的影响，可视化这些信息常常会非常有用。

一个名为 avehighs. dat 的文件，存储了 3 个地方一年中每个月的平均高温(四舍五入到整数)。文件中有 3 行，每行存储一个地方编号和 12 个温度值(这是假定的存储格式)。例如，文件存储的内容可能为

```
432  33  37  42  45  53  72  82  79  66  55  46  41
777  29  33  41  46  52  66  77  88  68  55  48  39
567  55  62  68  72  75  79  83  89  85  80  77  65
```

编写一个脚本，读取这些数据并在一个窗口中分别为 3 个地方绘制温度变化图。必须使用 for 循环完成。例如，如果给出的数据如上所示，则图形窗口中会出现图 7.5 所示的结果。轴标签和标题应该都显示在图形窗口中了。

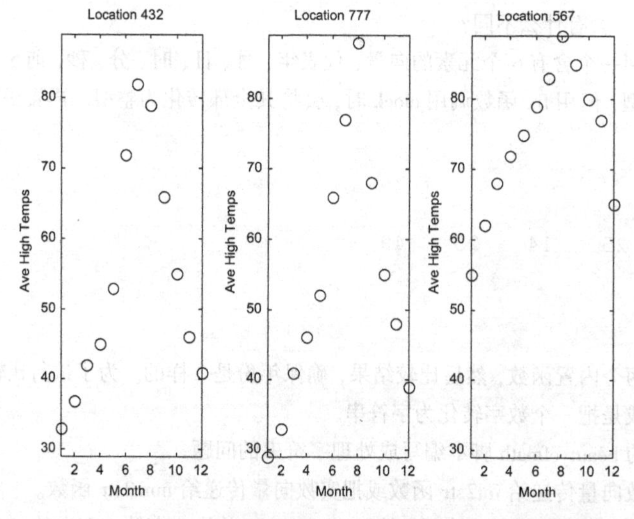

图 7.5 使用 for 循环在子图中可视化文件中的数据

第 8 章　数据结构:元胞数组和结构体

关键词

data structures 数据结构
comma-separated list 逗号分隔列表
record 记录
structures 结构体
nested structure 嵌套结构体
cell indexing 元胞索引
database 数据库
cell array 元胞数组
vector of structures 结构体向量
content indexing 内容索引
fields 域

数据结构是存储多个值的变量。为了使它能够有意义地在一个变量中存储多个数据，这些数据必须是逻辑相关的。数据结构有很多种。我们一直都在使用其中一种:数组(例如，向量和矩阵)。数组是一种所有值都有逻辑关系的数据结构，一个数组中的所有元素具有相同的数据类型，并且代表在某种意义上相同的事情。观察迄今为止所用到的向量和矩阵，发现的确是这样的。

元胞数组是一种能够存储不同类型值的数据结构。它可以是向量或矩阵，数组元素中存放着不同的值。元胞数组的一种非常普遍的应用是能够存储不同长度的字符串。

结构体是一种可以把有一定逻辑关系的值组合在一起的数据结构，而且这些值不一定代表相同的事情也不必是相同类型的。不同的值存储在结构体不同的域中。

结构体的一个用法是构建信息数据库。例如，一个教授想要存储班级里面每个学生的信息:学生姓名、学号、所有作业和小测验成绩，等等。在很多编程语言和数据库程序中，术语表达为在一个数据库文件中，对于每个学生有一条信息记录，把每个单独的信息块(名字、测试 1 的分数，等等)称为记录的一个域。在 MATLAB 中，这些记录称为结构体。

元胞数组和结构体都可以用来在一个单独变量中存储不同类型的值。它们之间的主要区别在于元胞数组是可索引的，所以可以用于循环或向量化代码中。相反的，结构体是不能被索引的；这些值使用域名来引用，将比索引更易记忆。

8.1　元胞数组

元胞数组是 MATLAB 中特有的一种数据结构，在其他很多编程语言中是不存在的。在 MATLAB 中元胞数组是数组的一种，但是又不同于以前用过的向量和矩阵，元胞数组中的元素能够存放不同类型的值。

8.1.1　创建元胞数组

有多种创建元胞数组的方法。例如，创建一个元胞数组，它的一个元素存放整数，一个元素存放字符，一个元素存放向量，一个元素存放字符串。就像以前用到的数组，它可以是一个 1 ×4 的行向量、一个 4 ×1 的列向量或是一个 2 ×2 的矩阵。创建向量和矩阵的语法与之前的相同。同一行的不同值由空格或逗号隔开，不同行之间由分号隔开。在元胞数组中，使用的是大括号而不是方括号。例如，下面是创建一个有4个不同类型值的行向量元胞数组：

```
>> cellrowvec = {23,'a',1:2:9,'hello'}
cellrowvec =
    [23]    'a'    [1x5 double]    'hello'
```

创建一个列向量元胞数组，值由分号隔开：

```
>> cellcolvec = {23;'a';1:2:9;'hello'}
cellcolvec =
    [          23]
    'a'
    [1 x5 double]
    'hello'
```

下面是创建一个2×2元胞数组矩阵的方法：

```
>> cellmat = {23  'a'; 1:2:9 'hello'}
cellmat =
    [        23]    'a'
    [1 x5 double]   'hello'
```

元胞数组的类型是cell。

```
>> class(cellmat)
ans =
cell
```

另一个创建元胞数组的方法是把值分配给指定的数组元素，并逐个元素的创建数组。然而，正如前面所介绍的，逐个元素的扩展数组是很低效又费时的方法。

如果提前知道数组的大小，那么预先分配数组将会更高效。对于元胞数组，可以由cell函数完成。例如，要预分配一个2×2的元胞数组变量mycellmat，调用cell函数如下所示：

```
>> mycellmat = cell(2,2)
mycellmat =
     []     []
     []     []
```

注意，这是一个函数调用，所以函数的参数在括号中。这种做法创建了一个其中每个元素都是空向量的矩阵。然后，每个元素会被期望的值替代。

下面的内容将介绍怎样指向每个元素。

8.1.2 查看并显示元胞数组的元素和属性

正如我们至今为止所看到的其他向量，可以查看元胞数组的单独元素。然而，对于元胞数组，有两种不同的方法可查看单独的元素。元胞数组中的元素为元胞。这些元胞可以包含不同类型的值。对于元胞数组，可以查看元胞或元胞的内容。

在子脚本中，使用大括号引用一个元胞的内容，这称为内容索引。例如，查看元胞数组cellrowvec的第二个元素的内容，ans将是char类型：

```
>> cellrowvec{2}
ans =
a
```

通过行列索引指向矩阵中的元素(仍然使用大括号)，例如：

```
>> cellmat{1,1}
ans =
   23
```

可以把值分配给元胞数组的元素。例如，在上一节预分配变量 mycellmat 后，初始化元素：

```
>> mycellmat{1,1} = 23
mycellmat =
    [23]     []
      []     []
```

在子脚本中使用圆括号来引用元胞，称为元胞索引。例如，查看元胞数组 cellrowvec 的第 2 个元胞，ans 将是一个 1 ×1 的元胞数组：

```
>> cellcolvec(2)
ans =
    'a'
>> class(ans)
ans =
cell
```

如果一个元胞数组的一个元素本身是一个数据结构，那么当显示元胞数组的内容时，仅显示该元素的类型。例如，在前面创建的元胞数组中，向量仅显示为“1 ×5 double”(这是该元胞数组的高层试图)。这就是所谓的具有元胞索引的显示,内容索引会显示其内容：

```
>> cellmat{2, 1}
ans =
    [ 1 ×5 double ]
>> cellmat{2, 1}
ans =
    1     3     5     7     9
```

由于这个结果是一个向量，所以引用其元素时要使用小括号。例如，前面向量的第 4 个元素是：

```
>> cellmat{2, 1} (4)
ans =
    7
```

注意：元胞数组中的索引是通过大括号给出的，而引用向量中的元素使用的是小括号。

我们也可以引用元胞数组的子集，例如

```
>> cellcolvec{2 3}
ans =
a
ans =
    1     3     5     7     9
```

但是要注意，MATLAB 把 cellcolvec{2} 存放到默认变量 ans 中，然后用 cellcolvec{3} 的值将其替换。利用内容索引将其返回成用逗号分隔的列表。然而，在赋值语句的左边，通过使用一个变量向量,能够将它们存在两个独立的变量里。

```
>> [c1, c2] = cellcolvec{2 3}
c1 =
a
c2 =
    1     3     5     7     9
```

使用元胞索引，新的元胞数组中放入两个元胞(如 ans)：

```
>> cellcolvec(2:3)
ans =
    'a'
    [1x5 double]
```

有多种显示元胞数组的方法。celldisp 函数可以显示元胞数组的全部元素：

```
>> celldisp(cellrowvec)
cellrowvec{1} =
   23
cellrowvec{2} =
a
cellrowvec{3} =
    1     3     5     7     9
cellrowvec{4} =
hello
```

函数 cellplot 把一个元胞矩阵的图形显示放入图窗口；然而，这是一个高级视图，基本上只显示与输入变量的名称相同的信息(从前面的例子可以看出它不会显示向量的内容)。换句话说，它展示了元胞，而不是它的内容。

前面介绍的很多作用在数组上的函数和操作也同样可以作用在元胞数组上。例如，这里有一些与维数相关的函数：

```
>> length(cellrowvec)
ans =
    4

>> size(cellcolvec)
ans =
    4     1

>> cellrowvec{end}
ans =
hello
```

要删除一个向量元胞数组的元素时，使用元胞索引：

```
>> cellrowvec
mycell =
    [23]  'a'  [1×5double]  'hello'

>> cellrowvec(2) = []
cellrowvec =
    [23]  [1×5 double]  'hello'
```

对于矩阵，可以使用元胞索引来删除整行或列：

```
>> cellmat
mycellmat =
    [  23]  'a'
    [1×5 double]  'hello'
>> cellmat(1,:) = []
mycellmat =
    [1×5double]  'hello'
```

8.1.3 在元胞数组中存放字符串

元胞数组的一个经典应用是存放不同长度的字符串。因为元胞数组能够在元素中存放不同类型的值，这就意味着在元素中可以存放不同长度的字符串。

```
>> names = {'Sue','Cathy','Xavier'}
names =
    'Sue'    'Cathy'    'Xavier'
```

因为不像使用 char 和 strvcat 函数创建的字符串变量，这些字符串没有多余的后置空格，所以是非常有用的。每个字符串的长度可以通过使用一个 for 循环函数遍历元胞数组的元素来显示：

```
>> for i = 1:length(names)
     disp(length(names{i}))
   end
   3
   5
   6
```

字符串元胞数组可以转换成字符数组，反之亦然。MATLAB 有多种方法来实现这个过程。例如，cellstr 函数可以把填充了空格的字符数组转换为删除了后置空格的元胞数组。

```
>> greetmat = char('Hello','Goodbye');
>> cellgreets = cellstr(greetmat)
cellgreets =
    'Hello'
    'Goodbye'
```

char 函数能够把元胞数组转化为字符矩阵：

```
>> names = {'Sue','Cathy','Xavier'};
>> cnames = char(names)
cnames =

Sue
Cathy
Xavier
>> size(cnames)
ans =
     3     6
```

如果元胞数组是字符串元胞数组，iscellstr 函数返回逻辑真，否则返回逻辑假。

```
>> iscellstr(names)
ans =
     1
>> iscellstr(cellcolvec)
ans =
     0
```

在下面章节中将介绍几个由不同长度的字符串组成的元胞数组的例子，包括高级文件输入函数和自定义图像。

练习 8.1

写一个语句，显示元胞数组中的一个随机元素（假设不知道元胞数组中的元素个数）。创建两个不同的元胞数组，并用它们试运行该语句，确保其正确性。

附加练习：写一个函数，接收一个元胞数组作为输入参数，并显示该元胞数组的一个随机元素。

8.2 结构体

结构体是一种可以把有一定逻辑关系的值组合在一起的数据结构，这些值放在结构体的域中。结构体的优点是能够为域命名，这些名字可以帮助我们清晰地了解结构体中存放的值是什么。然而，结构体变量不是数组。它没有元素，所以不能循环遍历结构体中的值。

8.2.1 创建和修改结构体变量

要创建结构体变量，可以通过使用赋值语句或 struct 函数简单地把值存放在域中来完成。

下面举的第一个例子是，当地的计算机大卖场要把所卖的软件信息存放在软件包上，每个软件都存储如下信息：

- 产品编号
- 成本
- 价格
- 软件类型代码

某个软件包的单独结构体变量如下所示：

package			
item_no	cost	price	code
123	19.99	39.95	g

结构体变量名为 package，它有 4 个域：item_no、cost、price 和 code。

注意：一些编程者使用以大写字母开头的名称作为结构体变量(如 Package)来使其更容易被区分。

一种初始化结构体变量的方法是使用 struct 函数预分配一个结构体。将域名放在引号中传递给结构体，后跟要为每个域赋的值：

```
>> package = struct ('item_no',123,'cost',19.99,...
   'price',39.95,'code','g')
package =
    item_no:123
       cost:19.9900
      price:39.9500
       code:'g'
```

注意，在工作区窗口，package 变量作为一个 1×1 的结构体列出。

```
>> class(package)
ans =
struct
```

MATLAB 之所以采用数组格式，是因为这样写可以使用数组工作。就像可以把一个单独的数字看成一个 1×1 的浮点数，一个单独的结构体可以看成一个 1×1 的结构体。本章后续部分将介绍如何更通用地使用结构体向量来工作。

另一个创建该结构体的方法是使用点操作来指向结构体中的域，这种方法是低效的。结构体变量名之后是点(或说是英文中的句号)，接着是结构体中的域名。可以使用赋值语句给域赋值。

```
>> package.item_no = 123;
>> package.cost = 19.99;
>> package.price = 39.95;
>> package.code = 'g';
```

通过在第一个赋值语句中使用点操作创建含有 item_no 域的结构体变量。后三个赋值语句再增加更多的域到结构体变量中。之后每使用一个赋值语句则添加一个域到结构体中。

一个结构体变量可以整体赋值给另外一个。如果两个结构体有一些共同的值，则用这种方法是很有意义的。下面的例子，是把一个结构体的值赋值到另一个中，然后选择性的修改其中两个域的值：

```
>> newpack = package ;
>> newpack .item_no = 111;
>> newpack.price = 34.95
newpack =
    item_no:111
       cost:19.9900
      price:34.9500
       code:'g'
```

disp 函数可以显示一个完整的结构体或其一个域。

```
>> disp(package)
     item_no:123
        cost:19.9900
       price:39.9500
        code:'g'
>> disp(package.cost)
    19.9900
```

然而，使用 fprintf 函数只能打印单独的域，却不能打印出一个完整的结构体。

```
>> fprintf('%d %c \n',package.item_no,package.code)
123 g
```

rmfield 函数可以删除结构体中的一个域。它返回一个删除过域的新结构体，但是不会修改原结构体(除非把返回的结构体赋值给原变量)。例如，下面的例子是删除结构体 newpack 中的域 code，最终的结构体存放在默认的 ans 变量中，newpack 值仍不变。

```
>> rmfield(newpack,'code')
ans =
     item_no:111
        cost:19.9900
       price:34.9500
>> newpack
newpack =
     item_no:111
        cost:19.9000
       price:34.9500
        code:'g'
```

为了改变 newpack 的值，必须把调用 rmfield 函数的结果结构体赋值给 newpack。

```
>> newpack = rmfield(newpack,'code')
newpack =
    item_no:111
       cost:19.9000
      price:34.9500
```

练习 8.2

一个磁盘制造商为存货清单的每个部件存储信息:部件编号、数量和成本。

onepart		
part_no	quantity	costper
123	4	33.95

使用 struct 函数创建该结构体变量,以格式$xx. xx 打印成本。

8.2.2 将结构体传递给函数

一个完整的结构体或单独的域都可以传入到函数中。例如,这里有一个函数的两个不同形式来计算软件包的利润。利润定义为价格减去成本。

在第一个形式中,将整个结构体传递给函数,所以函数必须使用点操作引用输入参数的 price 和 cost 域。

calcprof.m

```
function profit = calcprof(packstruct)
% calcprofit calculates the profit for a
% software package
% Format:calcprof(structure w/price & cost fields)

profit = packstruct.price-prckstruct.cost;
end
```

```
>> calcprof(package)
ans =
    19.9600
```

在第二个形式中,在函数调用时,使用点操作仅仅把 price 和 cost 域传递给函数。这些域值传递给函数头的是两个标量输入参数,因此并没有涉及函数本身的结构体变量,且在函数中的点操作是不必要的。

calcprof2.m

```
function profit = calcprof2(oneprice,onecost)
% Calculates the profit for a software package
% Format:calcprof2(price,cost)

profit = oneprice-onecost;
end
```

```
>> calcprof2(package.price ,package.cost)
ans =
    19.9600
```

通常在使用函数时,必须要确保函数调用中的参数与在函数头中的输入参数一一对应,这点是很重要的。前面的例子 calcprof 中,把结构体变量传递给一个输入参数,该输入参数也是一个结构体。对于第二个函数 calcprof2,把两个值为 double 的域传递给两个 double 型参数。

8.2.3 相关结构体函数

在 MATLAB 中,有几个函数可以在结构体上使用。若变量参数是一个结构体变量,isstruct函数将返回 1 即逻辑真,否则返回 0。若域名(作为一个字符串)是结构体参数中的一个域,isfield函数将返回逻辑真,否则返回逻辑假。

```
>> isstruct(package)
ans =
    1
>> isfield(package,'cost')
ans =
    1
```

fieldnames 函数返回包含在结构体变量中域的名字。

```
>> pack_fields = fieldnames (package)
pack_fields =
    'item_no'
    'cost'
    'price'
    'code'
```

因为各域名长度不同，所以 fieldnames 函数返回的是一个域名的元胞数组。

因为 pack_fields 是一个元胞数组，所以使用大括号来指向其中的元素。下面的例子能够获得其中一个字符串的长度：

```
>> length(pack_fields{2})
ans =
    4
```

快速问答

怎样提示用户输入一个结构体中的域并打印它的值，若它不是一个事实上的域，则打印出错？

答：

可以用 isfield 函数判断它是否是一个结构体中的域，然后把结构体变量和点与域名连接起来，再把整个字符串传递到 eval 中，字符串求值，得到结构体中的实域：

```
inputfield = input('Which field would you like to see:','s');
if isfield(package,inputfield)
  fprintf('The value of the %s field is:', inputfiled)
      disp(eval(['package.'inputfield]))
else
  fprintf('Error:%s is not a valid field\n',inputfield)
end
```

上面的代码会出现以下输出(假设 package 变量像前面显示的那样已被初始化)：

```
Which field would you like to see:code
The value of the code field is:g
```

练习 8.3

修改上述快速问答中的代码，使用 sprintf 而不是 eval。

8.2.4　结构体向量

在许多应用中，包括数据库应用，信息通常被存放在一个结构体向量中，而不是在一个单独的结构体变量中。例如，如果计算机超级卖场正在存储它所卖的所有软件包信息，它可能是像下面那样的一个结构体向量：

	packages			
	item_no	cost	price	code
1	123	19.99	39.95	g
2	456	5.99	49.99	l
3	587	11.11	33.33	w

在这个例子中，packages 是一个含有 3 个元素的向量。它显示为一个列向量。每个元素是一个包含 4 个域的结构体：item_no、cost、price 和 code。虽然像是一个包含行和列的矩阵，但它却是一个结构体向量。

有几种创建结构体向量的方法。一种方法是像前面展示的，创建一个结构体变量来存储一个软件包信息，然后可以扩展成为一个结构体向量。

```
>> packages = struct('item_no',123,'cost',19.99,...
   'price',39.95,'code','g');
>> packages(2) = struct('item_no',456,'cost',5.99,...
   'price',49.99,'code','l');
>> packages(3) = struct('item_no',587,'cost',11.11,...
   'price',33.33,'code','w');
```

这里显示的第一个赋值语句创建了结构体向量的第一个结构体，第二个赋值语句创建了第二个结构体，等等。事实上是创建了一个 1×3 的行向量。

或者，把第一个结构体看成起始的向量，例如：

```
>> packages(1) = struct('item_no',123,'cost',19.99,...
   'price',39.95,'code','g');
>> packages(2) = struct('item_no',456,'cost',5.99,...
   'price',49.99,'code','l');
>> packages(3) = struct('item_no',587,'cost',11.11,...
   'price',33.33,'code','w');
```

这两个方法都包含向量的扩展。如前所述，在 MATLAB 中，预分配向量要比扩展更高效。这里有几种预分配向量的方法。从最后一个元素开始，MATLAB 会创建一个包含很多元素的向量。然后，从第一个到倒数第二个元素进行初始化。例如，对于有 3 个元素的结构体向量，从第三个元素开始：

```
>> packages(3) = struct('item_no',587,'cost',11.11,...
   'price',33.33,'code','w');
>> packages(1) = struct('item_no',123,'cost',19.99,...
   'price',39.95,'code','g');
>> packages(2) = struct('item_no',456,'cost',5.99,...
   'price',49.99,'code','l');
```

另一种方法是用一个结构体中的值创建一个元素，按照需要用 repmat 函数复制该元素，然后再修改其他的元素。下面创建了一个结构体，然后把它复制到一个 1×3 的矩阵中。

```
>> packages(1) = struct('item_no',123,'cost',19.99,...
   'price',39.95,'code','g');
>> packages(2) = struct('item_no',456,'cost', 5.99,...
   'price',49.99,'code','l');
>> packages(3) = struct('item_no',587,'cost',11.11,...
   'price',33.33,'code','w');
```

键入变量的名字将显示结构体向量的大小和域的名字：

```
>> packages
packages =
1 ×3 struct array with fields:
    item_no
    cost
    price
    code
```

现在变量 packages 是一个结构体向量，所以向量中的每个元素都是一个结构体。要显示向量中的一个元素(一个结构体)，就要指定向量中的索引。例如，指向第 2 个元素：

```
>> packages(2)
ans =
    item_no: 456
       cost: 5.9900
      price: 49.9900
       code: '1'
```

要想指向一个域，应该先指向包含这个域的结构体，之后才能指向它的域。这意味着使用向量的索引去指向结构体，然后用点操作去指向域。例如：

```
>> packages(1).code
ans =
g
```

这个数据结构有关键的三层，变量 packages 是最高层，它是一个结构体向量。该变量的每个元素是一个单独的结构体。这些独立的结构体中的域是最低层。下面循环显示 packages 向量中的每个元素：

```
>> for i = 1:length(packages)
     disp(packages(i))
   end
    item_no: 123
       cost: 19.9900
      price: 39.9500
       code: 'g'

    item_no: 456
       cost: 5.9900
      price: 49.9900
       code: '1'

    item_no: 587
       cost: 11.1100
      price: 33.3300
       code: 'w'
```

对于所有的结构体来说，要想指向一个特定的域，在大多数编程语言中，都要遍历向量中的所有元素，并使用点操作来指向每个元素的域。然而在 MATLAB 中，并不需要这样。

编程思想

例如，使用一个 for 循环，打印出所有的成本：

```
>> for i = 1:3
   fprintf('%f\n',packages(i).cost)
   end
19.990000
```

```
5.990000
11.110000
```

高效方法

在 MATLAB 中, fprintf 函数将自动完成该循环:

```
>> fprintf('% f \n',packages.cost)
19.990000
5.990000
11.110000
```

在这种方法中, 使用点操作来指向一个域的所有值, 这些值会被连续存放在默认的 ans 变量中:

```
>> packages.cost
ans =
    19.9900
ans =
    5.9900
ans =
    11.1100
```

然而, 也可以把这些值存放在一个向量中:

```
>> pc = [packages.cost]
pc =
    19.9900    5.9900   11.1100
```

MATLAB 允许使用这种方法在一个结构体向量的所有相同域上使用函数。例如, 把向量的 cost 域传递给 sum 函数, 来使得这 3 个 cost 域相加:

```
>> sum ([packages.cost])
ans =
    37.0900
```

对于结构体向量来说, 如果完整的向量(例如:packages)或其本身是一个结构体的元素(例如:packages(1))或一个结构体的域(例如:packages(2). price), 那么都可以传递给一个函数。

下面是接收一个完整结构体向量作为输入参数, 并用表格的形式打印出向量全部内容的函数的例子:

printpackages.m

```
function printpackages(packstruct)
% printpackages prints a table showing all
% values from a vector of 'packages' structures
% Format:printpackages(package structrue)

fprintf''\nItem # Cost Price Code \n \n')
no_packs = length(packstruct);
for i = 1:no_packs
    fprintf('% 6d % 6.2f % 6.2f % 3c \n',…
        packstruct(i).item_no,…
        packstruct(i).cost,…
        packstruct(i). price,…
        packstruct(i).code)
end
end
```

函数遍历向量的所有元素，每个元素都是一个结构体，并使用点操作来指向且打印每个域。下面是调用该函数的例子：

```
>> printpackages(packages)
Item #      Cost      Price      Code
123         19.99     39.95      g
456          5.99     49.99      l
587         11.11     33.33      w
```

练习 8.4

一个磁盘制造商为每种存货部件存储信息：部件编号、数量和成本。首先创建一个名为 parts 的结构体向量，使得显示该结构体向量的时候会有以下值：

```
>> parts
parts =
1 x3 struct array with fields:
    partno
    quantity
    costper

>> parts(1)
ans =
      partno:123
    quantity:4
     costper:33

>> parts(2)
ans =
      partno:142
    quantity:1
     costper:150

>> parts(3)
ans =
      partno:106
    quantity:20
     costper:7.5000
```

下一步，写出对于变量 parts 中的任意值和任意数量的结构体都能通用的代码，以列形式打印部件编号和总成本（所有单元成本相加）。

例如，如果 parts 变量存储以上所示的值，结果将是：

```
123   132.00
142   150.00
106   150.00
```

前面的例子中包含了一个结构体向量。在下面的例子中，会介绍更为复杂的数据结构：一个结构体向量，且它的某些域本身也是结构体向量。例如，教授想要把他/她的班级信息存储到数据库中，可以使用结构体向量来实现。

向量可以存储所有班级信息，向量中的每个元素是一个结构体，代表一个学生的所有信息。对于每个学生，教授想要存储以下信息（对现在而言，以后可以再进行扩展）：

- 姓名（一个字符串）
- 学号
- 测试成绩（包含 4 次测试成绩的向量）

名为 student 的向量变量，可能会如下所示：

	student					
	name	id_no	quiz			
			1	2	3	4
1	C,Joe	999	10.0	9.5	0.0	10.0
2	Hernandez,Pete	784	10.0	10.0	9.0	10.0
3	Brownnose,Violet	332	7.5	6.0	8.5	7.5

向量中的每个元素都是有 3 个域(name、id_no 和 quiz)的结构体。quiz 域是一个测试成绩的向量，name 域是一个字符串。

这个数据结构可以定义如下：

```
>> student(3) = struct('name','Brownnose,Violet',...
   'id_no',332,'quiz',[7.5 6 8.5 7.5]);
>> student(1) = struct('name','C,Joe',...
   'id_no',999,'quiz',[10 9.5 0 10]);
>> student(2) = struct('name','Hernandez,Pete',...
   'id_no',784,'quiz',[10 10 9 10]);
```

一旦初始化了这个数据结构，在 MATLAB 中就可以指向它中间的不同部分。student 变量是一个完整的数组，MATLAB 只能显示其域名。

```
>> student
student =
1 ×3 struct array with fields:
    name
    id_no
    quiz
```

为了看到实际的值，我们只能指向单独的结构体和域。

```
>> student(1)
ans =
    name: 'C,Joe'
   id_no: 999
    quiz: [10 9.5000 0 10]
>> student(1).quiz
ans =
    10.0000      9.5000       0       10.0000
>> student(1).quiz(2)
ans =
    9.5000
>> student(3).name(1)
ans =
B
```

对于像这样复杂的数据结构，理解变量的不同部分是很重要的。下面是指向这个数据结构不同部分的语句：

- student 是一个完整的数据结构，它是一个结构体向量
- student(1)是向量的一个元素，它是一个独立的结构体
- student(1). quiz 是结构体的 quiz 域，它是一个 double 型向量
- student(1). quiz(2)是一个单独的 double 型测试成绩

- student(3).name(1)是第 3 个学生姓名的第 1 个字母

使用这个数据结构的例子是：计算并打印每个学生的测试平均分。用下面的函数来完成。把前面定义过的 student 结构体传递给该函数。函数中的算法是：

- 打印列标题
- 循环遍历每个学生，对每个学生的信息都进行如下操作：
  - 把测试成绩相加
  - 计算平均分
  - 打印学生的名字和平均分

对于这种编程方式，第二个（嵌套的）循环是为了找出测试成绩之和。然而，就像我们看到的，可以使用 sum 函数把每个学生的测试成绩相加。函数定义如下：

printAves.m

```
function printAves(student)
% This function prints the average quiz grade for
% each student in the vector of structs
% Format: printAves(student array)

fprintf('% -20s % -10s \n','Name','Average')
for i =1 : length(student)
    qsum = sum([student(i).quiz]);
     no_quizzes = length(student(i).quiz);
     ave = qsum /no_quizzes;
     fprintf('% -20s %.1f \n',student(i).name,ave);
end
```

下面是调用函数的例子：

```
>> printAves(student)
Name                 Average
C,Joe                7.4
Hernandez,Pete       9.8
Brownnose,Violet     7.4
```

8.2.5 嵌套结构体

嵌套结构体至少有一个成员本身也是结构体。例如，一条线段的结构体可以由代表线段两端点的域组成。每个端点都会被表示为一个由 x 和 y 坐标组成的结构体。

lineseg			
endpoint1		endpoint2	
x	y	x	y
2	4	1	6

这里显示了一个名为 lineseg 并有两个域 endpoint1 和 endpoint2 的结构体变量。endpoint1 和 endpoint2 也都是包含两个域 x 和 y 的结构体。

一种定义该结构体的方法是嵌套调用 struct 函数：

```
>> lineseg = struct('endpoint1',struct('x',2,'y',4),...
                    'endpoint2',struct('x',1,'y',6))
```

这种方法是最高效的。

另一种方法是对点应该先创建一个结构化变量，然后在 struct 函数域里使用这些变量值（而不是使用另一个 struct 函数）。

```
>> pointone = struct('x', 5, 'y', 11);
>> pointtwo = struct('x', 7, 'y', 9);
>> lineseg = struct('endpoint1', pointone,...
                    'endpoint2', pointtwo);
```

第三种方法是最有效的,应该建立嵌套结构,一次一个域。因为它是一个结构包含另一个结构的嵌套结构,所以这里必须使用两次点操作来提取实际的 x 和 y 坐标。

```
>> lineseg.endpoint1.x = 2;
>> lineseg.endpoint1.y = 4;
>> lineseg.endpoint2.x = 1;
>> lineseg.endpoint2.y = 6;
```

一旦创建了嵌套结构体，就能够指向变量 lineseg 的不同部分。键入变量名称只能显示它是一个包含两个域 endpoint1 和 endpoint2 的结构体，每个域也都是一个结构体。

```
>> lineseg
lineseg =
  endpoint1:[1 ×1 struct]
  endpoint2:[1 ×1 struct]
```

键入嵌套结构体中一个结构体的名称，会显示其域名和值：

```
>> lineseg.endpoint1
ans =
  x:2
  y:4
```

例如，使用两次点操作来指向一个单独坐标：

```
>> lineseg.endpoint1.x
ans =
    2
```

快速问答

如何写一个 strpoint 函数，使其返回一个包含 x 和 y 坐标的字符串(x,y)。例如，可以调用它来分别为两个端点创建字符串并像下面一样打印出来：

```
>> fprintf('The line segment consists of %s and %s \n',…
  strpoint(lineseg.endpoint1),…
  strpoint(lineseg.endpoint2))
The line segment consists of (2,4) and (1,6)
```

答：

因为一个端点的结构体被传递给函数作为输入参数，所以在函数中使用点操作来指向 x 和 y 坐标。使用 sprintf 函数来创建返回的字符串。

strpoint.m

```
function ptstr = strpoint(ptstruct)
% strpoint receives a struct containing x and y
% coordinates and returns a string '(x,y)'
% Format:strpoint(structure with x and y fields)
ptstr = sprintf('(% d,% d)',ptstruct.x,ptstruct.y);
end
```

8.2.6 嵌套结构体向量

结合向量和嵌套结构体，可能产生有些域本身也是结构体的结构体向量。这里有一个例子，一个公司为了工业应用把不同的原材料制作成圆柱体。程序把它们的信息存储在一个数据结构中。cyls 变量是一个结构体向量，每个结构体包含的域有：code、dimensions 和 weight。dimensions 域本身也是一个结构体，包含域 rad 和 height，分别表示圆柱体的半径和高。

	cyls			
	code	dimensions		weight
		rad	height	
1	'x'	3	6	7
2	'a'	4	2	5
3	'c'	3	6	9

这里是通过预分配来初始化这个数据结构的例子：

```
>> cyls(3) = struct('code','c','dimensions',...
  struct('rad',3,'height',6),'weight',9);
>> cyls(1) = struct('code','x','dimensions',...
  struct('rad',3,'height',6),'weight',7);
>> cyls(2) = struct('code','a','dimensions',...
  struct('rad',4,'height',2),'weight',5);
```

在该变量中有几层。例如：

- cyls 是一个完整的数据结构，它是一个结构体向量
- cyls(1)是向量的一个单独的元素，它本身也是一个结构体
- cyls(2).code 是结构体 cyls(2)的 code 域，它是一个字符
- cyls(3).dimensions 是结构体 cyls(3)的 dimensions 域，它本身也是一个结构体
- cyls(1).dimensions.rad 是结构体 cyls(1).dimensions 的 rad 域，它是一个 double 型数据

对于这些圆柱体，需要计算每个的体积(即 $\pi * r^2 * h$，r 是半径，h 是高)。函数 printcylvols 可以打印出每个圆柱体的体积和它们的 code(用来标记是哪个圆柱体)。该函数调用子函数来计算每个体积。

printcylvols.m

```
function printcylvols(cyls)
% printcylvols prints the volumes of each cylinder
% in a specialized structure
% Format:printcylvols(cylinder structure)

% It calls a subfunction to calculate each volume

for i = 1:length(cyls)
    vol = cylvol(cyls(i).dimensions);
    fprintf('Cylinder % c has a volume of % .1f in^3 \n',...
        cyls(i).code,vol);
end
end

function cvol = cylvol(dims)
% cylvol calculates the volume of a cylinder
% Format:cylvol(dimension struct w/fields 'rad','heigth')

cvol = pi * dims.rad^2 * dims.height;
end
```

这里有一个调用这个函数的例子：

```
>> printcylvols(cyls)
Cylinder x has a volume of 169.6 in^3
Cylinder x has a volume of 100.5 in^3
Cylinder x has a volume of 169.6 in^3
```

注意，把这个完整的数据结构 cyls 传递给函数。函数循环遍历每个元素，每个元素本身都是结构体。打印出每个通过 cyls(i).code 给出的 code 域。为了要计算圆柱体的体积，只需要用到半径和高，所以与其把整个结构体(即 cyls(i))传递到子函数 cylvol，不如只传递 dimensions 域(即 cyls(i).dimensions)。然后函数接收 dimensions 结构体作为输入参数，并且使用点操作来指向其 rad 和 height 域。

练习8.5

修改 cylvol 函数，使公式 $2\pi r^2+2\pi rh$ 再增加计算圆柱体表面积的功能。

探索其他有趣的特征

- 探索内置函数 cell2struct，将元胞数组转换为结构体向量，struct2cell 将结构体转换为元胞数组。
- 寻找一个函数可以从元胞数组转换为数字数组，反之亦然。
- 探索函数 orderfields。
- 元胞数组和结构体向量是 MATLAB 中主要的数据结构。然而，MATLAB 支持面向对象编程；作为结果，它有内置类，允许创建自己的类。使用类可以创建数据结构的其他类型(例如链表)。一些术语和概念将会在本书的后续章节介绍，包括复杂的绘图技术和编程图形用户界面。例如，MATLAB 中有一个类叫 Map。使用 Map 可以创建自己的 Map 对象，可以有索引到一个数组的其他方法(例如，可以使用字符串代替目录 1,2,3 等)。
- 探索函数 deal 和函数 orderfields，将结构字段按字母顺序排列。

总结

常见错误

- 在使用元胞数组时，使用了小括号而不是大括号。
- 忘记了索引向量时使用小括号或是使用点操作来指向结构体的一个域。

编程风格指南

- 当值是相同类型并代表在某种意义上的相同事情时，要使用数组。
- 当值是逻辑相关的但不是相同类型也不是相同事情时，要使用元胞数组或结构体。
- 当存储不同长度的字符串时，要使用元胞数组而不是字符矩阵。
- 当需要遍历值时，使用元胞数组而不是结构体。
- 当需要为不同的值使用名字而非索引时，使用结构体而不是元胞数组。

MATLAB 函数和命令		
cell	iscellstr	isfield
celldisp	struct	fieldnames
cellplot	rmfield	
cellstr	isstruct	

MATLAB 操作符	
元胞数组{}	结构体的点操作符

习题

1. 创建如下元胞数组:

```
>> ca = {'abc',11,3:2:9,zeros(2)}
```

使用 reshape 函数将其构造为一个 2×2 的矩阵。然后，写一个表达式来指向该元胞数组的最后一列。

2. 通过用 cell 函数预分配然后将值放在单独的元素中来创建 2×2 的元胞数组。然后，在中间插入一行，使得元胞数组成为 3×2。提示:通过添加附加行，并把第 2 行复制到第 3 行中，再修改第 2 行来扩展元胞数组。

3. 创建一个行向量元胞数组来存储字符串'xyz'、数字 33.3、向量 2:6 和逻辑表达式'a'<'c'。使用转置操作来将其构造成列向量，并使用 reshape 函数将其构造成一个 2 ×2 的矩阵。使用 celldisp 函数来显示所有的元素。

4. 创建一个元胞数组来存储短语，例如:

```
exclaimcell = {'Bravo','Fantastic job'};
```

随机挑选短语打印出来。

5. 创建三个元胞数组变量用来存储人名、动词和名词。例如:

```
names = {'Harry','Xavier','Sue'};
verbs = {'loves','eats'};
nouns = {'baseballs','rocks','sushi'};
```

写一个脚本初始化这些元胞数组，然后用每个元胞数组的一个随机元素打印出一个句子，例如，'Xaviereats sushi'。

6. 写一个脚本提示用户输入一些字符串并读入，把它们存储在一个元胞数组中(在一个循环中)，然后将其打印出来。

7. 编写一个 convstrs 函数，接收一个字符串元胞数组和一个字符'u'或'l'。如果字符是'u'，返回一个所有字符串都为大写的新的元胞数组。如果字符是'l'，返回一个字符串全小写的新的元胞数组。如果字符既不是'u'也不是'l'，或者元胞数组不全是字符串，返回的元胞数组将与输入元胞数组完全相同。

8. 编写一个 buildstr 函数，接收一个字符和一个正整数 n。它将创建并返回一个由长度递增的字符串组成的元胞数组，长度从 1 增长到 n。建立按 ASCII 编码的连续字符的字符串。

```
>> buildstr('a',4)
ans =
   'a'  'ab'  'abc'  'abcd'
```

9. 编写一个脚本，创建并显示一个元胞数组，将循环来存储长度为 1,2,3,4 的字符串。脚本将提示用户输入字符串。可以进行差错检测，并且打印错误消息，如果用户输入了一个错误长度的字符串，将提示用户重新输入。

10. 编写一个脚本，循环 3 次，每次提示用户输入一个向量，并且将向量存储到元胞数组的每个元素中。然后循环打印元胞数组中的所有向量的长度。

11. 创建一个元胞数组变量用来存储一位学生的姓名、学号和平均成绩。打印出该信息。
12. 创建一个结构体变量用来存储一位学生的姓名、学号和平均成绩。打印出该信息。
13. 复数是一种格式为 a + ib 的数字，a 为实部，b 为虚部，且 $i = \sqrt{-1}$。写一个脚本来提示用户分别输入实部和虚部的值，并将其存储在结构体变量中。然后按照 a + ib 的格式打印出这个复数。脚本是先打印出 a 的值，然后是字符串' + i'，接着是 b 的值。例如，如果脚本被命名为 compnumstruct，运行结果会是：

```
>> compnumstruct
Enter the real part:2.1
Enter the imaginary part:3.3
The complex number is 2.1 + i3.3
```

14. 创建一个数据结构来存储元素周期表中各元素的信息。存储每个元素的以下信息：元素名、原子序数、分子式、原子质量和 7 层核外电子数。创建一个结构体变量来存储这些信息，例如锂：

```
Lithium  3  Li  alkali_metal  6.94  2  1  0  0  0  0  0
```

15. 编写一个 separatethem 函数，接收一个输入参数，它是含有命名的长度和宽度字段的结构，并且返回两个单独的值。下面是调用函数的例子：

```
>> myrectangle = struct('length',33 , 'width',2);
>> [l w] = separatethem(myrectangle)
l =
    33
w =
    2
```

16. 修改习题 13 的脚本，调用一个函数提示用户输入复数的实部和虚部，也调用一个函数来打印这个复数。
17. 在化学中，水溶液的 pH 值用来衡量它的酸性。pH 值为 7 的溶液被称为中性，pH 值大于 7 的溶液是碱性，pH 值小于 7 的溶液是酸性。创建包含不同溶液及其 pH 值的结构体向量。编写一个函数来确定酸性。并在每个结构体中添加另一个域对应于该值。
18. 写一个脚本把关于某实验潜在对象的信息存储在名为 subjects 的结构体向量中。结构体向量的内容可能如下：

```
>> subjects(1)
ans =
      name:'Joey'
    sub_id:111
    height:6.7000
    weight:222.2000
```

对于这个特殊的实验，唯一合格的是那些高度或重量低于平均值的对象。脚本会打印出它们的名字。创建一个向量来存放脚本中的样品数据，然后写一段代码来完成这项工作。不要假设向量的长度已知，代码必须是通用的。

19. 制造商在测试一个加工零件的新机器。对每种零件做了几个试验，并且将最后产生的零件称重。文件存储了每种零件的标识号，理想重量和 5 次试验称重的重量。创建一个这种格式的文件。编写一个脚本，读取该信息并且存储在一个结构体向量中。对每个部分打印试验重量的平均值小于、大于还是等于理想重量。
20. 把一个班的测试成绩数据存储在文件中。文件的每行是学生的学号(整型)，接着是其测试分数。例如。如果有 4 个学生，每人有 3 次测试，文件可能会像这样：

```
44    7     7.5    8
33    5.5   6      6.5
37    8     8      8
24    6     7      8
```

首先创建数据文件，然后在脚本中存储这些数据到结构体向量中。每个在向量中的三维元素都是一个有两个成员的结构体：整型的学号和测试分数的向量。想要完成这一存储，首先使用 load 函数把文件中的所有信息读取到矩阵中。然后使用嵌套循环，把数据复制到先前指定的结构体向量中。接下来，脚本会计算并打印出每个学生的平均测试成绩。

21. 创建一个嵌套结构体来存储姓名、地址和电话号码。结构体应该有 3 个域：name、address 和 telepphone。address和 telepphone 域也是结构体。

22. 设计一个嵌套结构体来存储火箭设计公司的星座信息。每个结构体要存储星座的名称和星座中关于星星的信息，星星信息的结构体应该包含星星的名字、核心温度、距离太阳的距离和是否是双星。为你的数据结构创建变量和样本数据。

23. 写一个脚本来创建一个线段的向量（如本章所示，每个线段都是一个嵌套结构体）。使用任意方式初始化向量。打印表格来显示其值，例如：

```
Line    From     To
====    =======  =======
1       (3,5)    (4,7)
2       (5,6)    (2,10)
        etc.
```

24. 给出用下面语句定义的结构体向量：

```
kit(2).sub.id = 123;
kit(2).sub.wt = 4.4;
kit(2).sub.code = 'a';
kit(2).name = 'xyz';
kit(2).lens = [4 7];
kit(1).name = 'rst';
kit(1).lens = 5:6;
kit(1).sub.id = 33;
kit(1).sub.wt = 11.11;
kit(1).sub.code = 'q';
```

下面的哪个语句是有效的？如果语句有效，给出它的值。如果无效，说明理由。

```
>> kit(1).sub
>> kit(2).lens(1)
>> kit(1).code
>> kit(2).sub.id == kit(1).sub.id
>> strfind(kit(1).name,'s')
```

25. 创建一个结构体向量 experiments，用来存储在实验中使用的项目信息。每个结构有 4 个域：编号、名称、重量和高度。域编号是一个整数，名称是一个字符串，重量是一个有两个值的向量（这两个值都是 double 值），高度是一个包含英尺和英寸两个域（都是整数）的结构。下面是可供参考的格式的例子：

experiments

	num	name	weights		height	
			1	2	feet	inches
1	33	Joe	200.34	202.45	5	6
2	11	Sally	111.45	111.11	7	2

编写一个 printhts 函数接收一个该格式的向量并打印每个对象的英寸高度。该函数调用另外一个函数 howhigh 接收一个高度结构并返回总的英寸高度。该函数也可以被单独调用。

26. 某工程队设计了一个大桥跨越了波顿克河。作为设计过程的一部分，必须要分析当地洪水数据。在文件中存储的以下信息是对近 40 年每次暴风的记录：该数据源的位置、雨量（以英寸计算）和暴风持续时间（以小时计算）。例如，文件可能像这样：

```
321  2.4  1.5
111  3.3  12.1
   etc.
```

创建一个数据文件。写程序的第一个部分:设计一个数据结构来存放文件中的暴风数据和每次暴风的强度。强度是降雨量除以持续时间。写一个函数来从文件中读取数据(使用 load 函数),从矩阵复制到结构体向量中,然后计算出强度。写另外一个函数把这些信息打印到一个漂亮的表格中。

在程序中添加一个函数来计算暴风的平均强度。在程序中添加一个函数来打印出给定暴风中最强暴风的所有信息。使用这个函数的子函数,返回最强暴风的索引。

27. 为了保持竞争力,每个制造企业必须保持严格的质量控制措施。必须将新机器和产品的广泛测试纳入设计周期。一旦生产,对于下一个设计周期来说,对缺陷和文档严格的测试是反馈环的重要组成部分。

    质量控制包括统计关于产品质量的数据。公司跟踪它们的产品和任何发生的失败。对于任何不完善的部件,记录中包含部件编号、字符代码、描述失败的字符串和成本(包括材料成本和人力成本)。创建一个结构体向量和这个公司的样本数据。写一个脚本用易于阅读的格式从数据结构中打印出信息。

28. 创建一个数据结构来存储太阳系中行星的信息。对于每个行星,存储它的名字、离太阳的距离及是内行星还是外行星。

第 9 章　高级文件输入/输出

关键词

file input and output 文件输入与输出
open the file 打开文件
permission strings 权限字符串
file types 文件类型
close the file 关闭文件
end of file 文件结尾
lower level file I/O function 低级文件输入/输出函数
file identifier 文件标识符

本章将扩充在第 3 章介绍过的输入与输出概念。在第 3 章中，我们看到了怎样读取用户通过 input 函数输入的值，及在屏幕的窗口上显示信息的输出函数 disp 和 fprintf。通过 load 和 save 函数进行文件的输入与输出，即可以从一个数据文件读取数据到一个矩阵，或把一个矩阵写入到一个数据文件中。我们还看到对于文件有三种不同的操作：读取文件、写入文件(从文件开头写入)和追加文件(从文件的结尾处续写)。

有许多不同的文件类型，分别采用不同的文件扩展名。到目前为止，用 load 和 save 函数时，一直使用 ASCII 格式文件，典型的文件类型为. dat 或. txt。仅当每行值的个数相同且值的类型相同时，才用 load 命令，便于把这些数据存储在一个矩阵中；save 命令仅把数据从矩阵写入到文件中。如果要写入的数据或读取的文件的格式不同，必须使用低级文件输入/输出函数。

MATLAB 软件中的一些函数可以从不同的文件类型读取和写入数据，如电子表格软件。例如，它能够从展名为. Xls，或是. xlsx 的 Excel 文件读写。MATLAB 也有自己的二进制文件类型，使用的扩展名为. mat。这些文件通常称为 MAT 文件，可以用来存储 MATLAB 中创建的变量。从 MATLAB 2012 b 开始，在 Home 标签下选择“Import Data”选项可以激活 Import Tool，它允许从很多不同的文件格式导入数据。

本章我们将按部就班地介绍低级文件输入与输出函数，以及一些用于不同文件类型的函数的方法。

9.1　低级文件 I/O 函数

当从文件中读取数据时，只有在文件中的数据是“规则的”时(即，每行数据类型相同并且每行的数据格式相同)，load 函数才能工作，以便能读入到一个矩阵中。但是，不可能总以这种方式来创建数据文件。当不能使用 load 函数时，MATLAB 有低级文件输入函数可以调用。首先必须打开文件，包括查找和建立文件，以及在文件起始处放置标志。当读取完成时，必须关闭文件。

类似地，save 函数可以把矩阵值写入到一个文件中，但是如果输出的不是一个简单的矩阵，可以使用低级函数写入文件。同样要先打开文件，写入完成后关闭文件。

步骤如下：

- 打开文件

- 读取文件、写入文件或追加文件
- 关闭文件

我们先介绍打开文件和关闭文件的步骤，接着再介绍完成读写文件操作中间步骤中的几个函数。

9.1.1 打开和关闭文件

使用 fopen 函数打开文件，默认情况下，fopen 函数打开文件用来读取。如果需要其他模式，则用权限字符串(permission string)来指定模式(如写入或追加)。如果打开文件失败，fopen 返回 -1，如果文件成功打开，则返回一个整型值作为文件标识符。当调用其他的文件 I/O函数时，使用这个文件标识符来指向该文件。通用格式为：

```
fid = fopen('filename','permission string');
```

权限字符串包含：

r　读取(默认)
w　写入
a　追加

通过 help fopen 来查阅其他相关内容。执行了 fopen 函数后，应该测试返回值来确定文件是否成功打开。例如，如果文件不存在，fopen 调用就会失败。因为如果文件未被找到，fopen 函数返回 -1，则可以通过测试返回值来决定是打印一个错误信息，还是继续并且使用文件。例如，如果要读取一个文件'samp.dat'：

```
fid = fopen('samp.dat');
if fid == -1
    disp('File open not successful')
else
    % Carry on and use the file!
end
```

当程序完成了读取或写入后，应该关闭文件。使用 fclose 函数实现文件关闭，如果关闭文件成功，则返回0，否则返回 -1。可以通过指定文件标识符来关闭单个文件，或如果打开了多个文件，通过传入字符串'all'到 fclose 函数可以关闭所有打开状态的文件。通常的格式是：

```
closeresult = fclose(fid);
closeresult = fclose('all');
```

也应该使用一个 if-else 语句来检测 fclose 函数是否成功关闭文件,核心代码如下：

```
fid = fopen('filename','permission string');
if fid == -1
    disp('File open not successful')
else
    % do something with the file!
    closeresult = fclose(fid);
    if closeresult == 0
        disp('File close successful')
    else
        disp('File close not successful')
    end
end
```

9.1.2　读取文件

有几种读取文件的低级函数。fscanf 函数读取格式化数据到一个矩阵，转换格式符%d 用于整型，%s 用于字符串，%f 用于实型(double 型值)。textscan 函数从一个文件中读取文本数据并且将其存储在元胞数组中。fgetl 和 fgets 函数每次从一个文件中读取一行字符串，不同点是，如果行末有换行字符，fgets 函数会保留它，而 fgetl 函数不会保留它。所有这些函数都要求先打开文件，完成后关闭文件。

因为 fgetl 和 fgets 函数每次读取一行，所以这些函数通常都是以循环方式执行的。fscanf 和 textscan 函数可以把一个完整的数据文件读入到一个数据结构里。按级别来看，这两个函数在某种程度上应介于 load 函数和其他如 fgetl 的低级函数之间。文件必须先使用 fopen 函数来打开，并且在完成读取数据后应该使用 fclose 函数来关闭。然而，无须循环，它们会自动读取整个文件而不是只读入一个数据结构。

我们首先关注 fgetl 函数，它每次从文件中读取一行字符串。与其他输入函数相比，fgetl 函数对怎样读入数据提供了更多的控制。fgetl 函数从一个文件中读取一行数据到一个字符串中，然后可以使用字符串函数来操作这些数据。因为 fgetl 函数只读取一行，所以通常把它放在循环中，直到读取到文件的结尾。如果读取到了文件的结尾，feof 函数返回逻辑真。如果文件标识符 fid 到了文件的结尾，feof(fid) 函数调用将返回逻辑真，否则返回逻辑假。读取文件到字符串的一个通用算法是：

- 尝试打开某文件，检查以确认文件被成功打开
- 如果已打开，循环如下操作直到文件的末尾。对于文件中的每一行，
  - 读取它到一个字符串中
  - 操作数据
- 尝试关闭文件，检查并确认文件被成功关闭

完成这项工作的一般代码如下：

```
fid = fopen ('filename');
if fid == -1
    disp('File open not successful')
else
    while feof(fid) ==0
        % Read one line into a string variable
        aline = fgetl(fid);
        % Use string functions to extract numbers ,strings,
        % etc. from the line
        % Do something with the data!
    end
    closeresult = fclose(fid);
    if closeresult == 0
        disp('File close successful')
    else
        disp('File close not successful')
    end
end
```

权限字符串可以包含在 fopen 函数的调用中，例如：

```
fid = fopen('filename','r');
```

因为默认的是读取，所以这里的'r'没必要标出。while 循环的条件可以解释为“当该文件的文件末尾判定为假时”。另一种写法是：

```
while ~feof(fid)
```

可以解释为“尚未达到文件末尾”。

例如，假设有一个数据文件'subjexp.dat'，它的每行都是一个数字后面跟一个字符代码。可以使用 type 函数显示这个文件的内容(因为该文件没有默认扩展名.m，所以文件名中要包含扩展名)。

```
>> type subjexp.dat
5.3  a
2.2  b
3.3  a
4.4  a
1.1  b
```

因为它包含数字和文本，load 函数不能把它读到一个矩阵中。但可以使用 fgetl 函数把每行读成一个字符串，然后使用字符串函数来分割数字和字符。例如，下面就是读取每行并且逐行打印具有两位小数的数字和字符串剩余部分的程序：

fileex.m

```
% Read from a file one line at a time using fgetl
% Each line has a number and a character
% The script separates and prints them

% Open the file and check for success
fid = fopen('subjexp.dat');
if fid == -1
    disp('File open not successful')
else
    while feof(fid) ==0
        aline = fgetl(fid);
        % Separate each line into the number and character
        % code and convert to a number before printing
        [num charcode] = strtok(aline);
        fprintf('%.2f %s \n',str2num(num),charcode)
    end

    % Check the line close for success
    closeresult = fclose(fid);
    if closeresult ==0
        disp('File close successful')
    else
        disp('File close not successful')
    end
end
```

下面是执行该脚本的结果：

```
>> fileex
5.30  a
2.20  b
3.30  a
4.40  a
1.10  b
File close successful
```

在上例中，每次循环 fgetl 函数都会读取一行到一个字符串变量。然后再用字符串函数 strtok分别在不同的变量中存储数字和字符，两个变量都是字符串变量。接着必须使用 str2double 函数把存储在字符串变量中的数字转换成一个可被用于计算的 double 型变量以便执行计算。

练习 9.1

修改脚本 fileex 使之对文件中的数字求和。首先用这种格式创建你自己的文件。

不像 fgetl 函数每次读取一行，一旦文件被打开就可以使用 fscanf 函数直接读取该文件到一个矩阵中。不管怎样，必须对矩阵进行一些处理以便让矩阵与原文件有相同的格式。使用函数的格式是：

```
mat = fscanf(fid,'format',[dimensions])
```

fscanf 函数从由 fid 标识的文件中采用按列的方式读取数据到矩阵变量 mat 中。'format'包括类似在 fprintf 函数中用到的那些转换字符。dimensions 指定需要的 mat 的维数，如果不知道在文件中值的个数，inf 可以用做第二维数。例如，以下将读入之前指定的同一文件，它每行都有一个数字、一个空格和一个字符。

```
>> fid = fopen('subjexp.dat');
>> mat = fscanf(fid,'%f  %c',[2 inf])
mat =
     5.3000    2.2000    3.3000    4.4000    1.1000
    97.0000   98.0000   97.0000   97.0000   98.0000
>> fclose(fid);
```

fopen 打开文件用于读取。然后 fscanf 函数读取每行的一个双精度值和一个字符，且将每对按不同列存储在矩阵中。维数指定矩阵有两行，但需要很多列(等于文件中的行数)。因为矩阵存储相同类型的值，字符以其在字符编码中对应的 ASCII 码形式存储(例如，'a'是 97)。

一旦创建了这个矩阵，比较有效的做法是把行分成向量变量，并把第二行转换成字符，可以通过以下方法完成：

```
>> nums = mat(1,:);
>> charcodes = char(mat(2,:))
charcodes =
abaab
```

当然，fopen 和 fclose 的执行结果需要检查，但是这里为了简单而省略了。

练习 9.2

写一个脚本用 fscanf 读取文件，并对这些数据求和。

快速问答

在 fscanf 函数中可以用[inf, 2]来代替[2, inf]吗?

答：

不行，[inf, 2]不能执行，因为函数 fscanf 把文件中的一行读成矩阵中的一列。这就意味着结果矩阵中的行数是已知的，但列数是未知的。

快速问答

转换字符串'%f %c'中的空格重要吗？或以下语句是否也能正常执行？

```
>> mat = fscanf(fid,'%f %c',[2, inf])
```

答：

不能正常执行。转换字符串'%f %c'指定一个实数、一个空格，然后是一个字符。转换字符串中没有空格，就会变成一个实数后面紧跟着一个字符(字符将是文件中的空格)。然后，下次试图读取下一个实数时，文件的位置标识符指向的却是第1行中的字符。该错误将导致fscanf函数停止运行，下面是最终结果：

```
>> fid = fopen('subjexp.dat');
>> mat = fscanf(fid,'%f%c',[2, inf])
mat =
    5.3000
   32.0000
```

32是空格字符的有效数值，如下所示：

```
>> double(' ')
ans =
    32
```

读取文件的另一个选择是使用textscan函数。textscan函数从文件中读取文本数据并将其存储在一个元胞数组中。调用textscan函数最简单的格式是：

```
cellarray = textscan(fid,'format');
```

'format'包含类似于用在fprintf函数中的转换字符。例如，为了读取上述的'subjexp.dat'文件，可以用如下方式来完成(为简单起见，省略了fopen和fclose的错误检查)：

```
>> fid = fopen('subjexp.dat');
>> subjdata = textscan(fid,'%f  %c');
>> fclose(fid)
```

格式字符串'%f %c'指定每行有一个double值，后跟一个空格和一个字符。这样创建一个名为subjdata的1×2的元胞数组变量。元胞数组的第1个元素是一个double型的列向量(来自文件的第1列)，第2个元素是一个字符列向量(文件中的第2列)，如下所示：

```
>> subjdata
subjdata =
    [5×1 double]    [5×1 char]
>> subjdata{1}
ans =
    5.3000
    2.2000
    3.3000
    4.4000
    1.1000
>> subjdata{2}
ans =
a
```

```
b
a
a
b
```

为了指向向量中的单个值，要用大括号索引元胞数组，再用小括号在向量中索引。例如，指向元胞数组中第 1 个元素的第 3 个数：

```
>> subjdata{1}(3)
ans =
   3.3000
```

读入这个数据并且打印它的脚本如下：

textscanex.m

```
% Read data from a file using textscan
fid = fopen('subjexp.dat');
if fid == -1
    disp('File open not successful')
else
    % Reads numbers and characters into separate elements
    % in a cell array
    subjdata = textscan(fid,'%f  %c');
    len = length(subjdata{1});
    for i =1:len
        fprintf('%.1f  %c\n',subjdata{1}(i),subjdata{2}(i))
    end

    closeresult = fclose(fid);
    if closeresult ==0
        disp('File close successful')
    else
        disp('File close not successful')
    end
end
```

执行这个脚本产生如下结果：

```
>> textscanex
5.3  a
2.2  b
3.3  a
4.4  a
1.1  b
File close successful
```

练习 9.3

修改脚本 textscanex，计算列中数据的平均值。

9.1.2.1　输入文件函数的比较

为了比较这些输入文件函数的使用，考虑一个称为' xypoints. dat '的文件的例子，该文件以下面的格式存储一些数据点的 x 和 y 坐标：

```
>> type xypoints.dat
x2.3y4.56
x7.7y11.11
x12.5y5.5
```

我们想要在向量中存储 x 和 y 坐标，从而能够绘制这些节点。文件的行中存储字符和数字的组合，因此不能使用 load 函数。需要将字符从数字中分离出来，这样就可以创建向量。下面列出实现该目的的脚本概要：

fileInpCompare.m

```
fid = fopen('xypoints.dat');
if fid == -1
  disp('File open not successful')
else
  % Create x and y vectors for the data points
  % This part will be filled in using different methods
  % Plot the points
  plot(x,y,'k*')
  xlabel('x')
  ylabel('y')
  % Close the file
  closeresult = fclose(fid);
  If closeresult == 0
    disp('File close successful')
  else
    disp('File close not successful')
  end
end
```

现在将使用 4 种不同的方法来完成脚本的中间部分：fgetl、fscanf(两种方法)和 textscan。

为了使用 fgetl 函数，需要循环直到到达文件结尾，将文件的每行读作一个字符串，并且解析字符串为各种成分，将包含实际 x 和 y 坐标的字符串转换为数字。完成过程如下：

```
% using fgetl
x = [];
y = [];
while feof(fid) = = 0
    aline = fgetl(fid);
    aline = aline(2:end);
    [xstr, rest] = strtok(aline,'y');
    x = [x str2double(xstr)];
    ystr = rest(2:end);
    y = [y str2double(ystr)];
end
```

为了使用 fscanf 函数来替代，需要指定文件的每行的格式为：字符，数字，字符，数字，换行字符。因为将要创建的矩阵会将文件的每行存储为单独的列，维数将是 4 × n，其中 n 是文件中行的数量(并且由于不知道行的数量，将指定 inf 来替代)。x 字符将在矩阵的第 1 行(每个元素中与'x'等价的 ASCII 码)，x 坐标值将在第 2 行，'y'的等价 ASCII 值将在第 3 行，第 4 行将存储 y 坐标值。代码可能是：

```
% using fscanf
mat = fscanf(fid,'%c%f%c%f\n',[4, inf]);
x = mat(2,:);
y = mat(4,:);
```

注意，在格式化字符串中换行符是必须的。数据文件本身是通过在 MATLAB 编辑器/编译器中输入而生成的，使用回车键移动到下一行，该键功能与换行符一致。换行符是文件中每行尾部的真实存在的字符。值得注意的是，如果 fscanf 函数在查找数字，将跳过空白字符，包括空格和换行字符。然而，如果它在查找一个字符，则可以读到空白字符。

在这种情况下，从文件中的第 1 行读取'x2.3y4.56'后，如果格式化字符串为'%c%f%c%f'（没有'\n'），则将尝试使用'%c%f%c%f'来再次读取，但是读取的对应于第 1 个'%c'的下一个字符将会是换行符。然后发现在第 2 行的'*x*'对应于'%f'，而不是本应该读取的数字（和之前例子之间的差别是之前的每行中可读取一个数字后跟一个字符。所以，当查找下一个数字时，将会跳过换行字符）！

因为文件的每行中都包含'x'和'y'，不只是任意随机字符，所以可以将其创建为格式化字符串：

```
% using fscanf method 2
mat = fscanf(fid,'x% fy% f\n',[2, inf]);
x = mat(1,:);
y = mat(2,:);
```

在这种情况下，字符'x'和'y'不会被读入矩阵，所以矩阵只有 x 坐标（在第 1 行中）和 y 坐标（在第 2 行中）。

最后，为了使用 textscan 函数，可以将'%c'放在'*x*'和'*y*'字符的格式化字符串中，或像fscanf 那样创建它们。如果我们创建了这些，格式化字符串基本上指定了文件中有 4 列，但是它仅仅读取列和数字到元胞数组 xydat 的列向量中。不需要换行符的原因是，使用 textscan 时，格式化字符串指定了文件中的列的格式，然而对于 fscanf，它指定了文件每行的格式。所以，这是查看文件格式的另一种方法。

```
% using textscan
xydat = textscan(fid,'x% fy% f');
x = xydat{1};
y = xydat{2};
```

总结一下，我们现在看到的有 4 种读取文件的方法。load 函数只适用于文件中的值类型相同而且每行值的个数相同，这样可以把它们读入到一个矩阵中。如果不是这样的情况，就必须使用低级函数。使用它们时，必须先打开文件，读取完成后再关闭文件。

fscanf 函数读入矩阵时，把字符转换成对应的 ASCII 码。textscan 函数代之以将数据读入到一个元胞数组中且把文件的每一列分别存储到元胞数组的列向量中。最后在循环中使用 fgetl 函数把文件的每行作为一个单独的字符串来读取，再用字符串操作函数把该串分割并转换成数值。

快速问答

如果一个数据文件格式如下，可以用哪个文件输入函数来读取？

```
48  25  23  23
12  45   1  31
31  39  42  40
```

答:

任何文件输入函数都可以使用，但是因为文件只包含数值，使用 load 函数是最简单的。

9.1.3　写入文件

有几种低级函数可以用来写入文件。下面将重点介绍 fprintf 函数，可以用它写入文件和追加文件。

如果向文件中一次写入一行，可以用 fprintf 函数。像其他的低级函数一样，写(或追加)前首先要打开文件，一旦写入完成后应该要关闭文件。当然我们一直在用 fprintf 函数来写文件使输出到屏幕。屏幕是默认的输出设备，所以，如果没有指定文件标识符，就会在屏幕上进行输出;否则，则会转到指定的文件。默认的文件标识符数中 1 是指屏幕。通常格式是:

```
fprintf(fid,'format',variable(s));
```

fprintf 函数实际返回的是被写入文件的字节数，所以，如果不想看见此数，可以像下例所示的那样用分号来控制其输出

注意:当写到屏幕时，fprintf 的返回值是看不见的，但可以将其存在一个变量中。

下面是一个写入' tryit. txt '文件的例子:

```
>> fid = fopen('tryit.txt','w');
>> for i = 1:3
     fprintf(fid,'The loop variable is %d\n',i);
     end
>> fclose(fid);
```

fopen 函数调用中的权限字符串指定打开的要进行写操作的文件。就像读取文件一样，要检查 fopen 和 fclose 的结果以确认其操作是否成功。fopen 函数试图打开文件用来写入，如果文件的确存在，但是内容被删除，其结果就像文件不存在一样。如果该文件当前不存在(通常都是这种情况)，就要创建一个新文件。如果没有空间去创建新文件，则 fopen 有可能会失败。

为查看写入的内容，可以再打开文件(用于读)并且使用 fgetl 循环读取每一行:

```
>> fid = fopen('tryit.txt');

>> while ~feof(fid)
     aline = fgetl(fid);
     disp(aline)
   end
The loop variable is 1
The loop variable is 2
The loop variable is 3
>> fclose(fid);
```

再举一个把矩阵写入文件的例子。首先，创建一个 2×4 的随机矩阵，然后按格式字符串'%d %d\n '将其写入文件，这就意味着矩阵的每列将会被分别写入到文件的单独一行中。

```
>> mat = [20  14  19  12;  8  12  17  5]
mat =
     20  14  19  12
      8  12  17   5

>> fid = fopen('randmat.dat','w');
>> fprintf(fid,'%d  %d\n',mat);
>> fclose(fid);
```

因为这是一个矩阵，所以可以使用 load 函数读取。

```
>> load randmat.dat
>> randmat
randmat =
    20   8
    14  12
    19  17
    12   5
>> randmat'
ans =
    20  14  19  12
     8  12  17   5
```

矩阵转置后将显示出原矩阵的形式。如果想先这么做，可以在使用 fprintf 函数写文件之前转置矩阵变量 mat(当然，如果直接使用 save 来代替 fprintf 会更简单)。

练习 9.4

创建一个 3×5 的随机整型矩阵，每个随机数都在 1 和 100 之间。使用 fprintf 函数，按 3×5 的形式把它写入名为'myrandsums.dat'的文件中。使得文件中出现一样的原矩阵。载入文件验证其创建是成功的。

9.1.4 追加文件

fprintf 函数也可以用来对一个存在的文件进行追加。权限字符串是'a'，例如：

```
fid = fopen('filename','a');
```

使用 fprintf(典型地在循环中)时，我们将在文件的结尾处写入文件中。然后使用 fclose 关闭文件。追加时，文件结尾处写的数据不必与原文件中的格式相同。

9.2 写入和读取电子表格类文件

MATLAB 函数 xlswrite 和 xlsread 可以写入和读取扩展名为.xls 的电子表格类文件。例如，以下创建一个 5×3 的随机整型矩阵，然后将其写入到一个 5 行 3 列的名为'ranexcel.xls'的电子表格文件中：

```
>> ranmat = randi(100,5,3)
ranmat =
    96    77    62
    24    46    80
    61     2    93
    49    83    74
    90    45    18
>> xlswrite('ranexcel',ranmat)
```

xlsread 函数可以读取电子表格类文件。例如，读取刚才创建的文件：

```
>> ssnums = xlsread('ranexcel')
ssnums =
    96    77    62
    24    46    80
    61     2    93
    49    83    74
    90    45    18
```

在这两种情况下，文件扩展名.xls 都是默认的，所以可以省略。

当矩阵或电子表格只包含数值时，读取完整的表格或是写入矩阵时，它们将用最基本的格式显示出来。有很多限定符可以用于这些函数。例如，从电子表格类文件'texttest.xls'读取的内容包括：

```
a       123       Cindy
b       333       Suzanne
c       432       David
d       987       Burt
```

```
>> [nums,txt] = xlsread('texttest.xls')
nums =
     123
     333
     432
     987
txt =
    'a'  ''  'Cindy'
    'b'  ''  'Suzanne'
    'c'  ''  'David'
    'd'  ''  'Burt'
```

这样会把数值读到一个 double 型向量变量 nums 中，把文本读到一个元胞数组 txt 中(xlsread 函数总是先返回数值然后返回文本)。元胞数组是 4×3 的。因为文件有三列，所以它有三列，但因为中间列有数字(这些数据被提取出来并且存放在向量 nums 中)，所以元胞数组 txt 的中间列是空字符串。

然后可以通过循环以原格式的形式再次打印出表格中的值：

```
>> for i = 1:length(nums)
     fprintf('%c %d %s\n',txt{i,1},...
       nums(i),txt{i,3})
   end
a  123 Cindy
b  333 Suzanne
c  432 David
d  987 Burt
```

9.3 使用 MAT 文件变量

除了数据文件类型，MATLAB 还有允许从文件中读取和保存变量的函数。这些文件称为 MAT 文件(因为文件的扩展名是.mat)，并且它们可以存储变量的名称和内容。变量可以写入 MAT 文件，可以对文件追加，也可以从文件中读取。

注意:MAT 文件的确不同于前面我们使用过的数据文件。不只保存数据，MAT 文件除能存变量的值外还可以存储其名称。这些文件通常只在 MATLAB 中使用;它们不和其他程序共享数据。

9.3.1 将变量写入文件中

使用 save 命令可以把变量写到文件里，或是把变量追加到一个 MAT 文件中。默认的是，save 函数写入到 MAT 文件中。它既可以保存完整的当前工作区(已经创建的所有变量)，也可以保存一个子工作区(例如，只包括一个变量)。save 函数将把文件保存到当前目录中，所以开始时的正确设置很重要。

保存所有工作区变量到文件中的命令是：

```
save filename
```

扩展名.mat 自动添加在文件名中。可以使用 who 加上-file 限定符来显示文件的内容：

```
who-file filename
```

例如，以下命令窗口中的代码，创建了三个变量，跟着使用 who 来显示它们。然后，把这些变量保存到' sess1.mat '文件中。随后再使用 who 函数显示存储在文件中的变量。

```
>> mymat = rand(3,5);
>> x = 1:6;
>> y = x.^2;
>> who
Your variables are:
mymat  x      y
>> save sess1
>> who -file sess1
Your variables are:
mymat  x      y
```

只保存一个变量到文件中，格式是：

```
save filename variablename
```

例如，仅保存矩阵变量 mymat 到' sess2 '文件中：

```
>> save sess2 mymat
>> who-file sess2
Your variables are:
mymat
```

9.3.2　将变量追加到 MAT 文件中

使用 - append 选项追加已经保存过的文件。例如，假设 mymat 变量如前述那样已经被保存在了' sess2.mat '文件中，可以使用下述方法把变量 x 追加到文件中：

```
>> save-append sess2 x
>> who -file sess2
Your variables are:
mymat  x
```

不指定具体变量，save-append 将会把当前命令窗口所有的变量添加到文件中。如果出现这种情况，文件中不存在的窗口变量都会被添加进去。如果窗口中的变量名与文件中的变量名相同，则用当前命令窗口中的值覆盖原变量值。

9.3.3　从 MAT 文件中读取

用 load 函数可以从不同类型的文件中读取。就像 save 函数，默认文件是 MAT 文件，并且 load 函数可以载入文件中所有的变量或只载入其中一部分。例如，在一个还没有创建任何变量的新的命令窗口中，load 函数可以载入前面创建的文件中的变量：

```
>> who
>> load sess2
```

```
>> who
Your variables are:
mymat   x
```

可以载入指定的一部分变量，格式如下：

```
load filename variable list
```

探索其他有趣的特征

- 使用 fread、fwrite、fseek 和 frewind 函数读取和写二进制文件。可以对文件进行读写操作，加号必须添加到允许字符串后(例如'r+')。
- 在 MATLAB 中使用 help load 寻找一些 MAT-files 的例子。
- 从一个 ASCII-delimited 文件中读取 dlmread 函数，将其转换为矩阵，并了解 dlmwrite 函数。
- 输入文件的输入工具来自多种文件格式。
- 在 MATLAB 中的 Help 项，输入"Supported File Formats"找到一个支持文件格式的表，调用一个函数读取文件格式并写出来。

总结

常见错误

- 文件名拼写错误会导致打开文件失败。
- 当可以用 load 和 save 函数时，使用了一个低级文件 I/O 函数。
- 忘记了 fscanf 函数读入矩阵时采用按列存储，所以文件中的'w'一行读到结果矩阵中对应的是一列。
- 忘记了 fscanf 函数转换字符为其对应的 ASCII 码 。
- 忘记了 textscan 函数读入一个元胞数组中(需要用大括号来索引)。
- 忘记了追加文件时使用权限字符串'a'(这样会导致文件中的已有数据丢失!)。

编程风格指南

- 当文件中每行包含相同种类的数据并且每行的格式相同时，使用 load 函数。
- 总是适时关闭已打开的文件。
- 总是检查以确保文件的成功打开和关闭。
- 确保所有数据来自一个文件，例如，使用条件循环(而不是使用 for 循环)来循环到文件的末尾。
- 当使用 fscanf 或 textscan 时，小心使用正确的格式字符串。
- 把多组相关变量存储在不同的 MAT 文件里。

MATLAB 函数和命令			
fopen	fgetl	textscan	xlsread
fclose	fgets	fprintf	
fscanf	feof	xlswrite	

习题

1. 编写一个脚本，提示用户读取文件的名称。循环差错校验直到用户输入一个可以被打开的有效文件名字（注意这是为文件编写长程序的一部分，但是对这个问题来说，必须做的事是差错校验直到用户输入一个可以被打开的有效文件名）。
2. 写一个脚本，按下面的格式从文件中读取 x 和 y 数据点：

```
x 0 y 1
x 1.3 y 2.2
```

文件中每行的格式是：字母 x，空格，x 的值，空格，字母 y，空格，y 的值。首先，使用编辑器或调试器创建有 10 行这种格式的数据文件。然后把文件存成' xypts. dat '。该脚本试图打开此数据文件并进行差错检测确定其已被成功打开。可以通过使用一个 for 循环并用 fgetl 函数把每行读成一个字符串来实现这一过程。在该循环中，为数据点创建 x 和 y 向量。循环后，画出这些点并试图关闭文件，脚本将打印关闭是否成功。
3. 修改上题脚本。假设数据文件格式相同，但不假设文件中的行数已知。不使用 for 循环，循环到文件的末尾。点的个数应该标在图的题目上。

医疗机构存储了病人很多十分隐私的信息。存储、分享和加密这些医疗记录亟需一个完善的方法。能够读取和写入数据文件只是第一步。

4. 有一个生物医学实验，一些病人的名字和体重存储在文件' patwts. dat '中，文件或许是这样的：

```
Darby George        166.2
Helen Dee           143.5
Giovanni Lupa       192.4
Cat Donovan         215.1
```

首先创建这个数据文件。然后写一个脚本 readpatwts，脚本将先试图打开文件。如果文件打开失败，将会打印出错误信息；如果成功，脚本将会一次一行地把数据读到字符串中。打印每个人名的格式是'姓，名'，接着是体重。同时计算并打印出平均体重。最后打印文件是否成功关闭。例如，运行脚本的结果可以像这样：

```
>> readpatwts
George, Darby 166.2
Dee, Helen 143.5
Lupa,Giovanni 192.4
Donovan,Cat 215.1
The ave weight is 179.30
File close successful
```

5. 创建一个数据文件来存储一家生物医学研究公司的血液捐献信息。对每个捐献者，存储姓名、血型、Rh 因子和血压信息。血型是 A、B、AB 或 O。Rh 因子是 + 或 - 。血压由两个数据组成：收缩压和舒张压（都是 double 值）。编写一个脚本，从文件中读取到一个数据结构体中，并且打印文件的信息。
6. 名为' mathfile. dat '的数据文件在每行存储三个字符：一个操作数（一个个位数数值），一个操作符（一个单字符操作符，如 + ，- ，/ ，\、* ，^），然后是另一个操作数（一个个位数数值）。该文件参考如下：

```
>> type mathfile.dat
5 +2
8 -1
3 +3
```

你需要编写一个脚本使用 fgetl 从文件中读取，一次一行，执行指定的操作，并且打印结果。

7. 假设一个名为' testread. dat '的文件存储如下：

```
110x0.123y5.67z8.45
120x0.543y6.77z11.56
```

假设下列内容是连续输入的。值将是什么?

```
tetid = fopen('testread.dat')
fileline = fgetl(tstid)
[beg, endline] = strtok(fileline,'y')
length (beg)
feof (tstid)
```

8. 创建一个存储飓风信息的数据文件。文件中每行应该有飓风的名称，单位为英里每小时的速度，单位为英里的飓风眼半径。然后，编写一个脚本来从文件中读取信息，并创建一个结构体向量来存储信息。打印每个飓风的名字和飓风眼面积。
9. 创建一个文件'parts_inv. dat'存储一个部件的编号、成本和库存数量，例如：
   123 5.99 52
   使用 fscanf 函数读取这些信息，并且打印所有库存的总价(即，每个部件的单价乘上数量之后的累加)。
10. 一个班的学生参加考试有两种结果，封面上分别标志 A 和 B(一半学生是 A，一半学生是 B)。成绩被存储在一个名为"exams. dat"的文件中，文件中每一行包含整数型的等级成绩。写一个脚本从文件中读取信息，并使用 fscanf 将学生成绩分成两部分：一部分是 A，另一部分是 B。然后，成绩以下列形式被打印出来(使用 disp)：

```
A exam grades:
   99  80  76
B exam grades:
   85  82  100
```

注意，不需要循环或选择语句。

11. 创建一个文件，每一行都包含一个字母、一个空格和一个实数。例如，可以像这样：

```
e 5.4
f 3.3
c 2.2
```

写一个脚本使用 textscan 函数来读取这个文件，并打印出文件中所有数据的和。脚本将检查文件的打开和关闭，并打印出必要的出错信息。

12. 编写一个脚本，从一个以下面格式的文件中读入公司的部门编号和销售额：

```
A  4.2
B  3.9
```

打印部门的最高销售额。

13. 创建一个字符型矩阵然后将其存在一个文件中，例如：

```
>> cmat = char('hello','ciao','goodbye')
cmat =
hello
ciao
goodbye
>> save stringsfile.dat cmat -ascii
```

可以使用 load 函数来读取它吗? 用 textscan 函数呢?

14. 创建一个像上题那样的字符串文件，但是创建方式为:打开一个新的 M 文件，键入字符串，然后将其存为一个数据文件。可以使用 load 函数来读取它吗? 用 textscan 函数呢?
15. 创建一个电话号码文件'phonenos. dat'，格式如下：

```
6012425932
```

从文件中读取电话号码按以下格式打印：

```
601-242-5932
```

使用 load 函数读取电话号码。

16. 按上题方式创建文件' phonenos. dat '。使用 textscan 函数读取电话号码，并用前述指定格式打印出来。
17. 按上题方式创建文件' phonenos. dat '。在循环中使用 fgetl 函数读取电话号码，并用前述指定格式打印出来。
18. 修改之前的任一脚本，用新的格式把电话号码写到一个新文件中。
19. 风冷因子测量的是给定空气温度(T，用华氏度)使人感觉到的寒冷程度和风速(V，每小时英里数)。风冷因子的公式是：

$$WCF = 35.7 + 0.6T - 35.7(V^{0.16}) + 0.43T(V^{0.16})$$

创建一个表格显示风冷因子的变化，温度范围从 - 20 到 55，步长为 5，风速范围从 0 到 55，步长也为 5。将这些内容写在' wcftable. dat '文件中。

20. 写一个脚本循环提示用户输入 n 个圆的半径。脚本调用一个函数来计算每个圆的面积，并把结果用句子的形式写入文件。
21. 创建一个数据文件，用以下格式存储三维空间的点：

```
x 2.2 y 5.3 z 1.8
```

通过创建 x、y、z 向量来完成，然后使用 fprintf 函数用规定格式生成文件。

22. 一个文件存储了每季的销售数据(百万)。例如，格式可以像这样：

```
201201 4.5
201202 5.2
```

创建这个文件，然后把下一季度的数据追加上去。

23. 创建一个包含大学一些系名称和员工人数的文件。例如，可以像如下格式：

```
Aerospace  201
Mechanical  66
```

写一个脚本从该文件读取信息，并创建一个新文件，新文件只包含系名称的前 4 个字符，其后是员工人数。新文件采用以下格式：

```
Aero  201
Mech  66
```

24. 一个工程企业有一个名为' vendorcust. dat '的数据文件，以多种产品的供应商和顾客命名，还有一个标题行。格式是每行都有供应商名和顾客名，中间用空格分开。例如，看起来如下(虽然不能假设长度)：

```
>> type vendorcust.dat
 Vender Customer
 Acme XYZ
 Tulip2you Flowers4me
 Flowers4me Acme
 XYZ Cartesian
```

"Acme"公司想让它们的名字更有活力，所以改名为"Zowie"，这时数据文件已经被修改了。写一个脚本，从' vendorcust. dat '读数据，把所有的"Acme"改为"Zowie"，然后把它写成一个新文件，命名为' newvc. dat '。

25. 有一个软件包能按这样一种方式把数据写入一个文件中，每行都包在大括号中，并且数字间隔用逗号隔开。如，一个数据文件' mm. dat '可能像这样：

```
{33, 2, 11}
{45, 9, 3}
```

使用 fgetl 在循环函数中读取数据。创建一个只存储数值的矩阵，并把该矩阵写入一个新文件中。假设原文件的每一行数值个数相同。

26. 创建一个表格，每行有一个学生的学号，随后是该学生的三次考试成绩。将该表格信息读到一个矩阵中，并打印每个学生的平均成绩。
27. xlswrite 函数可以把一个元胞数组的内容写到一个表格中。一个制造商在一个元胞数组中存了一些部件的重量。每行都是存部件的编码，后跟一些样品部件的重量。为了仿真它，创建如下元胞矩阵：

```
>> parts = {'A22', 4.41 4.44 4.39 4.39
            'Z29', 8.88 8.95 8.84 8.92}
```

然后把它写入一个表格文件中。

28. 一个表格文件'popdata. xls'存储了一个小城镇每 20 年的人口兴旺及衰减的变化数量。创建该表格文件(包括标题行)，然后把标题行读到一个元胞数组中，把数据读到一个矩阵中。绘制数据图表并用表头字符串标记坐标轴。

Year	Population
1920	4021
1940	8053
1960	14994
1980	9942
2000	3385

29. 创建一个乘法表，然后将其写入一个电子表格中。
30. 从任意电子表格文件中读取数据，然后将变量写到一个 MAT 文件中。
31. 清除命令窗口中的所有变量。创建一个矩阵变量和两个向量变量。
    - 确保有当前目录集。
    - 把所有变量存到一个 MAT 文件中。
    - 把两个向量变量存到不同的 MAT 文件中。
    - 使用 who 函数验证上述文件内容。
32. 创建一组具有描述性名字的随机矩阵变量(例如，ran2by2int 和 ran3by3double 等)，这些名字是为了便于测试矩阵函数而使用的。把它们全部存到一个 MAT 文件中。
33. 环境工程师在尝试判定一个地区的地下含水层是否被区域内的新的泉水公司耗尽。收集区域内的一些位置的每年的井深数据。创建一个数据文件，在每行存储年份、代表位置的坐标及当年的测量井深。编写一个脚本从文件中读取数据并判断平均井深是否下降。
34. 文件'namedept. dat'存储一个汽车经销店员工的名字和部门(用#隔开)。例如，文件可能这样存储：

```
Bill#Parts
Joe#Sevice
Bob#Sales
Mack#Sales
Jill#Service
Meredith#Parts
```

写出来的脚本用来读取文件的信息，使之成为一个结构体的向量，每一个结构体为名字和部门分配域。为了更有效，向量被预分配有 50 个元素。要求使用 fgetl 写一个脚本读取文件的每一行，将每一行转换为结构体存储在向量中。

35. 写一个菜单驱动程序，可以从一个文件中读取公司的员工数据，并且可以在数据上做特定的操作。文件存储每个员工如下信息：
    - 名字
    - 部门
    - 出生日期
    - 雇佣日期
    - 年薪
    - 办公室电话分机

清楚信息是如何被存储在文件中的。设计文件的布局，当测试程序时使用这种格式创建示例数据文件。文件的格式由自己确定。但是，空间是至关重要的。不要在文件中使用字符，程序是从文件中读取信息转换为数据结构，然后显示一个菜单选项进行数据操作。在程序中不确定数据的长度。菜单选项是：

1. 打印易读格式的所有信息到一个新文件中
2. 打印特定部门的信息
3. 计算公司的工资总额(薪水的总和)
4. 找到在公司工作了 N 年员工的数量(例如，N 是 10)
5. 退出程序

第10章 高级函数

关键词

anonymous function 匿名函数
general(inductive) case 一般(归纳)实例
recursive function 递归函数
outer function 外部函数
variable number of arguments 可变数目参数
infinite recursion 无限递归
nested function 嵌套函数
function handle 函数句柄
function function 函数的函数
base case 基本实例
inner function 内部函数
recursion 递归

函数已经在第3章介绍过，并且也在第6章做了扩展。本章将介绍函数的几个高级特性和几种函数类型。匿名函数是使用函数句柄进行调用的简单的单行函数。函数句柄的其他用法包括函数的函数也将会在此展示。前面章节介绍的所有函数的输入、输出参数个数都是确定的，但是本章可以看到参数的个数是可以变化的。本章也会介绍嵌套函数，它是一种包含在其他函数中的函数。最后介绍递归函数，递归函数是自我调用的一种函数，一个递归函数可以返回一个值，或可能只是简单地完成一个任务，例如打印。

10.1 匿名函数

一个匿名函数是一个非常简单的单行函数。匿名函数的优势是它不必存储在M文件中。这样可以大大地简化程序，因为通常计算都比较简单，并且匿名函数的使用减少了一个程序中必要的M文件的数量。匿名函数可以在命令窗口中或任意脚本中创建。匿名函数的语法是这样的：

```
fnhandlevar = @ (arguments) functionbody;
```

fnhandlevar存储的是函数的句柄，这是指向函数的一种重要方式。使用@操作符把句柄赋值给这个名字。与其他类型的函数一样，在括号里面的参数按照对应的顺序传递给函数。functionbody是函数体，是任何有效的MATLAB表达式。例如，下面是一个计算并且返回一个圆面积的匿名函数：

```
>> cirarea = @ (radius)pi * radius.^2;
```

句柄函数的变量名是cirarea。有一个输入参数radius。函数体是表达式：pi * radius.^2。使用.^操作符可以把一个半径向量传递到该函数中。

然后通过使用句柄调用函数并给其传递参数，此处参数是半径或半径向量。此时利用句柄函数调用函数看起来就像使用函数名调用函数一样。

```
>> cirarea(4)
ans =
    50.2655

>> areas = cirarea(1:4)
areas =
    3.1416   12.5664   28.2743   50.2655
```

使用 class 函数可以找到 cirarea 的类型：

```
>> class(cirarea)
ans =
function_handle
```

与存储在 M 文件里面的函数不一样，如果没有参数传递给一个匿名函数，在定义和调用该函数时括号必须依然存在。例如，下面是一个打印含两位小数的随机实数的匿名函数并且调用这个函数的例子：

```
>> prtran = @ () fprintf('%.2f\n',rand);
>> prtran ()
0.95
```

仅仅输入函数句柄的名字就会显示函数定义的具体内容。

```
>> prtran
prtran =
    @ () fprintf('%.2f\n',rand)
```

这就是为什么在调用函数时既使没有参数传递，也要使用括号的原因。

匿名函数可以保存在 MAT 文件中，然后在需要的时候被加载。

```
>> cirarea = @ (radius) pi * radius.^2;
>> save anonfns cirarea
>> clear
>> load anonfns
>> who
Your variables are:
cirarea

>> cirarea
cirarea =
    @ (radius) pi * radius .^2
```

其他匿名函数也可以追加到这个 MAT 文件中。即便匿名函数的一个优点是它们不必保存在单独的 MAT 文件中，但是把相关的匿名函数保存到一个 MAT 文件中通常是非常有用的。如果有一些匿名函数经常被用到，它们可以保存到一个 MAT 文件中，并且可以在 MATLAB 的任何命令窗口中加载它们。

练习 10.1

创建自己的匿名函数来计算圆、矩形和其他一些图形的面积，并把这些匿名函数存储到名为' tempconverters. mat '的文件中。

10.2 函数句柄的使用

函数句柄除了可以被匿名函数创建以外，也可以被其他函数创建，包括内建函数和用户自定义函数。例如，下面将为一个内建素数函数创建一个函数句柄?

```
>> facth = @ factorial;
```

@ 操作符得到函数的句柄，并且将此句柄保存到变量 facth 中。

然后句柄可以用来调用函数，就像匿名函数的句柄。例如：

```
>> facth(5)
```

```
ans =
    120
```

不使用函数名而使用函数句柄调用函数，实质上并不能说明为什么函数句柄是有用的，所以有必要提一个问题：为什么要使用函数句柄。

10.2.1 函数的函数

使用函数句柄的一个原因是可以传递函数给别的函数——它们被称为函数的函数。例如，我们有一个函数创建了 x 向量，而 y 向量是通过求函数在 x 的每个点的函数值来创建的，然后描绘出这些点。

fnfnexamp.m

```
function fnfnexamp(funh)
% fnfnexamp receives the handle of a function
% and plots that function of x (which is 1:25:6)
% Format:fnfnexamp(function handle)

x = 1:25:6;
y = funh(x);
plot(x,y,'ko')
xlabel('x')
ylabel('fn(x)')
title(func2str(funh))
end
```

我们希望能传递一个如 sin、cos 和 tan 一样的函数给 funh。但是如果仅仅给它传递函数的名字，这个程序不能运行：

```
>> fnfnexamp(sin)
Error using sin
Not enough input arguments.
```

我们必须传递一个函数句柄：

```
>> fnfnexamp(@ sin)
```

这个函数根据 sin(x)创建了 y 向量，然后绘制图形如图 10.1 所示。

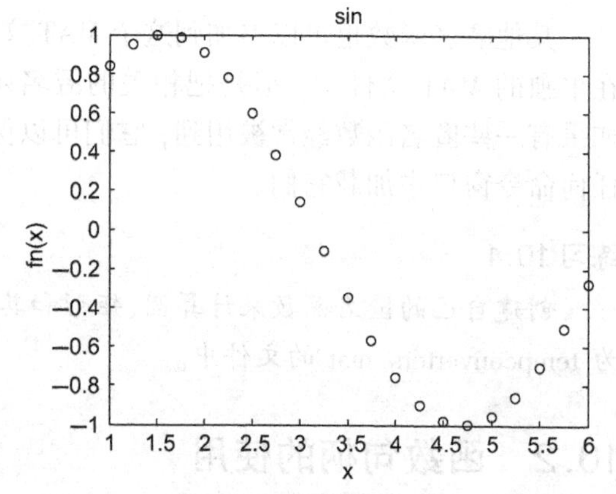

图 10.1 通过传递函数句柄得到的 sin 图形

传递这个句柄给 cos 函数，将会绘制 cos 的图形而不是 sin 的图形。

```
>> fnfnexamp(@ cos)
```

我们也可以传递任何用户自定义函数或匿名函数的句柄给 fnfnexamp 函数。注意，如果一个变量存储函数句柄，只是传递了变量的名字(不是@运算符)。例如，对于我们前面定义的匿名函数：

```
>> fnfnexamp (cirarea)
```

函数 func2str 会返回匿名函数的定义作为一个字符串，该字符串也可用作一个标题，例如：

```
>> cirarea = @ (radius)pi * radius.^2;
>> fnname = func2str( cinrarea )
```

```
fnname =
@ (radius)pi * radius.^2
```

还有一个内置函数 str2func 可以将字符串转换为函数句柄。包含函数名的字符串可以作为输入参数被传递，然后转换为函数句柄。

fnstrfn.m

```
function fnstrfn(funstr)
% fnstrfn receives the name of a function as a string
% it converts this to a function handle and
% then plots the function of x (which is 1:.25:6)
% Format:fnstrfn(function name as string)
x = 1:.25:6;
funh = str2func(funstr);
y = funh(x);
plot(x,y,'ko')
xlabel('x')
ylabel('fn(x)')
title(funstr)
end
```

这个函数也可以通过传递一个字符串给它而被调用，也会产生同样的图形(如图 10.1 所示)：

```
>> fnstrfn('sin')
```

练习 10.2

写这样一个函数：接收输入参数 x 向量和一个函数句柄，然后创建 y 向量，这是 x 的函数(无论传递什么函数句柄)，并且也将绘制 x 和 y 向量的数据，用函数名作为图形的标题。

MATLAB 有一些内建的函数的函数。其中一个内建的函数的函数是 fplot，它在指定的区间内绘制一个函数的图形。调用 fplot 的格式是：

```
fplot(fnhandle,[xmin, xmax])
```

例如，传递 sin 函数给 fplot 会传递它的句柄给 fplot(运行结果如图 10.2 所示)：

```
>> fplot(@ sin,[-pi pi])
```

fplot 函数是一个很好的捷径，它不必要创建 x 和 y 向量，并且 fplot 绘制的是连续的曲线，而不是离散的点。

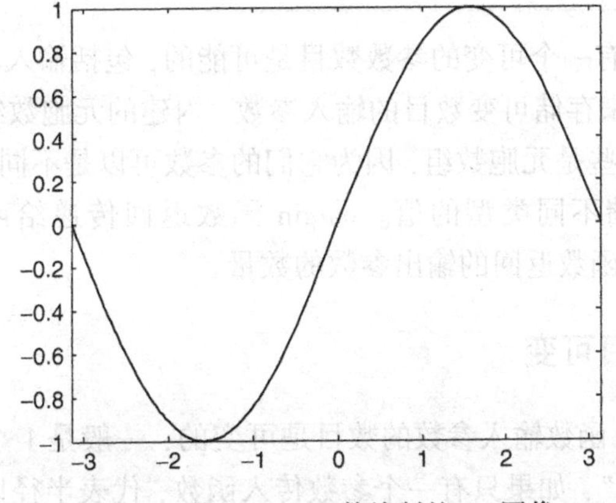

图 10.2 使用 fplot 函数绘制的 sin 图像

快速问答

你能将一个匿名函数传递给 fplot 函数吗?

答:

是的,代码如下:

```
>> cirarea = @ (radius) pi * radius .^2;
>> fplot(cirarea,[1,5])
>> title(func2str(cirarea))
```

注意在本例中没有使用@操作符调用 fplot,因为 cirarea 已经存储了函数句柄。

feval 函数会计算一个函数句柄并且对于指定的参数执行这个函数。例如,下面这个例子是和 sin(3.2)等价的:

```
>> feval(@ sin,3.2)
ans =
    -0.0584
```

另一个内建函数是 fzero,用来寻找一个函数极度接近一个指定值,例如:

```
>> fzero(@ cos,4)
ans =
   4.7124
```

10.3　参数数目可变

到目前为止,我们所写的函数中都有确定数目的输入和输出参数。例如,在下面我们以前定义过的函数中,有一个输入参数和两个输出参数:

areacirc.m

```
function[area,circum] = areacirc(rad)
% areacirc returns the area and
% the circumference of a circle
% Format:areacirc(radius)

area = pi * rad.* rad;
circum = 2 * pi * rad;
end
```

然而,情况不总是如此。有一个可变的参数数目是可能的,包括输入和输出参数。一个内建的元胞数组 varargin 可以用来存储可变数目的输入参数,内建的元胞数组 varargout 可以用来存储可变数目的输出参数。这些是元胞数组,因为它们的参数可以是不同的类型,而只有元胞数组可以在不同的元素中存储不同类型的值。nargin 函数返回传递给函数的输入参数的个数,nargout函数决定了希望从函数返回的输出参数的数量。

10.3.1　输入参数数目可变

例如,下面的 areafori 函数输入参数的数目是可变的,一般是 1 个或 2 个。这个函数的名字代表"面积、英尺或英寸",如果只有一个参数传入函数,代表半径以英尺为单位。如果有两个参数,第 2 个参数可以是字符'i',表示结果以英寸为单位(其他任何字符都表示默认以英尺为单位)。函数使用内建的 varargin 作为元胞数组存储输入参数的数目。nargin 返回传递给函数的输入参数的数目。此例中，半径作为第一个传入的参数被保存在 varargin 的第 1 个元素中。如果有第 2 个参数(如果 nargin 是 2)，它用来指定单位。

areafori.m

```
function area = areafori(varargin)
% areafori returns the area of a circle in feet
% The radius is passed, and potentially the unit of
% inches is also passed, in which case the result will be
% given in inches instead of feet
% Format:areafori (radius) or areafori (radius,'i')

n = nargin; % number of input arguments
radius = varargin{1};% Given in feet by default
if n == 2
    unit = varargin{2};
    % if inches is specified, convert the radius
    if unit =='i'
        radius = radius * 12;
    end
end
area = pi * radius.^2;
end
```

注意:大括号的使用是为了指向元胞数组 varargin 中的元素。

这里有一些调用这个函数的例子：

```
>> areafori(3)
ans =
    28.2743

>> areafori(1,'i')
ans =
    452.3893
```

这种情况下，假设半径总是被传递给函数。因此可以修改函数头来表明，可以传入半径和其余可变数量的输入参数(没有或有一个)给函数：

areafori2.m

```
function area = areafori2(radius,varargin)
% areafori2 returns the area of a circle in feet
% The radius is passed, and potentially the unit of
% inches is also passed, in which case the result will be
% given in inches instead of feet
% Format:areafori2(radius) or areafori2(radius,'i')

n = nargin; % number of input arguments
if n == 2

    unit = varargin{1};
    % if inches is specified, convert the radius
    if unit =='i'
        radius = radius * 12;
    end
```

```
end
area = pi * radius.^2;
end
```

```
>> areafori2(3)
ans =
   28.2743
>> areafori2(1,'i')
ans =
   452.3893
```

注意，nargin 返回的是输入参数的总数，而不只是在元胞数组 varargin 中的参数数目。

一个输入参数数目可变的函数头基本上有两种格式。对于有一个输出参数的函数，选项如下：

```
function outarg = fnname(varargin)
function outara = fnname(input arguments,varargin)
```

或将一部分输入参数作为函数头的一部分，varargin 存储其他函数传递来的值，或将所有输入参数作为 varargin 的一部分。

练习 10.3

一个等比数列的和如下：

$$1 + r + r^2 + r^3 + r^4 + \cdots + r^n$$

写一个函数命名为 geomser，该函数接收一个值为 r 的赋值，并且将计算返回这个等比数列的和。如果有第 2 个参数传入函数，为 n 赋值；否则，函数产生一个 5 到 30 之间的随机数为 n 赋值。注意，不必要使用循环来完成。下面调用这个函数的例子演示了结果应该是什么样子：

```
>> g = geomser(2,4) % 1 + 2^1 + 2^2 + 2^3 + 2^4
g =
   31

>> geomser(1) % 1 + 1^1 + 1^2 + 1^3 + .?
ans =
   12
```

注意到在最后一个例子中，生成了一个随机数 n(一定为 11)。为这个函数使用如下的函数头，然后填充剩余部分：

```
function sgs = geomser(r,varargin)
```

10.3.2 输出参数数目可变

输出参数的可变数目也是可以被指定的。例如，下面这个 typesize 函数有一个输入参数。该函数总是返回一个字符来指定输入参数是标量('s')、向量('v')还是矩阵('m')。这个字符通过输出参数 arrtype 返回。

另外，如果这个输入参数是个向量，函数返回这个向量的长度；如果是个矩阵，返回矩阵的行数和列数。输出参数 varargout 被使用，它是个元胞数组。所以，对于一个向量的长度和矩阵的行数与列数都通过 varargout 返回。

typesize.m

```
function [arrtype, varargout] = typesize(inputval)
% typesize returns a character 's' for scalar, 'v'
% for vector, or 'm' for matrix input argument
```

```
% also returns length of a vector or dimensions of matrix
% Format: typesize(inputArgument)
   [r c ] = size(inputval);
   if r ==1 & c ==1
   arrtype = 's';
elseif r ==1 || c ==1
   arrtype = 'v';
   varargout{1} = length(inputval);
else
   arrtype = 'm';
   varargout{1} = r;
   varargout{2} = c;
end
end
```

```
>> typesize(5)
ans =
s
>> [arrtype,len] = typesize(4:6)
arrtype =
v
len =
   3
>> [arrtype ,r,c] = typesize([4:6; 3:5])
arrtype =
m
r =
   2
c =
   3
```

在这些例子中，用户实际上必须知道参数的类型，这样才可以决定在赋值表达式左边有多少变量。如果有太多变量就会有错误产生。

```
>> [arrtype,r,c] = typesize(4:6)
Error in typesize (line 7)
[r, c] = size(inputval);
Output argument"varargout{2}" (and maybe others) not
assigned during call to"\path\typesize.m>typesize".
```

nargout 函数可以被调用以决定在调用另一个函数时要用到多少个输出参数。例如，在 mysize 函数中，一个矩阵被传递到这个函数。这个函数像内建函数 size 一样，它返回矩阵的行数和列数。如果用三个变量来保存调用这个函数的结果，它也返回元素的总数：

mysize.m

```
function[row, col, varargout] = mysize(mat)
% mysize returns dimensions of input argument
% and possibly also total # of elements
% Format:mysize(inputArgument)
[row, col] = size(mat);
if nargout == 3
  varargout{1} = row*col;
end
end
```

```
>> [r, c] = mysize(eye(3))
```

```
r =
   3
c =
   3
>> [r, c, elem] = mysize(eye(3))
r =
   3
c =
   3
elem =
   9
```

在第一次调用 mysize 函数时，nargout 的值是 2，所以函数只返回输出参数的行和列。在第二次调用时,因为在赋值语句的左边有三个变量,nargout 的值是 3；因此，函数返回元素的总数。

对于函数头部包含输出参数数目的函数,有两种基本格式：

```
function varargout = fnname(input args)
function [output args, varargout] = fnname(input args)
```

或者将一部分输出参数放入函数头部，varargout 存储返回的其他任何值，或者将所有输出参数都存入 varargout。函数调用如下：

```
[variables] = fnname(input args);
```

注意:nargout 不返回函数头中的输出参数的数目，而是返回希望从函数得到的输出参数的数目(如在调用这个函数时赋值表达式左边向量中的参数数目)。

快速问答

一个摄氏度的气温值传递给一个名为 convertemp 的函数。如何写这个函数使得这个函数把摄氏度转换成华氏度，也可以转换成热力学温度，取决于输出参数的个数。转换公式是：

$$F = (9/5) * C + 32$$
$$K = C + 273.15$$

这里是该函数可能的调用：

```
>> df = converttemp(17)
df =
   62.6000
>> [df, dk] = converttemp(17)
df =
   62.6000
dk =
   290.1500
```

答：

我们可以用两种方法、使用两个不同的函数头来完成这个函数：一个函数头只有 varargout，另一个有一个华氏度的输出参数，并且也有 varargout 在函数头中。

converttemp.m

```
function [degreesF, varargout] = converttemp(degreesC)
% converttemp converts temperature in degrees C
% to degrees F and maybe also K
% Format: converttemp(C temperature)

degreesF = 9/5 * degreesC + 32;
n = nargout;
if n == 2
   varargout{1} = degreesC + 273.15;
```

```
    end
    end
convertttempii.m
function varargout = converttempii(degreesC)
% converttempii converts temperature in degrees C
% to degrees F and maybe also K
% Format: converttempii(C temperature)
varargout{1} = 9/5 * degreesC + 32;
n = nargout;
if n == 2    varargout{2} = degreesC + 273.15;
end
end
```

10.4　嵌套函数

如我们所见，循环是可以嵌套的，意味着一个循环可以在另一个循环里面，函数可以嵌套。嵌套函数是指一个外部函数可以包含内部函数。当函数是嵌套函数时，每个函数都必须有一个 end 声明(和循环非常像)。一个嵌套函数的一般形式如下：

```
outer function header
      body of outer function
      inner function header
          body of inner function
      end % inner function
      more body of outer function
end % outer function
```

内部函数可以在外部函数的函数体的任何位置，所以在内部函数前面或后面都可能有外部函数的函数体。也可以有多个内部函数。

任何变量的作用范围是它定义和使用的最外面那个外部函数的工作域，意味着在外部函数定义的变量可以在内部函数中使用。在内部函数定义的变量可以在外部函数中使用，但是如果不能在外部函数使用，那么它的作用域是内部函数。

例如，下面这个函数计算并且返回一个立方体的体积。它有三个参数，分别是底的长、宽和立方体的高。外部函数调用一个嵌套函数，这个嵌套函数计算并且返回立方体底的面积。注意：没有必要传递底的长、宽给内部函数，因为这两个变量的作用范围包括内部函数。

```
nestedvolume.m
function outvol = nestedvolume(len,wid,ht)
% nestedvolume receives the length,width,and
% heigth of a cube and returns the volume; it calls
% a nested function that returns the area of the base
% Format:nestedvolume(length,width,height)
outvol = vase * ht;
    function outbase = base
    % returns the area of the base
    outbase = len * wid;
    end % base function
end % nestedvolume function
```

下面是调用这个函数的例子：

```
>> v = nestedvolume(3,5,7)
v =
    105
```

输出参数和变量是有区别的。输出参数的作用域只是内嵌函数，不可以被外部函数使用。在这个例子中，outbase 只可以在 base 函数中使用，例如，在 nestedvolume 中就不能打印它的值。内嵌函数的例子将在介绍图形用户接口的章节中使用。

注意：没有必要将长度和宽度传递到内部函数，因为这些变量的作用范围仅包含在内部函数中。

10.5　递归函数

当自己定义自己时，递归就发生了。在程序中，递归函数是自我调用的一种函数。虽然很多简单的递归函数的例子(包括本章介绍的几个例子)效率不是很高，而且可以使用循环方法(例如循环，或 MATLAB 中向量化的代码)替换它们，但是递归在程序设计中仍然是经常使用的。复杂的例子超出本书所讲的范围，这里只简单介绍递归的概念。

使用阶乘作为例子。通常地，一个整数 n 的阶乘是循环定义的：

$$n! = 1 \times 2 \times 3 \times \cdots \times n$$

例如，

$$4! = 1 \times 2 \times 3 \times 4，或者 24$$

另外，递归定义是这样的：

$$n! = n \times (n-1)! \qquad 通项$$
$$1! = 1 \qquad 基本项$$

这个定义是递归的，因为一个阶乘是根据另一个阶乘定义的。任何递归定义都有两个部分：通项(归纳项)和基本项。在通项中一个整数 n 的阶乘定义为 n 乘 n－1 的阶乘，基本项是 1 的阶乘，即 1。基本项停止递归。

例如：

```
3! = 3 × 2!
         2! = 2 × 1!
                  1! = 1
             = 2
     = 6
```

工作的方式是这样的，3 的阶乘是根据另一个阶乘 3×2! 定义的。这个表达式此时还不能计算，因为首先必须知道 2! 的值。所以为了计算 3×2!，我们被递归定义打断了。根据定义，2! = 2×1!。同样，表达式 2×1! 也不能计算，因为我们必须知道 1! 的值。根据定义，1! 就是 1。因为我们知道 1! 是什么，则继续计算这个可以被计算的表达式；现在知道 2×1! 等于 2×1，即 2。所以，现在可以完成先前被计算的表达式，即可得出 3×2! 等于 3×2，即 6。

这就是递归通常的工作方式。使用递归，表达式被递归定义的通项的中断控制，这种中断会一直发生，直到计算到基本项。基本项最终结束递归，并且被暂停计算的表达式以相反的顺序计算。这个例子中，首先完成 2×1! 的计算，然后再计算 3×2!。

必须有基本项来结束递归，而且基本项必须在某个时刻能够到达。否则，无穷递归就会发生(虽然理论上 MATLAB 会最终结束递归)。

前面介绍过 MATLAB 内建的用来计算阶乘的函数，这个函数称为 factorial，而且我们也知道如何利用已有的乘积实现循环定义。现在来写一个称为 fact 的递归函数。这个函数接收一个整数 n 作为输入参数，为了简化假设 n 为正数，并且利用之前给出的递归定义计算 n 的阶乘。

fact.m

```
function facn = fact(n)
% fact recursively finds n!
% Format:fact(n)
if n == 1
   facn = 1;
else
   facn = n * fact(n -1);
end
end
```

这个函数计算一个值，使用 if-else 在递归项和基本项之间选择。如果传递给函数的参数值是 1，函数返回 1，因为 1 的阶乘等于 1。否则，递归调用。根据定义，n 的阶乘，即这个函数的计算内容，被定义为 n 乘 n - 1 的阶乘。所以函数把 n * fact(*n* - 1)赋值给输出参数。

这是如何工作的呢？与前面描绘的 3 的阶乘的工作方式完全一样。下面来追踪如果 3 被传递给这个函数将会发生什么：

```
fact(3) tries to assign 3 * fact(2)
      fact(2) tries to assign 2 * fact(1)
              fact(1) assigns 1
      fact(2) assigns 2
fact(3) assings 6
```

当函数首次被调用时，3 不等于 1，所以语句

```
facn = n * fact(n -1);
```

执行。这将试图把 3 * fact(2)的值赋值给 facn，但是这时这个表达式还不能被计算，所以还不能进行赋值操作，因为首先必须计算 fact(2)的值。

因此，这个赋值表达式被 fact 函数的递归调用暂停。调用 fact(2)导致试图赋值 2 * fact(1)，但是同样这个表达式还是不能被计算。下一步，调用 fact(1)的结果是完成赋值表达式的计算，因为它的值就是 1，一旦到达基本项，将会以相反的顺序计算那些被暂停的表达式赋值操作。

调用这个函数与调用内建函数 factorial 产生同样的结果：

```
>> fact(5)
ans =
   120
>> factorial(5)
ans =
   120
```

递归的阶乘函数是递归函数最常见的例子，然而也是一个差劲的例子，因为计算阶乘并不一定要使用递归。在程序设计中一个 for 循环就可以很好的实现(或者，MATLAB 的内建函数当然也可以)。

另外，一个较好的递归函数例子不返回值，而只是简单的打印。下面这个 prtwords 函数接收一个句子，并且反序打印这个句子的字母。prtwords 函数的算法如下：

- 接收一个句子作为输入参数；
- 使用 strtok 函数把句子分割成第一个单词和句子的剩余部分；
- 如果句子剩余部分非空(换句话说，还有单词要处理)，递归调用 prtwords 函数并且把句子的剩余部分传给这个函数；
- 打印单词。

这个函数定义如下：

prtwords.m

```
function prtwords(sent)
% prtwords recusively prints the words in a string
% in reverse order
% Format:prtwords(string)
[word,rest] = strtok(sent);
if ~isempty(rest)
   prtwords(rest);
end
disp(word)
end
```

下面是调用这个函数的例子，传递'what does this do'给这个函数：

```
>> prtwords('what does this do')
do
this
does
what
```

函数调用时的轮廓如下所示：

```
The function receives 'what does this do'
It breaks it into word = 'what', rest = 'does this do'
Since "rest" is not empty, calls prtwords, passing "rest"
    The function receives 'does this do'
    It breaks it into word = 'does', rest = 'this do'
    Since "rest" is not empty, calls prtwords, passing "rest"
        The function receives 'this do'
        It breaks it into word = 'this', rest = 'do'
        Since "rest" is not empty, calls prtwords, passing "rest"
            The function receives 'do'
            It breaks it into word = 'do', rest = ''
            "rest" is empty so no recursive call
            Print 'do'
        Print 'this'
    Print 'does'
Print 'what'
```

在这个例子中，剩余字符串是空的情况下为基本项，换句话说，就是已经到达原始句子的末尾。每当这个函数被调用时，函数的执行总被递归调用所中断，直到基本项被执行。当到达基本项后，整个函数就可以执行了，包括打印单词（基本项是单词'do'）。

一旦函数执行完毕，函数就会返回到先前的形式，这时其中的单词是'this'，通过打印'this'完成执行。这样一直继续，函数形式的完成是反序的，所以程序以反序打印句子的单词来结束。

练习 10.4

对于下面的函数：

recurfn.m

```
function outvar = recurfn(num)
% Format: recurfn(number)

if num < 0
   outvar = 2;
else
   outvar = 4 + recurfn(num - 1);
end
end
```

调用这个函数 recurfn(3.5)将会返回什么值？思考后键入函数并且测试。

探索其他有趣的特征

- 其他功能函数和常微分方程（ODE）求解器可以使用 help funfun。
- bsxfun 功能函数。查看在文档页面中减去列的例子，意味着从一个矩阵的列中减去每列的每个元素。
- ODE 求解器包括 ode45（最经常用到），ode23 和一些其他的求解器。odeset 函数可以设定误差宽容度。
- 研究 natginchk 函数和 nargoutchk 函数的使用方法。
- nargin 函数不仅在使用 varargin 的时候可以运用，也可以对输入的参数是否正确进行差错校验。用例子进行探索。

总结

常见错误

- 试图只传递函数名给一个函数的函数，而不是传递函数句柄。
- 认为 nargin 是 varargin 中的元素个数（nargin 不是必须的，它是输入参数的总个数）。
- 忘记递归函数的基本项。

编程风格指南

- 当一个函数体只有一个简单的表达式时使用匿名函数。
- 把相关的匿名函数存储到一个 MAT 文件中。
- 如果一些输入和输出经常被传递给一个函数，那么就为它们使用标准输入/输出参数。只有在提前不知道是否需要其他输入/输出参数时才使用 varargin 和 varargout。

- 尽可能使用循环代替递归。

MATLAB 保留词
end(for functions)

MATLAB 函数和命令	
func2str	varargin
str2func	varargout
fplot	nargin
feval	nargout
fzero	

MATLAB 操作符
函数句柄 @

习题

1. 声速在空气中是 49.02 $\sqrt{T}$英尺/秒, T 是以兰金温标(绝对华氏温标)为度量单位的气温。写一个匿名函数计算声速。给这个函数传递一个气温 R 度的参数,函数返回声速。
2. 有一个参数 x 的双曲正弦定义如下:

```
hyperbolicsine(x) = (ex - e - x) /2
```

写一个匿名函数实现这个定义。并与内建函数 sinh 进行比较。
3. 写一组匿名函数来实现长度转换, 并把它们存储到文件“lenconv. Mat”中。通过它们的描述性名字进行调用。如 cmtoinch 实现厘米到英寸的转换。
4. 在一些面心立方晶体的金属结构体中, 其立体边缘长度 L 和原子半径 R 的关系, 可用方程为 $L = 2R\sqrt{2}$描述。编写一个匿名函数, 用给出的 R 计算 L。
5. 写一个匿名函数将液盎司转换到毫升。1 液盎司等于 29.57 毫升。
6. 写一个匿名函数来实现如下二次方程式: $3x^2 - 2x + 5$。并使用 fplot 函数在 -6 到 6 的范围内绘制这个函数。
7. 写一个函数接收 x、y 向量形式的数据, 并指向一个绘图函数的函数句柄, 这个函数实现绘图的功能。例如调用这个函数时, 可能看起来像是这样子的: wsfn(x, y, @bar)。
8. 写一个 plot2fnhand 函数, 这个函数能够接收两个函数句柄作为输入参数, 并会在两个图形窗口中绘制这两个函数, 同时在两个图形的标题中显示函数的名字。这个函数会创建一个 x 向量, 范围为 1 到 n(n 是从 4 到 10 的一个随机整数)。例如, 如果调用此函数, 则调用形式如下:

```
>> plot2fnhand(@sqrt, @exp)
```

这样随机整数是 5, 第一个图形窗口会显示 x = 1:5 的 sqrt 函数, 而第二个图形窗口会显示 x = 1:5 的 exp(x) 函数。
9. 使用 feval 作为另一种方式来完成如下函数调用:

```
abs( -4)
size(zeros(4))
```

使用两次 feval 达到这样的调用效果。
10. 有一个称为 cellfun 的内建函数, 它为一个元胞数组中的每个元素计算一个函数值。创建一个元胞数组, 然后调用 cellfun 函数, 传递 length 函数的句柄和这个元胞数组给 cellfun, 确定元胞数组中每个元素的长度。
11. 假设结构“Parts”的向量已经创建并初始化如下:

Parts

	partNo	radii			
		1	2	3	4
1	123	2.05	2.1	2.07	2.11
2	456	3.5	3.6	3.45	3.8

给出该函数：

partsfn.m

```
function out = f1le2fn(fhan,vec)
out = fhan(vec);end
```

执行下面语句将会显示什么？

```
for i = 1:length(Parts)
    disp(partsfn(@ min, Parts(i).radii))
    disp(partsfn(@ max, Parts(i).radii))
end
```

12. 写一个打印一个随机整数的函数。如果没有参数传递给该函数，它打印一个1到100范围内的随机整数。如果传递一个参数，这个参数就是最大值，打印的随机整数就在1到这个最大值之间。如果有两个参数，它们分别代表最小值和最大值，即打印一个在最小值到最大值之间的随机整数。
13. 写一个名为numbers的函数，函数中创建一个数字矩阵，矩阵中的每个元素存储着相同的数值n。传递给函数的参数要么是两个，要么是三个。第一个参数总是数量n。如果是两个参数，则第二个参数是生成平方($n \times n$)矩阵的大小。如果是三个参数，则第二个和第三个参数是生成矩阵的行和列。
14. 并联的n个电阻的总电阻是

$$R_T = \left(\frac{1}{R_1} + \frac{1}{R_2} + \frac{1}{R_3} + \cdots + \frac{1}{R_n}\right)^{-1}$$

编写一个函数，要求接收数量可变的电阻的值，并返回电阻网络的等效电阻。

15. 声速在空气中是49.02 $\sqrt{T}$英尺/秒。T是空气兰金温标(绝对华氏温标)的度数。写一个函数计算声速。如果只有一个参数传递给这个函数，则假定这个参数就是兰金温标表达的空气温度。而如果有两个参数传递，则这两个参数的第一个是空气温度，第二个是一个字符，即用'f'代表度量单位是华氏度，如果是'c'则代表是摄氏温度(所以之后必须先将它们转化成兰金温标)。注意：温度R = F(华氏度) + 459.67℉(华氏度) = 9/5℃(摄氏度) + 32。
16. 一个名字为ftocmenu的脚本，使用menu函数来询问用户选择输出到屏幕还是输出到文件。输出结果是一个温度换算列表，将范围在32到62之间的F华氏温度转换为摄氏温度，步长为10。如果用户选择文件，脚本打开一个可写入的文件，调用函数tempcon把结果写到文件中(传递文件标识)，并关闭文件。否则，调用tempcon函数，不传递任何参数，把结果写到屏幕上。在任意一种情况下，tempcon函数都由脚本调用。如果给这个函数传递文件标识符，则写到文件中；否则，如果没有传递任何参数，则写到屏幕上。函数tempcon调用一个子函数，该子函数使用公式C = (F - 32) * 5/9将华氏温度F转换为摄氏温度C。下面是执行该脚本的例子，在该例中，用户选择屏幕按钮：

```
>> ftocmenu
32F is 0.0C
42F is 5.6C
52F is 11.1C
62F is 16.7C
```

ftocmenu.m

```
choice = menu('Choose output mode','Screen','File');
if choice == 2
    fid = fopen('yourfilename.dat','w');
    tempcon(fid)
    fclose(fid);
else
    tempcon
end
```

编写函数 tempcon 和它的子函数。

17. 写一个能接收球体半径 r 的函数，计算并返回球的体积($4/3r^3$)。如果这个函数调用期望两个输出参数，则也可返回球的表面积($4r^2$)。
18. 数据存储的基本单位是字节(B)。1B 相当于 8 个二进制位。半个字节相当于 4 位。编写一个函数接收输入的字节数目，并返回位的数目。如果要求有两个输出参数，则也返回半字节的数目。
19. 在量子力学中，普朗克常数(记为 h)定义为 $h = 6.626 * 10^{-34}$ 焦耳·秒。迪拉克常数 hbar 使用普朗克常数给出：

$$hbar = \frac{h}{2\pi}$$

编写一个能返回普朗克常量的 planck 函数。如果要求有两个输出参数，也可返回迪拉克常数。

20. 大多数游泳池的水道是 25 码长或 25 米长，并没有太大的区别。写一个名为“convyards”的函数来帮助游泳者计算他们游过多远。函数接收输入游过的码数量。它计算并返回等价的米数，如果(且只有)期望两个输出参数时，它还返回等价数量的英里数。相关的转换因素为：

   1 米 = 1.0936133 码

   1 英里 = 1760 码
21. 编写一个名为 unwind 的函数，它能将一个矩阵作为输入参数。返回从矩阵元素中按列宽得到的行向量，如果期望输出参数的个数为 2，它也能返回一个列向量。
22. 内建函数 date 返回包含日、月、年的字符串。写一个总是返回当前日期的函数(使用 date 函数)。如果这个函数调用期望两个输出参数，它也能返回月份，如果需要三个输出参数，则同时也返回年份。
23. 编写一个函数，能够接收输入参数的数量可变：如一个矩形的长和宽，也可能是这个矩形作为底面的盒子的高。如果只是传入矩形的长和宽，函数就返回矩形的面积，如果同时还传递了盒子的高，就返回其体积。
24. 写一个计算圆锥体体积的函数。体积 V = AH，A 是底圆的面积(r 是半径)，H 是高度。使用一个嵌套函数来计算 A。
25. 二次方程 $ax^2 + bx + c = 0$(其中 a 非零)的两个实根由以下公式得到：

$$\frac{-b \pm \sqrt{D}}{2 * a}$$

其中判别式 $D = b^2 - 4 * a * c$。写个函数计算并返回二次方程的根。这个函数有 a、b 和 c 三个输入参数。使用一个嵌套函数来计算判别式。

26. a^n(a 是整数，n 是非负整数)的递归定义的形式如下：

$$a^n = 1, \quad n == 0$$
$$= a \times a^{n-1}, \quad n > 0$$

写一个名为 mypower 的递归函数，接收 a 和 n 两个输入参数，返回通过上述定义的 a^n 的值。注意：这个程序不能使用^操作；只使用递归来完成。测试该函数。

27. 下面这个函数实现了什么功能？

```
function outvar = mystery(x,y)
if y == 1
    outvar = x;
else
    outvar = x + mystery(x,y -1);
end
```

用一个词描述使用这两个参数的函数的功能。

斐波那契(Fibonacci)数是 0, 1, 1, 2, 3, 5, 8, 13, 21, 34…这一数字序列，序列从 0 和 1 开始，之后，每个数都是其前两项之和。序列越往后，当前斐波那契数去除前一个斐波那契数所得的结果就越接近黄金比例。在自然界中我们可以惊讶地发现斐波那契数的存在，比如，向日葵花瓣的分布。

28. Fibonacci 数是一个数列 F_i：

0 1 1 2 3 5 8 13 21 34 …

这里，$F_0 = 0$，$F_1 = 1$，$F_2 = 1$，$F_3 = 2$，以此类推。其递归定义如下：

$F_0 = 0$
$F_1 = 1$
$F_n = F_{n-2} + F_{n-1}$ if $n > 1$

写一个递归函数实现上述定义。接收一个整型参数 n，返回一个整数值，这个整数就是第 n 个 Fibonacci 数。注意：这个定义有两个基本项和一个通项。然后通过打印前 20 个 Fibonacci 数来测试该函数。

29. 使用 fgets 读取一个文件中的字符串，并倒序递归打印它们。

30. 组合系数可以递归定义如下：

```
C(n, m) = 1                           如果 m == 0 或 m == n
        = C(n-1, m-1) + C(n-1, m)     其他
```

写一个递归函数实现上述定义。

第二部分

用 MATLAB 解决问题的进阶

第 11 章　MATLAB 作图

关键词

histogram 柱状图	animation 动画	object-oriented programming 面向对象编程
stem plot 杆图	plot properties 图形属性	pie chart 饼状图
object 对象	parent/children 父/子	area plot 面积图
object handle 对象句柄	core objects 核心对象	bin 直方图
graphics primitives 基本图元	text box 文本框	

第 3 章已经介绍过用 MATLAB 软件的绘图函数 plot 绘制由 x 和 y 向量表示的点 x、y 的简单二维图形。我们也见到过一些允许图形定制的函数。本章将探索其他几种类型的图形、定制图形的方法，以及将绘图与函数和文件输入相结合的一些应用。另外也会介绍有关动画、三维图形和图形属性的一些知识。

在最新版本的 MATLAB 中，使用 PLOTS 标签可以非常轻松地创建高级绘图。该方法是创建存储数据的变量，然后选择 PLOTS 标签。可以使用的绘图函数跟着高亮度显示；只需用鼠标点击一下某个绘图函数，就会使用该函数打开图形窗口并绘制这些数据表达的图形。例如，通过创建 x 和 y 变量，并在工作区窗口突出显示它们，就可以看见二维绘图形式。相反，如果 x、y 和 z 变量被突出显示，则可见三维绘图形式。对用户来说这些都是在 MATLAB 中非常快速的创建绘图的方法。然而，由于本书重点集中在程序设计概念上，本章将会介绍一些纲领性方法。

11.1　图形函数

到目前为止，已经使用过 plot 函数绘制二维图形、bar 函数绘制条形图，并且学习了如何使用 clf 清除图形窗口，如何使用 figure 创建图形窗口。使用 xlabel、ylabel、title 和 legend 完成了标记图形，我们也了解了如何使用 sprintf 定制传递给这些函数的字符串。同时学习了使用 axis 函数将坐标轴从由 x 和 y 向量决定的默认值改为指定的值。最后，学习了 grid 和 hold 开关函数打印或不打印网格，或锁定图形窗口的当前图形以使下一个图形不被重叠。

另一个对任何类型的图形都非常有用的函数是 subplot，该函数在当前图形窗口中创建一个图形矩阵，见第 5 章。sprintf 函数经常用于创建定制的绘图矩阵的轴标签和标题。

plot 绘图函数对 x 和 y 轴使用线性刻度。而有几个函数，有的在一个轴上使用对数刻度，有的在两个轴上都使用对数刻度：函数 loglog 对 x 和 y 轴都使用对数刻度，semilogy 函数在 x 轴上使用线性标度，在 y 轴上使用对数标度，函数 semilogx 使用一个对数刻度的 x 轴和线性刻度的 y 轴。例如，下面的示例利用 subplot 展示了使用 plot 和 semilogy 函数之间的差别，如图 11.1所示。

```
>> subplot(1,2,1)
>> plot (logspace(1,10))
>> title('plot')
>> subplot(1,2,2)
>> semilogy (logspace(1,10))
>> title('semilogy')
```

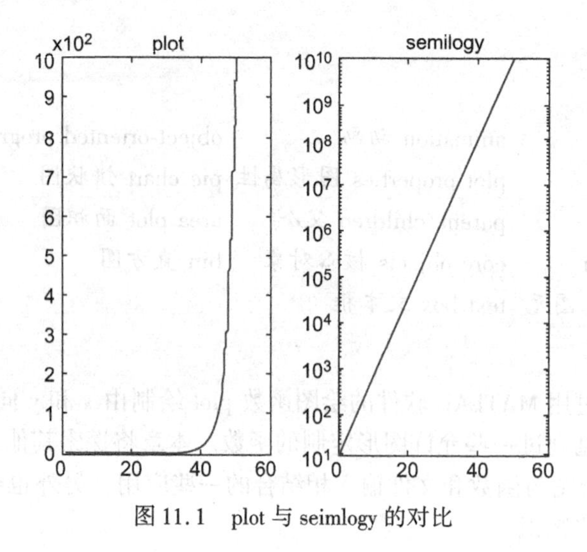

图 11.1 plot 与 seimlogy 的对比

> **快速问答**
>
> 有哪些方法可以绘制多个图形?
>
> **答:**
>
> 依据你是否想要它们在单独的图形窗口中重叠显示(使用 hold on),在一个单独的图形窗口的一个矩阵中显示(使用 subplot),或在多个图形窗口中显示(使用 figure(n))有多种方法。

除了曲线和条形图,还有其他图的类型,如直方图、杆图、面积图和饼状图,还有其他可以定制图形的函数。

本章介绍几种其他类型的绘图函数,bar、barh、area 和 stem 函数本质上和 plot 函数显示的是同样的数据,但是在形式上有些不同。bar 函数绘制一个条形图(像我们以前见过的一样),barh 函数绘制水平条形图,area 函数绘制的图形是连续的曲线并且曲线是填充的,stem 函数绘制杆图。

例如,下面的脚本创建了一个图形窗口,并用一个 2×2 的 subplot 使用同样的 x 与 y 点来显示上述 4 个图形类型(如图 11.2 所示)。

subplottypes.m

```
% Subplot to show plot types
year = 2013:2017;
pop = [0.9 1.4 1.7 1.3 1.8];
subplot(2,2,1)
plot(year,pop)
title('plot')
xlabel('Year')
```

```
ylabel('Population (mil)')
subplot(2,2,2)
bar(year,pop)
title('bar')
xlabel('Year')
ylabel('Population (mil)')
subplot(2,2,3)
area(year,pop)
title('area')
xlabel('Year')
ylabel('Population (mil)')
subplot(2,2,4)
stem(year,pop)
title('stem')
xlabel('Year')
ylabel('Population (mil)')
```

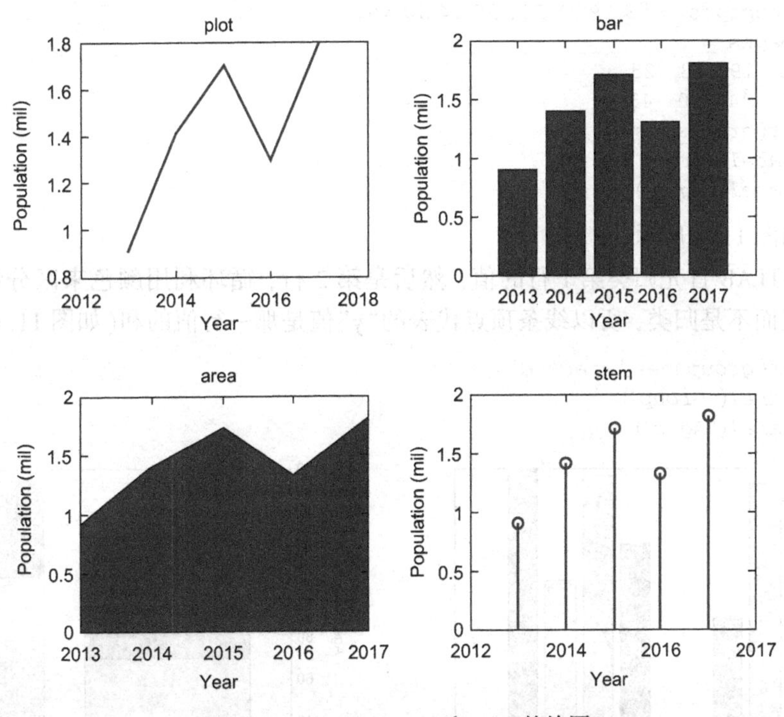

图 11.2　plot，bar，area 和 stem 的绘图

注意：在调用 subplot 函数时，第 3 个参数是在图形窗口中创建的矩阵的一个单一的索引；计数采用列优先(与 MATLAB 使用矩阵时正常的行优先是相反的)。

快速问答

可以使用一个循环创建 subplot 吗？

答：

可以。我们可以把图形的名字存储在一个元胞数组中。这些名字被放在标题中，并且连接字符串'(x,y)'，然后传递给 eval 函数来运行这个函数。

loopsubplot.m

```
% Demonstrates evaluating plot type names in order to
% use the plot functions and put the names in titles

year = 2013:2017;
pop = [0.9 1.4 1.7 1.3 1.8];
titles = {'plot','bar','area','stem'};
for i = 1:4
    subplot(2,2,i)
    eval([titles{i} '(year,pop)'])
    title(titles{i})
    xlabel('Year')
    ylabel('Population (mil)')
end
```

对于一个矩阵，bar 和 barh 函数将会按行归类它们的值。例如：

```
>> groupages = [8 19 43 25; 35 44 30 45]
groupages =
     8   19   43   25
    35   44   30   45
>> bar(groupages)
>> xlabel('Group')
>> ylabel('Ages')
```

产生的图形如图 11.3 所示。

注意，MATLAB 首先归类第 1 行的值，然后是第 2 行，循环利用颜色来区分线条。'stack'选项会累计值而不是归类，所以线条顶点代表的"y"值是那一行值的和(如图 11.4 所示)。

```
>> bar(groupages,'stacked')
>> xlabel('Group')
>> ylabel('Ages')
```

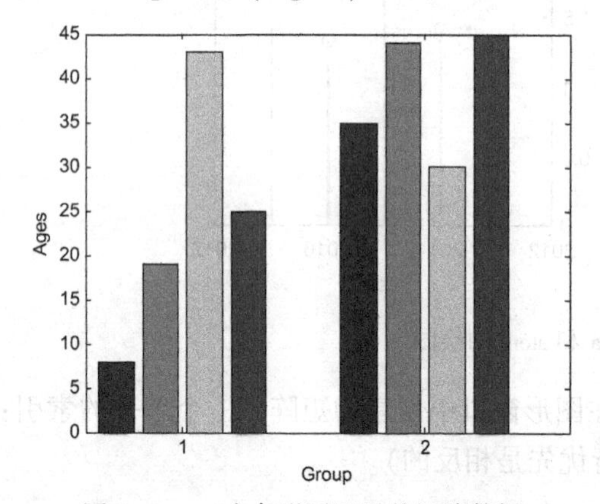

图 11.3　一个条形图显示的矩阵数据

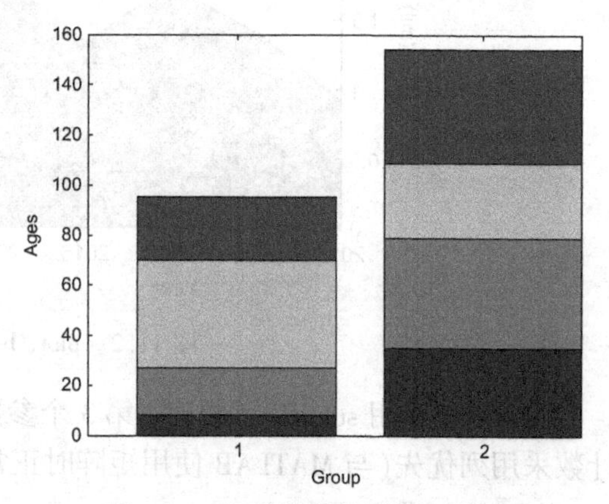

图 11.4　矩阵数据的累计条形图

练习 11.1

创建一个文件，里面有两行，每行有 n 个数字。使用 load 函数将这些数字读取到一个矩阵中。然后，使用 subplot 函数逐一显示条形图和累计条形图。

直方图是条形图的一个特殊类，表现的是一个向量中的值出现的频率。直方图使用 bins 函数来收集给定范围内的值。MATLAB 使用 hist 函数创建直方图。使用 hist(vec)的形式调用这个函数，默认使用向量 vec 中的值并且放入 10 个块形[或使用 hist(vec,n)将会放入 n 个块形]并且绘制这个图表。如图 11.5 所示。

```
>> quizzes = [10 8 5 10 10 6 9 7 8 10 1 8];
>> hist(quizzes)
>> xlabel('Grade')
>> ylabel('#')
>> title('Quiz Grades')
```

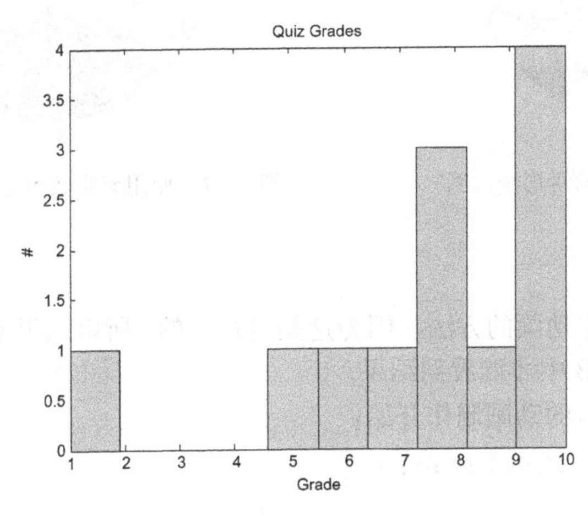

图 11.5　数据直方图

在这个例子中，向量中的数值在 1 到 10 之间，所以从 1 到 10 有 10 个块形。块形的高度表示值落在特定块形范围内的个数。hist 函数实际上返回的是值，首先返回的是一个向量，这个向量显示原始向量中的值落在每个块形范围内的数目：

```
>> c = hist(quizzes)
c =
    1  0  0  0  1  1  1  3  1  4
```

在一个直方图中的块形宽度可以是不同的。直方图用在数据统计分析中，关于统计的更多内容将在第 12 章中介绍。

MATLAB 中还有一个创建饼形统计图的函数 pie，以 pie(vec)的形式调用，根据每个元素在整个向量的值的总和中占的比例来绘制饼形统计图。它从圆的顶部开始顺时针绘制。例如，向量[11 14 8 3 1]中的第 1 个值 11，占总和的 30%，14 占总和的 38%，等等，如图 11.6 所示。

```
>> pie([11 14 8 3 1])
```

一个标签的元胞数组也可以传递给函数 pie。这些标签会代替比例显示在图中(如图 11.7 所示)。

```
>> pie([11 14 8 3 1],{'A','B','C','D','F'})
```

练习 11.2

一个化学教授教三个班。课程号和选课人数如下：

```
CH  101  111
CH  105   52
CH  555   12
```

使用 subplot 函数绘制饼形统计图来显示上述信息：饼形统计图的左边显示每门课学生的比例，右边显示课程号。使用合适的标题。

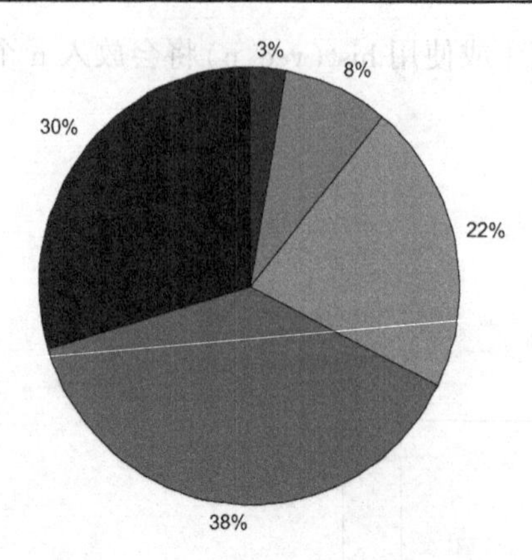

图 11.6　显示比例的饼形统计图

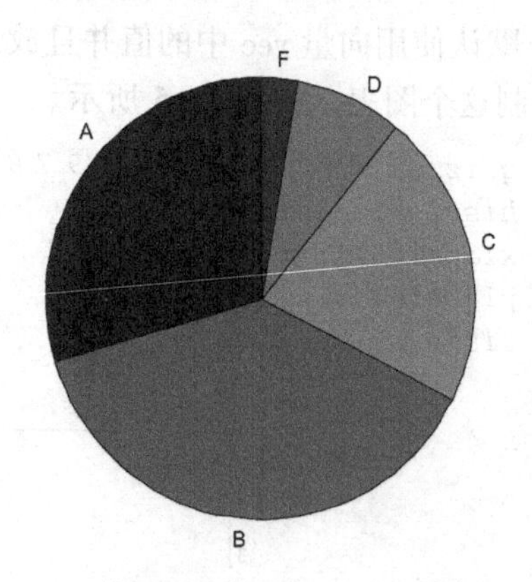

图 11.7　使用元胞数组中标签的饼形统计图

11.2　动画

本节将学习几种制作动画的方法。因为这是可视化的，所以这里不能很好地显示结果，必须把程序输入到 MATLAB 中才能看到结果。

从使用向量的 sin(x)的动画制作开始：

```
>> x = -2*pi:1/100:2*pi;
>> y = sin(x);
```

这将产生足够多的点，可以用内建的 comet 函数看到结果，结果首先显示第 1 个点(x(1),y(1))，然后移动到第 2 个点(x(2),y(2))，以此类推，留下一条尾巴(像彗星一样)。

```
>> comet(x,y)
```

最后的结果看起来和 plot(x,y)一样。

另一种制作动画的方法是使用内建的 movie 函数，这个函数显示所有被记录的动画帧。在循环中使用内建函数 getframe 捕获这些帧，并将它们保存到矩阵中。例如，下面的脚本又一次制作了 sin 函数的动画。使用了 axis 函数，使得 MATLAB 为所有帧使用相同的一组坐标轴，在数据向量 x 和 y 上使用 min 和 max 函数将看到所有的点。在 for 循环中只播放一次动画，当 movie 函数被调用时再次播放。

sinmovie.m

```
% Shows a movie of the sin function
clear
x = -2*pi:1/5:2*pi;
y = sin(x);
n = length(x);
for i = 1:n
    plot (x(i),y(i),'r*')
    axis([min(x)-1 max(x)+1 min(y)-1 max(y)+1])
    M(i) = getframe;
end
movie(M)
```

11.3　三维图形

MATLAB 中有很多显示三维图形的函数。这些函数大部分都和相对应的二维函数有相同的名字，只不过在函数名后加'3'。例如三维的曲线图函数称为 plot3。其他函数包括 bar3、bar3h、pie3、comet3 和 stem3。

plot3 和 stem3 函数有 3 个表示 x、y 和 z 坐标的向量参数。这些函数在三维空间中显示点。单击旋转三维图标，就可以旋转视图从不同的角度观察这个图形。也可以使用 grid 函数更直观地观察视图效果，如图 11.8 所示。

```
>> x = 1:5;
>> y = [0 -2 4 11 3];
>> z = 2:2:10;
>> plot3(x,y,z,'k*')
>> grid
>> xlabel('x')
>> ylabel('y')
>> zlabel('z')
>> title('3D Plot')
```

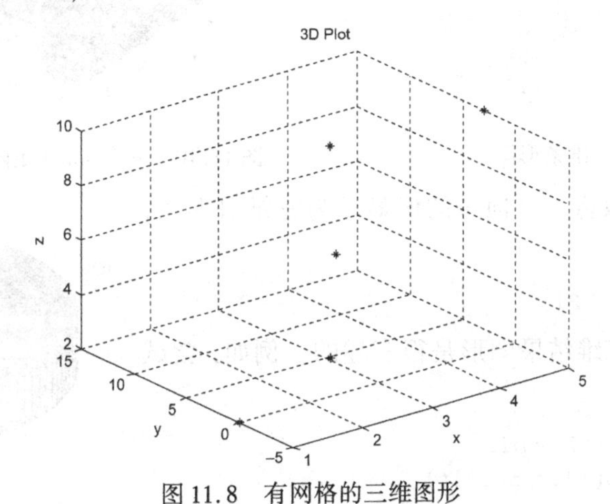

图 11.8 有网格的三维图形

对于 bar3 和 bar3h 函数，传递 y 和 z 向量后函数将显示为三维条形图，例如，bar3 显示如图 11.9 所示。

```
>> y = 1:6;
>> z = [33 11 5 9 22 30];
>> bar3(y,z)
>> xlabel('x')
>> ylabel('y')
>> zlabel('z')
>> title('3D Bar')
```

也可以传递一个矩阵，如 5 ×5 的 spiral 矩阵(spiral 的元素是从 1 到 25 的整数)，如图 11.10 所示。

```
>> mat = spiral(5)
mat =
    21  22  23  24  25
    20   7   8   9  10
    19   6   1   2  11
    18   5   4   3  12
    17  16  15  14  13
>> bar3(mat)
```

```
>> title('3D Spiral')
>> xlabel('x')
>> ylabel('y')
>> zlabel('z')
```

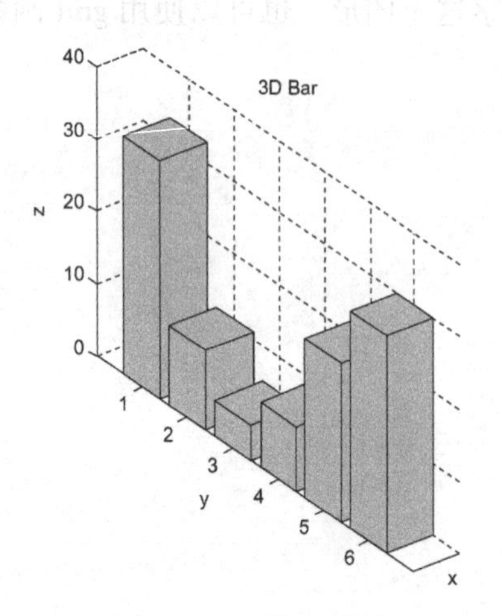

图 11.9 三维条形图

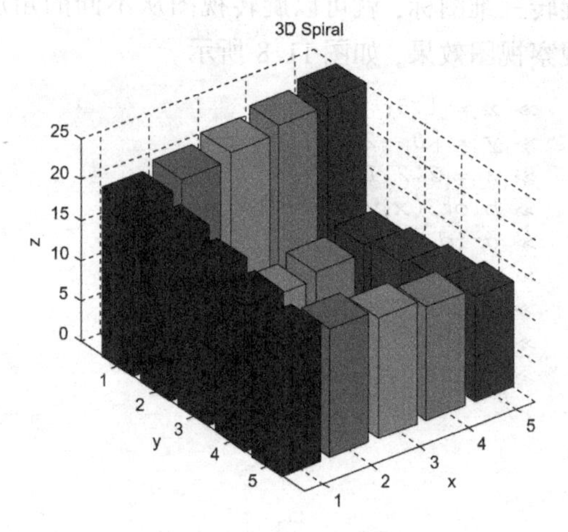

图 11.10 一个 spiral 矩阵的三维图

类似地，pie3 函数将一个向量的值显示为三维饼形图，如图 11.11 所示。

```
>> pie3([3 10 5 2])
```

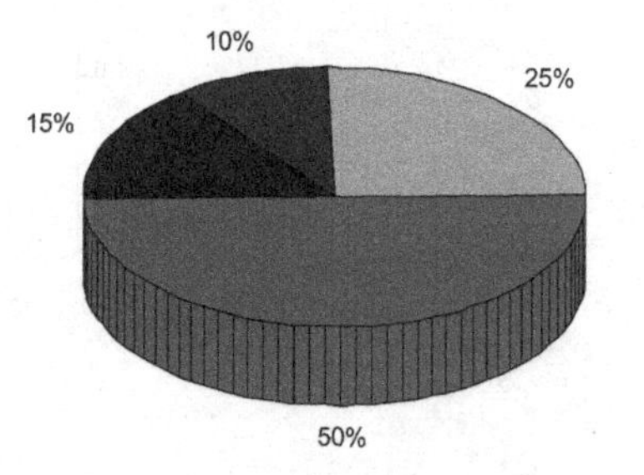

图 11.11 三维饼形统计图

显示一个生动的三维结果图形是很有趣的。例如，尝试使用 comet3 函数：

```
>> t = 0:0.001:12 * pi;
>> comet3(cos(t),sin(t),t)
```

其他有趣的三维绘图类型包括 mesh 和 surf。mesh 函数绘制三维点的线框网图，surf 函数使用颜色来显示由点定义的参数曲面。MATLAB 有几个使用(x,y,z)坐标创建指定形态(如，球体和圆柱体)的函数。

例如，传递一个整数 n 给 sphere 函数，将创建相对于 x、y 和 z 的(n+1)×(n+1)矩阵，然后可以传递给 mesh 函数(见图 11.12)或 surf 函数(见图 11.13)。

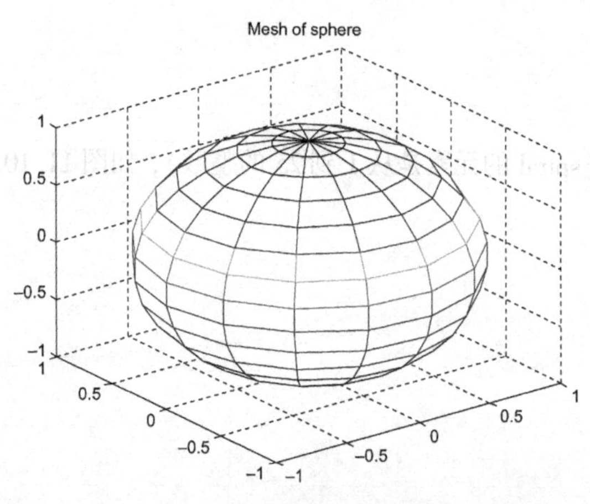

图 11.12 球体的线框网图

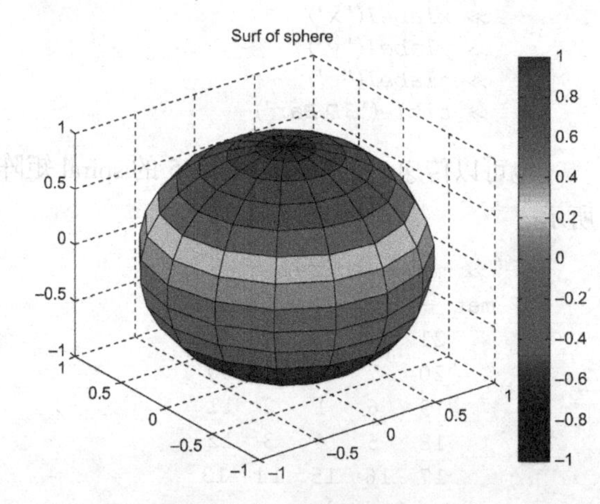

图 11.13 球体的曲面图

```
>> [x,y,z] = sphere(15);
>> size(x)
ans =
   16  16
>> mesh(x,y,z)
>> title('Mesh of sphere')
```

另外，colorbar 函数可在显示颜色范围的图的右边显示一个色彩条形图。

注意，将在第 13 章中介绍颜色选项。

```
>> [x,y,z] = sphere(15);
>> surf(x,y,z)
>> title('Surf of sphere')
>> colorbar
```

meshgrid 函数可以用来对 z = f(x,y)生成(x, y)点对，然后在 x，y 和 z 的矩阵可以传递到 mesh 或 surf。例如，用以下代码产生函数 cos(x) + sin(y)的表面图，如图 11.14 所示。

```
>> [x,y] = meshgrid( -2*pi: 0.1: 2*pi);
>> z = cos(x) + sin(y);
>> surf (x,y,z)
>> title('cos(x) + sin(y)')
>> xlabel ('x')
>> ylabel ('y')
>> zlabel ('z')
```

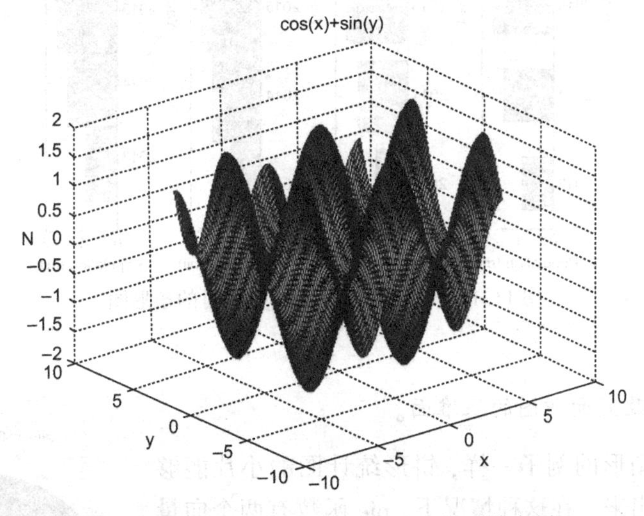

图 11.14　使用 meshgrid 为 f(x,y)生成绘点图

11.4　定制图形

有很多方法可以在图形窗口中定制图形。单击绘图工具图标，弹出一个属性编辑器和一个图形浏览器，有很多选项供修改当前图形。另外，有很多属性值可以通过 plot 函数来修改。根据函数名使用帮助功能会显示该特定函数的所有选项。

例如，bar 和 barh 函数绘制的图形默认的宽度为 0.8。当像 bar(x,y)这样调用时，宽度就是 0.8。如果有第 3 个参数，它表示宽度，如 barh(x,y,width)。下面的脚本使用 subplot 显示各种条形宽度的图形。0.6 的宽度会使条形之间有很多空隙，1 的宽度使条形彼此接触，如果使用大于 1 的宽度，条形就会重叠。结果如图 11.15 所示。

barwidths.m

```
% Subplot to show varying bar widths

year = 2013:2017;
pop = [0.9 1.4 1.7 1.3 1.8];
for i = 1:4
    subplot(1,4,i)
    % width will be 0.6, 0.8, 1, 1.2
    barh(year,pop,0.4+i*.2)
    title(sprintf('Width = %.1f',0.4+i*.2))
    xlabel('Population (mil)')
    ylabel('Year')
end
```

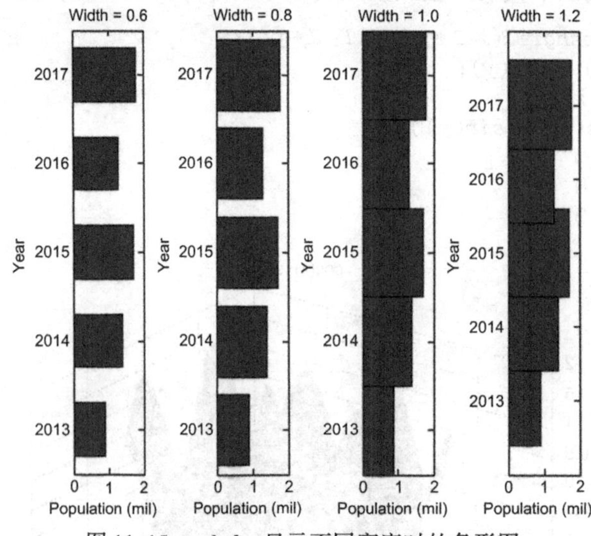

图 11.15 subplot 显示不同宽度时的条形图

练习 11.3

使用 help area 改变面积图的基准面。

像另一个定制图形的例子一样，饼形统计图的小片能够从其余部分中分离出来。在这种情况下，pie 函数有两个向量参数:第 1 个是数据向量，第 2 个是逻辑向量;逻辑向量为真的元素会从图表中分离出来。pie 函数的第 3 个参数是一个标签的元胞数组。这个结果如图 11.16 所示。

```
>> gradenums = [11 14 8 3 1];
>> letgrades = {'A','B','C','D','F'};
>> which = gradenums == max(gradenums)
which =
     0  1  0  0  0
>> pie(gradenums,which,letgrades)
>> title(strcat('Largest Fraction of Grades: ',...
   letgrades(which)))
```

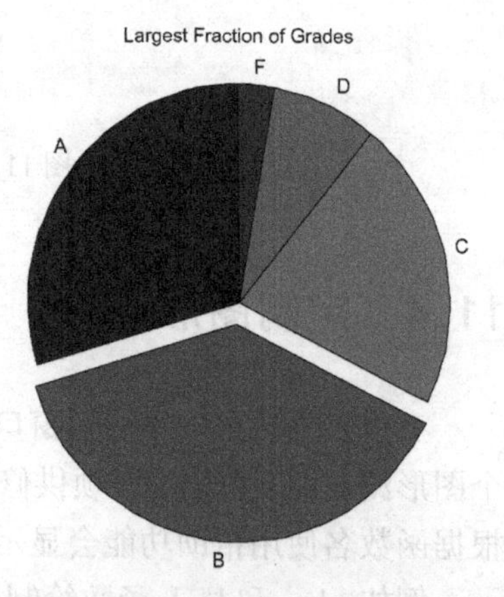

图 11.16 分离饼形统计图

11.5 句柄图形和图形属性

MATLAB 在它所有的图形中使用 Handle Graphics。所有图形由不同的对象组成，每个对象被分配一个句柄。对象的句柄是用于引用对象的一个独一无二的数字。

对象包括图元如线条和文本，也包括用于标定对象的坐标轴。对象是被层次化组织的，而且对于每个对象都有一些属性与之相关。这是面向对象编程的基础：对象是层次化组织的（如，在层次结构中，父对象总是出现在子对象之前），并且该层次结构对属性有影响；通常子对象从父对象那里继承属性。

MATLAB 中的层次结构，可总结如下：

换句话说，图形窗口包括用于标定核心对象（图元如线条、矩形或文本）的坐标轴和绘制对象（用来产生不同的绘制类型，例如条形图和面积图）。

11.5.1 图形对象和属性

不同的图形函数返回一个图形对象的句柄，之后它可以保存在一个变量中。在下面这个例子中，plot 函数在一个图形窗口中绘制一个 sin 函数（如图 11.17 所示）并且返回一个实数，这个实数是对象句柄（不要试图去搞清楚用于句柄的这个实数的具体意义！）。只要对象存在，这个句柄将保持有效。

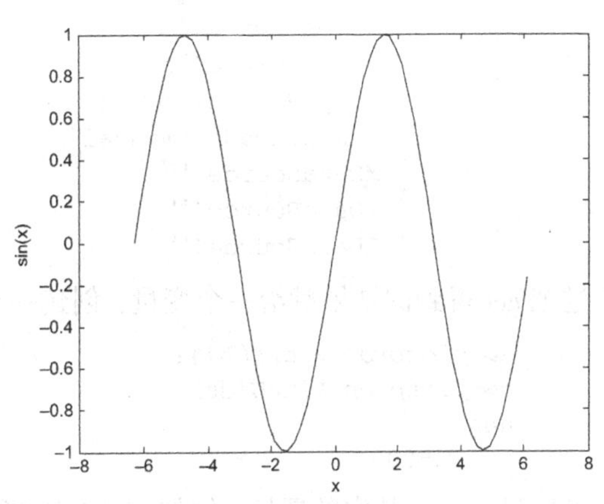

图 11.17 默认属性的 sin 函数图

```
>> x = -2*pi:1/5:2*pi;
>> y = sin(x);
>> hl = plot(x,y)
hl =
   159.0142
>> xlabel('x')
>> ylabel('sin(x)')
```

注意：在得到这个图形后，不应该关闭图形窗口，那样将会导致对象句柄无效，因为对象已经不存在了。

可以用 get 函数罗列对象的属性。可以显示颜色、线形、行距等属性。

```
>> get (hl)
           DisplayName:''
            Annotation:[1x1 hg.Annotation]
                 Color:[0 0 1]
             LineStyle:'-'
             LineWidth:0.5000
                Marker:'none'
```

```
          MarkerSize:6
     MarkerEdgeColor:'auto'
     MarkerFaceColor:'none'
               XData:[1x63 double]
               YData:[1x63 double]
               ZData:[1x0 double]
        BeingDeleted:'off'
       ButtonDownFcn:[]
            Children:[0x1 double]
            Clipping:'on'
           CreateFcn:[]
           DeleteFcn:[]
          BusyAction:'queue'
    HandleVisibility:'on'
             HitTest:'on'
       Interruptible:'on'
            Selected:'off'
  SelectionHighlight:'on'
                 Tag:''
                Type:'line'
       UIContextMenu:[]
            UserData:[]
             Visible:'on'
              Parent:158.0131
           XDataMode:'manual'
         XDataSource:''
         YDataSource:''
         ZDataSource:''
```

通过把 get 得到的结果赋给一个变量，创建一个结构，其属性的名字就是域的名字。例如：

```
>> plotprop = get(hl);
>> plotprop.LineWidth
ans =
    0.5000
```

也可以显示一个特定的属性，例如，查看线宽：

```
>> get ( hl,'LineWidth')
ans =
    0.5000
```

要查看对象、对象的属性、对象的意义和有效值，可以借助 MATLAB 的帮助功能。然后，单击 Plot Object(图形对象)，可以看到一些选项。单击 Lineseries 项查看属性名称列表及其简要说明，Lineseries 是用来使用 plot 函数创建图形的。

例如，颜色属性是一个向量，它以按序存储红、绿、蓝的强度值的方式存储线的颜色。每个值从 0(意味着没有这种颜色)到 1。在前面的例子中，颜色是[0 0 1]，这意味着没有红色和绿色，全是蓝色。换句话说，sin 函数绘制的是蓝色的线。这里有更多的颜色向量可能的取值例子：

```
[1 0 0]红色
[0 1 0]绿色
[0 0 1]蓝色
[1 1 1]白色
[0 0 0]黑色
[0.5 0.5 0.5]灰白色阴影
```

所有用 get 得到的属性都可以使用 set 函数改变。这个 set 函数的调用格式：

```
set(objhandle,'propertyName',property value)
```

例如，改变曲线的宽度从默认宽度 0.5 到 2.5：

```
>> set (h1,'LineWidth',2.5)
```

只要图形窗口仍打开并且这个对象句柄有效，这个线的宽度就会增加。

这些属性也可以在最初的函数调用时设置。例如，如图 11.18 所示，这样会增加线宽。

```
>> h1 = plot(x,y,'Linewidth',2.5);
>> xlabel('x')
>> ylabel('sin(x)')
```

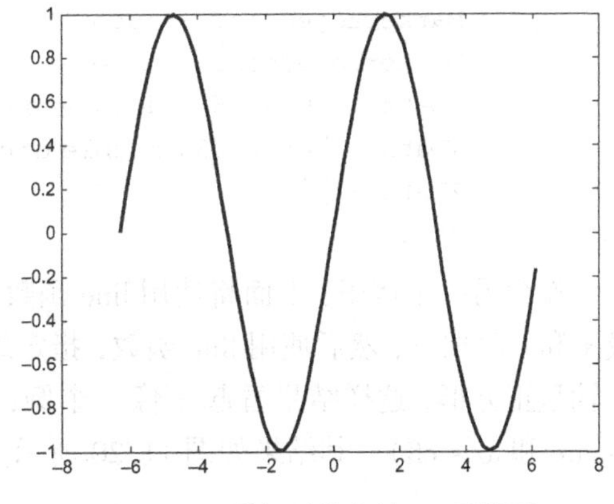

图 11.18 增加了线宽的 sin 函数图

练习 11.4

创建 x、y 向量，使用 plot 函数绘制这些向量表示的数据点。把句柄保存在一个变量中，并且不要关闭图形窗口！使用 get 查看这些属性，使用 set 改变线的宽度和颜色。

除了对象的句柄，内置函数 gca 和 gcf 相应地对当前轴和图返回其句柄（函数名字代表“getcurrentaxes（获得当前轴）”和“getcurrentfigure（当前图）”）。

11.5.2 核心对象

MATLAB 中的核心对象就是基本的图元，在 MATLAB 帮助中可以找到相关描述。在 Contents标签下，单击 Handle Graphics Objects，然后单击 Core Graphics Objects。核心对象包括：

- 线条
- 文本
- 矩形
- 补丁
- 图像

这些都是内置函数，在 help 中可以学习每个函数是怎么使用的。

一条线段是一个核心图形对象，通过 plot 函数产生。下面的例子创建了一个线段对象，修改其中部分属性并且将句柄存储在变量 h1 中：

```
>> x = -2*pi:1/5:2*pi;
>> y = sin(x);
>> h1 = line(x,y,'LineWidth',6,'Color',[0.5 0.5 0.5])
h1 =
    159.0405
```

如图 11.19 所示，绘制了 sin 函数的一条比较粗的灰线，只要图形窗口不关闭，该句柄就一直有效。该对象的一些属性是：

```
>> get(h1)
    Color = [0.5 0.5 0.5]
    LineStyle = -
```

```
LineWidth = [6]
Marker = none
MarkerSize = [6]
MarkerEdgeColor = auto
MarkerFaceColor = none
XData = [(1 by 63) double array]
YData = [(1 by 63) double array]
ZData = []
etc.
```

作为另一个例子，下面将使用 line 函数绘制一个圆。首先，创建一个白色的图形窗口。生成 x 和 y 数据点，然后使用 line 函数，指定线宽度为 4 的红色点线(虚线)。使用 axis 函数使坐标轴呈正方形，这样结果看起来像一个圆，但随后从图形窗口中去除坐标轴(分别使用 axis square 和 axis off)。其结果如图 11.20 所示。

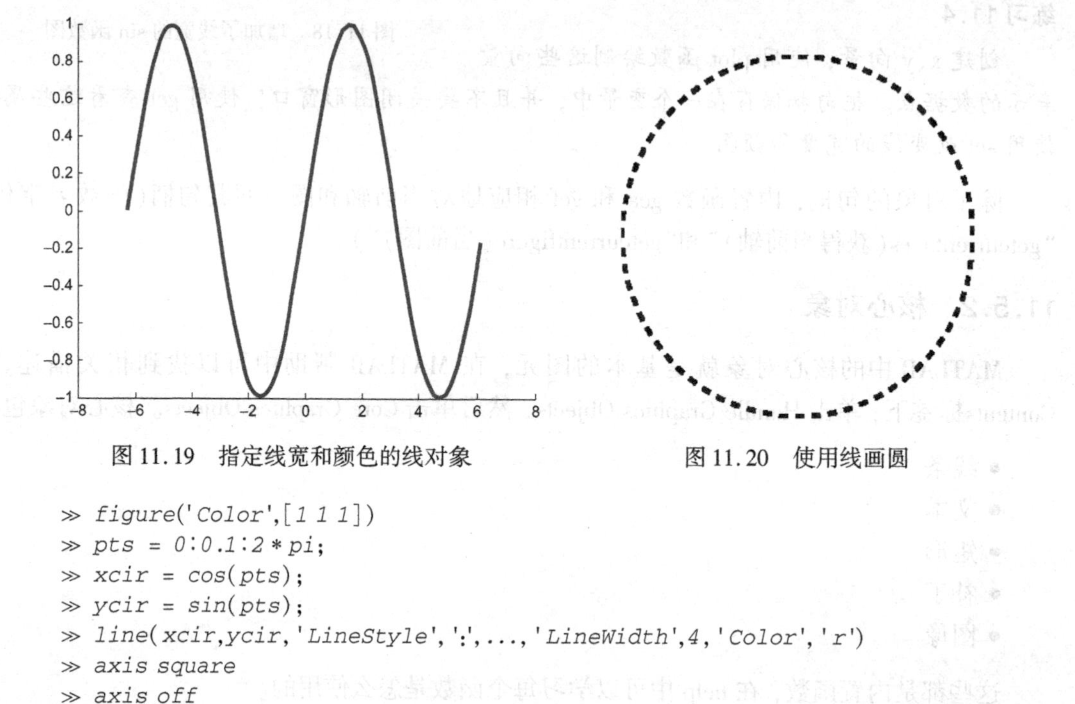

图 11.19　指定线宽和颜色的线对象

图 11.20　使用线画圆

```
>> figure('Color',[1 1 1])
>> pts = 0:0.1:2*pi;
>> xcir = cos(pts);
>> ycir = sin(pts);
>> line(xcir,ycir,'LineStyle',':',..., 'LineWidth',4,'Color','r')
>> axis square
>> axis off
```

text 图像函数允许在图形窗口中打印文本，包括使用\specchar 打印的特殊字符，"specchar"是特殊字符的实际名字。调用 text 函数的格式如下：

```
text(x,y,'text string')
```

这里的 x 和 y 是出现在文本框左下角的文本字符串所在图像上的坐标。

在 String property 下的一个表中显示特殊字符。特殊字符包括希腊字母表中的字母、箭头和经常在等式中使用的字符。例如，图 11.21 显示了用于 pi 的希腊标识和在文本框中的右箭头。

```
>> x = -4:0.2:4;
>> y = sin(x);
>> hp = line(x,y,'LineWidth',3);
>> thand = text(2,0,'Sin(\pi)\rightarrow')
```

使用 get 将显示文本框的属性，如下所示：

```
>> get(thand)
    BackgroundColor = none
    Color = [0 0 0]
    EdgeColor = none
    Editing = off
    Extent = [1.95862 -0.0670554 0.901149 0.110787]
    FontAngle = normal
    FontName = Helvetica
    FontSize = [10]
    FontUnits = points
    FontWeight = normal
    HorizontalAlignment = left
    LineStyle = -
    LineWidth = [0.5]
    Margin = [2]
    Position = [2 0 0]
    Rotation = [0]
    String = Sin(\pi)\rightarrow
    Units = data
    Interpreter = tex
    VerticalAlignment = middle
       etc.
```

尽管指定的位置(Position)是(2,0)，范围(Extent)是文本框的实际扩展，因为背景色和边界色未被指定，所以不可见。可以使用 set 来改变。例如，下面产生如图 11.22 所示的结果：

```
>> set(thand,'BackgroundColor'
   ,[0.8 0.8 0.8],…
   'EdgeColor',[1 0 0])
```

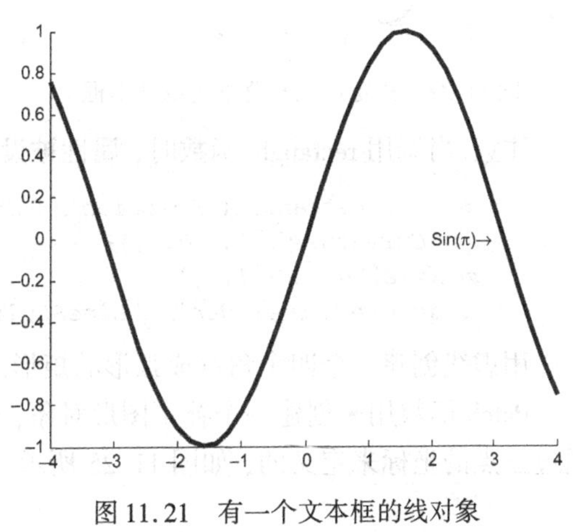

图 11.21　有一个文本框的线对象

就像我们之前看到的默认情况，当 Units(单位) 属性有“data”(数据)值时，文本框的 Extent(周界)由一个向量[x y width height]给出，其中 x 和 y 是文本框底部右下角的坐标，并且这个 width(宽度)和 height(高度)使用的是由 x 轴和 y 轴指定的单位。

gtext 函数允许移动鼠标到图形窗口的一个特定位置，表示一个字符串应该显示在此处。当鼠标移动到图形窗口里面，十字线显示一个位置；单击鼠标将在框里显示文本，这个框的左下角就在这个位置上。Gtext 函数是 text 和 ginput 函数协力完成的，其允许在图形窗口内不同的位置单击鼠标，并且存储这些点的 x 和 y 坐标值。

另一个核心图形对象是矩形，可以给它增加曲率(!!)。仅调用不需任何参数的函数 rectangle建立一个图形窗口(见图 11.23)，初始时没有任何值：

```
>> recthand = rectangle;
```

使用函数 get 来显示属性，这里摘录其中的一部分：

```
>> get(recthand)
    Curvature = [0 0]
    FaceColor = none
    EdgeColor = [0 0 0]
```

```
LineStyle = -
LineWidth = [0.5]
Position = [0 0 1 1]
Type = rectangle
```

矩形的位置是[x y w h]，其中 x 和 y 是左下角点的坐标，w 是宽度，h 是高度。默认矩形的位置是[0 0 1 1]。默认的曲率(Curvature)是[0 0]，意味着无曲率。曲率值的范围是从[0 0](没有曲率)到[1 1](椭圆)。图 11.24 显示了一个更有趣的矩形对象。

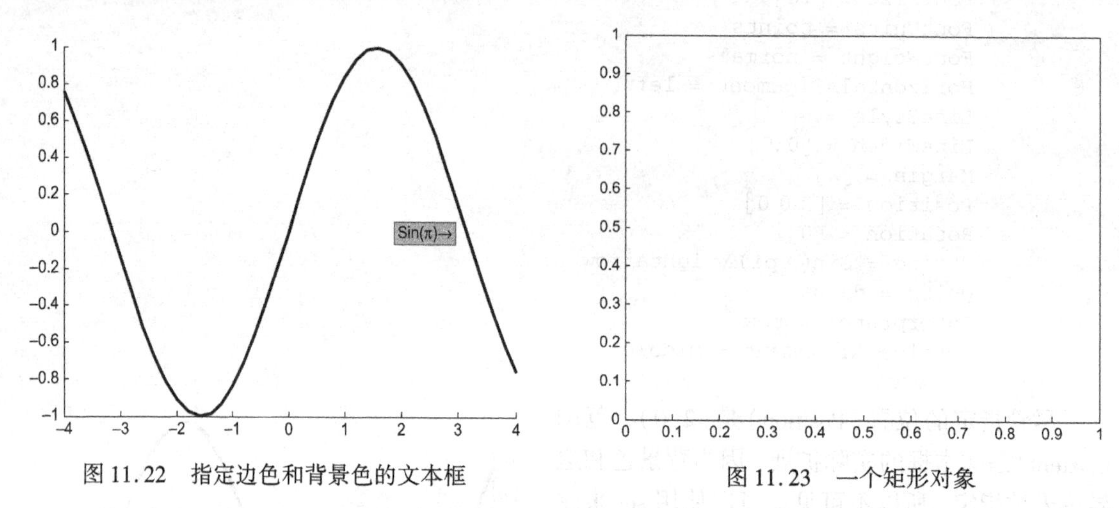

图 11.22 指定边色和背景色的文本框　　图 11.23 一个矩形对象

注意，当调用 rectangle 函数时，属性被设置，随后使用 set 函数，如下：

```
>> rh = rectangle('Position',[0.2,0.2,0.5,0.8],…
   'Curvature',[0.5,0.5]);
>> axis([0 1.2 0 1.2])
>> set(rh,'Linewidth',3,'LineStyle',':')
```

用虚线创建一个四个角弯成弧形的矩形。

Patch 函数用来创建一个补丁图形对象，由二维多边形构成。一个二维空间的简单补丁是通过三点的坐标来定义的，如图 11.25 所示。在这种情况下，红色被指定给多边形。

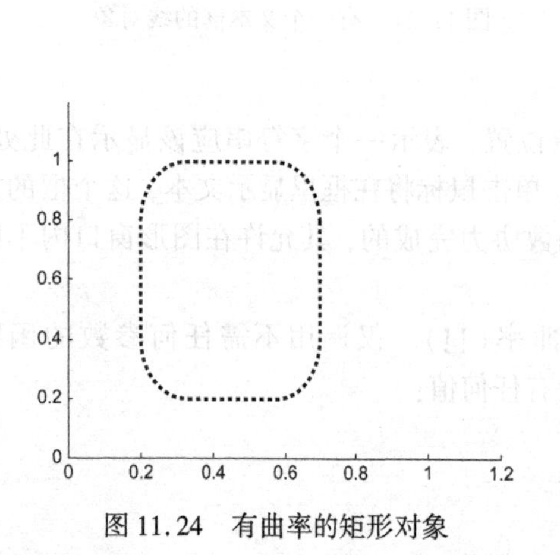

图 11.24 有曲率的矩形对象

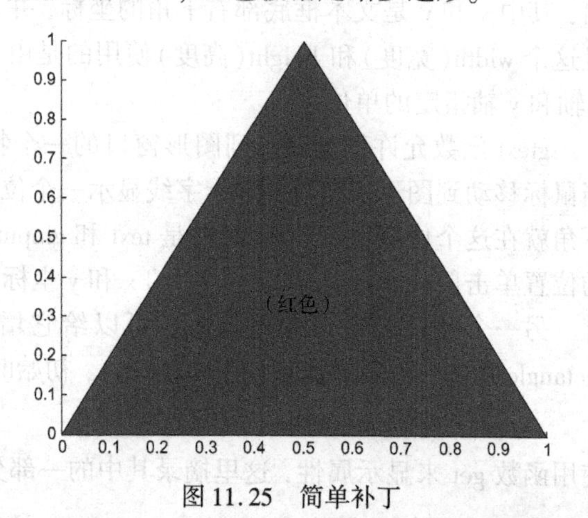

图 11.25 简单补丁

```
>> x = [0 1 0.5];
>> y = [0 0 1];
>> patch(x,y,'r')
```

通过顶点和连接这些顶点的多边形的面定义一个更复杂的补丁对象。调用这个函数的一种方法是 patch(fv)，其中 fv 是一个具有所谓顶点和面的域的结构变量。例如，考虑这样一个补丁对象，它由 3 个相连的、且由坐标给出 5 个顶点的三角形组成：

```
(1)  (0,0)
(2)  (2,0)
(3)  (1,2)
(4)  (1, -2)
(5)  (3,1)
```

给出顶点所在的顺序很重要，是因为面描述了点是如何连接的。为了在 MATLAB 中创建这些点并定义由这些点连接形成的面，我们使用一个结构向量并将其传递给 patch 函数，结果如图 11.26所示。

```
mypatch.vertices = [...
    0 0
    2 0
    1 2
    1 -2
    3 1];
mypatch.faces = [
    1 2 3
    2 3 5
    1 2 4];
patchhan = patch(mypatch,'FaceColor','r',...
    'EdgeColor','k');
```

mypatch. vertices 域是一个矩阵，该矩阵的每行代表一个特定点或者顶点的(x, y)坐标。域 mypatch. vertices 定义不同的面。例如，矩阵的第 1 行指定从点 1 画线到点 2 再到点 3 来产生第 1 个面。面的颜色设置为红色，边的颜色为黑色。

为了改变多边形的面的色彩，FaceColor 的属性设置为'flat'，这意味着每个面上都有一个单独的颜色。通过指定行中红色、绿色和蓝色每个分量，mycolors 变量在该矩阵的行中存储三种颜色；第 1 个是蓝色，第 2 个是青色(绿色和蓝色的组合)，而第 3 个是黄色(红色和绿色的组合)。FaceVertexCData 属性指定顶点的颜色数据，如图 11.27 所示。

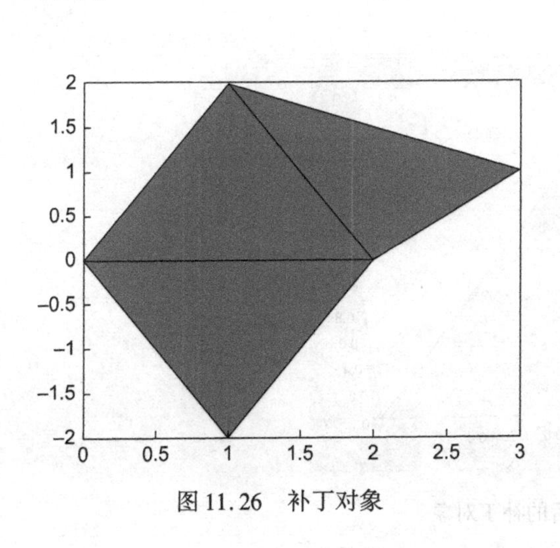

图 11.26　补丁对象

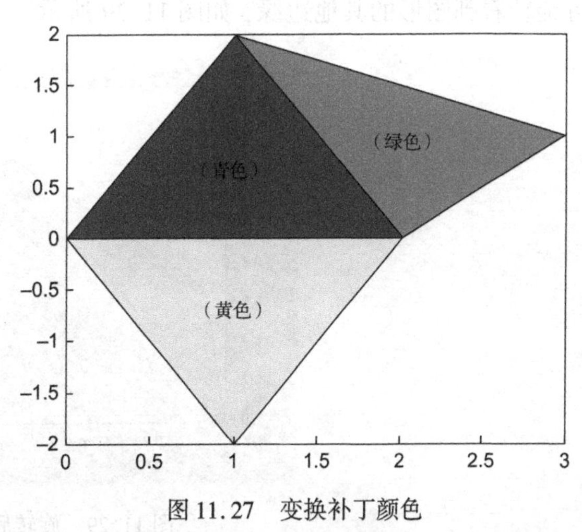

图 11.27　变换补丁颜色

```
>> mycolors = [0 0 1; 0 1 1; 1 1 0];
>> patchhan = patch(mypatch,'FaceVertexCData',...
mycolors,'FaceColor','flat');
```

bar 函数使用 patch 函数创建条形图。例如，下面将会创建一个非常简单的条形图，两个条形图都将使用默认颜色——蓝色。

```
>> nums = [11 5];
>> bh = bar(nums);
```

通过将句柄存储在一个变量中，我们可以获取句柄属性。下面先获取条形图的属性并将其作为一个结构变量，然后将子句柄(作为补丁)存储在句柄变量 patchhan 中。接下来，使用 set 函数，FaceVertexCData 属性设置为两种颜色，见图 11.28(注意，在这种情况下通过默认将 FaceColor 属性设置为'flat')。

```
>> bhp = get(bh);
>> patchhan = bhp.Children;
>> mycolors = [0 0 1;0 1 1];
>> set(patchhan,'FaceVertexCData',mycolors)
```

也可以在三维空间中定义补丁。例如：

```
polyhedron.vertices = [...
    0 0 0
    1 0 0
    0 1 0
    0.5 0.5 1];
polyhedron.faces = [...
    1 2 3
    1 2 4
    1 3 4
    2 3 4];
pobj = patch(polyhedron,...
    'FaceColor',[0.8,0.8,0.8],...
    'EdgeColor','black');
```

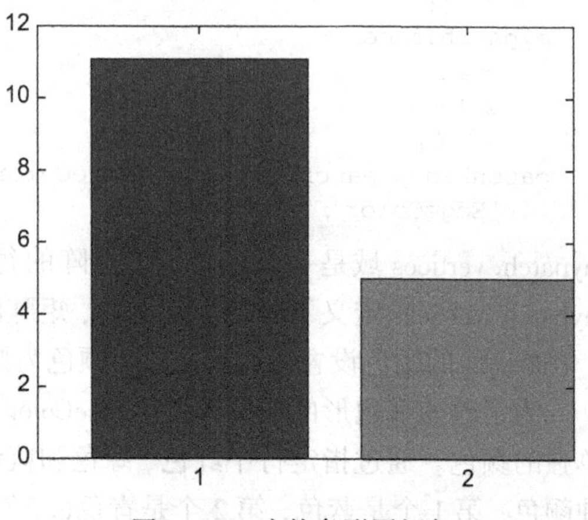

图 11.28 变换条形图颜色

图形窗口最初显示只有两个面。使用旋转图标，可旋转看到图形的其他边缘，如图 11.29 所示。

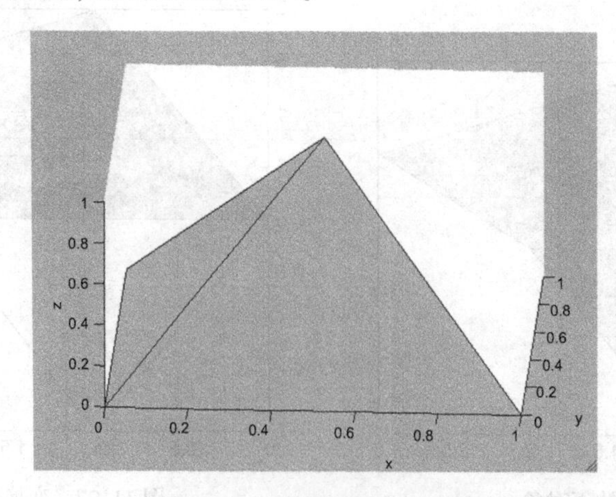

图 11.29 旋转后的补丁对象

11.6 plot 的应用

本节将给出一些整合图表的例子和很多在本书中涉及该点的其他概念。例如，我们将有一个函数，它接收一个 x 向量，用来创建 y 向量的一个函数的函数句柄，一个图形类型为字符串(该串可生成图形)的元胞数组。我们也会给出一些从文件里读取数据并用这些数据绘图的例子。

11.6.1 从函数中绘图

下面这个函数产生了一个图形窗口(见图 11.30)，这个窗口显示了对于同一个 y 向量的不同类型的图形。这个向量作为输入参数(作为一个 x 向量及利用函数句柄生成的 y 向量)传递给函数，它是个以图形类型名为值的元胞数组。这个函数通过使用带有图表类型名的元胞数组产生一个图形窗口。它使用 str2func 函数为每个元素创造一个函数句柄。

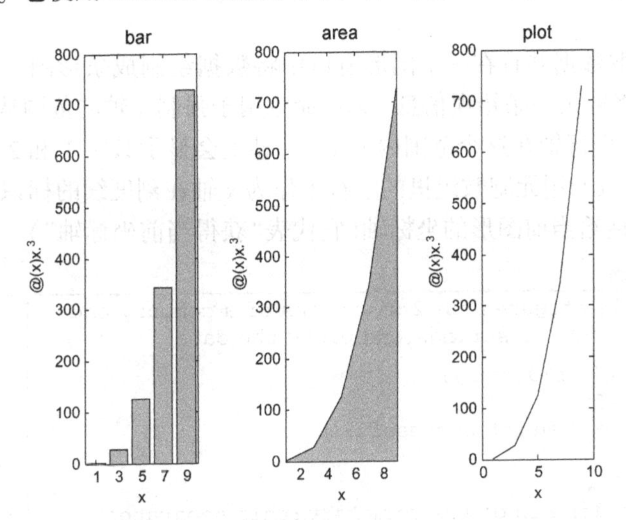

图 11.30 subplot 显示不同文件类型，并将文件类型作为标题

plotywithcell.m

```
function plotxywithcell(x,fnhan,rca)
% plotxywithcell receives an x vector, the handle
% of a function (used to create a y vector), and
% a cell array with plot type names; it creates
% a subplot to show all of these plot types
% Format:plotxywithcell(x,fn handle,cell array)
lenrca = length(rca);
y = fnhan(x);
for i = 1:lenrca
  subplot(1,lenrca,i)
  funh = str2func(rca{i});
  funh(x,y)
  title(upper(rca{i}))
  xlabel('x')
  ylabel(func2str(fnhan))
end
end
```

例如，这个函数可以被这样调用：

```
>> anfn = @ (x) x .^3;
>> x = 1:2:9;
>> rca = {'bar','area','plot'};
>> plotxywithcell(x, anfn, rca)
```

这个函数是通用的，并且对于保存在元胞数组里任何数量的图形类型都起作用。

11.6.2 绘制文件数据

从一个文件中读取数据并且绘制图形通常是很必要的。通常这有助于我们更清楚地认识文件的格式。例如，假设一个公司有两个分公司，分别称为 A 和 B。文件 'ab13. dat '有 4 行(我们假设)数据，包含两个分公司在 2013 年的每一季度的销售数据[单位为百万(millions)]。例如，文件可能像这样：

```
A5.2B6.4
A3.2B5.5
A4.4B4.3
A4.5B2.2
```

下面的脚本读取数据并且在一个图形窗口中将数据绘制成条形图。如果文件打不开或关闭失败，这个脚本将输出一条错误信息。axis 命令用于强制 x 轴的范围从 0 到 3 并且 y 轴范围从 0 到 8，这将使得坐标轴在这个范围内显示。x 轴上会显示数字 1 和 2 而不是默认分公司的标识 A 和 B。set 函数使用元胞数组里的字符串作为 x 轴在刻度线的标识来改变 XTickLabel 属性；gca 函数返回句柄给当前图形的坐标轴(它代表“获得当前坐标轴”)。

plotdivab.m

```
% Reads sales figures for 2 divisions of a company one
% line at a time as strings,and plots the data

fid = fopen ('ab13.dat');
if fid == -1
  disp ('File open not successful')
else
  for i =1:4
    % Every line is of the form A#B# ;this separates
    % the characters and converts the #'s to actual
    % numbers
    aline = fgetl (fid);
    aline = aline (2:length(aline));
    [compa, rest] =strtok (aline ,'B');
    compa = str2double (compa);
    compb =rest (2:length(rest));

    compb =str2double (compb);
    % Data from every line is in a separate subplot
    subplot (1,4,i)
    bar([compa,compb])
    set(gca ,'XtickLabel', {'A','B'})
    axis([0 3 0 8])
    ylabel('Sales (millions)')
    title(sprintf('Quarter %d',i))
end
closeresult = fclose(fid);
if closeresult ~= 0
    disp('File close not successful')
  end
end
```

运行这个程序产生的子图如图 11.31 所示。

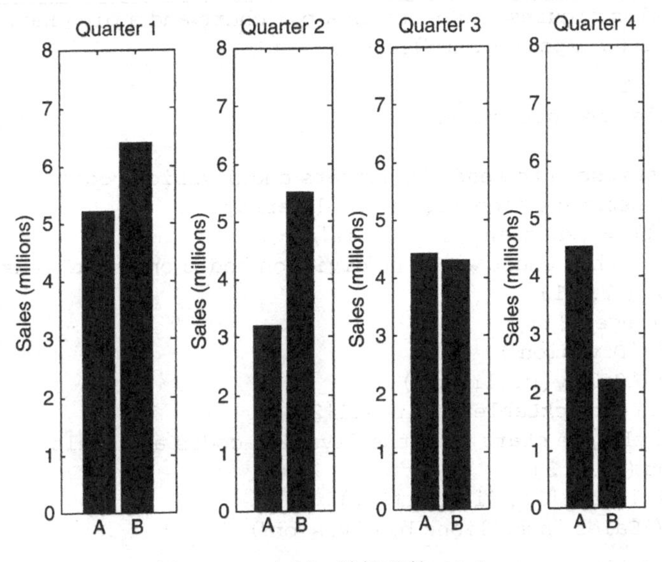

图 11.31　定制 x 轴标签的 subplot

另外一个例子，一个命名为'compsales. dat '的数据文件，为一个公司的分公司存储销售数据[以百万(millions)为单位]。在文件里的每行存储了销售数据，后面是每个分公司名称的缩写，格式如下：

```
5.2 X
3.3 A
5.8 P
2.9 Q
```

下面的脚本使用 textscan 函数读取这个信息到一个元胞数组，然后使用 subplot 函数产生一个图形窗口，这个窗口以条形图和饼形统计图的形式显示这些数据信息(见图 11.32)。

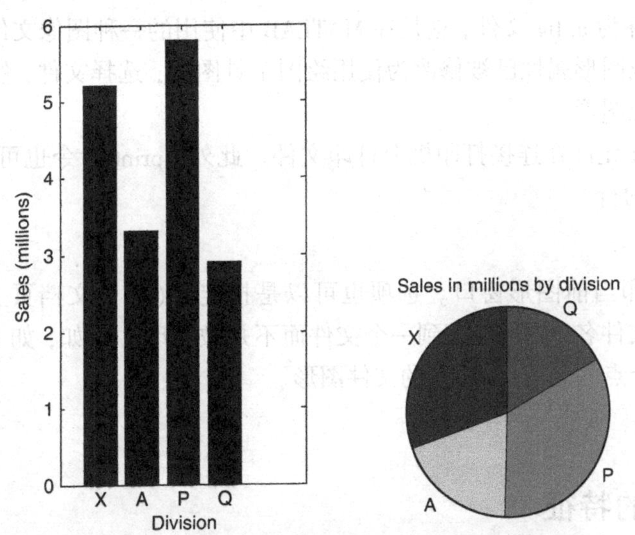

图 11.32　使用文件数据标签的条形图和饼形图

```
compsalesbarpie.m
```

```
% Reads sales figures and plots as a bar chart and a pie chart
fid = fopen ('compsales.dat');
if fid == -1
  disp('File open not successful')
else
    % Use textscan to read the numbers and division codes
    % into separate elements in a cell array
    filecell = textscan ( fid,'%f %s');
    % plot the bar chart with the division codes on the x ticks
    subplot ( 1,2,1)
    bar (filecell{1})
    xlabel ('Division')
    ylable ('Sales (millions)')
    set (gca ,'xtickLable',filecell{2})
    % plot the pie chart with the division codes as labels
    subplot (1 ,2, 2)
    pie ( filecell{1}, filecell{2})
    title ('Sales in millions by division')
    closeresult = fclose(fid);
    if closeresult ~ = 0
       disp ('File close not successful')
    end
end
```

11.7 保存和打印图形

一旦在图形窗口中创建了图形，就会有一些选项保存、打印、复制和粘贴到报告中。当图形窗口打开时，选择编辑，然后复制图形，就可以复制图形窗口，并可以粘贴到字处理器中。选择文件并另存为，允许以不同的格式保存，包括常见的图形类型，如:. jpg、. tif 和. png。另一个选项是将它保存为 a. fig 文件，这是在 MATLAB 中使用的一种图像文件类型。如果图形不以编程方式创建，或图形属性已被修改为使用绘图工具图标，选择文件，然后生成代码会生成一个脚本，重新创建图形。

选择文件，print 允许在连接打印机上打印文件。此外，print 命令也可以用于 MATLAB 程序。在一个脚本中的行

```
print
```

将使用默认格式打印当前图形窗口。选项也可以是指定的(参考文档页上打印的选项)。另外，通过指定一个文件名，图形保存到一个文件而不是被打印。例如，如下例子另存一个 . tif 格式、每英寸 400 个点的名为' plot. tif '的文件图形。

```
print  - dtiff  - r400  plot.tif
```

探索其他有趣的特征

在 MATLAB 中有许多内置绘图函数，自定义图形也有许多方法。使用帮助工具查找它们。下面是了解一些函数的明确建议。

- 了解 peaks 函数，以及使用结果矩阵作为各种绘图函数的测试。
- 了解使用 errorbar 函数如何显示函数的信任间隔。
- 找到如何使用 xlim、ylim 和 zlim 在轴上设置限制。
- plotyy 函数左、右图使用同一 y 轴。查找如何使用，以及如何在两个 y 轴上放置不同的标签。
- 了解如何使用 gtext 和 ginput 函数。
- 了解 meshc 和 surfc 三维函数，用网格和/或表面绘制轮廓图。
- 了解采用 datetick 函数使用日期标签刻度线。注意有很多选项。

总结

常见错误

- 过早地关闭了图形窗口——只有当图形窗口是打开的时，这些属性才可以被设置。

编程风格指南

- 最好每次都标记图形。
- 为了强调最相关的信息，在选择图表类型时要慎重。

MATLAB 函数和命令		
loglog	bar3	line
semilogy	bar3h	rectangle
semilogx	pie3	text
barh	comet3	patch
area	stem3	get
stem	zlabel	set
hist	spiral	gca
pie	mesh	gcf
comet	surf	image
movie	sphere	gtext
getframe	cylinder	ginput
plot3	colorbar	print

习题

1. 创建一个有 10 个数字的数据文件。写一个脚本，它将从文件里装载向量，并且在同一个数据窗口运用这些数据使用 subplot 去做一个 area 图和一个 stem 图(注释：不一定要使用循环)，提示用户为每个图输入一个标题。
2. 写一个脚本，能从文件里读取 x 和 y 数据点，并且能够用这些点创建一个图形区域。文件里的每行的格式是字母 x，空格，x 值，空格，字母 y，空格，y 值。必须假设数据文件确实是这种格式，但可以不知道文件中有多少行数据。点的数目在图的标题上显示。这个脚本循环直到文件的结尾，使用 fgetl 对于每行作为一个字符串进行读取。例如，如果文件包含以下内容

```
x 0   y 1
x 1.3 y 2.2
x 2.2 y 6
x 3.4 y 7.4
```

当运行这个脚本的时候，结果如图 11.33 所示。

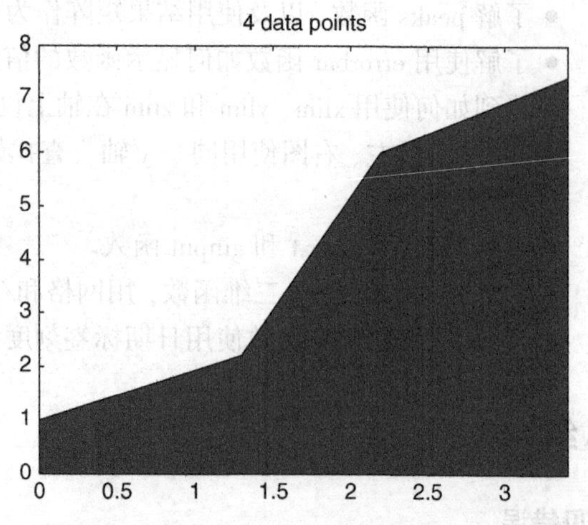

图 11.33 从文件中得到的 x，y 数据产生的面积图形

3. 在你朋友中间做一个小调查：谁喜欢乳酪披萨，谁喜欢意大利香肠披萨，谁喜欢蘑菇披萨(没有其他的可能性，每个人必须在这三个选项中选择一个)。画一个饼形图表示每种披萨的喜欢百分比，并标记饼形图的每个分块。
4. 一所工程大学的每个系的教职工人员数量如下：

```
ME  22
BM  45
CE  23
EE  33
```

   最少用 3 种不同类型的图练习图形化来描述这些信息，确保使用合适的标题、标记，并说明你的图表。哪一种类型是最好的，为什么？
5. 主要部件的质量对于飞机设计是很重要的注意事项。组成部件至少包含机翼、机尾、飞机机身、着陆架，等等。创建一个包含这些质量的文件，从文件里装载这些数据并且创建一个饼形图来显示每一部分的质量百分比。
6. 练习 comet 函数：假设有 help comet，试着做这个练习，然后使用 comet 来播放你自己函数的动画。
7. 练习 comet3 函数：假设有 help comet3，试着做这个练习，然后使用 comet3 来播放你自己函数的动画。
8. 研究 scatter 函数和 scatter3 函数。
9. 使用 cylinder 函数来创建 x、y 和 z 矩阵，并将它们传递给 surf 函数来获得一个表面图。使用不同参数的 cylinder 进行实验。
10. 练习使用 contour 函数。
11. 每年由风力涡轮机所产生的电以千瓦·小时/年为单位在一个文件中给出。在其他因素中，电量取决于涡轮机机身的直径(英尺)和风速(英里/小时)。文件每行存储了机身直径、风速、每年大约的产电量。例如：

```
5    5   406
5    10  3250
5    15  10970
5    20  26000
10   5   1625
10   10  13000
10   15  43875
10   20  104005
```

   创建这个文件，并选择怎样图形化显示这些数据。
12. 创建一个向量 x，在 x 向量基础上再创建两个不同的向量(y 和 z)，绘制它们的图形并附以说明。使用 help 标记来找出在图中怎样定位说明本身，用不同的位置来练习。
13. 风寒因子(WCF)能够测量出在所给出的温度 T(华氏度)和风速(V，英里/小时)下的寒冷程度。它的一个公式

$$WCF = 35.7 + 0.6T - 35.7(V^{0.16}) + 0.43T(V^{0.16})$$

   用不同类型的图来显示 WCF 的不同的风速和温度。
14. 在 2π 和 -2π 之间创建一个含有 30 个空间曲线点的 x 向量，然后 y 赋值为 sin(x)。使用这些点做一个 stem 图，并保存这个句柄在一个变量中。使用 get 来查看 stem 图的属性，然后用 set 改变标记的前表(face color)颜色。
15. 当有一个最初温度 T 的物体放置在一个温度为 S 的环境时，根据牛顿冷却定律，运用公式

$$T_t = S + (T - S)e^{(-kt)}$$

在 t 分钟后它的温度会到达 T，其中 k 是一个常量，它的值取决于对象的属性。一个初始温度是 100，k =0.6，对于两个不同环境的温度：50 和 20，分别图形化显示从 1 到 10 分钟内该物体的温度变化。使用 plot 函数来绘制对应这两个环境温度的两条不同曲线，以变量形式存储句柄。注意：这两个函数句柄实际上是返回的，并保存在向量中。使用 set 改变其中一条曲线的宽度。

16. 写一个脚本，在 x = 2 和 x = 5 之间画一条直线 y = x，使用 1 到 10 之间的一个随机宽度。
17. 写一个函数 plotexvar，由 x 和 y 轴绘制数据点，作为输入参数传递。如果第 3 个参数传递时，作为图形的线宽，如果还通过第 4 个参数时，则表示为颜色。图形标题包括传递给该函数的参数的总数。下面是一个调用该函数的示例，并由此产生图 11.34：

```
>> x = -pi: pi /50:2 * pi;
>> y = sin(x);
>> plotexvar (x, y, 12, 'r')
```

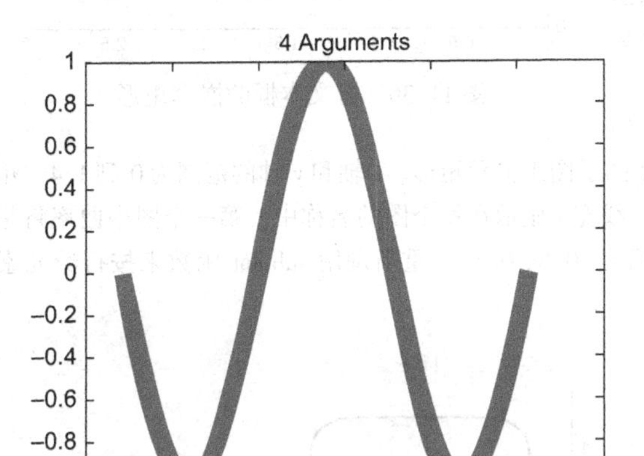

图 11.34　不同的谱线宽度和/或颜色

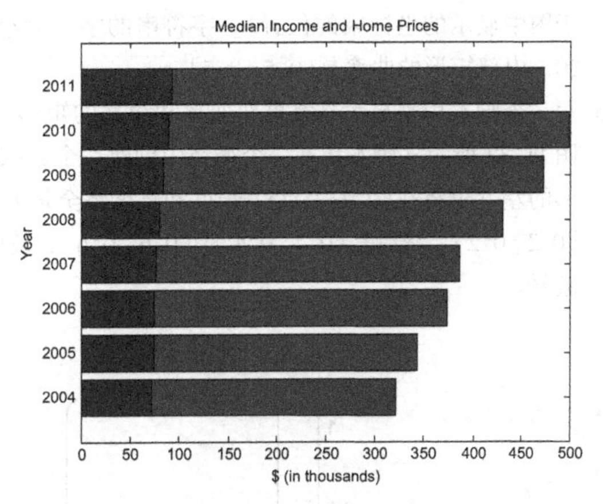

图 11.35　水平叠加平均收入和房价的条形图

18. 文件' houseafford. dat '存储了三行数据，分别是年份、一个城市的收入中间值和房价中间值。例如，它可能像这样：

```
2004 2005 2006 2007 2008 2009 2010 2011
72 74 74 77 80 83 89 93
250 270 300 310 350 390 410 380
```

以这种格式创建一个文件，然后把这些信息加载到一个矩阵。创建一个条形图来展示所列的这些信息，并使用一个适当的标题。注意：使用数据属性在轴上存放年份如图 11.35 所示。

19. 文件' houseafford. dat '存储了三行数据，分别是年份、一个城市的收入中间值和房价中间值。例如，它可能像这样：

```
2004 2005 2006 2007 2008 2009 2010 2011
72 74 74 77 80 83 89 93
250 270 300 310 350 390 410 380
```

以这种格式创建一个文件，然后把这些信息加载到一个矩阵。房价和收入的比称为住房负担能力指数。计算每年的这个比率并绘制出这个比例的图形。x 轴表示年份(例如，2004—2011)。以变量存储图形函数句柄，使用 get 去查看属性并用 set 改变其中至少一个属性值。

20. 指数和自然对数是一对逆函数。函数的图形是什么意思？在一个图形窗口中显示这两个函数，对它们加以区分。向左上方移动图例。
21. 写一个函数使用黑星(*)打印 cos(x)，x 值的范围在 $-\pi$ 到 π 之间，且步长是 0.1。在一个图形窗口中使用不同的线宽来绘制 3 次(注意：虽然绘制的是独立的点而非实线，线宽属性将改变这些点的大小)。如果没有参数传递给函数，线宽将会是 1，2，3。否则，如果传递给函数参数，线宽将是它们的乘积(例如，如果传递的是 3，线宽将是 3，6 和 9)。线宽将被打印在图的名称中。

22. 创建一个图表，然后使用 text 函数将一些文本放在里面，其中包括 some\specchar 命令增加字体的大小，打印一些希腊字母和符号。

23. 创建一个矩形对象，使用 axis 函数来改变坐标使得你可以容易地看到矩形。改变 Position、Curvature、EdgeColor、LineStyle 和 LineWidth。使用不同的曲率值来试验。

24. 写一个脚本，用来创建内部有一个圆角矩形的矩形(如图 11.36 所示)，且该圆角矩形内部有文本。图形窗口的维数和坐标轴应该如这里显示的(应该近似基于图中显示的坐标轴的位置)。字符串的字体大小是 20。内部矩形的曲率是[0.5，0.5]。

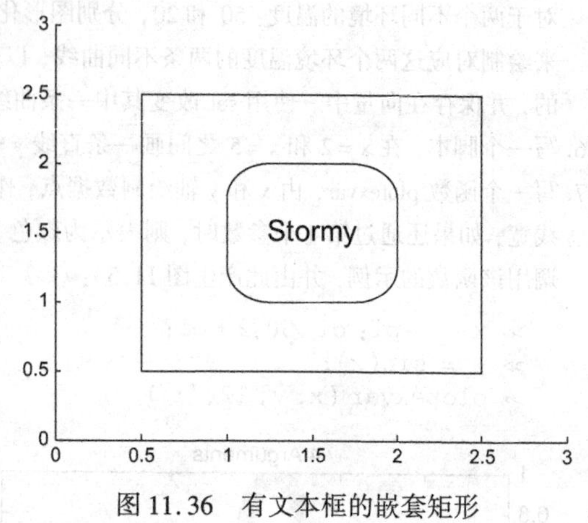

图 11.36　有文本框的嵌套矩形

25. 写一个脚本用来显示具有可变曲率和线宽的矩形，如图 11.37 所示。脚本将在一个循环中创建一个 2×2 的子图来显示矩形。x 轴和 y 轴的范围为 0 到 1.4。矩形的左下角将在(0.2，0.2)，长度和宽度将全是 1。线宽 i 显示在每个图的名称中。第一个图中曲率将是[0.2，0.2]，然后是[0.4，0.4]，[0.6，0.6]，最后是[0.8，0.8]。重新调用 subplot 函数来按行给元素编号。

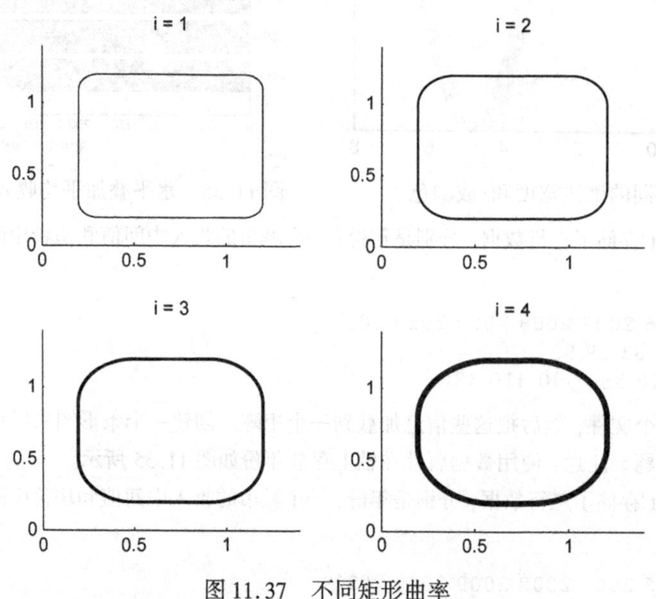

图 11.37　不同矩形曲率

26. 写一个以圆角矩形开始的脚本。以从 0 到 3 的默认值改变 x 轴和 y 轴。在一个 for 循环中，通过加 0.1 到所有元素中 10 次(每次将改变矩形的位置和大小)来改变位置向量。创建一个由结果矩形组成的电影。最终结果应该如图 11.38 所示。

27. 曲棍球场看上去像是一个有曲率的矩形。绘制一个曲棍球场，如图 11.39 所示。

28. 写一个脚本创建一个仅有三个点和连接它们的一个面的二维补丁对象。这三个点的 x 和 y 坐标将是一个在 0 到 1 之间变化的随机实数。边的线段应该是黑色的且宽度为 3，面应该是灰色的。坐标轴(x 和 y)应该从 0 变到 1。例如，依据随机数值是多少，图形窗口可能如图 11.40 所示。

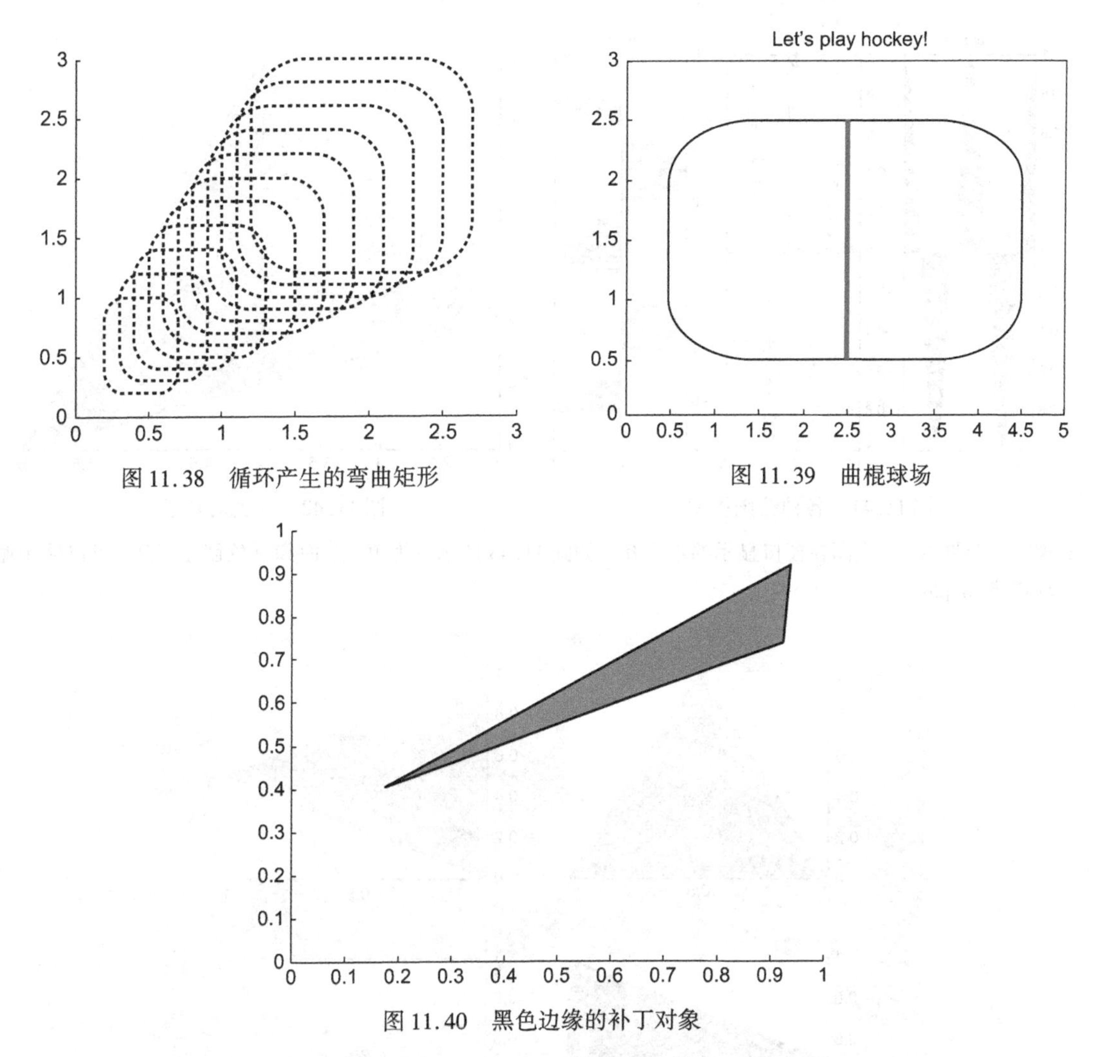

图 11.38　循环产生的弯曲矩形

图 11.39　曲棍球场

图 11.40　黑色边缘的补丁对象

29. 使用 patch 函数，创建一个单位尺寸的黑色盒子(所以，将有 8 个点 6 个面)。设置边的颜色为白色，这样可以旋转图形来看到边。

30. 在函数体填充的函数 plot_figs 将接收作为输入参数的 x 和 y 向量，绘制三个函数句柄，产生有 x 和 y 向量的图形类型的图形窗口。如果传递超过三个的函数句柄，只绘制前三个(其余部分将忽略)。显示绘图类型的名称，如图 11.41 所示。必须使用一个循环在图形窗口中创建图形，如图 11.41 所示，这里是调用函数的示例：

```
>> x = -2 * pi:0.5:2 * pi;
>> y = cos(x);
>> plot_figs(x, y, @area, @stem, @barh)
```

```
function pot_figs(x, y, varargin)
```

31. 写一个函数 drawpatch 接收三个点的 x 和 y 坐标作为输入参数。如果点不在一条相同的直线上，将使用这三个点绘制一个补丁，如果它们都在一条线上，它将改变其中一个点的坐标然后绘制结果补丁。为了测试，它将使用两个子函数。它调用子函数 findlin 两次来首先查看点 1 和点 2 之间的线的斜率和 y 轴截距，接下来是点 2 和点 3 之间的(如，y = mx + b 中的 m 和 b 值)。然后调用子函数 issamelin 来确定它们是否是相同的线。如果是，则修改点 3。绘制面的颜色为绿色、边为红色的补丁。子函数都使用结构体(对于点和线)(见图 11.42)。例如：

```
>> drawpatch (2, 2, 4, 4, 6, 1)
```

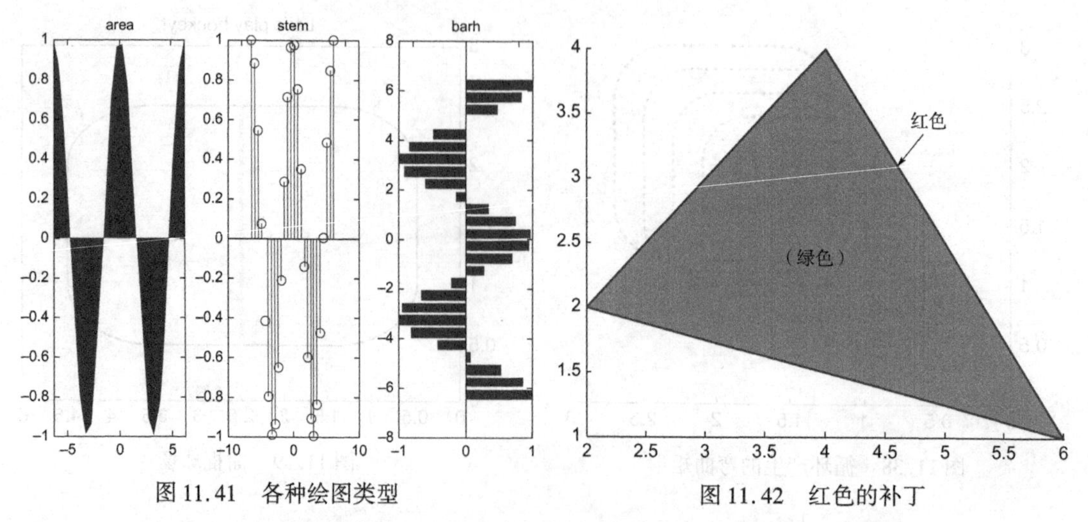

图 11.41　各种绘图类型　　　　图 11.42　红色的补丁

32. 编写一个脚本，一个图在窗口显示的 4 个补丁如图 11.43 所示。为顶点、面和颜色创建矩阵，可以使用循环创建 subplot。

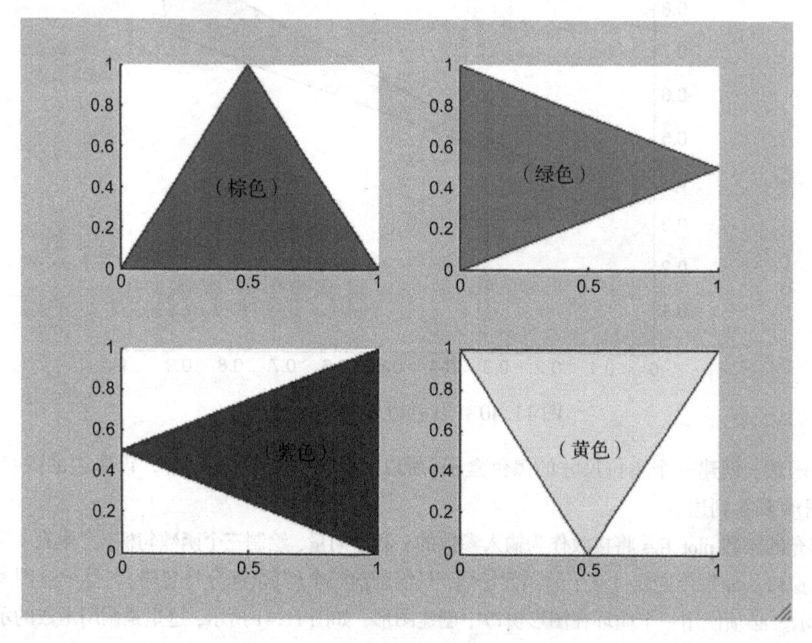

图 11.43　补丁的变化方向和颜色

第 12 章　基本统计、集合、排序和索引

关键字

mean 平均值
sorting 排序
index vector 索引向量
searching 查找
mode 众数
median 中间值
set operation 集合操作
harmonic mean 调和平均数
geometric mean 几何平均数
standard deviation 标准差
variance 方差
key 关键字
sequential search 顺序查找
binary search 二分查找
ascending order 升序
descending order 降序
selection sort 选择排序
arithmetic mean 算术平均值
average 平均值
outlier 异常值

很多统计分析可以在数据集上执行。在 MATLAB 软件中，统计函数在被称为 datafun 的数据分析帮助主题中。

一般来说，定义一个有 n 个元素的数据集，如：

$x = \{x_1, x_2, x_3, x_4, \cdots, x_n\}$

在 MATLAB 中，一般认为这是一个名为 x 的行向量。

统计数据可以用来表示一个数据集的属性特征。例如，考虑一个考试成绩的集合{33,75,77,82,83,85,85,91,100}。什么是“一般的”、“预期的”或“平均的”考试成绩？有几种方法可以解决这个问题。也许最常见的是平均分的方法，将全部成绩的总和除以成绩的个数（在这里结果是 79）。另一种方法就是找出那个出现次数最多的分数，在这里是 85。同样，集合的中间值 83，也是可以使用的。另一个有必要了解的属性是数据集中数据值的分布情况。

这一章将包含几个简单的统计分析，以及可以在数据集上执行的集合操作。一些统计函数要求数据集是排过序的，因此本章也将包含排序。采用索引向量（index vector）是按序描述数据的一种方式，但并没有对实际的数据集进行排序。最后，在数据集或数据库中查找指定的数据是很有用的，因此会介绍一些基本的查找技术。

12.1　统计函数

MATLAB 中有很多用于统计分析的内置函数，前面介绍了一些最简单的函数。例如，找出一个数据集中的最小值和最大值的 min 和 max 函数。

这两个函数也返回最小值或最大值的索引；如果存在多个最大值，则返回第一个的索引。例如，在下面的数据集中，10 是最大的值。在这个向量中可以在 4 个元素中找到它，但返回的是找到的第 1 个元素的索引（在这里是 2）：

```
>> x = [9 10 10 9 8 7 3 10 9 8 5 10];
>> [maxval,maxind] = max(x)
maxval =
    10
maxind =
    2
```

对于矩阵来说，min 和 max 函数默认是按列进行操作的：

```
>> mat = [9 10 17 5; 19 9 11 14];
mat =
     9    10    17     5
    19     9    11    14
>> [minval,minind] = min(mat)
minval =
     9     9    11     5
minind =
     1     2     2     1
```

这些函数也可以比较多个向量或矩阵，并且返回相应元素的最小值(或最大值)。例如，下面循环访问了两个向量中的所有元素，每次都比较相应的元素并返回最小值：

```
>> x = [3 5 8 2 11];
>> y = [2 6 4 5 10];
>> min(x,y)
ans =
     2     5     4     2    10
```

在 datafun 帮助主题中还定义了很多其他的函数，包括 sum 、prod 、cumsum 、cumprod 、hist 等。在后续章节中将会介绍其他的统计操作以及在 MATLAB 中执行这些操作的函数。

12.1.1 平均值

一个数据集的算术平均数通常称为数据的平均值。换句话说，就是把数据集中的所有数据求和后除以这些数据的数目。在数学上，可以将它写成：

$$\frac{\sum_{i=1}^{n} x_i}{n}$$

编程思想

计算一个算术平均值或均值，通常需要遍历一个数据集中的所有元素，把它们加到一起，然后除以元素的个数：

mymean.m

```
function outv = mymean(vec)
% mymean returns the mean of a vector
% Format:mymean(vector)

mysum = 0;
for i = 1:length(vec)
    mysum = mysum + vec(i);
end
outv = mysum/length(vec);
end
```

```
>> x = [9 10 10 9 8 7 3 10 9 8 5 10];
>> mymean(x)
ans =
    8.1667
```

高效方法

MATLAB 有一个内建函数 mean 来完成该功能：

```
>> mean(x)
ans =
    8.1667
```

对矩阵来说，mean 函数是按列进行操作的。为了求每行的平均值，需要把维数 2 作为函数的第 2 个参数传递给函数，这样做和 sum 、prod 、cumsum 、cumprod 这些函数一样(不再像 min 和 max 这样的函数，需要把[ ]作为必要的中间参数)。

```
>> mat = [8 9 3; 10 2 3; 6 10 9]
mat =
     8     9     3
    10     2     3
     6    10     9
>> mean(mat)
ans =
     8     7     5
>> mean(mat,2)
ans =
    6.6667
    5.0000
    8.3333
```

有时一个值比其他值大很多或小很多[称为异常值(outlier)]，会使平均值产生很大偏差，比如，在下面的数据集中除了中间的 100，所有数值都在 3 到 10 的范围内。由于异常值的存在，这个向量所有值的平均值实际就会比向量中的其他任何值都大。

```
>> xwithbig = [9 10 10 9 8 100 7 3 10 9 8 5 10];
>> mean(xwithbig)
ans =
    15.2308
```

为了解决这一问题，有时在计算平均值之前先把向量中的最大值和最小值删除掉。在这个例子中，采用一个指示既不是最大也不是最小的元素的逻辑向量来索引原始数据集，这样就移除了最小值和最大值。

```
>> xwithbig = [9 10 10 9 8 100 7 3 10 9 8 5 10];
>> newx = xwithbig(xwithbig ~= min(xwithbig) & ...
                  xwithbig ~= max(xwithbig))
newx =
     9    10    10     9     8     7    10     9     8     5    10
```

除了刚提到的仅仅移除最小值和最大值的方法，有时也会移除最大和最小的 1% 或 2% 的数据，尤其是在数据集非常大的情况下。

还有几种其他的均值可以被计算。在一个向量或数据集 x 中，n 个数据的调和平均数(harmonic mean)定义为：

$$\frac{n}{\frac{1}{x_1}+\frac{1}{x_2}+\frac{1}{x_3}+\cdots+\frac{1}{x_n}}$$

一个向量 x 中的 n 个数据的几何平均数(geometric mean)定义为这个数据集中值的乘积的 n 次平方根。

$$\sqrt[n]{x_1 \times x_2 \times x_3 \times \cdots \times x_n}$$

下面的匿名函数用 prod 函数实现了几何平均数的定义：

```
>> x = [9 10 10 9 8 7 3 10 9 8 5 10];
>> harmhand = @ (x) length(x) /sum(1 ./x);
>> harmhand(x)
ans =
    7.2310
>> geomhand = @ (x) nthroot(prod(x), length(x));
>> geomhand(x)
ans =
    7.7775
```

注意：统计工具箱(Statistics Toolbox)中有计算这些平均值的函数，称为 harmmean 和 geomean，同样也有一个用来去除最大和最小的 n% 的数据值的 trimmean 函数。

12.1.2 方差和标准差

标准差(standard deviation)和方差 (variance)是确定数据离散程度的方法。方差通常通过算术方法定义为：

$$\text{var} = \frac{\sum_{i=1}^{n} (x_i - \text{mean})^2}{n - 1}$$

然而，分母有时被定义为 n 而不是 n - 1。在 MATLAB 中使用的默认定义通过前面的方程式给出，因此在这里将采用这种定义。

例如，对于[8 7 5 4 6]这个向量，有 n = 5，所以 n - 1 = 4。这个数据集的平均值是 6。方差为

$$\text{var} = \frac{(8-6)^2 + (7-6)^2 + (5-6)^2 + (4-6)^2 + (6-6)^2}{4} = \frac{4+1+1+4+0}{4} = 2.5$$

计算方差的内建函数是函数 var：

```
>> xvals = [8 7 5 4 6];
>> myva r= var(xvals)
yvar =
    2.5000
```

标准差是方差的平方根：

$$\text{sd} = \sqrt{\text{var}}$$

MATLAB 中计算标准差的内建函数是 std，标准差既可以通过对方差进行开方来计算，也可以用 std 函数求得：

```
>> shortx = [2 5 1 4];
>> myvar = var(shortx)
myvar =
    3.3333
>> sqrt(myvar)
ans =
```

```
    1.8257
>> std(shortx)
ans =
    1.8257
```

数据越不分散，标准差就越小，因为标准差是用来反映数据离散程度的。同样，数据越分散，标准差就大。比如这里有两组数据集，它们有相同数目的数据也有相同的平均值，但它们的标准差却相差很多：

```
>> x1 = [9 10 9.4 9.6];
>> mean(x1)
ans =
    9.5000
>> std(x1)
ans =
    0.4163
>> x2 = [2 17 -1.5 20.5];
>> mean(x2)
ans =
    9.5000
>> std(x2)
ans =
    10.8704
```

12.1.3　众数

一个数据集的众数(mode)是指该数据集中出现最频繁的数值。在 MATLAB 中求众数的内建函数是函数 mode 。

```
>> x = [9 10 10 9 8 7 3 10 9 8 5 10];
>> mode(x)
ans =
    10
```

如果在数据集中有多个出现频率相同(最高)的数值，则最小的那个值是众数。在下面的例子中，因为 3 和 8 都在向量中出现了两次，最小的那个值(3)是众数：

```
>> x = [3 8 5 3 4 1 8];
>> mode(x)
ans =
    3
```

如果没有一个数据出现的频率比其他任何数据出现的频率都高，那么这个向量中的最小值将是这个向量的众数(mode)。

12.1.4　中间值

一个数据集的中间值定义时要求该数据集是已经排过序的，也就是说，它的元素是有序的。一个具有 n 个元素的有序数据集的中间值定义为：如果 n 是奇数，则中间值是中间的那个数；如果 n 是偶数，则中间值是中间那两个数的平均值。例如，对于向量[1 4 5 9 12]，中间值是 5。MATLAB 中求中间值的函数为 median ：

```
>> median([1 4 5 9 12])
ans =
    5
```

对于向量[1 4 5 9 12 33],中间值是中间的两个数5和9的平均值:

```
>> median([1 4 5 9 12 33])
ans =
     7
```

如果该向量在计算前没有排序, median 函数仍然会返回正确的结果(它将对这个向量进行自动排序)。例如, 将第1个例子中数据的顺序打乱, 返回的中间值仍为5。

```
>> median([9 4 1 5 12])
ans =
     5
```

练习 12.1

对于给定向量[2 4 8 3 8], 找出下列值:

- 最小值
- 最大值
- 算术平均值
- 方差
- 众数
- 中间值

在 MATLAB 中, 计算这个向量的调和平均数和几何平均数(如果有统计工具箱, 既可以使用 harmmean, 也可以使用 geomean, 如果没有, 可以通过创建匿名函数来实现)。

练习 12.2

对于矩阵, 每一列都可能会用到统计函数。生成一个5×4的随机数矩阵, 随机数范围为1到30。写一个表达式, 能够找出矩阵中所有数字出现的次数(注意不能逐列处理)。

12.2 集合操作

在 MATLAB 的早期版本中, 所有返回的向量都默认按从低到高排序(升序)。然而, 从 MATLAB 7.14 版本(R2012a)开始, 这些设置函数提供了选项, 返回结果可以是排序的或是初始次序的。另外, 还有两个对集合进行操作的 is 函数 ismember 和 issorted 。

例如, 给定下面两个向量:

```
>> v1 = 6: -1: 2
    6  5  4  3  2
>> v2 = 1: 2: 7
v2 =
    1  3  5  7
```

union 函数返回一个包含来自两个输入参数向量的所有不重复元素的向量。

```
>> union(v1,v2)
ans =
     1     2     3     4     5     6     7
```

结果被默认进行排序, 因此以相反的顺序传递参数不会影响结果。同样可以这样调用函数:

```
>> union (v1,v2,'sorted')
```

如果，字符串' stable '被传递到函数，结果则是原始的顺序；这就意味着参数的顺序将会影响结果。

```
>> union(v1,v2,'stable')
ans =
   6  5  4  3  2  1  7
>> union(v2,v1,'stable')
ans =
   1  3  5  7  6  4  2
```

相反，intersect 函数返回在两个输入参数向量中都包含的所有元素。

```
>> intersect(v1,v2)
ans =
   3     5
```

setdiff 函数接收两个输入参数向量，并返回一个由在第 1 个参数向量中但不在第 2 个参数向量中的元素组成的向量。因此，两个输入参数的次序是很重要的。

```
>> setdiff(v1,v2)
ans =
   2     4     6
>> setdiff(v2,v1)
ans =
   1     7
```

setxor 函数接收两个输入参数向量，并返回一个由在这两个向量中但不在两个向量的交集中的所有元素组成的向量。换句话说，它就是之前用 setdiff 函数获得的两个向量的并集。

```
>> setxor(v1,v2)
ans =
   1     2     4     6     7
>> union(setdiff(v1,v2),setdiff(v2,v1))
ans =
   1     2     4     6     7
```

集合函数 unique 返回一个数据集中所有不重复的元素：

```
>> v3 = [1:5 3:6]
v3 =
    1     2     3     4     5     3     4     5     6
>> unique(v3)
ans =
    1     2     3     4     5     6
```

所有这些函数，union、intersect、unique、setdiff 和 setxor 都可以用“stable”调用，以便获得的返回结果按原始向量给出的顺序。

许多集合函数的返回值都是向量，该向量可以用来索引原始向量并作为可选的输出参数。例如，对于之前定义的两个向量 v1 和 v2：

```
>> v1
v1 =
    6     5     4     3     2
>> v2
v2 =
    1     3     5     7
```

intersect 函数的返回值，除了包含 v1 和 v2 的交集的向量外，还有对 v1 和 v2 的索引向量，使得 outvec 与 v1(index1)和 v2(index2)相同。

```
>> [outvec,index1,index2] = intersect(v1,v2)
outvec =
    3     5
index1 =
    4     2
index2 =
    2     3
```

采用这些向量来索引 v1 和 v2 将会得到它们交集的值。例如，这个表达式返回 v1 的第 2 个和第 4 个元素：

```
>> v1(index1)
ans =
    3     5
```

下面返回 v2 的第 2 个和第 3 个元素：

```
>> v2(index2)
ans =
    3     5
```

ismember 函数接收两个向量作为输入参数，并返回一个和第 1 个参数同长度的逻辑向量，如果第 1 个向量的元素也在第 2 个向量中，则返回 1 来表示逻辑真，否则返回 0 来表示逻辑假。对该函数来说参数的次序很重要。

```
>> v1
v1 =
   6     5     4     3     2
>> v2
v2 =
   1     3     5     7
>> ismember(v1,v2)
ans =
   0     1     0     1     0
>> ismember(v2,v1)
ans =
   0     1     1     0
```

使用 ismember 函数返回的结果作为第 1 个向量参数的索引将返回和 intersect 函数相同的结果。

```
>> logv = ismember(v1,v2)
logv =
    0     1     0     1     0
>> v1(logv)
ans =
   3     5
>> logv = ismember(v2,v1)
logv =
   0     1     1     0
>> v2(logv)
ans =
   3     5
```

issorted 函数的参数如果是按照递增顺序(由低到高)排列的，则返回 1 表示逻辑真，否则返回 0表示逻辑假。

```
>> v3 = [1:5 3:6]
v3 =
```

```
    1     2     3     4     5     3     4     5     6
 >> issorted(v3)
ans =
    0
 >> issorted(v2)
ans =
    1
```

练习 12.3

创建两个 1 到 20 之间的各包含 7 个随机整数的向量 vec1 和 vec2。先用手算下面的每个操作，然后在 MATLAB 中进行检验：

- 并集
- 交集
- 差集
- 集合异或
- 唯一元素集(两个向量都提)

12.3 排序

排序是指将一个列表按顺序排列的过程，包括递减(由高到低)或递增(由低到高)。例如，这里有一个包含 n 个整数的列表，作为一个列向量显示出来。

1	85
2	70
3	100
4	95
5	80
6	91

我们需要将它按递增的顺序进行排列，换句话说，就是重新排列这个向量，而不是创建一个新的。一个基本算法是：

- 遍历整个向量找到最小的那个数字，把它放到向量的第 1 个元素中。怎么实现呢？将这个数字和第 1 个元素位置上的数字进行交换即可。
- 然后，扫描向量中剩下的元素(从第 2 个元素到最后)，寻找下一个最小的元素(或说是剩下的向量中最小的元素)。找到后，将它放到剩下的向量的第 1 个元素中。
- 继续对剩下的向量进行上述操作。一旦倒数第 2 个数已经被放到了向量中正确的位置上，最后的那个数默认也在正确位置上了。

每次向量传递，最重要的不是知道最小值，而是知道要交换元素的位置。

下面这张表显示了该过程。最左边的这一列显示原始向量。第 2 列(从左数)显示最小的那个元素 70，现在在这个向量的第 1 个元素中，它是通过和原先的第一个元素中的 85 交换后放到那里的。这样一个元素接着一个元素的重复直到向量排序完。

```
 85     70     70     70     70     70
 70     85     80     80     80     80
100    100    100     85     85     85
 95     95     95     95     91     91
 80     80     85    100    100     95
 91     91     91     91     95    100
```

这种排序方法称为选择排序，它只是很多种不同排序算法中的一种。

编程思想

下面的函数使用选择排序法实现了对向量的排序：

mysort.m

```
function outv = mysort(vec)
% mysort sorts a vector using the selection sort
% Format: mysort(vector)

% Loop through the elements in the vector to end -1
for i = 1:length(vec) -1
  indlow = i; % stores the index of the smallest
  % Find where the smallest number is
  % in the rest of the vector
  for j = i+1:length(vec)
    if vec(j) < vec(indlow)
      indlow = j;
    end
  end
  % Exchange elements
  temp = vec(i);
  vec(i) = vec(indlow);
  vec(indlow) = temp;
end
outv = vec;
end
```

```
>> vec = [85 70 100 95 80 91];
>> vec = mysort(vec)
vec =
    70    80    85    91    95    100
```

高效方法

MATLAB 有一个内建函数 sort，它以递增的顺序对一个向量进行排序：

```
>> vec = [85 70 100 95 80 91];
>> vec = sort(vec)
vec =
   70   80   85   91   95   100
```

也可以指定为递减的顺序，例如：

```
>> sort(vec,'descend')
ans =
   100   95   91   85   80   70
```

对行向量排序的结果是产生另一个行向量。对列向量排序的结果是产生另一个列向量。

注意：如果我们没有'descend'选项，能够在排序后使用 fliplr(对于行向量)或 flipud 函数。对矩阵来说，sort 函数默认对每一列进行排序。为了按行排序，需指定维数 2。例如：

```
>> mat
mat =
        4       6       2
        8       3       7
        9       7       1
>> sort(mat) %sorts by column
ans =
        4       3       1
        8       6       2
        9       7       7
>> sort(mat,2) %sorts by row
ans =
        2       4       6
        3       7       8
        1       7       9
```

12.3.1　对结构体向量排序

在使用一个结构体向量时，根据某一特定域对向量进行排序是很常见的。例如，第 8 章创建的用来存储不同软件包信息的结构体向量。

	packages			
	item_no	cost	price	code
1	123	19.99	39.95	g
2	456	5.99	49.99	l
3	587	11.11	33.33	w

这里有一个函数根据 price 域对该结构体向量进行递增排序。

mystructsort.m

```
function outv = mystructsort(structarr)
% mystructsort sorts a vector of structs on the price field
% Format:mystructsort(structure vector)
for i = 1:length(structarr)-1
  indlow = i;
  for j = i+1:length(structarr)
    if structarr(j).price < structarr(indlow).price
      indlow = j;
    end
  end
  % Exchange elements
  temp = structarr(i);
  structarr(i) = structarr(indlow);
  structarr(indlow) = temp;
end
outv = structarr;
end
```

注意，在排序算法中只比较了 price 域，但是交换的是整个结构体。在向量中的每个元素都是如此，它们是关于一个特定软件包的信息结构体，仍然是完整的。

回想第 8 章建立的一个函数 printpackages，它以一种较好的表格样式打印出软件包信息。调用 mystructsort 函数并且打印来证明这一点：

```
>> printpackages(packages)
  Item#      Cost      Price     Code
   123      19.99      39.95       g
   456       5.99      49.99       l
   587      11.11      33.33       w
>> packByPrice = mystructsort(packages);;
>> printpackages(packByPrice)
  Item #     Cost      Price     Code
   587      11.11      33.33       w
   123      19.99      39.95       g
   456       5.99      49.99       l
```

该函数仅仅根据 price 域对结构体进行排序。接下来显示的是一个更加通用的函数，它接收一个域名的字符串。该函数首先进行检查来确保传递的字符串对结构体来说是有效的域名。如果是有效的域名，它就根据这个域名进行排序；如果不是，就打印一条错误信息并且返回一个空向量。

创建的字符串包括向量变量名，包含元素数目、句点和字段名的括号。使用方括号把字符串片段连接起来，并且使用 int2str 函数将元素号转换为字符串。然后就可以用 eval 函数对向量的元素进行比较来确定出最小值。

generalPackSort.m

```
function outv = generalPackSort(inputarg, fname)
% generalPackSort sorts a vector of structs
% based on the field name passed as an input argument

if isfield(inputarg,fname)
  for i = 1:length(inputarg)-1
    indlow = i;
    for j=i+1:length(inputarg)
      if eval(['inputarg(' int2str(j) ').' fname]) < .
        eval(['inputarg(' int2str(indlow) ').' fname])
          indlow = j;
      end
    end
    % Exchange elements
    temp = inputarg(i);
    inputarg(i) = inputarg(indlow);
    inputarg(indlow) = temp;
  end
  outv = inputarg;
else
  outv = [];
end
end
```

下面是调用该函数的例子：

```
>> packByPrice = generalPackSort(packages,'price');
>> printpackages(packByPrice)

Item #     Cost      Price     Code
  587     11.11      33.33       w
  123     19.99      39.95       g
  456      5.99      49.99       l
>> packByCost = generalPackSort(packages,'cost');
```

```
>> printpackages(packByCost)
Item #    Cost    Price    Code
  456      5.99   49.99      l
  587     11.11   33.33      w
  123     19.99   39.95      g

>> packByProfit = generalPackSort(packages,'profit')
packByProfit =
    []
```

快速问答

这个排序函数是不是通用的？它能作用于所有的结构体向量，还是只能用于像软件包这样的形式？

答：

这是完全通用的，它可以作用于任意的结构体向量。但是，比较操作只能用于数字或字符的域类型。因此，只要域是一个数字或字符，这个函数就可以用于任意的结构体向量。如果域本身是一个向量(包括字符串)，它将无法工作。

12.3.2　字符串排序

对于一个字符串矩阵，sort 函数能像之前显示的用于数字的方法一样很好地运行。例如：

```
>> words = char('Hello','Howdy','Hi','Goodbye','Ciao')
words =
Hello
Howdy
Hi
Goodbye
Ciao
```

下面采用与字符等价的 ASCII 码按列进行排序。从结果可以看出在字符编码中空字符在字母表中的字符之前。

```
>> sort(words)
ans =
Ce
Giad
Hildb
Hoolo
Howoyye
```

为了按行进行排序，必须指定第 2 维。

```
>> sort(words,2)
ans =
  Hello
  Hdowy
     Hi
Gbdeooy
   Caio
```

通过这个例子可以看出在字符编码中空格在字母表中的字符之前，并且大写字母在小写字母之前。

如何让字符串按照字母顺序排序呢？MATLAB 中的 sortrows 函数就可以做到。它执行的方式是从左边开始按列检查字符串。如果它可以确定哪个字符排第一，就把整个字符串放到第 1 行。在该例中，开始的两个字符串根据最开始的字符 C 和 G 来放置。对其他 3 个字符，它们都以 H 开头，所以将检查下一列。这时字符串根据第 3 个字符 e、i 和 o 来安排位置。

```
>> sortrows(words)
ans =
Ciao
Goodbye
Hello
Hi
Howdy
```

sortrows 函数把行作为一个块或一个组排序，并且也能对数字排序。在下例中以 3 和 4 开头的两行将首先进行放置。然后，对以 5 开头的行，由第 2 列的数值(6 和 7)确定次序。

```
>> mat = [5 7 2;4 6 7;3 4 1;5 6 2]
mat =
     5     7     2
     4     6     7
     3     4     1
     5     6     2
>> sortrows(mat)
ans =
     3     4     1
     4     6     7
     5     6     2
     5     7     2
```

对字符串元胞数组进行排序，可以使用 sort 函数。例如：

```
>> engcellnames = {'Chemical','Mechanical',...
     'Biomedical','Electrical','Industrial'};
>> sort(engcellnames')
ans =
    'Biomedical'
    'Chemical'
    'Electrical'
    'Industrial'
    'Mechanical'
```

12.4 索引

索引是向量排序的另一种方式。使用索引时，向量保留原始的次序。一个索引向量被用来以期望的次序指向原始向量中的数据。

例如，对一个考试成绩的向量：

grades					
1	2	3	4	5	6
85	70	100	95	80	91

升序排列时，最小的成绩在第 2 个元素中，下一个最小的成绩在第 5 个元素中，等等。索引向量 grade_index 给出了这个次序：

grade_index					
1	2	3	4	5	6
2	5	1	6	4	3

这个索引向量接着用来索引原始向量。为了使 grades 向量升序排列，使用的索引会是 grades(2)、grades(5)，等等。如果采用索引向量来完成的话，grades(grade_index(1))是最低的成绩 70，grades(grade_index(2))是第 2 个最低的成绩。总之，grades(grade_index(i))是第 i 个最低的成绩。

在 MATLAB 中这样创建：

```
>> grades = [85 70 100 95 80 91];
>> grade_index = [2 5 1 6 4 3];
>> grades(grade_index)
ans =
    70    80    85    91    95    100
```

然而，代替这种手工创建索引向量的方式，可以使用一个排序函数来初始化索引向量。算法如下：

- 初始化索引向量里面的值为 1、2、3……这样的索引值。
- 采用任一排序算法，但是使用索引向量索引原始向量中的元素来进行比较(例如，采用 grades(grade_index(i)))。
- 当排序算法要求交换数据时，交换索引向量中的元素，而不是原始向量中的元素。

下面的函数实现了这个算法：

createind.m

```
function indvec = createind(vec)
% createind returns an index vector for the
% input vector in ascending order
% Format:createind(inputVector)
% Initialize the index vector
len = length(vec);
indvec = 1:len;
for i = 1:len -1
  indlow = i;
  for j = i+1:len
    % Compare values in the original vector
    if vec(indvec(j)) < vec(indvec(indlow))
      indlow = j;
    end
  end
  % Exchange elements in the index vector
  temp = indvec(i);
  indvec(i) = indvec(indlow);
  indvec(indlow) = temp;
end
end
```

例如，对于给定的 grades 向量：

```
>> clear grade_index
>> grade_index = createind(grades)
grade_index =
    2     5     1     6     4     3
>> grades(grade_index)
ans =
    70    80    85    91    95    100
```

12.4.1 结构体向量的索引

通常，当数据结构是一个结构体向量时，有必要根据不同的字段按序迭代向量。例如，对于先前定义的 packages 向量，它可能需要根据 cost 域或 price 域来按序迭代。

相对于根据这些域对整个结构体向量进行排序，更加有效的方法是根据这些域来索引向量。例如，根据 cost 创建一个索引向量，再根据 price 创建另一索引向量。

	packages			
	item_no	cost	price	code
1	123	19.99	39.95	g
2	456	5.99	49.99	l
3	587	11.11	33.33	w

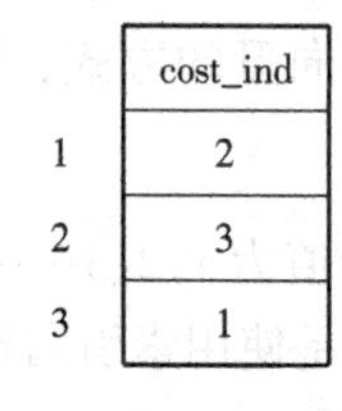

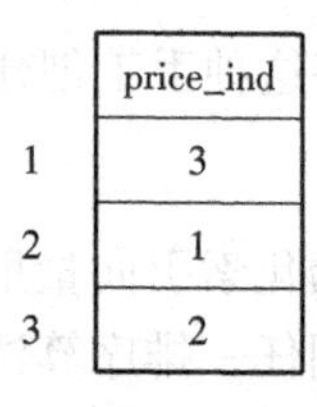

这些索引向量将会像之前那样被创建，比较域值同时交换索引向量中的值。一旦索引向量被创建，它们就可以被用来以期望的顺序迭代 packages 向量。例如，修改打印 packages 内部信息的函数，除了结构体向量，索引向量也被传递，然后该函数使用这个索引向量进行迭代。

printpackind.m

```
function printpackind(packstruct, indvec)
% printpackind prints a table showing all
% values from a vector of packages structuresL
% using an index vector for the order
% Format:printpackind(vector of packages, index vector)
fprintf('Item # Cost Price Code \n')
no_packs = length(packstruct);
for i = 1:no_packs
  fprintf('%6d %6.2f %6.2f %3c \n', ...
    packstruct(indvec(i)).item_no, ...
    packstruct(indvec(i)).cost, ...
    packstruct(indvec(i)).price, ...
    packstruct(indvec(i)).code)
end
end
```

```
>> printpackind(packages,cost_ind)
```

```
Item #    Cost    Price    Code
  456     5.99    49.99       l
  587    11.11    33.33       w
  123    19.99    39.95       g
>> printpackind(packages,price_ind)
Item #    Cost    Price    Code
  587    11.11    33.33       w
  123    19.99    39.95       g
  456     5.99    49.99       l
```

练习 12.4

修改 createind 函数来创建 cost_ind 索引向量。

12.5 查找

查找的意思是在一个列表或向量中查寻一个值(一个关键字)。我们已经知道, MATLAB 中有一个 find 函数, 它能返回在数组中符合标准的索引。为了研究编程方法, 本节将研究两个查找算法:

- 顺序查找(sequential search)
- 二分查找(binary search)

12.5.1 顺序查找

顺序查找即指从向量的首个元素开始逐个元素查找关键字。返回的通常是所找到的关键字元素的索引。例如, 这里有一个函数, 它在一个向量中查找一个关键字, 并且返回索引值, 如果找不到该关键字则返回 0 值。

seqsearch.m

```
function index = seqsearch(vec,key)
% seqsearch performs an inefficient sequential search
% through a vector looking for a key; returns the index
% Format:seqsearch(vector,key)
len = length(vec);
index = 0;
for i = 1:len
  if vec(i) == key
    index = i;
  end
end
end
```

下面是调用该函数的两个例子:

```
>> values = [85 70 100 95 80 91];
>> key = 95;
>> seqsearch(values,key)
ans =
    4
>> seqsearch(values,77)
```

```
ans =
   0
```

该例子假定要查找的关键字在向量中只有一个。同样，尽管它可以工作，也不是一种非常有效的算法。如果这个向量很大，并且要查找的关键字在起点处，它仍会一直循环遍历向量中的剩余元素。一种改进的算法是一直循环直到找到关键字或已经查找完整个向量。换句话说，采用 while 循环而不是 for 循环，这样条件中就存在两个部分。

smartseqsearch.m

```
function index = smartseqsearch(vec,key)
% Smarter sequential search; searches a vector
% for a key but ends when it is found
% Format: smartseqsearch(vector,key)

len = length(vec);
index = 0;
i = 1;
while i < len&&vec(i) ~= key
  i = i +1;
end

if vec(i) == key
  index = i;
end
end
```

12.5.2 二分查找

二分查找首先假定向量已经是排好序的。这个算法和在电话号码簿(按字母表排好序的)中查找姓名的工作原理是相似的。为了找到关键字的值，查看中间的那个元素。

- 如果是关键字，索引被找到。
- 如果不是关键字，确定要在这个位置之前还是之后查找该关键字并且调整查找关键字的区间，然后再次执行这个过程。

为了实现这一点，可采用变量 low 和 high 来标识要查找的区间。最开始，low 的值就是 1，并且 high 的值是该向量的长度。变量 mid 则是从 low 到 high 的区间的中间元素的索引。如果 key 不是 mid 所在的元素值，这样就有两种可能的调整区间的方式。如果关键字小于 mid 处的元素值，更改 high 为 mid - 1。如果关键字大于 mid 处的元素值，更改 low 为 mid + 1。

下面的例子就是在这个向量中查找关键字 91：

1	2	3	4	5	6
70	80	85	91	95	100

下面的表格显示在这个查找算法中每一次循环将会发生什么：

指针	Low	High	Mid	是否发现?	操作
1	1	6	3	No	Move low to mid + 1
2	4	6	5	No	Move high to mid - 1
3	4	4	4	Yes	Done! Index is mid

关键字在向量的第 4 个元素中找到。

另一个例子：查找关键字 82：

指针	Low	High	Mid	是否发现?	操作
1	1	6	3	No	Move high to mid - 1
2	1	2	1	No	Move low to mid + 1
3	2	2	2	No	Move low to mid + 1
4	3	2	→在这里结束		

low 的值不可能比 high 大，否则关键字不在这个向量中。因此，算法循环直到关键字被找到或 low > high(这意味着关键字不在向量中)。

下面的函数实现了这个二分查找算法。这个函数接收两个参数：排好序的向量和一个关键字(或这个函数能够对向量进行排序)。low 和 high 的值分别初始化为向量的第 1 个和最后一个索引值。输出参数 outind 初始为 0，这个值用做关键字没有被找到时函数的返回值。直到关键字被找到或 low > high(这意味着关键字不在向量中)时，否则函数一直循环下去。

binsearch.m

```
function outind = binsearch(vec,key)
% binsearch searches through a sorted vector
% looking for a key using a binary search
% Format: binsearch (sorted vector, key)

low = 1;
high = length(vec);
outind = 0;

while low < = high && outind == 0
  mid = floor((low + high)/2);
  if vec(mind) == key
    outind = mid;
  else if key < vec(mid)
    high = mid - 1;
  else
    low = mid + 1;
  end
end
end
```

下面是调用这个函数的几个例子：

```
>> vec = randi(30,1,7)
vec =
    2    11    25    1    5    7    6
>> svec = sort(vec)
svec =
    1    2    5    6    7    11    25
>> binsearch(svec, 4)
ans =
    0
>> binsearch(svec, 25)
ans =
    7
```

二分查找也能由一个递归函数实现。下面这个递归函数同样实现了二分查找算法。这个函数接收 4 个参数：一个已排序向量、一个要查找的关键字，以及 low 和 high 的值(在最开始

low 和 high 的值分别是 1 和向量的长度)。如果关键字不在向量中则返回 0，否则返回所找到的元素的索引。该算法的基本项为当 low > high 时，意味着关键字不在向量中，或找到关键字。否则，通常是调整查找区间并且再次调用二分查找函数。

recbinsearch.m

```
function outind = recbinsearch(vec,key,low,high)
% recbinsearch recursively searches through a vector
% for a key; uses a binary search function
% The min and max of the range are also passed
% Format: recbinsearch(vector,key,rangemin,rangemax)
mid = floor((low+high)/2);

if low > high
  outind = 0;
else if vec(mid) == key
  outind = mid;
else if key < vec(mid)
  outind = recbinsearch(vec,key,low,mid-1);
else
  outind = recbinsearch(vec,key,mid+1,high);
end
end
```

下面是调用该函数的几个例子：

```
>> recbinsearch(svec, 25,1,length(svec))
ans =
    7
>> recbinsearch(svec, 4,1,length(svec))
ans =
    0
```

探索其他有趣的特征

- 了解返回相关系数的 corrcoef 函数。
- 了解过滤数据，例如使用 filter 函数。
- 了解 randperm 函数。
- 了解集合函数返回的索引向量。
- 了解' R2012a '的使用对集合函数的变化，以及使用' legacy '保存先前的值。
- 了解传递矩阵到集合函数，使用' rows '说明符。

总结

常见错误

- 忘记 max 和 min 函数返回的只是所找到的最小值或最大值第 1 次出现时的索引。
- 没有意识到一个数据集存在的异常值能够显著地改变统计函数的结果。
- 在对一个结构体向量的某个字段排序时，忘记尽管在排序算法中只比较了问题需要的那个域，而交换时必须交换整个结构体。
- 忘记了在对一个数据集进行二分查找时，数据集必须是排过序的。

编程风格指南

- 在对一个大数据集进行统计分析时，移除数据集中最大和最小的数据，以便处理异常值的问题。
- 采用 sortrows 来对存储在矩阵中的字符串以字母表顺序排序；对于元胞数组，用 sort 函数就可以了。
- 当需要根据不同字段对一个结构体向量按序循环访问问时，根据这些字段创建索引向量比对这个结构体向量多次排序更加有效。

MATLAB 函数和命令			
mean	median	setdiff	sort
var	union	setxor	sortrows
std	intersect	ismember	
mode	unique	issorted	

习题

1. 一个数据集的范围(range)是指数据集中最大值和最小值的差。数据文件'tensile.dat'保存了一些铝样品的抗拉强度。创建一个用于测试的数据文件，读入这些数据并且打印出它们的范围。
2. 写一个 mymin 函数，它可以接受任意个参数，并且返回它们的最小值。注意，这个函数并不接受向量，所有的数据都是独立的参数。
3. 在一个大理石加工厂，一位质量控制工程师从两个生产线上分别选择八块大理石，并且测量每块大理石以毫米为单位的直径。对于这里的每个数据集，使用内置函数来确定平均数、中间值、众数和标准差。

```
prod. line A:15.94 15.98 15.94 16.16 15.86 15.86 15.90 15.88
prod. line B:15.96 15.94 16.02 16.10 15.92 16.00 15.96 16.02
```

假设大理石的标准直径是 16 mm。基于已有的结果，哪条生产线更达规格？(提示：考虑平均数和标准差。)
4. 一位质量工程师在对一组 500 欧姆的电阻进行测试。文件'testresist.dat'存储了已测量过的电阻值。在文件中一行存储一个电阻值。采用这种方式创建一个数据文件。然后读取这些信息，计算并打印这组电阻值的平均值、中间值、众数以及标准差。同样，计算出有多少电阻在 500 欧姆的 1% 误差范围内。
5. 写一个 calcvals 函数，它根据调用该函数时输出参数的个数来计算一个向量的最大值、最小值和平均值。下面是调用这个函数的例子：

```
 >> vec = [4 9 5 6 2 7 16 0];
 >> [mmax, mmin, mmean] = calcvals(vec)
mmax =
   16
mmin =
   0
mmean =
   6
 >> mmax = calcvals(vec)
mmax =
   16
```

6. 写一个脚本完成下列功能。创建两个分别拥有 20 个随机整数的向量，一个向量的整数在 1 ~ 5 的范围，另一个在 1 ~ 500 的范围。对于每个向量，你是否期望平均值和中间值近似相同？你是否期望它们的标准差近似相同？回答这些问题，然后用系统内建的函数求出每个的最小值、最大值、平均值、中间值、众数及标准差。在子图中为每个值绘制一个直方图。多次运行这个脚本观察其中的变化。
7. 写一个函数，返回向量的平均值，不将最小值和最大值计算在内。假定向量中的数值都是唯一的。可以使用内建的 mean 函数。为了测试,创建一个有 10 个随机整数的向量,每个都在0 ~50 的范围之内,然后把这个向量传递到函数中。

8. 一个数据集 $x = \{x_1, x_2, x_3, x_4, \cdots, x_n\}$ 的移动平均值被定义为原始数据集的子集的平均数据集。例如,每两个数的移动平均值是 $1/2 * \{x_1 + x_2, x_2 + x_3, x_3 + x_4, \cdots, x_{n-1} + x_n\}$。写一个函数接收一个向量作为输入参数,并且计算返回每两个元素的移动平均值。

9. 消除或降低噪声是任何信号处理的重要方面。例如,在图像处理中,噪声可能使图像模糊。一种处理方法是中间值滤波。

   向量的一个中间值过滤器有大小。例如,大小为3 的意思是计算向量中每三个值的中间值。第1 个和最后一个元素不管。从第 2 个元素开始到倒数第 2 个元素,向量 vec(i)的每个元素被[vec(i -1) vec(i) vec(i +1)]的中间值替代。例如,如果 signal 向量是

```
signal = [5 11 4 2 6 8 5 9]
```

   大小为3 的中间值过滤器是

```
medianFilter3 = [5 5 4 4 6 6 8 9]
```

   写一个函数接收原始信号向量并且返回中间值过滤向量。

10. 修改上题的函数,使得过滤器的大小也可以作为一个输入参数传递。

11. 当数据集中只有两个元素时,平均值和中间值之间有什么差别?

12. 一个学生在某门课程中错过了四次考试中的一次考试。教授决定用其他三次考试的平均分来代替错过的这次成绩。哪一种方法对学生更好:平均值和中间值,如果成绩是 99、88 和 95? 如果成绩是 99、70 和 77 呢?

13. 当数据具有不同的权值时使用加权平均值。对一个通过 $x = \{x_1, x_2, x_3, x_4, \cdots, x_n\}$ 给出的数据集,并且对应每个 x_i 的权值 $w = \{w_1, w_2, w_3, w_4, \cdots, w_n\}$,加权平均值就是:

$$\frac{\sum_{i=1}^{n} X_i W_i}{\sum_{i=1}^{n} W_i}$$

   例如,假定经济学课程有三次测验和两次考试,考试权重是测验的两倍。如果测验的成绩是 95、70 和 80,考试成绩是 85 和 90,那么加权平均值就是:

$$\frac{95*1+70*1+80*1+85*2+90*2}{1+1+1+2+2} = \frac{595}{7} = 85$$

   写一个函数,它接收两个向量作为输入参数:一个是数据值,另一个是权值,并且返回加权平均值。

14. 变化系数(coefficient of variation)在比较平均值差异很大的数据集时是非常有用的。计算公式是 CV =(标准差/平均值) *100%。某历史课程分为两个不同的部分,两个部分的最终成绩存储在同一文件的两个单独的行中。例如:

```
99  100  95  92  98  89  72  95  100  100
83   85  77  62  68  84  91  59   60
```

   创建这个数据文件,把数据读入到向量中,然后用 CV 公式比较这门课程的两个部分。

15. 写一个 allparts 函数,它读入包含两个工厂生产的零部件的零件编号的列表。这些列表包含在'xyparts.dat'和'qzparts.dat'这两个文件中。这个函数返回一个包含所有生产的零件编号的有序(无重复)向量。例如,如果文件'xyparts.dat'包含:

```
123  145  111  333  456  102
```

   另一个文件'qzparts.dat'包含:

```
876  333  102  456  903  111
```

   调用这个函数将返回:

```
>> partslist = allparts
partslist =
```

```
102  111  123  145  333  456  876  903
```

16. 集合函数能够用于字符串的元胞数组。创建两个元胞数组来存储(以字符串方式)两个学生选择的课程编号。例如:

```
s1 = {'EC 101','CH 100','MA 115'};
s2 = {'CH 100','MA 112','BI 101'};
```

采用一个集合函数来确定哪门课程是这两个学生都选择的。

17. 假设向量 v 存储了一组唯一的随机数字。采用集合函数来确定它是否正确。

18. 函数 generatevec 生成一个由 n 个随机整数组成的向量(其中 n 是一个正整数), 每个整数的范围从 1 到 100, 但是向量中的每个数字都必须彼此不同(不重复)。所以, 使用 rand 来生成向量然后使用另一个函数 alldiff 在向量中所有数值均不同时返回逻辑 1 表示 true, 或如果不是有序的则返回逻辑 0 表示 false。getneratevec函数持续循环直到确实生成了一个由 n 个不重复整数组成的向量。它也将计数生成一个向量的循环次数直到生成一个由 n 个非重复整数组成的向量, 并且返回向量和计数值。写函数 alldifffunction。

generatevec.m

```
function [outvec, count] = generatevec(n)
% Generates a vector of n random integers
% Format of call: generatevec(n)
% Returns a vector of random integers and a count
% of how many tries it took to generate the vector
trialvec = randi(100,1,n);
count = 1;
while ~alldiff(trialvec)
    trialvec = randi(100,1,n);
    count = count + 1;
end
outvec = trialvec;
end
```

19. 写一个函数, 接收一个向量作为输入参数, 从小到大打印向量中的值, 直到遇到 mean 值(包括 mean 值)。例如, 如果一个输入向量为[5 8 2 4 6], mean 值为 5, 则函数将打印 2 4 5。

20. 写一个 mydsort 函数, 它将一个向量按递减的顺序排列(采用循环, 而不是用内建的 sort 函数)。

21. 在产品设计中, 估计产品不同的特征中哪些对潜在的客户是有用的, 一种确定最重要特征的方法是调查, 在调查中人们会被问到"这项特征是否对你很重要, 潜在客户的数目与回答 Yes 的人数相吻合。例如, 一个公司为 10 个不同的特征实施了调查, 200 人参加了这项调查。数据收集在一个文件中, 如下所示:

```
1    2    3    4    5    6    7    8    9    10
30   83   167  21   45   56   55   129  69   55
```

帕雷托图是一种条形图, 它的条块以递减的顺序进行排列。在帕雷托图中最左边的条块表示最重要的特征。创建一个数据文件, 并且以子图的方式在左边显示采用问题编排的条形图, 在右边显示帕雷托图。

22. 写一个 matsort 函数对矩阵中的所有数据进行排序(决定排完序的值是按行还是按列存储)。它接收一个矩阵参数并且返回一个有序的矩阵。完成这个函数不使用循环, 而是利用内建的 sort 和 reshape 函数。例如:

```
>> mat
mat =
    4  5  2
    1  3  6
    7  8  4
    9  1  5
>> matsort(mat)
ans =
    1  4  6
    1  4  7
```

```
2 5 6
3 5 9
```

23. 写一个函数，它接收两个参数：一个向量和一个字符(不是'a'就是'd')，并且对这个向量以该字符指定的次序(递增或递减)进行排序。
24. 写一个 mymedian 函数，它接收一个向量作为输入参数，并且对该向量排序，然后返回它的中间值。除了 median 函数，任意的内建函数都可以使用，可以不使用循环。
25. 在统计分析中，四分位数是分隔一个有序数据集为四组的点。第 2 个四分位数 Q2 是数据集的中间值。它将数据集分为两半。第 1 个四分位数 Q1 将数据集的上半部分分为两半。Q3 将数据集的下半部分分为两半。四分位数间距定义为 Q3 - Q1。写一个函数接收一个数据集作为向量并且返回四分位数间距。
26. DNA 是一种双螺旋的聚合物，它以碱基的形式包含了基本的基因信息。基本分子的模式 A、T、C 和 G 对基因信息编码。构造一个元胞数组来存储一些像字符串的 DNA 序列，比如：

```
TACGGCAT
ACCGTAC
```

并以字母表顺序进行排列。接下来，创建一个矩阵存储一些长度相同的 DNA 序列，再以字母表顺序进行排列。

27. 一个程序有一个结构体向量，存储收集的实验数据信息。对于每一次实验，取得 10 个数据值。每个结构体存储实验数据值的数字和数值。程序是为了计算和打印每个实验的平均值。写一个脚本以这种格式创建一些数据，然后打印平均值。
28. 写一个函数，它接收一个向量并且返回两个索引向量：一个是递增的顺序，另一个是递减的顺序。写一个脚本来检验这个函数。这个脚本调用该函数，并且使用索引向量以递增或递减的顺序打印出原始向量。
29. 写一个 myfind 函数，它在一个向量中查找一个关键字并且返回所有与该关键字匹配的索引值，就像内置的 find 函数。它接收两个参数：向量和关键字，并且返回索引值的向量(或如果关键字未找到，返回空向量[ ])。
30. 函数 plotmedmean 接收数据点的 y 值向量，将它们分类并在同一个绘图窗口绘制两次(如图 12.1 所示)：左边是线的中间值，右边是平均值。需要写一个函数，使用 medmeansub 子函数显示，如下为调用这个函数的例子：

```
>> plotmedmean([3 8 2 1 9 4 11])
```

```
function medmeansub(vec, m)
plot(vec,'r*')
axis([0 length(vec) +1 min(vec) -1 max(vec) + 1])
line([0 length(vec) +1],[m m],'LineWidth',2)
end
```

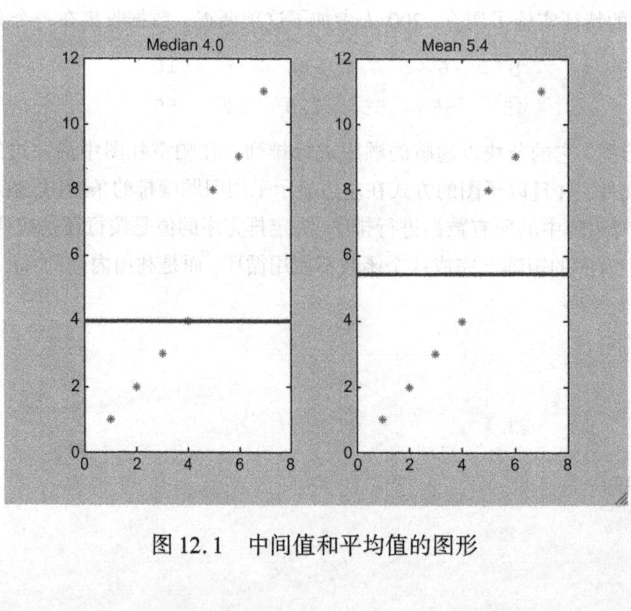

图 12.1 中间值和平均值的图形

第 13 章　声音和图像

关键字

sound processing 声音处理
graphical user interfaces 图形用户界面
true color 真彩色
sound wave 声波
callback function 回调函数
colormap 色图
pixels 像素
image processing 图像处理
event 事件
RGB 三原色
sampling frequency 采样频率
event-driven programming 事件驱动程序设计

MATLAB 产品有处理音频或声音文件以及图像的函数。本章开始将先对一些声音处理函数进行简要地介绍。接着介绍一些图像处理函数，并阐述两种表示图像颜色的基本方法。最后，本章将从编程的角度介绍图形用户界面这一主题。

13.1　声音文件

一个声音信号是采样后会得到一个离散信号的一串连续信号的实例。在这种情况下，在空气中传播的声波被记录成一个测量值集，这些测量值能够用来尽可能地重现原始的声音信号。采样率或采样频率是每个时间单位样本的数量，单位为 s^{-1}。声音信号通常采用赫兹(Hz)来计量。

在 MATLAB 中，离散的声音信号通过向量来表示，频率用赫兹来计量。对于各种各样的声音，MATLAB 有一些 MAT 文件把它们的信号向量存储在变量 y 中，频率存储在变量 Fs 中。这些 MAT 文件包括 chirp 、gong 、laughter 、splat 、train 及 handel 。有一个内建函数 sound ，它可以传送一个声音信号到像扬声器这样的输出设备中。这个函数调用如下：

```
>> sound(y,Fs)
```

会播放由向量 y 表示的声音，频率为 Fs。例如，要听到 gong ，从 MAT 文件中导入变量，然后用 sound 函数播放声音：

```
>> load gong
>> sound(y,Fs)
```

声音实际上是一个波，振幅存储在声音信号变量 y 中。在这里假定振幅范围是在 -1 到 1 之间。plot 函数能够用来显示数据。例如，下面的脚本创建了 subplot 来显示来自 chrip 和 train 的信号，如图 13.1 所示：

```
chriptrain.m
% Display the sound signals from chirp and train
subplot(2,1,1)
load chirp
```

```
plot(y)
ylabel('Amplitude')
title('Chirp')
subplot(2,1,2)
load train
plot(y)
ylabel('Amplitude')
title('Train')
```

对立体声来说，sound 函数的第 1 个参数可以是一个 n×2 的矩阵。同样，在调用 sound 函数时，第 2 个参数可以省略，在这里使用的默认采样频率是 8192 Hz。这是存储在内建的声音 MAT 文件中的频率。

```
>> load train
Fs
Fs =
    8192
```

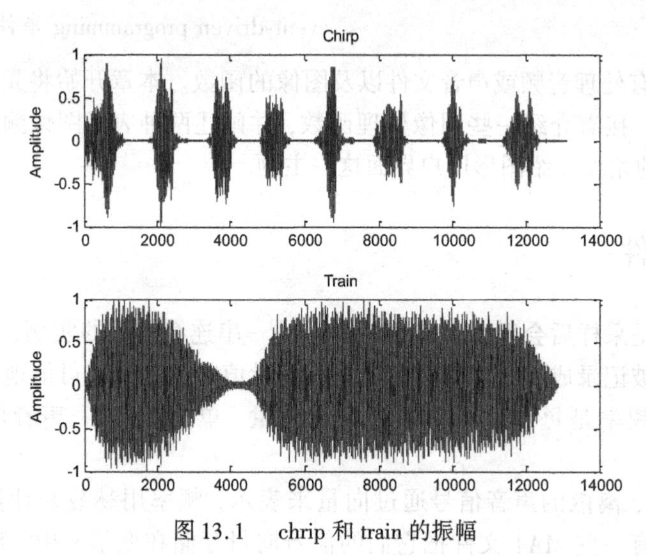

图 13.1 chrip 和 train 的振幅

练习 13.1

如果你有扬声器，尝试导入一个声音 MAT 文件，并且用 sound 函数播放该声音。然后改变它的频率，例如，将 Fs 乘以 2，乘以 0.5，再次播放这些声音。

```
>> load train
>> sound(y,Fs)
>> sound(y,Fs*2)
>> sound(y,Fs*.5)
```

13.2 图像处理

图像可以表示成图形元素(称为像素)的网格或矩阵。在 MATLAB 中，图像通常被表示成矩阵，矩阵中的每个元素对应于图像中的一个像素。每个表示特定像素的元素存储了这个像素的颜色。有两种表示颜色的基本方法：

- 真彩色(True color)，或 RGB，这种方法存储了三种颜色成分(以红、绿、蓝的次序)。
- 对一个色图(colormap)进行索引:存储的值是一个整数，该整数指向一个称为色图的矩阵中的一行。该色图把红、绿和蓝色成分存储到 3 个独立的列中。

对一个有 m×n 个像素的图像来讲，真彩色矩阵是一个大小为 m×n×3 的三维矩阵。前两维表示像素的坐标。第 3 个索引是颜色的成分，(:,:,1)是红色成分，(:,:,2)是绿色成分，(:,:,3)是蓝色成分。

索引表示法对应的是一个 m×n 的整数矩阵，矩阵中的每个整数都是一个 p×3 大小的色图矩阵(这里 p 是在特定的色图中可用的颜色的数目)的索引。在色图中的每行都用三个数表示一种颜色:先是红色的成分，然后是绿色的成分，再就是蓝色的成分，如前所述。

13.2.1 色图

当使用一个色图来表示图像时，有两个矩阵:

- 色图矩阵，维数为 p×3，其中 p 是可用颜色的数目。每行存储 3 个范围为 0 到 1 的实数，分别代表颜色的 3 个分量红、蓝和绿。
- 图像矩阵，维数为 m×n。其中每个元素为色图的索引，意味着每个元素的值是一个范围为 1 到 p 的整数。

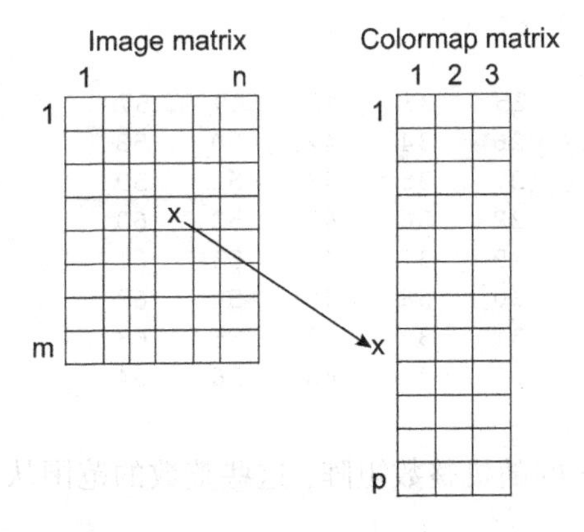

MATLAB 有一些已命名的内建色图，在 colormap 的参考页面上显示了这些色图。调用函数 colormap时若不传递任何参数则将返回当前的色图，默认情况下返回的是一个名为 jet 的色图。

下面把当前的色图存储到一个 map 变量中，获得这个矩阵的大小(将会得到这个矩阵中的行数或颜色的数目)，然后显示这个色图的前 5 行。如果当前的色图是默认的 jet，就会得到如下结果:

```
>> map = colormap;
>> [r, c] = size(map)
r =
    64
c =
    3
>> map(1:5,:)
ans =
    0         0    0.5625
    0         0    0.6250
```

```
         0         0    0.6875
         0         0    0.7500
         0         0    0.8125
```

这显示了在该特定的色图中有64行，或换句话说有64种颜色。也显示了开始的5种颜色是渐变的蓝色。

注意：jet实际上是一个返回色彩映射矩阵的函数。尽管所需颜色的数量可以作为参数传递给jet函数，但在这里展示的产生64×3矩阵没有传递任何参数。

调用image函数的格式是：

```
image(mat)
```

该mat矩阵是表示一个m×n图像(在该图像中有m×n个像素)的颜色的矩阵。如果这个矩阵的大小是m×n，则每个元素都是当前色图的索引。

一种显示jet色图(拥有64种颜色)中所有颜色的方法是创建一个存储了1到64的值的矩阵，然后把该矩阵传递给image函数，如图13.2所示。当把这个矩阵传递给image函数时，这个矩阵中的每个元素的值都用作色图的一个索引。

例如，cmap(1,2)的值是9，则在图像的位置(1,2)处显示的颜色就是色图中第9行表示的颜色。通过使用数字1到64，可以看到这个色图中的所有颜色。这显示开始的颜色是渐变的蓝色，最后的颜色是渐变的红色，中间的颜色是渐变的浅绿色、绿色、黄色和橙色。

```
>> cmap = reshape(1:64,8,8)
cmap =
     1     9    17    25    33    41    49    57
     2    10    18    26    34    42    50    58
     3    11    19    27    35    43    51    59
     4    12    20    28    36    44    52    60
     5    13    21    29    37    45    53    61
     6    14    22    30    38    46    54    62
     7    15    23    31    39    47    55    63
     8    16    24    32    40    48    56    64
>> image(cmap)
```

另一个例子创建了一个5×5的随机整数矩阵，这些整数的范围从1到颜色的数目，结果图像如图13.3所示。

```
>> >> mat = randi(r,5)
    54    33    13    45    32
     2    46    44    25    58
    44    28    20    56    53
    25    20    35    55    42
    54    13    10    38    53
>> image(mat)
```

当然，这些图像非常粗糙，其中表示像素颜色的元素是非常大的块。一个更大的矩阵会产生一个更类似于图像的东西，如图13.4所示。

```
>> mat = randi(r,500);
>> image(mat)
```

MATLAB有内建的色图，也可以使用任意颜色的组合来创建其他色图。例如，下面创建了一个普通的色图，它只有三种颜色：黑色、白色和红色。接着通过将色图矩阵传递给colormap

函数将其设置成当前色图。然后，创建一个 40×40 的随机整数矩阵，这些整数值在 1 到 3 之间(因为这里只有 3 种颜色)，把这个矩阵传递给 image 函数，结果如图 13.5 所示。

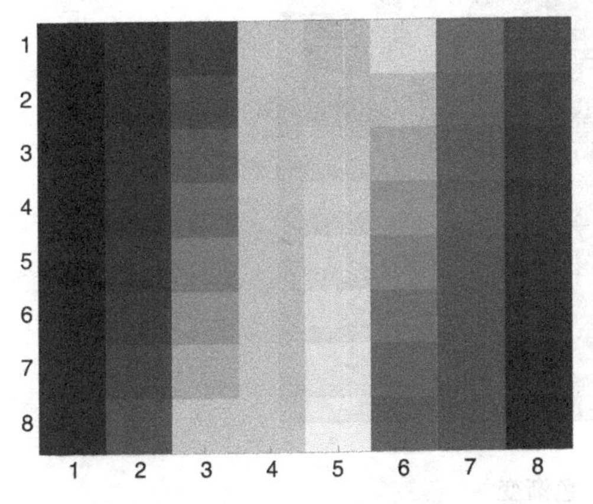

图 13.2　按列显示在 jet 色图中的 64 种颜色

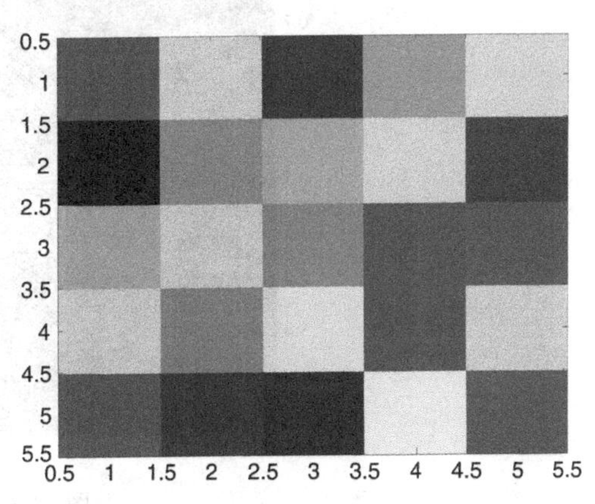

图 13.3　jet 色图随机颜色的一个 5×5 显示

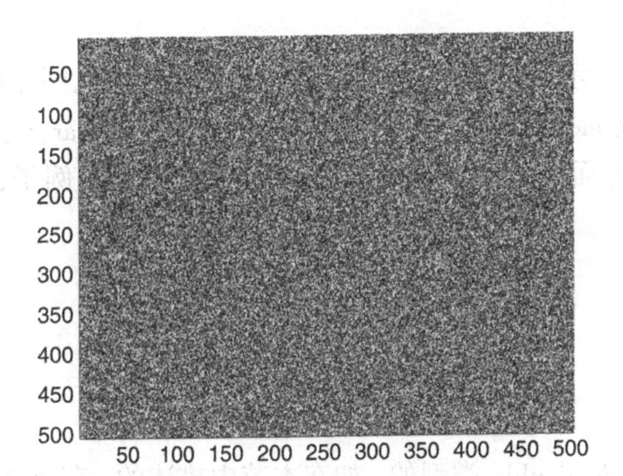

图 13.4　500×500 的随机颜色显示

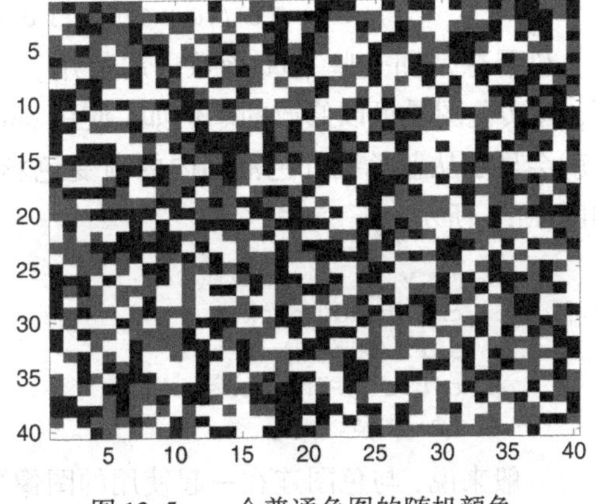

图 13.5　一个普通色图的随机颜色

```
>> mycolormap = [0 0 0;1 1 1;1 0 0]
mycolormap =
    0    0    0
    1    1    1
    1    0    0
>> colormap(mycolormap)
>> mat = randi(3,40);
>> image(mat)
```

在颜色表中的数值不是必须为整数的，实数代表如默认 jet 色图中所示的不同的渐变。例如，下面的色图给出了一个实现如图 13.6 所示的红色不同渐变的方法。

```
>> colors = [0 0 0 ;0.2 0 0;0.4 0 0;…
   0.6 0 0;0.8 0 0;1 0 0];
>> colormap(colors)
>> vec = 1:length(colors);
>> image(vec)
```

练习 13.2

在给出了下面的色图后，“画出”图 13.7 所示的图形(提示：预分配图像矩阵。色图中的第一色为白色将会更简单)。

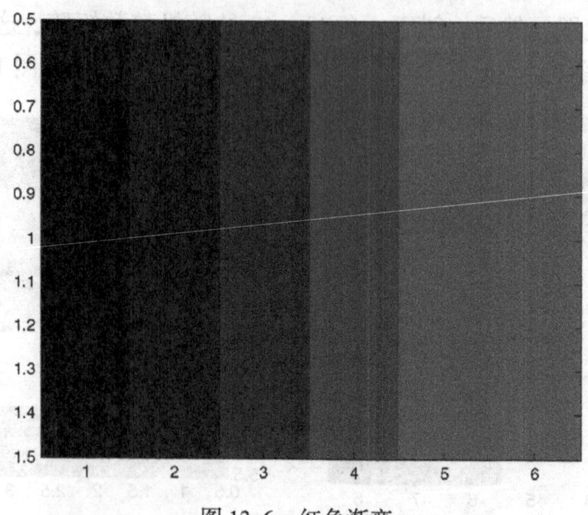

图 13.6 红色渐变

```
>> mycolors = [1 1 1;0 1 0;0 0.5 0;...
               0 0 1;0 0 0.5;0.3 0 0];
```

色图总是和一些 plot 函数一起使用。一般，示例给出的绘图都是假定在默认的色图 jet 下，其实色图是可以修改的。例如，使用 surf 或 mesh 绘制一个 3D 对象并且显示 colorbar，通常就会显示从蓝色到红色范围内的渐变色彩。下面是一个用 pink(粉红色)修改色图的例子，如图 13.8 所示。

```
>> [x,y,z] = sphere(20);
>> colormap (pink)
>> surf (x,y,z)
>> title ('Pink sphere')
>> colorbar
```

一般来说，与色图连在一起使用的图像矩阵是 double 类型的，如在本节中描述的，存储在矩阵中的范围从 1 到 p 的整数，其中 p 是当前色图中的颜色数。然而，图像矩阵存储的数据有可能为 uint8 类型或 uint16 类型。在这种情况下，存储的整数范围将会是从 0 到 p-1，并且图像(image)函数会适当调整(0 映射到第 1 种颜色，1 映射到第 2 种颜色，依次类推)。

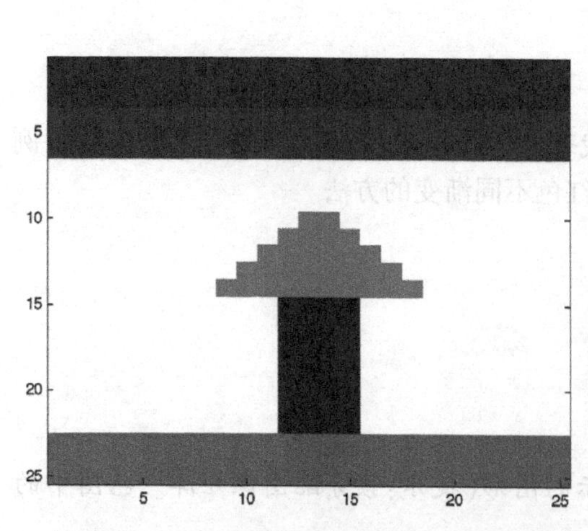

图 13.7 绘制该树伴随着草地和天空

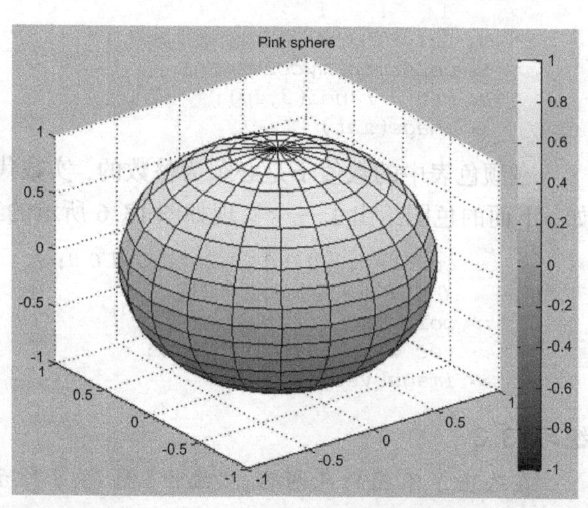

图 13.8 一个粉色色图的球体函数

13.2.2　真彩色矩阵

真彩色矩阵(true color matrices)，或者 RGB 矩阵是表示图像的另一种方式。真彩色矩阵是一个三维矩阵。它的前两个坐标是像素的坐标。第三个索引是颜色成分：(:, :, 1)是红色成分，(:, :, 2)是绿色成分，(:, :, 3)是蓝色成分。矩阵中每个元素的类型可以是 uint8 ，uint16 或者 double。

在一个 8 位 RGB 图像中，矩阵中的每个元素都是 uint8 类型，是存储 0 到 255 范围内的无符号整数类型的值。最小值是 0，表示可用的最暗的色调，所以全 0 就表示一个黑色的像素。最大值是 255，表示最亮的色调。比如，如果对于一个给定像素坐标 px 和 py 的(px, py, 1)，它的值是 255，(px, py, 2)是 0，(px, py, 3)是 0，则这个像素就是明亮的红色。全部都是 255 的像素则是一个白色的像素。

image 函数把存储在一个三维矩阵中的信息作为图像显示出来。例如，这里创建了一个如图 13.9 所示的 2 ×2 的图像。对应矩阵是 2 ×2 ×3，这里的第三维是它的颜色。在位置(1,1)处的像素是红色，在位置(1,2)处的像素是蓝色，在位置(2,1)处的像素是绿色，在位置(2,2)处的像素是黑色。

```
>> mat = zeros (2, 2, 3);
>> mat (1, 1, 1) = 255;
>> mat (1, 2, 3) = 255;
>> mat (2, 1, 2) = 255;
>> mat = uint8 (mat);
>> image (mat)
```

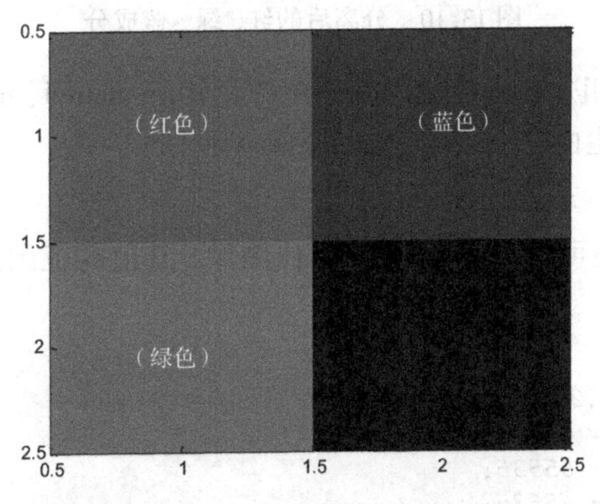

图 13.9　一个真彩色矩阵的图像

下面的例子给出了如何从一个图像矩阵中分离出红、绿、蓝三种颜色成分。在这个例子中，我们会用“图像” 矩阵 mat，然后用 subplot 来显示原始矩阵和红色、绿色、蓝色成分矩阵，如图 13.10所示。

```
matred = uint8(zeros(2,2,3));
matred (:, :, 1) = mat(:, :, 1);
matgreen = uint8 (zeros(2,2,3));
matgreen (:, :, 2) = mat (:, :, 2);
matblue = uint8 (zeros(2,2,3));
matblue (:, :, 3) = mat(:, :, 3);
subplot (2,2,1)
```

```
image (mat)
subplot (2,2,2)
image (matred)
subplot (2,2,3)
image (matgreen)
subplot (2,2,4)
image (matblue)
```

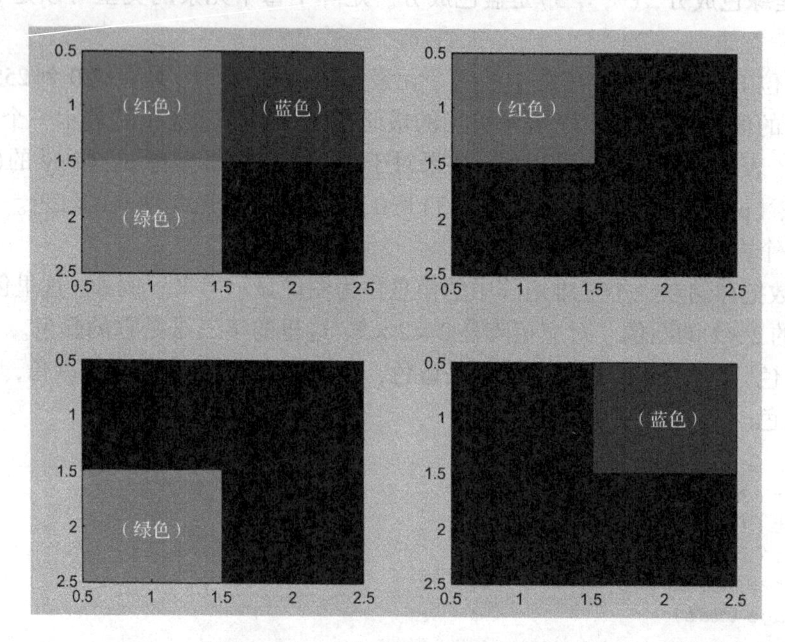

图 13.10 分离后的红、绿、蓝成分

通过简单地将 3 个数组加在一起就能获得由 3 个矩阵 matred、matgreen 和 matblue 叠加的图像，下面的代码便会产生由图 13.9 而来的图像：

```
>> image (matred + matgreen + matblue)
```

图 13.9 建立的原始图像也可以创建为一个 16 位图像，其值的范围是从 0 到 65 535，而不是从 0 到 255。

```
>> clear
>> mat = zeros(2,2,3);
>> mat (1, 1, 1) = 65535;
>> mat (1, 2, 3) = 65535;
>> mat (2, 1, 2) = 65535;
>> mat = unit16(mat);
>> image (mat)
```

在一个 RGB 图像矩阵中，其数字范围从 0 到 1，默认的类型是 double，所以没有必要对该矩阵变量进行类型转换。下面的代码段也可以创建一个如图 13.9 所示的图像。

```
>> clear
>> mat = zeros(2, 2, 3);
>> mat (1, 1, 1) = 1;
>> mat (1, 2 ,3) = 1;
>> mat (2, 1, 2) = 1;
>> image (mat)
```

图像函数的类型决定了图像的矩阵和显示图像时相应应调整的颜色。

练习 13.3

创建如图 13.11 所示的 3×3(×3)的真彩色矩阵(默认坐标系)。

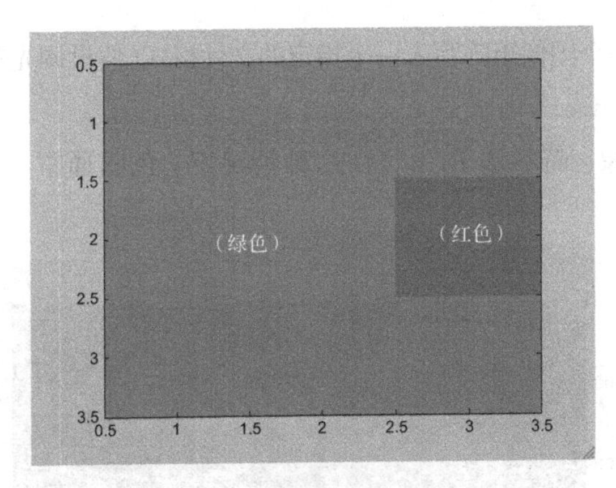

图 13.11　创建该真彩色矩阵

13.2.3　图像文件

图像可以以多种格式存储，例如 JPEG，TIFF，PNG，GIF 和 BMP，这些都可以在MATLAB中完成，内置函数，如 imread 和 imwrite，读取和写入各种图像文件格式。有些图像存储为无符号的 8 位数据(unit8)，有的为无符号 16 位(unit16)，还有一些被存储为 double 型。

例如，下面读取 JPEG 图像转换成 3D 矩阵；可以从图像的大小和类函数看出它是一个 uint8 类型的真彩色矩阵。

```
>> porchjmage = imread('snowyporch, JPG');
>> size (porchfmage)
ans =
     2848  4272  3
>> class (porchimage)
ans =
uint8
```

图像存储为真彩色矩阵，具有 2848×4272 像素，image 函数把矩阵显示为图像，如图 13.12 所示。

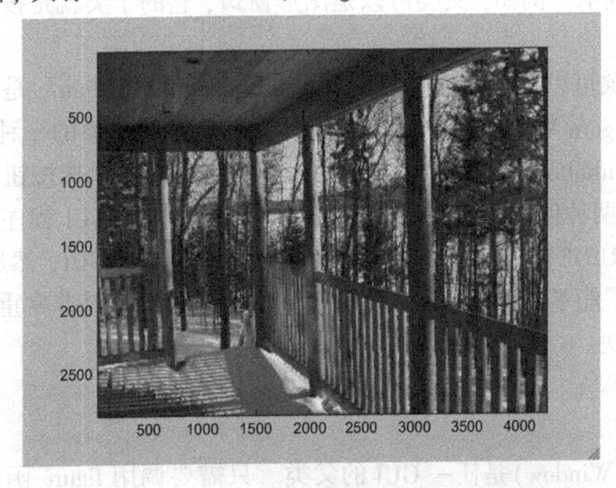

图 13.12　一个用 image 函数显示的 JPEG 图像文件

可以通过修改图像矩阵中的数字操控图像。例如，每隔一个数乘以 0.5，将导致范围的值从 0 到 128，而不是从 0 到 255，由于较大的数字表示更亮的色调，这将影响像素的色调变暗，如图 13.13 所示。

imwrite 函数用于把一个图像矩阵写入一个指定的文件格式(假设调光器是 0.5 × porchimage)：

```
>> imwrite(dirnmer,'dfmporch, JPG')
```

图像也可以存储索引图像，而不是 RGB。在这种情况下，色图通常与图像一起存储，并将由 imread 函数读取。

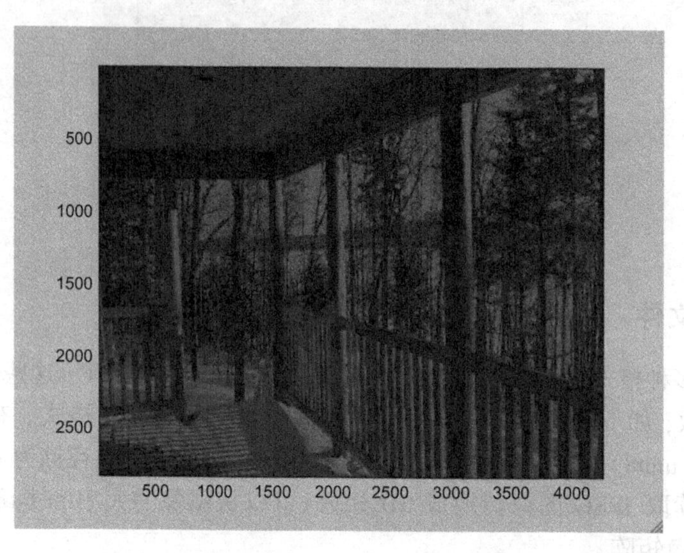

图 13.13　通过操作矩阵使图像变暗

13.3　图形用户界面的介绍

图形用户界面(Graphical User Interfaces，GUI)是个很重要的对象，它允许用户使用按钮、滑块、单选按钮、复选框、下拉菜单等这样的图形界面进行输入。GUI 是面向对象编程的一个例子，在它里面存在着继承。例如，父类可以是图形窗口，它的子类就是按钮和文本框这样的图形对象。

父类用户界面对象可以是 figure 、uipanel 或 uibuttongroup 。figure 是指采用 figure 函数创建的一个图形窗口(Figure Window)。uipanel 是组合用户界面对象的一种方式[ui 表示用户界面(user interface)]。uibuttongroup 是组合按钮的一种方式(包括单选按钮和复选框)。

在 MATLAB 中有两种创建 GUI 的基本方法：从 scratch 编写 GUI 程序，或采用内建的图形用户界面开发环境(GUIDE)。GUIDE 允许用户以图形方式设计 GUI，然后 MATLAB 自动为它生成代码。然而，为了能了解并修改代码，理解基本的编程概念是非常重要的。因此，这一节将集中精力讲编程方法。

13.3.1　GUI 基础

图形窗口(Figure Window)是任一 GUI 的父类。只需要调用 figure 函数就可以产生一个空白的图形窗口。将这个图形窗口的句柄分配给一个变量，然后用 get 函数显示默认的属性值。

这些属性(比如说窗口的颜色，在屏幕上的位置等)能够用 set 函数改变，或在调用 figure 函数开始时改变。例如：

```
>> f = figure;
```

在屏幕的顶端创建了一个灰色的图形窗口，如图 13.14 所示。这里是摘录的一些属性：

```
>> get(f)
    Color = [0.8 0.8 0.8]
    Colormap = [(64 by 3) double array]
    Position = [360 502 560 420]
    Units = pixels
    Children = []
    Visible = on
```

位置向量指定为[left bottom width height]。开始的两个数值 left 和 bottom，是从图形框的左侧最下角到显示屏的左下位置的距离(先是到左侧的距离，然后是到底部的距离)。最后的两个数值是图形框自身的宽度和高度。所有这些值都默认以像素为单位。

Visible 属性值 on 的意思是该图形窗口(Figure Window)是可见的。然而在创建一个 GUI 时，通常的步骤是创建一个父类的图形窗口，但是把它设为不可见。然后，把所有的用户界面对象加到里面，并且设置属性。当所有的事情都完成后再将 GUI 设为可见。

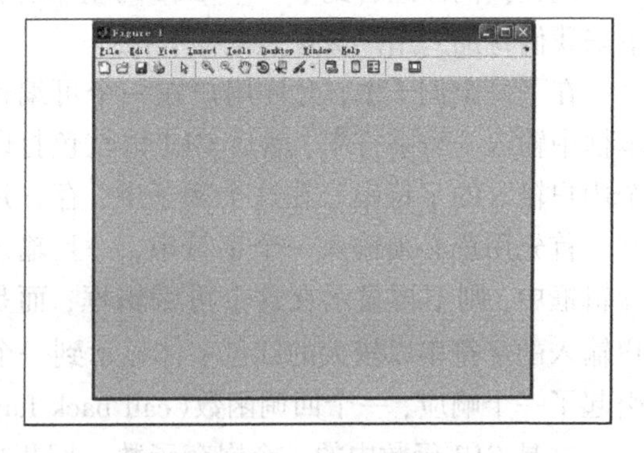

图 13.14　figure 在屏幕上的显示位置

如果刚刚显示的图就是刚才打开的图形窗口，那它就是当前的图窗。在这种情况下使用 get(gcf)就等于 get(f)。

这个 figure 函数把图形窗口顺次编号为 1、2，依次类推。根对象，即屏幕本身，被指定为 0 号图窗，使用 get(0)将显示屏幕的属性，诸如“屏幕大小”和“单位”(默认情况下，为像素)。

大多数的用户界面对象都是用 uicontrol 函数创建的。Style 属性以字符串形式定义了对象的类型。例如，'text'是一个静态文本框的 Style 属性，在 GUI 中，静态文本框通常用作其他对象的标签，或用作指示。

下面的例子创建了一个 GUI，它只由在图形窗口中的一个静态文本框组成。图形首先被创建，但是它不可见。它的颜色是白色，并且给定了一个位置。把这个图形的句柄存储到一个变量中，以便之后用脚本来引用它，比如对它设置属性。用 uicontrol 函数创建一个文本框，设置它的位置(向量指定[left bottom width height]在图形窗口内)，然后放一个字符串到文本框中。注意，它的位置是在图形窗口内的，而不是在屏幕内的。在图形的顶部放置一个名字。movegui 函数移动 GUI(就是这个图形)到屏幕的中间。最后，当所有步骤都完成后，把 GUI 设为可见。

simpleGui.m

```
function simpleGui
% simpleGui creates a simple GUI with just a static text box
% Format:simpleGui or simpleGui()
% Create the GUI but make it invisible for now while
% it is being initialized
```

```
f = figure('Visible','off','color','white','Position',...
    [300,400,450,250]);
htext = uicontrol('Style','text','Position', ...
  [200,50,100,25],'String','My First GUI string');
% Put a name on it and move to the center of the screen
set(f,'Name','Simple GUI')
movegui(f,'center')
% Now the GUI is made visible
set(f,'Visible','on')
end
```

如图 13.15 所示的图形窗口将显示在屏幕中间。

这个静态文本框不需要与用户交互。

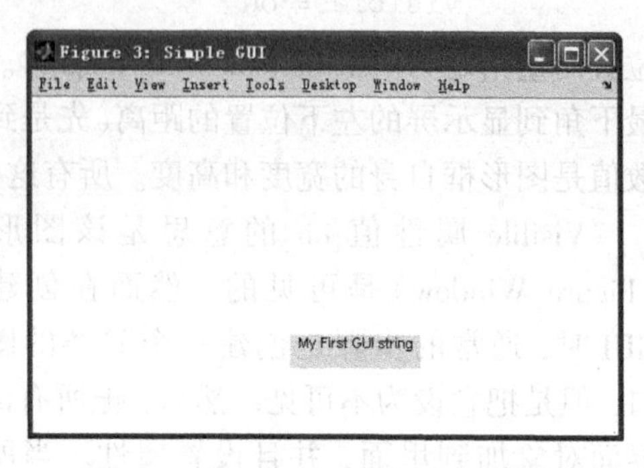

图 13.15 有一个静态文本框的简单 GUI

13.3.2 文本框、按钮和滚动条

现在我们已经看到了一个 GUI 的基本算法，接下来我们将加入用户交互。

在下一个例子中，允许用户在一个可编辑的文本框中输入一个字符串，然后 GUI 以红色打印出这个用户输入的字符串。在这个例子中，存在用户交互。首先用户必须输入一个字符串，一旦输入到可编辑框中，则不再显示在这个可编辑框，而是把用户输入的字符串以较大的红色字体显示到一个静态文本框中。当用户的操作(通常称为事件)引起了一个响应，一个回调函数(call back function)就被引用。

这是 GUI 函数中的一个嵌套函数。回想以前，当一个函数包含另一个函数时，它们都必须有一个 end 声明。这个例子的算法如下：

- 创建图形窗口，但是它不可见。
- 将图形的颜色设为白色，为它设定一个题目，然后将它移动到中间位置。
- 创建一个静态文本框提示输入一个字符串。
- 创建一个可编辑文本框：
  - 它的 Style 属性是'edit'。
  - 必须指定它的回调函数，因为用户字符串的输入需要得到响应(这里用到嵌套函数的函数句柄)。
- 将这个 GUI 设为可见，此时用户可以看见提示并且输入字符串。
- 当输入字符串后，回调函数 callbackfn 就被调用。注意，在这个函数的头部，有两个输入参数：hObject 和 eventdata。输入参数 hObject 指向调用它的 uicontrol 对象，eventdata 现在是空的(可能在 MATLAB 的后续版本中用到)。
- 嵌套函数 callbackfn 的算法如下：
  - 使之前的 GUI 对象不可见。
  - 获得用户输入的字符串(注意：无论是 hObject 还是函数句柄名称 huitext 都能用来指向输入字符串的对象)。
  - 创建一个静态文本框以一种较大的红色字体打印出这个字符串。

- 使这个新对象可见。

guiWithEditbox.m

```
function guiWithEditbox
% guiWithEditbox has an editable text box
%   and a callback function that prints the user's
%   string in red
% Format: guiWithEditbox or guiWithEditbox()

% Create the GUI but make it invisible for now
f = figure('Visible','off','color','white','Position',...
    [360, 500, 800,600]);
% Put a name on it and move it to the center of the screen
set(f,'Name','GUI with editable text')
movegui(f,'center')
% Create two objects: a box where the user can type and
% edit a string and also a text title for the edit box
hsttext = uicontrol('Style','text',...
  'BackgroundColor','white',...
  'Position',[100,425,400,55],...
  'String','Enter your string here');
huitext = uicontrol('Style','edit',...
  'Position',[100,400,400,40],...
  'Callback',@ callbackfn);
% Now the GUI is made visible
set(f,'Visible','on')

  % Call back function
  function callbackfn(hObject,eventdata)
    % callbackfn is called by the 'Callback' property
    % in the editable text box
    set([hsttext huitext],'Visible','off');
    % Get the string that the user entered and print
    % it in big red letters
    printstr = get(huitext,'String');
    hstr = uicontrol('Style','text',...
      'BackgroundColor','white',...
      'Position',[100,400,400,55],...
      'String',printstr,...
      'ForegroundColor','Red','FontSize',30);
    set(hstr,'Visible','on')
end
end
```

当第1次把这个图形窗口设为可见时，静态文本框和可编辑文本框都显示出来。在这个例子中，用户输入“hi and how are you ?”。注意，为了输入这个字符串，用户首先要在这个可编辑框中单击鼠标。用户已经输入的字符串，如图13.16所示。

一旦按下了Enter(回车)键，回调函数就会执行，结果如图13.17所示。回调函数参照其句柄为原来的对象设置Visible属性为Off。因为回调函数是一个嵌套函数，句柄变量可以使用。然后它获得字符串，并将其用红色字体写入一个新的静态文本框。

在这个GUI中增加一个按钮。这一次，用户将输入一个字符串，但是在按下这个按钮时调用回调函数。

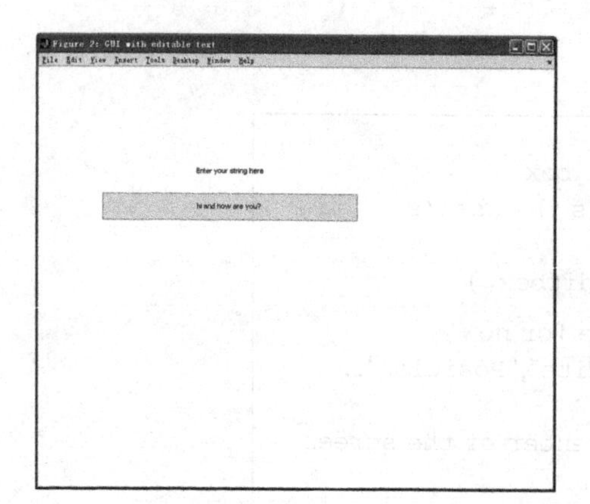

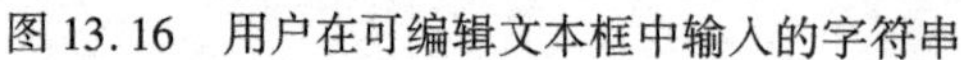
图 13.16　用户在可编辑文本框中输入的字符串

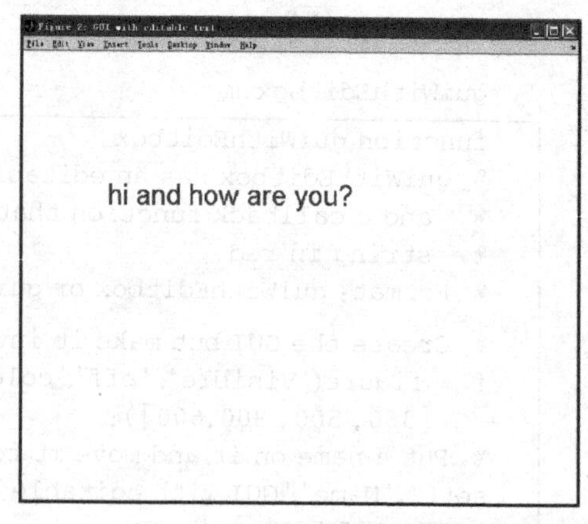

图 13.17　回调函数的结果

guiWithPushbutton.m

```
function guiWithPushbutton
% guiWithPushbutton has an editable text box and a pushbutton
% Format: guiWithPushbutton or guiWithPushbutton()

% Create the GUI but make it invisible for now while
% it is being initialized
f = figure('Visible','off','color','white','Position',...
  [360,500,800,600]);
hsttext = uicontrol('Style','text','BackgroundColor','white',...
  'Position',[100,425,400,55],...
  'String','Enter your string here');
huitext = uicontrol('Style','edit','Position',[100,400,400,40]);
set(f,'Name','GUI with pushbutton')
movegui(f,'center')

% Create a pushbutton that says "Push me!!"
hbutton = uicontrol('Style','pushbutton','String',...
  'Push me!!','Position',[600,50,150,50],...
  'Callback',@ callbackfn);
% Now the GUI is made visible
set(f,'Visible','on')
  % Call back function
  function callbackfn(hObject,eventdata)
    % callbackfn is called by the 'Callback' property
    % in the pushbutton
    set([hsttext huitext hbutton],'Visible','off');
    printstr = get(huitext,'String');
    hstr = uicontrol('Style','text','BackgroundColor',...
      'white','Position',[100,400,400,55],...
      'String',printstr,...
      'ForegroundColor','Red','FontSize',30);
    set(hstr,'Visible','on')
  end
end
```

在这个例子中，用户在编辑框中输入字符串。按下 Enter 键时并没有引起回调函数的调用，用户必须用鼠标单击按钮。回调函数已经和按钮对象绑定到一起了。所以，按下按钮后就会将输入的字符串显示为较大的红色字体。按钮的效果如图 13.18 所示。

练习 13.4

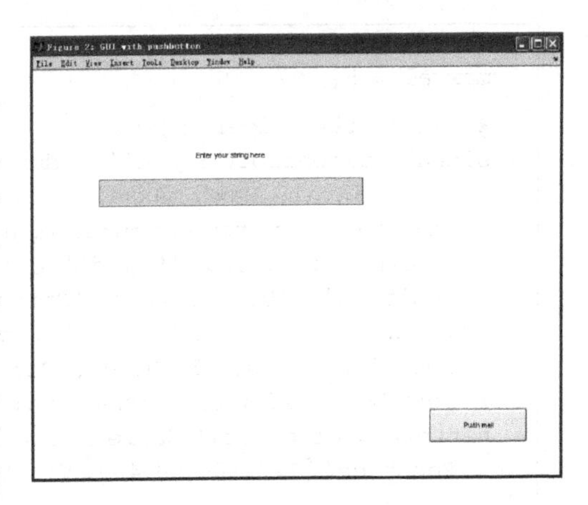

图 13.18 有一个按钮的 GUI

创建一个 GUI，它可以把长度单位从英寸转换为厘米。这个 GUI 应该有一个用户可以输入用英寸表示的长度值的可编辑文本框，一个“Convert me!”按钮，单击这个按钮就触发这个 GUI，以厘米为单位来计算这个长度值，然后显示出来。回调函数调用结束后应该将所有的对象设为可见。这意味着用户可以继续进行转换，直到这个图形窗口关闭。这个 GUI 应该在最开始显示一个默认的长度值(比如说 1 英寸)。例如，调用这个函数可以建立一个图形窗口如图 13.19所示。

然后，当用户输入一个长度值(如 5.2)时，单击按钮，图形窗口会显示新的计算好的以厘米为单位的长度(如图 13.20 所示)。

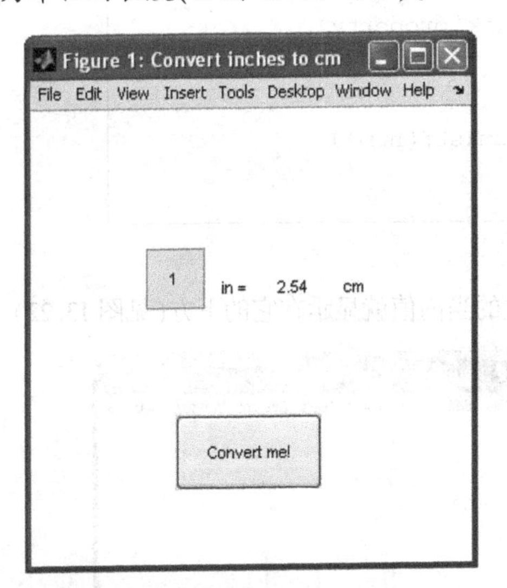

图 13.19 采用按钮的长度转换 GUI

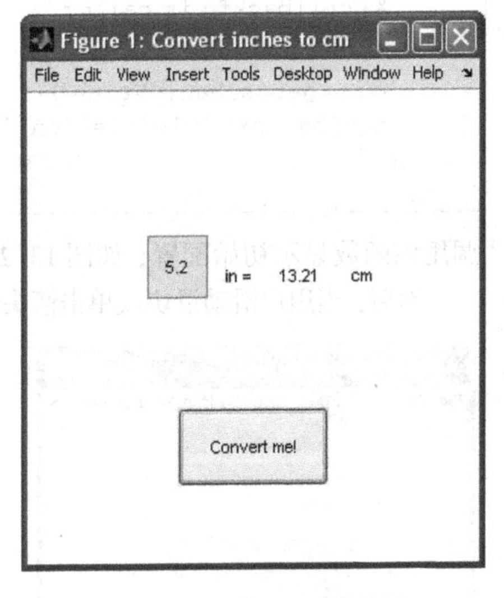

图 13.20 转换 GUI 的结果

另一种可以创建的 GUI 对象是滑块(slider)。滑块对象包含一个数值，并且可以通过单击箭头使它的值变大或变小，也可以用鼠标滑动滑块来控制。默认的数值区域从 0 到 1，不过这些值可以通过 min 和 max 属性来改变。

函数 guiSlider 在一个图形窗口中创建了一个滑块，它的最小值是 0，最大值是 5。它采用文本框来显示最小值、最大值和滑块的当前值。

guiSlider.m

```
function guiSlider
% guiSlider is a GUI with a slider
% Format: guiSlider or guiSlider()
f = figure('Visible','off','color','white','Position',...
  [360,500,300,300]);
% Minimum and maximum values for slider
```

```
minval = 0;
maxval = 5;
% Create the slider object
slhan = uicontrol('Style','slider','Position',[80,170,100,50], ...
  'Min', minval, 'Max', maxval,'Callback', @ callbackfn);
% Text boxes to show the minimum and maximum values
hmintext = uicontrol('Style','text','BackgroundColor','white', ...
  'Position', [40,175,30,30], 'String', num2str(minval));
hmaxtext = uicontrol('Style','text','BackgroundColor','white',...
  'Position', [190,175,30,30], 'String', num2str(maxval));
% Text box to show the current value (off for now)
hsttext = uicontrol('Style','text','BackgroundColor','white',...
  'Position',[120,100,40,40],'Visible', 'off');
set(f,'Name','Slider Example')
movegui(f,'center')
set(f,'Visible','on')
% Call back function displays the current slider value
  function callbackfn(hObject,eventdata)
    % callbackfn is called by the 'Callback' property
    % in the slider
    num = get(slhan, 'Value');
    set(hsttext,'Visible','on','String',num2str(num))
  end
end
```

调用该函数显示初始配置，如图 13.21 所示。

然后，当用户滑动滑块或单击箭头时，该滑块的当前值就显示在它的下方(见图 13.22)。

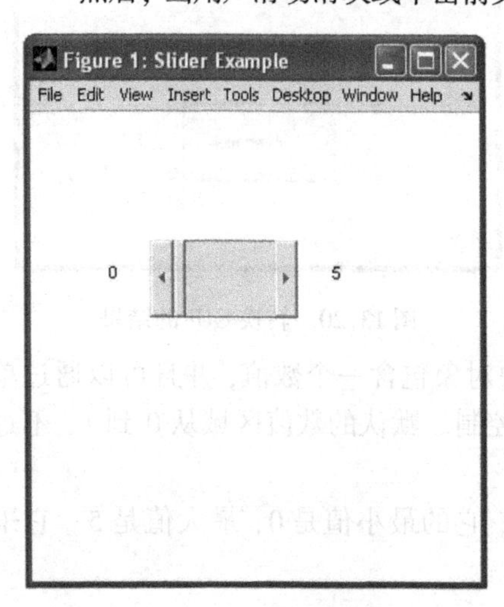

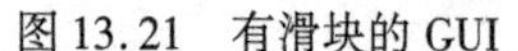

图 13.21　有滑块的 GUI

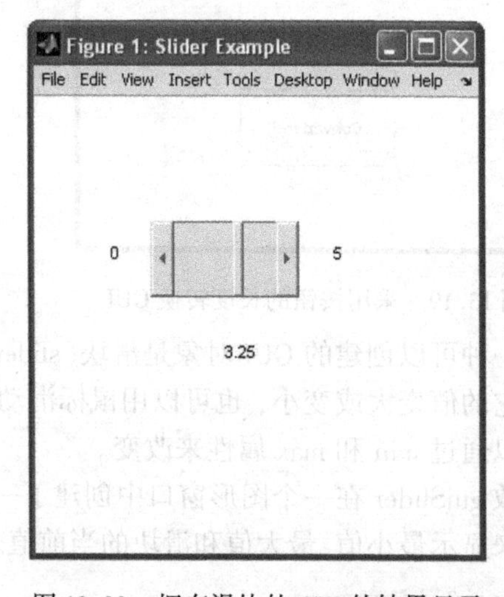

图 13.22　拥有滑块的 GUI 的结果显示

练习 13.5

利用帮助浏览器查找控制滑块增长值的属性，然后修改这个 guiSlider 函数，使它不管是用箭头还是滑块都以 0.5 的增长值变化。

存在被多个对象援引或者调用的回调函数。例如，函数guiMultiplierIf有两个可编辑文本框用来对数字进行乘法运算，如图13.23所示，也有一个“Multiply me!”的按钮。3个静态文本框显示'×'、'='和乘法结果。回调函数与按钮和第2个可编辑文本框相关联。回调函数使用输入参数source确定哪个对象调用该函数；如果通过可编辑文本框调用该函数，将用红色显示乘法结果，或如果通过按钮调用，则用绿色显示结果。

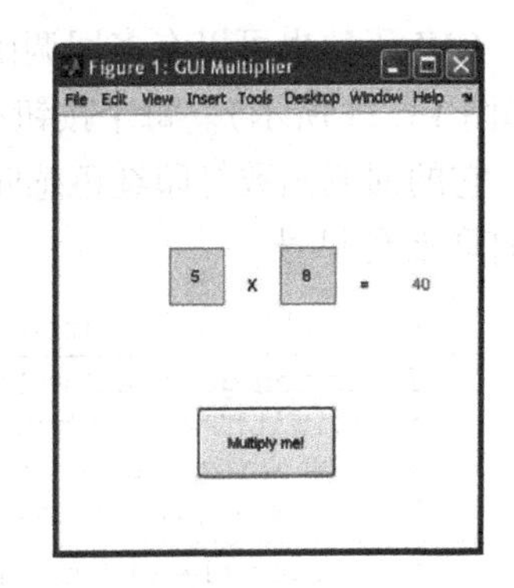

图13.23　乘法GUI

guiMultiplierIf.m

```
function guiMultiplierIf
% guiMultiplierIf has 2 edit boxes for numbers and
% multiplies them
% Format: guiMultiplierIf or guiMultiplierIf()

f = figure('Visible','off','color','white','Position',...
  [360,500,300,300]);
firstnum=0;
secondnum=0;

   hsttext = uicontrol('Style','text','BackgroundColor','white',...
  'Position',[120,150,40,40],'String','X');
hsttext2 = uicontrol('Style','text','BackgroundColor','white',...
  'Position',[200,150,40,40],'String','=');
hsttext3 = uicontrol('Style','text','BackgroundColor','white',...
  'Position',[240,150,40,40],'Visible','off');
huitext = uicontrol('Style','edit','Position',[80,170,40,40],...
  'String',num2str(firstnum));
huitext2 = uicontrol('Style','edit','Position',[160,170,40,40],...
  'String',num2str(secondnum),...
  'Callback',@ callbackfn);

set(f,'Name','GUI Multiplier')
movegui(f,'center')

hbutton = uicontrol('Style','pushbutton',...
  'String','Multiply me! ',...
  'Position',[100,50,100,50],'Callback',@ callbackfn);

set(f,'Visible','on')
  function callbackfn(hObject,eventdata)
     % callbackfn is called by the 'Callback' property
     % in either the second edit box or the pushbutton

    firstnum=str2double(get(huitext,'String'));
    secondnum=str2double(get(huitext2,'String'));
    set(hsttext3,'Visible','on',...
       'String',num2str(firstnum*secondnum))
    if hObject == hbutton
       set(hsttext3,'ForegroundColor','g')
    else
       set(hsttext3,'ForegroundColor','r')
    end
  end
end
```

GUI 函数也可以有多回调函数。在例子 guiWithTwoPushbuttons 中,有两个按钮可以被按下(如图 13.24 所示)。每个按钮有一个独一无二的回调函数与其相关联。如果顶部的按钮被按下,它的回调函数打印红色感叹号(如图 13.25 所示)。如果底部的按钮被按下,它的回调函数打印蓝色星号。

guiWithTwoPushbuttons.m

```
function guiWithTwoPushbuttons
% guiWithTwoPushbuttons has two pushbuttons, each
%   of which has a separate callback function
% Format: guiWithTwoPushbuttons

% Create the GUI but make it invisible for now while
%   it is being initialized
f = figure('Visible','off','color','white',...
  'Position', [360, 500, 400,400]);
set(f,'Name','GUI with 2 pushbuttons')
movegui(f,'center')

% Create a pushbutton that says "Push me!!"
hbutton1 = uicontrol('Style','pushbutton','String',...
  'Push me!! ', 'Position',[150,275,100,50], .
  'Callback',@ callbackfn1);

% Create a pushbutton that says "No, Push me!!"
hbutton2 = uicontrol('Style','pushbutton','String',...
  'No, Push me!! ','Position',[150,175,100,50], .
  'Callback',@ callbackfn2);
% Now the GUI is made visible
set(f,'Visible','on')

  % Call back function for first button
  function callbackfn1(hObject,eventdata)
    % callbackfn is called by the 'Callback' property
    % in the first pushbutton

    set([hbutton1 hbutton2],'Visible','off');
    hstr = uicontrol('Style','text',...
      'BackgroundColor', 'white', 'Position',...
      [150,200,100,100], 'String','!!!!! ', .
      'ForegroundColor','Red','FontSize',30);
    set(hstr,'Visible','on')
  end

  % Call back function for second button
  function callbackfn2(hObject,eventdata)
    % callbackfn is called by the 'Callback' property
    % in the second pushbutton

    set([hbutton1 hbutton2],'Visible','off');
    hstr = uicontrol('Style','text',...
      'BackgroundColor','white', .
      'Position',[150,200,100,100],...
      'String','* * * * *', .
      'ForegroundColor','Blue','FontSize',30);
    set(hstr,'Visible','on')
  end
end
```

如果按下第一个按钮,则第一个回调函数将被调用,产生如图 13.25 所示的图像。从该 GUI 的结果可以通过使用两种方式获得单独的回调函数。通过分开使用两个回调函数应该能够从该 GUI 获得结果,如在 guiWithTwoPushButtons 中或在一个有 if 语句的回调函数中,如 guiMultiplierIf。

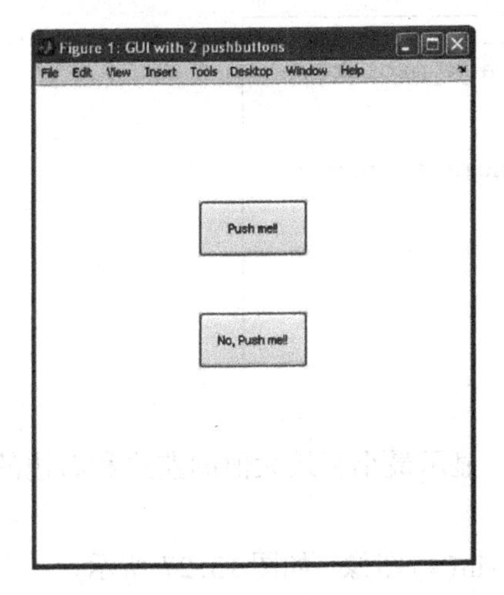

图 13.24 有两个按钮和两个回调函数的 GUI

图 13.25 第一个回调函数的结果

13.3.3 在 GUI 中画图和处理图像

绘制图和图像可以被嵌入 GUI 中。下一个例子中，guiSliderPlot 显示从 0 到滑动条值之间的 sin(x)的绘制图形。使用 axes 函数来定位图形窗口中的坐标轴位置，然后当移动滑块时回调函数绘图。注意'Units'属性的使用。当设置为'normalized'时，图形窗口可以调整大小并且所有对象都将相应地调整大小。这是默认对于 axes 函数的，也是为什么指定'Pixels'为'Units'。对于'Position'属性开始应用'normalized'会在下一节展示。

guiSliderPlot.m

```
function guiSliderPlot
% guiSliderPlot has a slider
% It plots sin(x) from 0 to the value of the slider
% Format: guisliderPlot

f = figure('Visible','off','Position',...
  [360,500,400,400],'Color','white');

% Minimum and maximum values for slider
minval = 0;
maxval = 4*pi;
% Create the slider object
slhan = uicontrol('Style','slider','Position',[140,280,100,50],...
    'Min',minval,'Max',maxval,'Callback',@callbackfn);
% Text boxes to show the min and max values and slider value
    hmintext = uicontrol('Style','text','BackgroundColor','white',...
'Position',[90,285,40,15],'String',num2str(minval));
hmaxtext = uicontrol('Style','text','BackgroundColor','white',...
    'Position',[250,285,40,15],'String',num2str(maxval));
hsttext = uicontrol('Style','text','BackgroundColor','white',...
    'Position',[170,340,40,15],'Visible','off');
% Create axes handle for plot
axhan = axes('Units','Pixels','Position',[100,50,200,200]);

set(f,'Name','Slider Example with sin plot')
movegui(f,'center')
set([slhan,hmintext,hmaxtext,hsttext,axhan],'Units','normalized')
set(f,'Visible','on')

% Call back function displays the current slider value & plots sin
```

```
  function callbackfn(hObject,eventdata)
    % callbackfn is called by the 'Callback' property
    % in the slider
    num = get(slhan, 'Value');
    set(hsttext,'Visible','on','String',num2str(num))
    x = 0:num/50:num;
    y = sin(x);
    plot(x,y)
    xlabel('x')
    ylabel('sin(x)')
  end
end
```

图 13.26 显示了窗口的初始设置，有一个滑块，显示最小和最大值的左边和右边的静态文本框，以及放在下面的坐标轴。

滑动滑块后，回调函数绘制从 0 到滑块位置的 sin(x)图像，如图 13.27 所示。

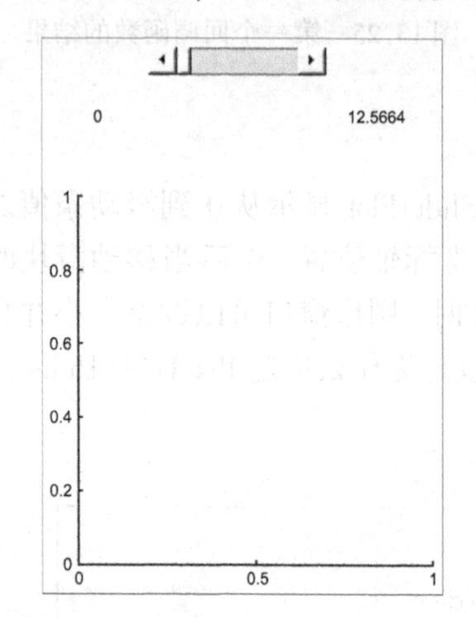

图 13.26 坐标轴位于 GUI 中

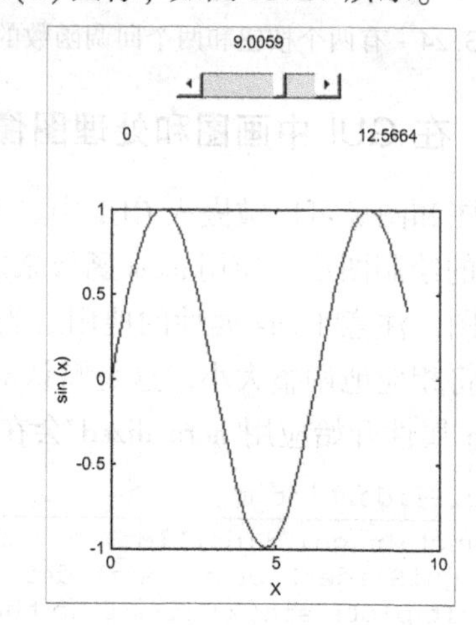

图 13.27 在一个 GUI 图形窗口中显示的制图

图像也可以放置在图形用户界面里，又一次利用 axes 定位图像。前例中的变化将在接下来的例子中重现，显示一个图像，并使用滑块来改变图像的亮度。其结果如图 13.28 所示。

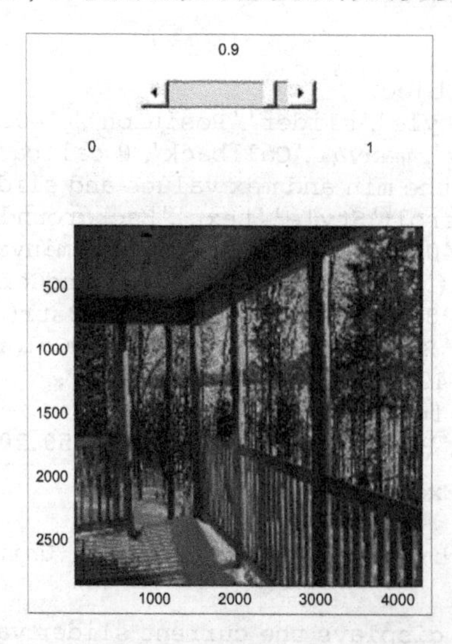

图 13.28 利用滑块来调节图像亮度的图形用户界面

guiSliderImage.m

```
function guiSliderImage
% guiSliderPlot has a slider
% Displays an image; slider dims it
% Format: guisliderImage

f = figure('Visible','off','Position',...
   [360, 500, 400,400],'Color','white');

% Minimum and maximum values for slider
minval = 0;
maxval = 1;

% Create the slider object
slhan = uicontrol('Style','slider','Position',[140,280,100,50],...
   'Min', minval, 'Max', maxval,'Callback', @ callbackfn);
% Text boxes to show the min and max values and slider value
hmintext = uicontrol('Style','text','BackgroundColor', 'white',...
   'Position', [90, 285, 40,15], 'String', num2str(minval));
hmaxtext = uicontrol('Style','text', 'BackgroundColor', 'white',...
   'Position', [250, 285, 40,15],'String', num2str(maxval));
hsttext = uicontrol('Style','text','BackgroundColor', 'white',...
   'Position', [170,340,40,15],'Visible','off');
% Create axes handle for plot
axhan = axes('Units', 'Pixels','Position', [100,50,200,200]);

set(f,'Name','Slider Example with image')
movegui(f,'center')
set([slhan,hmintext,hmaxtext,hsttext,axhan],'Units','normalized')
set(f,'Visible','on')

% Call back function displays the current slider value
% and displays image
  function callbackfn(hObject,eventdata)
      % callbackfn is called by the 'Callback' property
   % in the slider num = get(slhan, 'Value');
   set(hsttext,'Visible','on','String',num2str(num))
   myimage1 = imread('snowyporch.JPG');
   dimmer = num * myimage1;
   image(dimmer)
  end
end
```

13.3.4 规范化单位和按钮组

下一个例子说明了几个特点:单选按钮，将对象组在一起(此时在按钮组中)，当设置位置时使用标准化单位。

对象的“Units”属性被设置为“Normalized”，意思是按照图形窗口的比例完成，而不是指定位置的像素值。这允许窗口调整大小。例如，函数 simpleGuiNormalized 是第 1 次用规范化单位 GUI 的例子:

simpleGuiNormalized.m

```
function simpleGuiNormalized
% simpleGuiNormalized creates a GUI with just a static text box
```

```
% Format: simpleGuiNormalized or simpleGuiNormalized()

% Create the GUI but make it invisible for now while
% it is being initialized
f = figure('Visible','off','color','white','Units',...
  'Normalized','Position', [.25, .5, .35, .3]);
htext = uicontrol('Style','text','Units', 'Normalized', .
  'Position', [.45, .2, .2, .1], .
  'String','My First GUI string');

% Put a name on it and move to the center of the screen
set(f,'Name','Simple GUI Normalized')
movegui(f,'center')

% Now the GUI is made visible
set(f,'Visible','on')
end
```

下一个 GUI 展示给用户的是使用两个单选按钮的颜色选择，在任何给定时间只有其中一个可以选择。该 GUI 按所选择的颜色，在单选按钮的右边打印一个字符串。

uibuttongroup 函数生成把这些按钮组合在一起的机制，由于一次只能选中一个按钮，有一种类型的回调函数，即所谓的 SelectionChangeFcn ，当按钮按下时，它便会被调用。

这个函数从按钮组获得被选中的按钮的“SelectedObject”属性。然后按此属性选择颜色。这个属性一开始被设置到空向量里，这样，没有任何一个按钮选中；默认的情况是第 1 个按钮会被选中。

guiWithButtongroup.m

```
function guiWithButtongroup
% guiWithButtongroup has a button group with 2 radio buttons
% Format: guiWithButtongroup

% Create the GUI but make it invisible for now while
% it is being initialized
f = figure('Visible','off','color','white','Position',...
  [360, 500, 400,400]);

% Create a button group
grouph = uibuttongroup('Parent',f,'Units','Normalized',...
  'Position',[.2 .5 .4 .4],'Title','Choose Color',...
  'SelectionChangeFcn',@ whattodo);

% Put two radio buttons in the group
toph = uicontrol(grouph,'Style','radiobutton',...
  'String','Blue','Units','Normalized',...
  'Position', [.2 .7 .4 .2]);

both = uicontrol(grouph, 'Style','radiobutton',...
  'String','Green','Units','Normalized',...
  'Position',[.2 .4 .4 .2]);

% Put a static text box to the right
texth = uicontrol('Style','text','Units','Normalized',...
  'Position',[.6 .5 .3 .3],'String','Hello',...
  'Visible','off','BackgroundColor','white');

set(grouph,'SelectedObject',[]) % No button selected yet

set(f,'Name','GUI with button group')
movegui(f,'center')
```

```
% Now the GUI is made visible
set(f,'Visible','on')
  function whattodo(hObject, eventdata)
  % whattodo is called by the 'SelectionChangeFcn' property
  % in the button group
  which = get(grouph,'SelectedObject');
  if which = = toph
      set(texth,'ForegroundColor','blue')
    else
      set(texth,'ForegroundColor','green')
  end
  set(texth,'Visible','on')
  end
end
```

图 13.29 显示了 GUI 的初始设置:按钮组在合适的位置，按钮也是(但是没有一个被选中)。

一旦一个单选按钮被选中，SelectionChosenFcn 选择字符串的颜色，该颜色被打印在右边的静态文本框中，如图 13.30 所示。

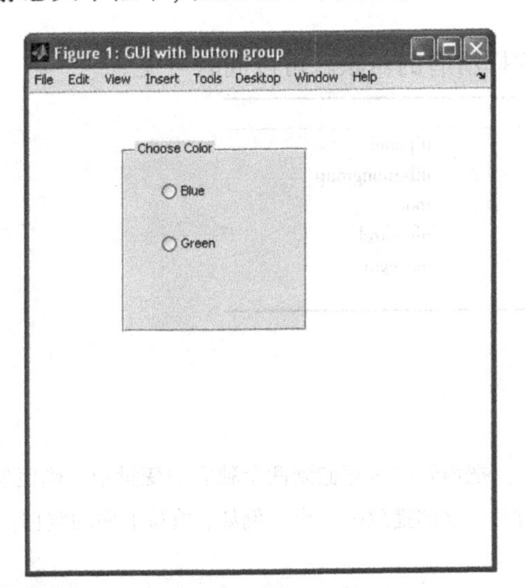

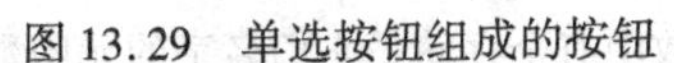
图 13.29　单选按钮组成的按钮

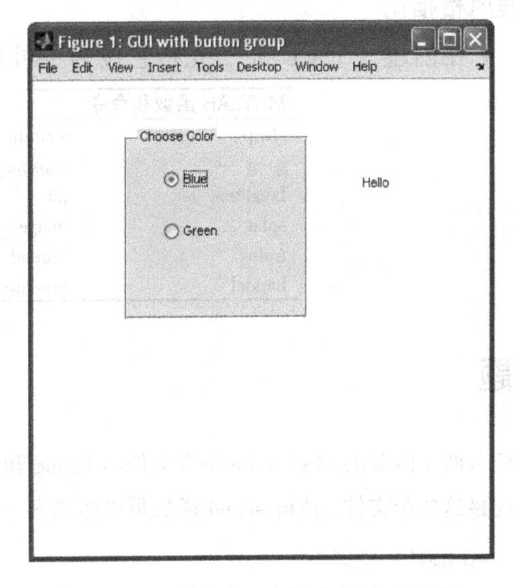

图 13.30　按钮组:字符串颜色的选择

探索其他有趣的特性

- 几个音频文件格式被用在工业上不同的计算机平台。带有扩展名“.au”的音频文件是由 Sun Microsystem 开发的;通常情况下，它们用于 Java 和 Unix，而 Windows 电脑通常使用由微软所开发的“.wav”文件。了解 MATLAB 的 audioread，audioinfo 和 audiowrite 函数。
- 了解 colorcube 函数，该函数返回一个规则隔开 R，G 和 B 颜色的色图。
- 了解 imfinfo 函数，该函数将在一个结构体变量中返回图像文件的有关信息。
- 研究的色图是怎样与 uint8 和 uint16 类型的图像矩阵工作的。
- 除了真彩色图像和索引图像到一个色图，第 3 种类型图像是一个强度图像，这经常用于灰度图像。了解如何使用图像缩放函数 imagesc。

- uibuttongroup 函数专门用于组合按钮;其他对象可以使用 uipanel 函数组合在一起类似地使用，了解它是如何工作的。
- 当一个图形用户界面有很多的对象时，创建一个结构来存储句柄是非常有用的。了解用来完成该功能的 guihandles 函数。
- 了解 uitable 函数。使用它来创建一个 GUI，演示矩阵运算。
- 从版本 R2012b 开始，MATLAB 图形用户界面可以打包成应用程序！在 GUI 目录下的查找文档，在这一类别下阅读如何实现"GUI 打包为 Apps"。应用程序可以与其他用户共享，在"桌面环境"下还有很多关于应用程序的信息(创建它们，下载它们，修改它们等)。

总结

常见错误

- 将真彩色和色图图像混淆。
- 忘记 uicontrol 对象的位置是在图形窗口内，而不是在屏幕内。

编程风格指南

- 在创建一个 GUI 时，先将它设为不可见，这样所有的对象就可以同时可见。

MATLAB 函数和命令		
chirp	soundp	uipanel
gong	colormap	uibuttongroup
laughter	jet	root
splat	image	uicontrol
train	imread	movegui
handel	imwrite	

习题

1. 读入两个内置的 MAT - file 声音文件(如 gong 和 chirp)。把声音向量存储到两个独立的变量中。确定怎样连接这两个文件，使得 sound 函数可以播放完一个文件后，立即播放另一个。例如，填写下面的空白：

```
sound( , 8192)
```

2. playsound(如下所示)函数可以播放一个内置的声音。这个函数中有个存储了它们名字的元胞数组。当调用该函数时，把传递给这个函数的整数作为元胞数组的索引去确定播放哪种声音。默认的声音是 train，所以当用户传递给函数一个无效的索引时就用到这个声音，否则就读入相应的 MAT 文件。如果用户传入了第 2 个输入参数，它用来指定声音播放的频率(否则，使用默认频率)。这个函数打印哪一个声音将被播放以及它播放的频率，然后播放这个声音。你需要完成该函数的剩余部分。这里有调用这个函数的例子(在这里没法听到声音，但是有声音要播放)：

```
>> playsound( -4)
You are about to hear train at frequency 8192.0
>> playsound(2)
You are about to hear gong at frequency 8192.0
>> playsound(3,8000)
You are about to hear laughter at frequency 8000.0
```

playsound.m

```
function playsound(caind, varargin)
% This function plays a sound from a cell array
% of mat-file names
% Format playsound(index into cell array) or
% playsound(index into cell array, frequency)
% Does not return any values

soundarray = {'chirp','gong','laughter','splat','train'};
if caind < 1 || caind > length(soundarray)
  caind = length(soundarray);
end
mysound = soundarray{caind};
eval(['load' mysound])

% Fill in the rest
```

3. 为一个球体创建一个自定义的颜色映射，它是由默认色图 jet 的前 25 种颜色构成的。用彩条显示 sphere(25)，如图 13.31 所示。

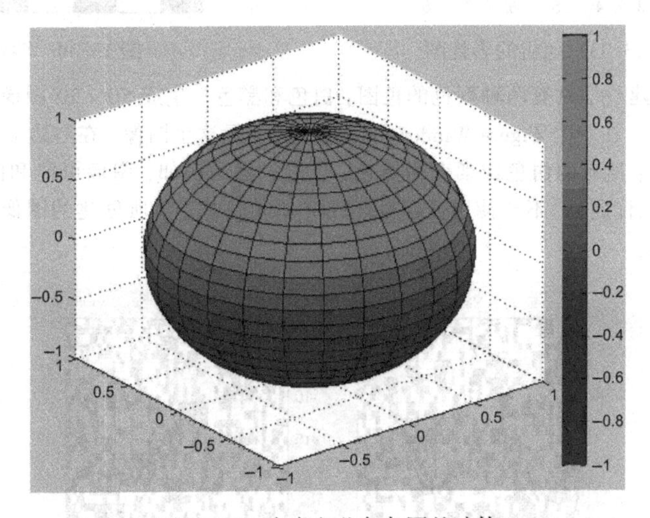

图 13.31 自定义蓝色色图的球体

4. 写一个脚本，使用一个色图来创建如图 13.32 所示的图像。

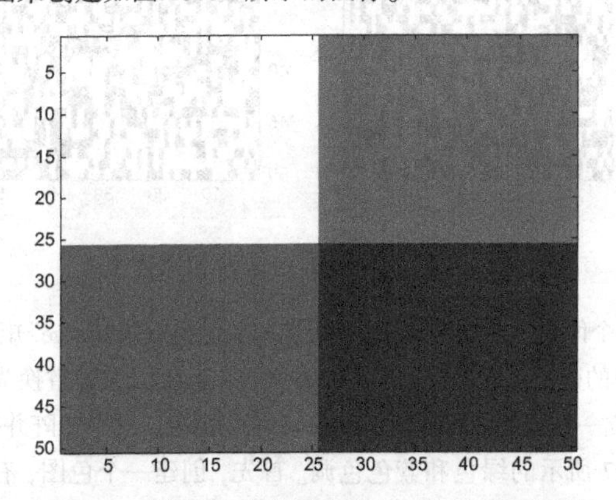

图 13.32 图像显示利用自定义色图的 4 种颜色

5. 写一个使用三维真彩色矩阵来创建与习题 4 中一样的图像的脚本。
6. 脚本 rancolors 在图形窗口中显示随机颜色，如图 13.33所示，以变量 nColors 开始，该变量时要显示的随机色的数量(如，下面的这个是 10)。然后创建一个色图变量 mycolormap，该变量有很多随机颜色，意思是 3

个彩色分量(红、绿和蓝)都是范围为 0 到 1 的随机实数。然后在图形窗口中的一幅图像中显示这些颜色。

7. 写一个脚本产生如图 13.34 所示的输出。使用 eye 和 repmaa 来高效地生成要求的矩阵。使用 axis image来改变屏幕高宽比。

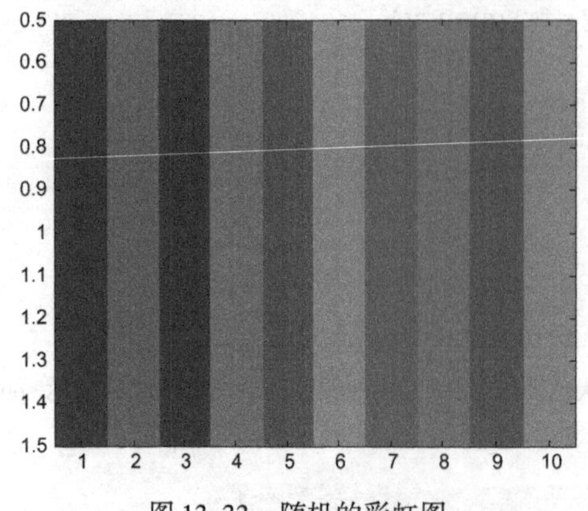

图 13.33　随机的彩虹图

图 13.34　西洋跳棋盘

8. 写一个脚本，它创建一个只有两种颜色的色图：白色和黑色。生成 50×50 图像矩阵，每个元素都是随机的白色或黑色。在一个 Figure Window 中，在左边显示这个图像，在右边显示另一个颜色已经被预定好的图像矩阵：所有的白色像素变为黑色，反之亦然。例如，图像可能和图 13.35 看起来一样(轴是默认的，注意标题)。不要使用任何循环或 if 语句。对于你所创建的图像矩阵，期望的矩阵元素的总平均是什么？

图 13.35　翻转的白像素和黑像素

9. 写一个脚本，创建一个从每个像素的色图映射 jet 随机选取颜色组成的“image”矩阵。然后，创建一个新的矩阵，这个矩阵只有原始图像矩阵的蓝色部分(定义为前 16 种颜色)；其他元素被替换为白色。需要注意的是，白色不是 jet 的颜色，所以必须建立一个新的颜色映射，在 jet 上增加白色。两个矩阵并排显示，如图 13.36 所示。

10. 写一个脚本显示如图 13.37 所示的绿色和蓝色色调。首先，创建一个色图，有 30 种颜色(10 种蓝色，10 种浅绿色，以及 10 种绿色)。任何颜色中都不包含红色。前 10 行的色图中没有绿色，蓝色分量从 0.1 到 1 迭代，步长为 0.1。在中间 10 行中，绿色和蓝色分量都是从 0.1 到 1 迭代，步长为 0.1。在最后的 10 行，没有蓝色，但是绿色的分量从 0.1 到 1 以步长 0.1 迭代，然后，显示这个 3×10 的矩阵，首先显示蓝色，然后显示浅绿色，最后显示绿色，等等(轴是默认设置)，不要使用循环。

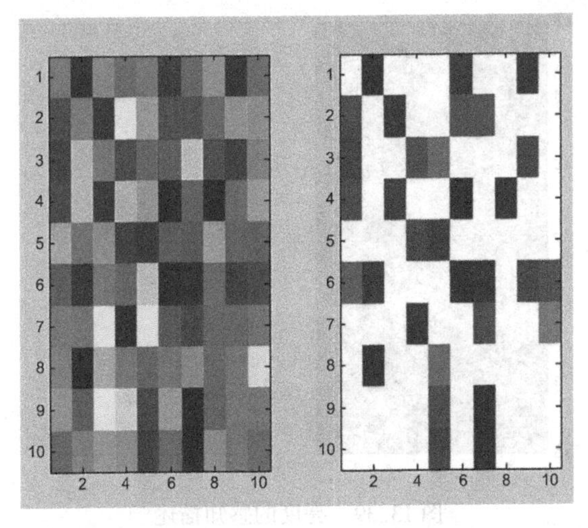

图 13.36　从图像中提取蓝色

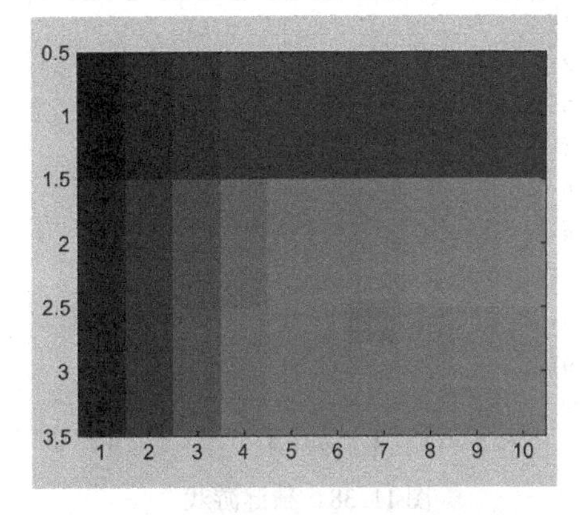

图 13.37　蓝色、浅绿色和绿色阴影

11. 图像的一部分可以用一个 n × n 矩阵表示。通过数据压缩和数据重建技术，生成矩阵的值与原来的矩阵接近但不会完全相同。例如，下面的 4×4 矩阵 orig_im 描绘了真彩色图像的一部分，fin_im 描绘的是经过数据压缩再重新构造的矩阵。

```
orig_im =
   156   44  129   87
    18  158  118  102
    80   62  138   78
   155  150  241  105
fin_im =
   153   43  130   92
    16  152  118  102
    73   66  143   75
   152  155  247  114
```

写一个脚本通过创建一个随机整数的方阵来模拟它，范围为 0 到 255。然后对原来矩阵的每个元素，采用随机增加或减少一个随机数的方式(在一个相对小的范围，比如说 0 到 10)修改这个矩阵得到新的矩阵。并计算这两个矩阵的平均差值。

12. 使用 colorguess 脚本玩猜谜游戏。创建一个 n×n 矩阵并随机选择矩阵的一个元素。提示用户猜测元素(含义是行索引和列索引)。每次用户猜测时，元素显示为红色，当用户正确猜出随机选择的元素时，元素显示为蓝色，脚本结束。下面是一个运行脚本(随机选择的元素是(8, 4))的例子。图 13.38 显示图形窗口的最新版本。

```
>> colorguess
Enter the row #: 4
Enter the row #: 5
Enter the row #: 10
Enter the row #: 2
Enter the row #: 8
Enter the row #: 4
```

13. 对人眼来说，有时正确观察一个对象的明亮度是很困难的。例如，如图 13.39 所示，两幅图的中间部分是相同的颜色，但是由于包围着其他的颜色，左边部分看起来比右边明亮。写一个脚本来产生一个和这个图类似的图形窗口，创建两个 3 × 3 的矩阵。采用 subplot 并排显示这两个图形(这里指定的坐标系是默认的)。使用 RGB 方法。

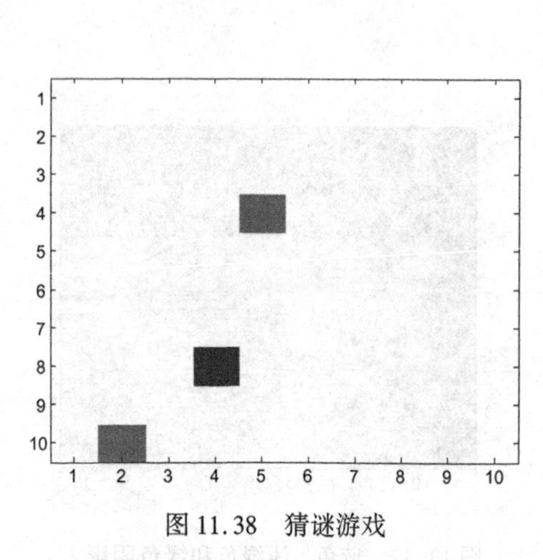

图 11.38　猜谜游戏

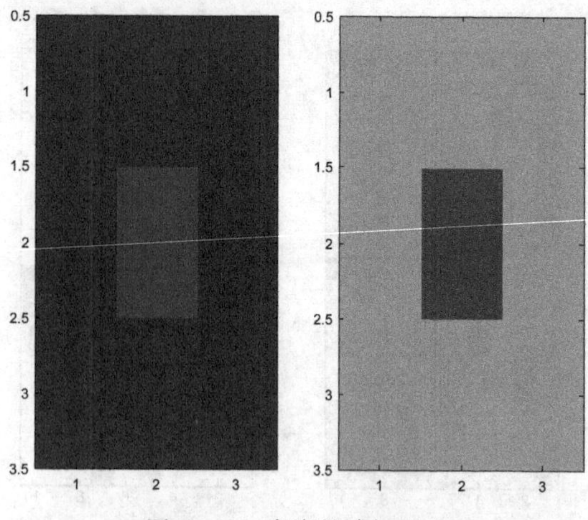

图 13.39　亮度的感知描述

14. 在当前目录下放一张 JPEG 图片，并用 imread 将它导入到一个矩阵中。分别计算并打印该矩阵中红色、绿色、蓝色成分的平均值。然后，分别计算标准差。
15. 一些图像采集系统不是非常精确，并且它们获得的结果是混杂图像。为了看到这一效果，在当前的目录下放一张 JPEG 图片，并用 imread 导入它。然后，采用对矩阵中每个元素都随机增加或减少一个值 n 的方法来创建一个图像矩阵。测试不同的 n 值。写一个脚本，用 subplot 并排显示图像。
16. 一张图像的动态范围是该图像中颜色的范围(最小值到最大值)。在当前的目录下放一张 JPEG 图片，把图片读入矩阵。采用内建函数 min 和 max 确定动态范围，然后打印出这个范围。注意，如果图像是真彩色图像，矩阵将是三维的，因此这将需要嵌入这个函数三次才能得到全部的最小值和最大值。
17. 在当前目录下放一张 JPEG 图片，输入下面的脚本，使用自己的 JPEG 文件名。

```
I1 = imread('xxx, jpg');
[r c h] = size(I1);
Inew (:, :, :) = I1(:, c: -1: 1, :);
figure(1)
subplot(2, 1, 1)
imag(I1);
subplot(2, 1, 2)
image(Inew);
```

清楚这个脚本的功能。给脚本的每一步操作加入注释。
18. 写一个函数，在接近图像窗口中间位置的一个静态文本框中创建一个简单的 GUI。把名字写成字符串，将文本框的背景设为白色。
19. 写一个函数，在接近图像窗口中间位置的一个静态文本框中创建一个简单的 GUI。把名字写成字符串，GUI 有一个回调函数，可以打印用户的字符串两遍，一个接一个。
20. 写一个函数，创建一个 GUI 计算矩形的面积。能够编辑文本框的长和宽，并且有一个按钮触发对面积的计算，并将它输出到一个静态文本框中。
21. 写一个函数创建一个有 GUI 的简单计算器。该 GUI 应该有两个可编辑文本框，用来接受用户输入的数字。应该有 4 个按钮显示 4 个操作(+ ， - ， × ，/)。当按下 4 个按钮中的一个时，操作的类型应显示在两个可编辑文本框中间的静态文本框中，并且将操作结果显示在一个静态文本框中。如果用户尝试除以 0，则将在静态文本框中显示错误信息。
22. 修改本章中任意例子的 GUI 来使用标准化单位取代像素。
23. 修改任意例子的 GUI ，使用'HorizontalAligmment '属性左对齐编辑文本框中的文本。
24. 修改 gui_slider 例子的文本，在回调函数中包含一个 persistent 计数变量，用来计数滑杆被移动的次数。该计数应在右上角的一个静态文本框中显示，如图 13.40 所示。

25. 风冷因子(WCF)根据给定的温度 T(华氏温度)和风速 V(单位是公里/小时)来估量寒冷程度。公式近似是这样的：

$$WCF = 35.7 + 0.6T - 35.7(V^{0.16}) + 0.43T(V^{0.16})$$

写一个 GUI 函数，它显示温度和风速的滑块，GUI 对给定的值计算 WCF，然后在一个文本框中显示结果。为这两个滑块选择合适的最小值和最大值。

图 13.40　计数滑块

26. 写一个 GUI 函数，用一个图形显示 for 循环和 while 循环的区别。该函数有两个按钮：一个是'for'，另一个是'while'。有两个单独的回调函数，分别与每个按钮相关联。与'for'按钮相关联的回调函数打印整数 1 到 5，使用'pause(1)'让每个数之间暂停 1 秒，然后打印“完成”。与'while'相关联的回调函数从 1 开始打印整数，每打印一个数暂停 1 秒。这个函数中还有另一个按钮'mystery'，函数会继续打印整数直到'mystery'按钮被按下，然后它打印“终于完成了！”。

27. 写一个函数创建一个 GUI，显示 cos(x)图像。应该有两个可编辑的文本框，用户可以输入 x 的范围。

28. 写一个函数创建一个 GUI，显示一个图像。使用一个按钮组允许用户在多个函数中选择一个来绘制。

29. 读下面的 GUI 函数，并回答后面的问题。

```
function bggui
f = figure('Visible','off','color','white','Position',...
  [360, 500, 400,400]);
num1 = 0;
num2 = 0;
grouph = uibuttongroup('Parent',f,'Units','Normalized',...
  'Position',[.3 .6 .3 .3],'Title','Choose',...
  'SelectionChangeFcn',@ whattodo);
h1 = uicontrol(grouph,'Style','radiobutton',...
  'String','Add','Units','Normalized',...
  'Position', [.2 .7 .6 .2]);
h2 = uicontrol(grouph, 'Style','radiobutton',...
  'String','Subtract','Units','Normalized',...
  'Position',[.2 .3 .6 .2]);
n1h = uicontrol('Style','edit','Units','Normalized',...
  'Position',[.1 .2 .2 .2],'String',num2str(num1),...
  'BackgroundColor','white');
n2h = uicontrol('Style','edit','Units','Normalized',...
  'Position',[.4 .2 .2 .2],'String',num2str(num2),...
  'BackgroundColor','white');
n3h = uicontrol('Style','text','Units','Normalized',..
  'Position',[.7 .1 .2 .2],'String',num2str(0),...
  'BackgroundColor','white');
set(grouph,'SelectedObject',[])
set(f,'Name','Exam GUI')
movegui(f,'center')
set(f,'Visible','on')
   function whattodo(source, eventdata)
   which = get(grouph,'SelectedObject');
   num1 = str2num(get(n1h,'String'));
   num2 = str2num(get(n2h,'String'));
   if which = = h1
     set(n3h,'String', num2str(num1tnum2))
   else
     set(n3h, 'String',num2str(num1 - num2))
   end
   end
end
```

(a)用英语描述 GUI 完成的最基本的事。

(b)什么调用了嵌套函数 whattodo?

(c)最初的时候哪个按钮被选中?

(d)底部的按钮上的字符串是什么?

30. 写一个 GUI 函数，创建一个矩形对象。GUI 上有一个滑块，它的范围从 2 到 10。滑块的值决定矩形的宽度。需要创建矩形的坐标轴。在回调函数中，使用 cla 从当前坐标轴中清除子轴，这样的话就可以看到一个更细的矩形。

31. 把两个不同的 JPEG 文件放到当前文件夹中，并且读入矩阵变量。叠加图像，如果矩阵的大小相同，则元素可以对元素进行简单的相加。如果它们大小不同，处理这一情况的方法是裁剪更大的矩阵使与尺寸较小的矩阵有相同的大小，然后相加。编写一个脚本来完成。

在一次随意漫步中，每个时间选取一步，方向是随意选择的。观察一个随意漫步的过程可以逐步形成一个图像，这很有趣。然而，实际上随意漫步很有实际应用，它们可以用于评估多种情况的事件，例如一场森林大火的蔓延或枝状晶体的生长。

32. 下面的函数用一个矩阵模拟"随意漫步"并且随着它的运行存储。开始所有元素初始化为 1，然后"中间"元素被选择为出发点随机游走；一个 2 被放置在这个元素中。(请注意，这些数字最终将代表颜色。)然后，从这个点开始，当前元素的下一个元素被随机选择，存储在该元素的颜色是递增的;重复这个过程直到矩阵的边缘。每次一个元素被选择为下一个元素，它是通过随机加或减一个坐标(x 和 y)得到的。返回的结果矩阵是一个 n×n 矩阵。

```
function walkmat = ranwalk(n)
walkmat = ones(n);
x = floor(n/2);
y = floor(n/2);
color = 2;
walkmat(x, y) = color;
while x ~ = 1&& x ~ = n && y ~ = 1 && y ~ = n
    x = x + randi([ -1 1]);
    y = y + randi([ -1 1]);
    color = color + 1;
    walkmat(x, y) = mod(color, 65);
end
```

请写一个脚本，调用这个函数两次(一次为 8，一次为 100)，并将所得到的矩阵显示为图像，脚本必须创建一个自定义的颜色表，有 65 种颜色：第一个是白色，其余的都是从颜色映射 jet 中得到的。例如，结果可能看起来像图 13.41(注意，8×8 矩阵的颜色不太可能超出蓝的范围，但 100×100 是循环遍历所有的颜色多次，直到一个边缘为止)。

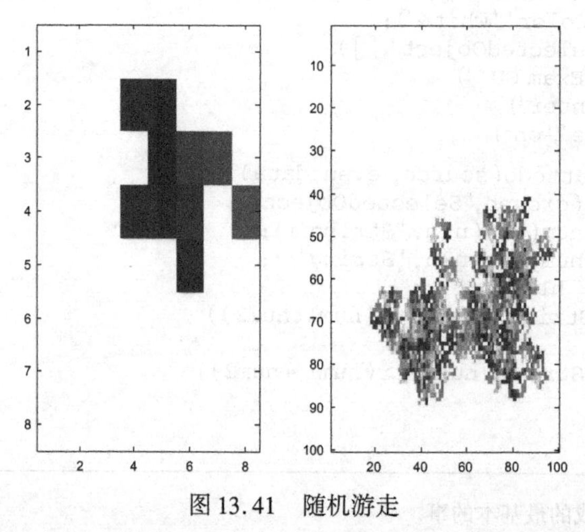

图 13.41 随机游走

第 14 章　高等数学应用

关键字

curve fitting 曲线拟合	complex plane 复平面	solution set 解集
best fit 最佳拟合	linear algebraic 线性代数	determinant 行列式
symbolic mathematics 符号数学	equation 方程式	Gauss elimination 高斯消元法
polynomials 多项式	square matrix 方阵	Gauss-Jordan 高斯约当消元法
degree 次数	main diagonal 主对角线	elimination 消除
order 次序	diagonal matrix 对角矩阵	elementary row operations 初等行运算
discrete 离散的	trace 追溯	continuous 连续的
identity matrix 单位矩阵	echelon form 梯形	data sampling 数据采样
banded matrix 带状矩阵	forward elimination 前向消元法	interpolation 内插值
tridiagonal matrix 三对角矩阵	back substitution 回代法	extrapolation 外插值
lower triangular matrix 下三角矩阵	back elimination 后向消元法	
complex number 复数	upper triangular matrix 上三角矩阵	
reduced row echelon form 简化行阶梯矩阵		real part 实部
symmetric matrix 对称矩阵	imaginary part 虚部	matrix inverse 矩阵求逆
integration 积分	purely imaginary 纯虚数	matrix augmentation 增广矩阵
differentiation 微分	complex conjugate 共轭复数	coefficients 系数
magnitude 量值	unknowns 未知数	

本章将选择介绍一些高等数学的概念及其在 MATLAB 软件中的相关内建函数。在许多应用中，数据都是采样得到的，这样得到的是一些离散的数据点。通常需要对这些数据进行拟合。曲线拟合就是找到最适合该数据的曲线。本章前面部分将先探讨数据拟合简单多项式曲线。

其他主题的简要介绍包括复数以及对微积分学中的微分法和积分法。符号数学意味着运用符号做数学研究。将会介绍一些符号数学函数，这些都在 MATLAB 的符号数学工具箱中。(请注意，这是一个工具箱，可能无法普遍使用。)

线性代数方程组的解在许多应用中是很重要的。使用 MATLAB 求解方程组，基本上有两种方法，这两种方法都会在本章介绍：使用矩阵表示和使用 solve 求解函数(这是符号数学工具箱的一部分)

14.1　数据拟合曲线

MATLAB 有一些曲线拟合函数，另外 Curve Fitting Toolbox 有更多这方面的函数。在这一节中，将介绍一些最简单的拟合，即不同次数的多项式。

14.1.1 多项式

简单的拟合是指具有不同次数或阶数的多项式。次数是指表达式中最高指数的整数值。例如：

- 一条直线是一个一阶(或次数为 1)多项式，它的形式为 $ax+b$，或更精确的是 ax^1+b。
- 一个二次方程是一个二阶(或次数为 2)多项式，它的形式是 ax^2+bx+c。
- 一个三次方程(次数为 3)的形式是 ax^3+bx^2+cx+d。

MATLAB 将一个多项式表示为一个系数行向量。例如，多项式 x^3+2x^2-4x+3 就可以通过向量[1 2 -4 3]进行描述。多项式 $2x^4-x^2+5$ 可以通过向量[2 0 -1 0 5]进行描述，注意 x^3 和 x^1 项的系数为 0。

在 MATLAB 中，roots 函数能够用来求一个用多项式表示的方程式的根。例如，对于数学函数(注意这是一个数学公式，不是 MATLAB 中的函数)

$$f(x)=4x^3-2x^2-8x+3$$

解 $f(x)=0$ 这个方程式：

```
>> roots([4 -2 -8 3])
ans =
 -1.3660
  1.5000
  0.3660
```

polyval 函数可以求一个多项式 p 在 x 处的值，函数形式是 polyval(p,x)。例如，计算多项式 $-2x^2+x+4$ 在 $x=3$ 处的值，也就是 $-2\times9+3+4$，即 -11：

```
>> p = [-2 1 4];
>> polyval(p,3)
ans =
    -11
```

参数 x 可以是一个向量，例如：

```
>> polyval(p,1:3)
ans =
    3        -2        -11
```

14.1.2 曲线拟合

基本上数据不是离散的就是连续的。在许多应用中，数据都是通过采样得到的，例如：

- 每小时测量的温度
- 汽车每十分之一公里记录的速度
- 放射性物质每秒衰变的质量
- 声波的音频转换为数字音频文件

这里给出了(x, y)形式的点的值，可以将它们绘制出来。例如，某个下午的 2 点到 6 点每小时记录一次温度，它的向量可能是：

```
>> x = 2:6;
>> y = [65 67 72 71 63];
```

那么绘出的图形如图 14.1 所示。

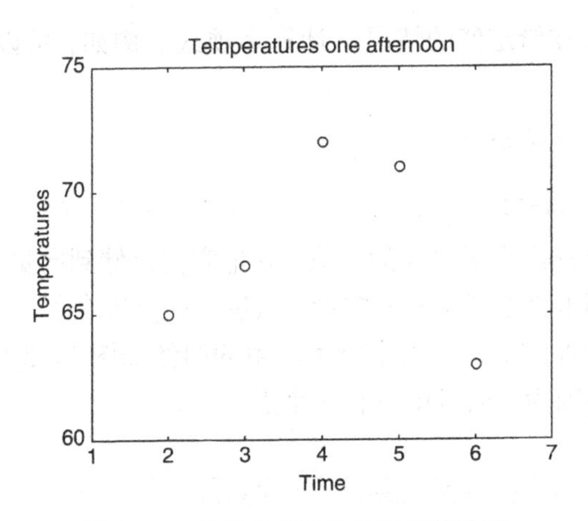

图 14.1　对每小时采样的温度值绘图

14.1.3　内插值和外插值

在很多情况下，除了在采样数据点上都需要估计值。例如，可能需要估计下午 2:30 或是下午1:00时的温度。内插值(interpolation)是估计记录数据点之间的值。外插值(extrapolation)是估计记录数据边界外的值。解决这个问题的一种方法是为这些数据拟合一条曲线，然后用这条曲线求估计值。曲线拟合就是找出最适合该数据的曲线。

简单的曲线就如前面描述过的不同次数的多项式。所以，曲线拟合需要找到最适合该数据的多项式，例如，对于一个形如 ax^2+bx+c 的二次多项式，意味着要找到合适的 a、b、c 值来达到最佳拟合。找到通过数据的最佳直线，也就是要找到式子 $ax+b$ 中 a 和 b 的值。

MATLAB 有一个 polyfit 函数可以实现这一功能，polyfit 函数采用最小二乘法得出最佳匹配数据的指定次数的多项式系数。传递给这个函数 3 个参数:描述数据的向量、需要的多项式的系数。例如，通过之前的数据点来拟合一条直线(次数为 1)，可以这样调用 polyfit 函数:

```
>> ployfit(x,y,1)
ans =
    0.0000    67.6000
```

也就是说，最合适的直线形式为 $0x+67.6$。

但是在图中(如图 14.2 所示)，看起来二次曲线可能是更好的拟合。下面将创建向量，然后通过这些数据点拟合一个二次多项式，并存储到名为 coefs 的向量中:

```
>> x = 2:6;
>> y = [65   67   72   71   63];
>> coefs = polyfit(x,y,2)
coefs =
   -1.8571    14.8571    41.6000
```

也就是说，MATLAB 得出最适合这些数据点的二次多项式是 $-1.8571x^2+14.8571x+41.6$，所以，变量 coefs 现在存储了表示这个多项式的向量。

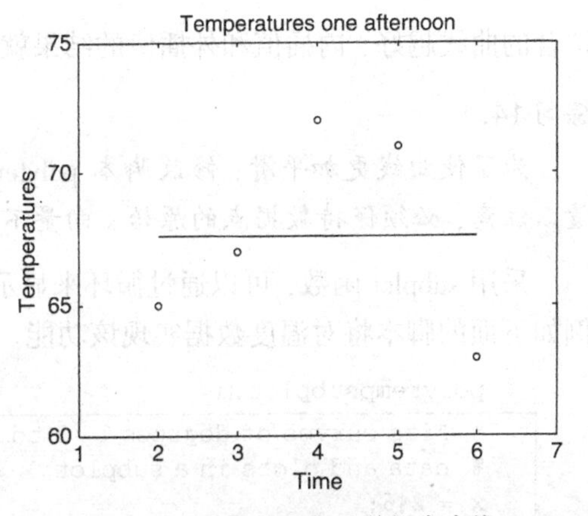

图 14.2　采样的温度及其拟合直线

polyval 函数可以用来在给定值的情况下计算多项式。例如，可以计算 x 向量中的每个数所对应的值。

```
>> curve = polyval(coefs,x)
curve =
   63.8857   69.4571   71.3143   69.4571   63.8857
```

这样对 x 向量中的每个点都产生了对应的 y 值，并把它们存储到向量 curve 中。把这些值放到一起，下面的 polytemp 脚本创建了 x 和 y 向量，通过这些点拟合了一个二阶多项式，然后在同一个图像中绘制这些点和曲线。运行这个脚本产生的图像如图 14.3 所示。在这个图中，该曲线看起来并不光滑，这是因为 x 向量中只有 5 个点。

polytemp.m

```
% Fits a quadratic curve to temperature data
x = 2:6;
y = [65  67  72  71  63];
coefs = polyfit(x,y,2);
curve = polyval(coefs,x);
plot(x,y,'ro',x,curve)
xlabel('Time')
ylabel('Temperatures')
title('Temperatures one afternoon')
axis([1  7  60  75])
```

要估算不同时刻的温度值，对于离散的点 x，可以使用 polyval 函数，这个函数不必使用整个 x 向量。例如，在给定的数据点间内插值，估算在下午2:30时的温度，就要用到 2.5 这个数。

```
>> polyval(coefs,2.5)
ans =
   67.1357
```

同样，polyval 可以用来在给定数据点外进行外插值，例如，估算在下午 1 点时的温度：

```
>> polyval(coefs,1)
ans =
   54.6000
```

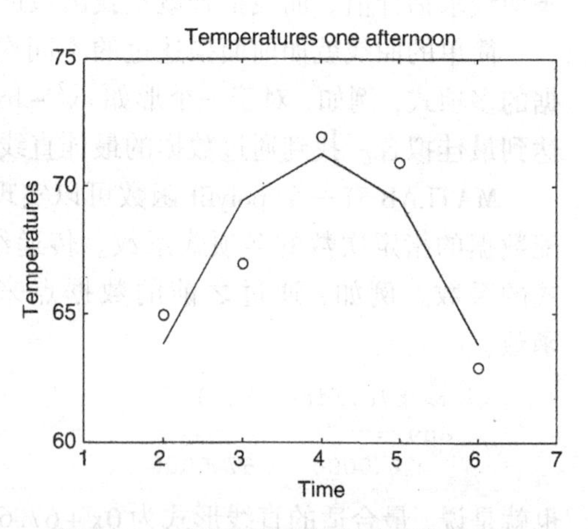

图 14.3　采样的温度以及其二次曲线

拟合的曲线越好，内插值和外插值的结果就越精确。

练习 14.1

为了使曲线更加平滑，修改脚本 polytemp，创建一个有更多用于绘制曲线的点的新 x 向量。注意，必须保持数据点的原始 x 向量不变。

采用 subplot 函数，可以通过循环来显示出某些数据的一次、二次和三次拟合曲线的差异。例如下面的脚本将对温度数据实现该功能。

polytempsubplot.m

```
% Fits curves of degrees 1 - 3 to temperature
% data and plots in a subplot
x = 2:6;
```

```
y = [65  67  72  71  63];
morex = linspace(min(x),max(x));
for pd = 1:3
  coefs = polyfit(x,y,pd);
  curve = polyval(coefs,morex);
  subplot(1,3,pd)
  plot(x,y,'ro',morex,curve)
  xlabel('Time')
  ylabel('Temperatures')
  title(sprintf('Degree % d',pd))
  axis([1  7  60  75])
end
```

执行上述脚本：

```
>> polytempsubplot
```

产生的图形窗口如图 14.4 所示。

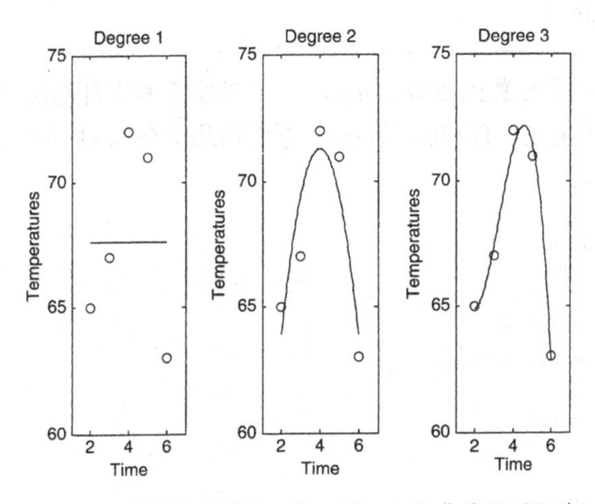

14.4　采用子图通过一次、二次、三次曲线显示温度

注意：这是数学家通常使用的一种复数的书写方式；在工程中，它通常写为 a + bj，其中 j 为 $\sqrt{-1}$。

14.2　复数

复数通常写成这种形式：

$$z = a + bi$$

这里的 a 是数 z 的实部，b 是 z 的虚部，i 是 $\sqrt{-1}$。这是数学家通常用来写复数的方法，在工程上，复数也经常写成 a + bj，这里 j 是 $\sqrt{-1}$。如果一个复数的形式是 z = bi，即 a = 0，那么称这个复数为纯虚数(purely imaginary)。

可以看到，在 MATLAB 中，i 和 j 都是返回 $\sqrt{-1}$的内建函数(因此，可以把它们看成是内建的常量)。可以采用 i 或 j 来创建复数，例如，5 + 2i 或 3 - 4j。虚部的值和常量 i 或 j 之间的乘法运算符是不需要的。

快速问答

表达式 3i 的值和 3×i 的值是否一样?

答:

这取决于 i 是否已经被用作一个变量名。如果 i 已经被用作一个变量名(比如说 for 循环中的迭代变量),则表达式 3×i 将使用这个变量已经定义好的值,它的结果就不是一个复数了。因此,在使用复数的时候采用 1i 或 1j 而不是 i 或 j 是一个很好的办法。表达式 1i 或 1j 总是产生一个复数,不用担心 i 或 j 是否已经被用作一个变量名。

```
>> i = 5;
>> i
i =
    5
>> 1i
ans =
    0 + 1.0000i
```

MATLAB 也有返回一个复数的函数 complex。它按实部和虚部的次序接收两个数字,或只有一个数字,此时的这个值就是实部(虚部为 0)。下面是几个在 MATLAB 中创建复数的例子:

```
>> z1 = 4 + 2i
z1 =
    4.0000 +2.0000i
>> z2 = sqrt( -5)
z2 =
    0 +2.2361i
>> z3 = complex(3, -3)
z3 =
    3.0000 -3.0000i
>> z4 = 2 + 3j
z4 =
    2.0000 +3.0000i
>> z5 = ( -4)^(1/2)
ans =
    0.0000 +2.0000i

>> myz = input('Enter a complex number:')
Enter a complex number:3 +4i
myz =
    3.0000 +4.0000i
```

注意,即使在表达式中用的是 j,在结果中用的仍是 i。MATLAB 在工作台窗口中(或采用 whos)显示创建的这些变量的类型为 double (complex)。MATLAB 有 real 和 imag 函数,它们分别返回复数的实部和虚部:

```
>> real(z1)
ans =
    4
>> imag(z3)
ans =
    -3
```

要打印出一个虚数,disp 函数将自动显示两个部分:

```
>> disp(z1)
    4.0000 +2.0000i
```

fprintf 函数将只打印出实部，除非分别打印两个部分：

```
>> fprintf('%f \n',z1)
4.000000
>> fprintf('%f + %fi \n',real(z1),imag(z1))
4.000000 +2.000000i
```

如果参数没有虚部的话，isreal 函数返回逻辑真 1；如果参数有虚部（即便虚部是 0），就返回逻辑假 0。例如：

```
>> isreal(z1)
ans =
    0
>> z6 = complex(3)
z5 =
    3
>> isreal(z6)
ans =
    0
>> isreal(3.3)
ans =
    1
```

对于变量 z6，尽管结果显示的是 3，但它实际存储的是 3 + 0i，并且在工作窗口中也是这样显示的。因为它是作为一个复数存储的，所以 isreal 返回逻辑假。

14.2.1　复数的判等

如果两个复数的实部和虚部都相等，就说这两个复数相等。在 MATLAB 中，可以使用等号操作符。

```
>> z1 = = z2
ans =
    0
>> complex(0,4) = = sqrt( -16)
ans =
    1
```

14.2.2　复数相加减

对于两个复数 z1 = a + bi 和 z2 = c + di，

$$z1 + z2 = (a + c) + (b + d)i$$
$$z1 - z2 = (a - c) + (b - d)i$$

作为一个例子，将在 MATLAB 中写一个函数对两个复数相加，然后返回复数结果。

编程思想

在大多数情况下，对两个复数相加，必须分开实部和虚部，然后再分别进行相加并返回结果。

addcomp.m

```
function outc = addcomp(z1,z2)
% addcomp adds two complex numbers z1 and z2 &
%  returns the result
% Adds the real and imaginary parts separately
% Format: addcomp(z1,z2)
realpart = real(z1) + real(z2);
```

```
imagpart = imag(z1) + imag(z2);
outc = realpart + imagpart * 1i;
end
```

```
>> addcomp(3 +4i,2 -3i)
ans =
    5.0000 +1.0000i
```

高效方法

在对两个复数相加(或相减)时，MATLAB 会自动完成上述步骤。

addcomp.m

```
function outc = addcomp(z1, z2)
% addcomp adds two complex numbers z1 and z2 &
% returns the result
% Adds the real and imaginary parts separately
% Format: addcomp(z1,z2)

realpart = real(z1) t real(z2);
imagpart = imag(z1) t imag(z2);
outc = realpart t imagpart * 1i;
end
```

```
>> addcomp(3 +4i,2 -3i)
ans =
    5.0000 +1.0000i
```

14.2.3　复数乘法

对于两个复数 $z1 = a + bi$ 和 $z2 = c + di$，

$$
\begin{aligned}
z1 \times z2 &= (a + bi) \times (c + di) \\
&= a \times c + a \times di + c \times bi + bi \times di \\
&= a \times c + a \times di + c \times bi - b \times d \\
&= (a \times c - b \times d) + (a \times d + c \times b)i
\end{aligned}
$$

例如，对于

$$
\begin{aligned}
&z1 = 3 + 4i \\
&z2 = 1 - 2i \\
&z1 \times z2 = (3 \times 1 - -8) + (3 \times -2 + 4 \times 1)i = 11 - 2i
\end{aligned}
$$

当然，这是在 MATLAB 中自动完成的：

```
>> z1 * z2
ans =
    11.0000 -2.0000i
```

14.2.4　共轭复数和绝对值

复数 $z = a + bi$ 的共轭复数是 $\bar{z} = a - bi$。复数 z 的量值(magnitude)或绝对值(absolute value)是 $|z| = \sqrt{a^2 + b^2}$。在 MATLAB 中，内建函数 conj 用来计算共轭复数，abs 函数返回绝对值。

```
>> z1 = 3 +4i
z1 =
    3.0000 +4.0000i
>> conj(z1)
ans =
    3.0000 -4.0000i
>> abs(z1)
ans =
    5
```

14.2.5　表示为多项式的复数方程式

如前所述，MATLAB 将多项式表示为系数的行向量，当表达式或方程式包含复数时也可以这样表示。例如，可以把多项式 $z^2+z-3+2i$ 表示成向量[1 1 −3 + 2i]。在 MATLAB 中的 roots 函数能够用来求一个由多项式表示的方程的根。例如，求解这个方程 $z^2+z-3+2i=0$：

```
>> roots([1 1 -3 +2i])
ans =
    -2.3796 +0.5320i
    1.3796 -0.5320i
```

polyval 函数也可以用于这种多项式，例如：

```
>> cp = [1 1 -3 +2i]
cp =
    1.0000  1.0000   -3.0000   +  2.0000i
>> polyval(cp,3)
ans =
    9.0000 +2.0000i
```

14.2.6　极坐标形式

任意的复数 z = a + bi 都可以被认为是复平面上的一个点或向量，复平面的水平轴是 z 的实部，垂直轴是 z 的虚部。这样 a 和 b 就是笛卡儿坐标系或笛卡儿坐标系上的坐标。因为一个向量既能由笛卡儿坐标系也能由极坐标系表示，一个复数也可以通过它的极坐标 r 和 θ 来给出，这里 r 是向量的大小，θ 是一个角度。

极坐标转换为笛卡儿坐标：

$$a = r\cos\theta$$
$$b = r\sin\theta$$

笛卡儿坐标转换为极坐标：

$$r = |z| = \sqrt{a^2+b^2}$$
$$\theta = \arctan\left(\frac{b}{a}\right)$$

所以，复数 z = a + bi 可以写成 r cosθ + (r sinθ)i，或

$$z = r(\cos\theta + i\sin\theta)$$

因为 $e^{i\theta}=\cos\theta+i\sin\theta$，所以该复数也可以写成 $z=re^{i\theta}$。在 MATLAB 中，可以使用 abs 函数求出 r，内建函数 angle 来计算 θ。

```
>> z1 = 3 +4i;
r = abs(z1)
r =
    5
>> theta = angle(z1)
theta =
  0.9273
>> r* exp(i* theta)
ans =
    3.0000 +4.0000i
```

14.2.7　绘图

有几种用来绘制复数的常用方法：

- 采用 plot 绘制实部与虚部
- 采用 plot 只绘制实部
- 采用 plot 将实部和虚部绘制在一张带说明的图上
- 采用 polar 绘制大小和角度

采用 plot 函数，并传入一个复数或一个复数向量，则会绘制复数的实部与虚部。例如，plot(z)和plot(real(z),image(z))是相同的。比如说，对于复数 $z1 = 3 + 4i$，它将绘制点(3, 4)(采用一个大的星号，这样就能看到它)，如图 14.5 所示。

```
>> z1 = 3 + 4i;
>> plot(z1,'*','MarkerSize',12)
>> xlabel('Real part')
>> ylabel('Imaginary part')
>> title('Complex number')
```

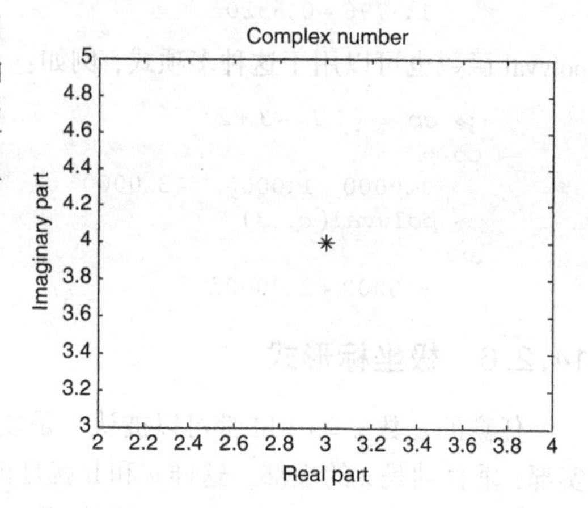

图 14.5　绘制复数

练习 14.2

创建下面的复数变量：

c1 = complex(0,2)；
c2 = 3 + 2i；
c3 = sqrt(−4)

然后，完成以下要求：

- 获得 c2 的实部和虚部。
- 采用 disp 打印 c1 的值。
- 以 a + bi 的形式打印 c2 的值。
- 确定是否有两个变量相等。
- 从 c1 减去 c2。
- c2 乘以 c3。
- 求出 c2 的共轭复数和模。
- 将 c1 转换为极坐标形式。
- 绘制 c2 的实部与虚部。

14.3　矩阵求解线性代数方程组

线性代数方程形式如下：

$$a_1x_1 + a_2x_2 + a_3x_3 + \cdots + a_nx_n = b$$

线性代数方程组的求解在许多应用中都是非常重要的。在 MATLAB 产品中，有两种基本的方法可以对方程组进行求解。

- 使用矩阵表示
- 使用求解函数(这是 Symbolic Math Toolbox™中的一部分)

在本节中，我们首先来研究一些相关的矩阵属性，并且利用这些属性求解线性代数方程。符号数学的使用以及求解函数将在下一节介绍。

14.3.1　矩阵属性

在第 2 章，我们看到矩阵的一些常见操作。在本节中我们将会检验一些在使用矩阵解方程的过程中有用的属性。在数学里，一个 m × n 的矩阵 A 一般写为：

$$A = \begin{bmatrix} a_{11} & a_{12} & \cdots & a_{1n} \\ a_{21} & a_{22} & \cdots & a_{2n} \\ \vdots & \vdots & \vdots & \vdots \\ a_{m1} & a_{m2} & \cdots & a_{mn} \end{bmatrix} = a_{ij}\ i = 1,\cdots,m; j = 1,\cdots,n$$

14.3.1.1　方阵

如果一个矩阵有相同的行数和列数(例如，如果 m == n)，这个矩阵就是方阵。本节中下面的定义只适用于方阵。

一个方阵的主对角线(有时也被称为对角线)是元素 a_{ii} 的集合，这些元素的行下标与列下标相等，从矩阵的左上方到右下方。例如，下面矩阵的对角线是由 1,6,11 和 16 组成的。

$$\begin{bmatrix} 1 & 2 & 3 & 4 \\ 5 & 6 & 7 & 8 \\ 9 & 10 & 11 & 12 \\ 13 & 14 & 15 & 16 \end{bmatrix}$$

一个方阵是一个对角矩阵，如果不在对角线上的所有元素都是 0，而对角线上的数字不必都是非零——尽管它们常常都是非零的。数学中，对角矩阵被写作当 i ~ =j 时 a_{ij} =0。下面是一个对角矩阵的例子：

$$\begin{bmatrix} 4 & 0 & 0 \\ 0 & 9 & 0 \\ 0 & 0 & 5 \end{bmatrix}$$

MATLAB 中有一个函数 diag，能够将一个矩阵的对角线以列向量的形式返回；置换以后将会得到一个行向量。

```
>> mymat = reshape (1:16, 4, 4)'
mymat =
     1    2    3    4
     5    6    7    8
     9   10   11   12
    13   14   15   16
>> diag (mymat)'
ans =
    1  6  11  16
```

diag 函数也可以获取长度为 n 的向量，并且创建一个 $n \times n$ 的对角矩阵，向量中的值即矩阵对角线：

```
>> v = 1:4;
>> diag (v)
```

```
ans =
     1  0  0  0
     0  2  0  0
     0  0  3  0
     0  0  0  4
```

因此, diag 函数可以被用于两种途径: (i)通过一个矩阵返回一个向量, 或(ii)通过一个向量来返回一个矩阵。

方阵的迹是对角线上所有元素之和。例如, 对于用 v 创建的对角矩阵, 它的迹是 1 +2 +3 +4, 即 10。

快速问答

如何计算一个方阵的迹?

答:

如下为编程概念和有效方法。

编程概念

要计算一个方阵的迹, 只需要一个循环即可, 因为我们只需要查找下标如(i,i)的元素。因此, 一旦矩阵大小确定了, 循环变量可以从 1 迭代到矩阵的行数或是从 1 迭代到矩阵的列数(选择哪一个都无所谓, 因为行和列的数值是一样的!)。下面的函数计算并且返回一个方阵的迹或一个空向量, 如果矩阵不是方阵则返回一个空向量。

mytrace.m

```
function outsum = mytrace(mymat)
% mytrace calculates the trace of a square matrix
% or an empty vector if the matrix is not square
% Format: mytrace(matrix)

[r, c] = size(mymat);
if  r ~= c
   outsum = [ ];
else
   outsum = 0;
   for i = 1:r
       outsum = outsum + mymat (i, i);
   end
end
end
```

```
>> mymat = reshape (1:16, 4, 4)'
mymat =
      1   2   3   4
      5   6   7   8
      9  10  11  12
     13  14  15  16
>> mytrace (mymat)
ans =
     34
```

有效方法

在 MATLAB 中, 有一种内部函数 trace 可用于计算一个方阵的迹:

```
>> trace(mymat)
ans =
   34
```

如果一个方阵满足当 i ==j，a_{ij} =1 并且当 i ~=j，a_{ij} =0 时，这个方阵是一个单位矩阵，标记为 I。换句话说，在对角线上的数字都是 1 并且其他的都是 0。下面是一个 3×3 的单位矩阵：

$$\begin{bmatrix}1 & 0 & 0\\0 & 1 & 0\\0 & 0 & 1\end{bmatrix}$$

注意，任何一个单位矩阵都是一个对角矩阵的特例。

单位矩阵是非常重要而且有用的。MATLAB 有一个内部函数 eye，给定 n 值，此函数可以创建一个 n×n 的单位矩阵。

```
>> eye(5)
ans =
   1  0  0  0  0
   0  1  0  0  0
   0  0  1  0  0
   0  0  0  1  0
   0  0  0  0  1
```

注意，i 在 MATLAB 中是作为 -1 的平方根，所以对于可以创建单位矩阵的函数另外命名为：eye，它的发音与"i"相像。

快速问答

如果用一个单位矩阵（矩阵大小合理）去乘以一个矩阵 M，将会如何？

答：

为了使矩阵大小合适，单位矩阵的维数应该和矩阵 M 的列数相同。乘积的结果总是会和最初的 M 矩阵一样（因此，就如同乘以一个标量 1）。

```
>> M = [1 2 3 1;4 5 1 2;0 2 3 0]
M =
   1  2  3  1
   4  5  1  2
   0  2  3  0
>> [r,c] = size(M);
>> M * eye(c)
ans =
   1  2  3  1
   4  5  1  2
   0  2  3  0
```

一些特殊情况的矩阵与对角矩阵相关。

带状矩阵是一个除了主对角线以及与主对角线相邻（上面和下面）的对角线外全零的矩阵。例如，下面的矩阵除了带状的三条对角线外，其余元素都是 0；这是一种特殊的带状矩阵，被称为三对角线矩阵。

$$\begin{bmatrix}1 & 2 & 0 & 0\\5 & 6 & 7 & 0\\0 & 10 & 11 & 12\\0 & 0 & 15 & 16\end{bmatrix}$$

下三角矩阵主对角线以上的元素都是0。例如:

$$\begin{bmatrix} 1 & 0 & 0 & 0 \\ 5 & 6 & 0 & 0 \\ 9 & 10 & 11 & 0 \\ 13 & 14 & 15 & 16 \end{bmatrix}$$

上三角矩阵主对角线以下的元素都是0。例如:

$$\begin{bmatrix} 1 & 2 & 3 & 4 \\ 0 & 6 & 7 & 8 \\ 0 & 0 & 11 & 12 \\ 0 & 0 & 0 & 16 \end{bmatrix}$$

在下三角矩阵或是上三角矩阵中,对角线上和对角线上部或对角线下部都有可能是零。

MATLAB 有函数 triu 和 tril 通过将合适的元素置零,使一个矩阵变成一个上三角矩阵或下三角矩阵。例如,函数 triu 的结果显示如下:

```
>> mymat
mymat =
     1    2    3    4
     5    6    7    8
     9   10   11   12
    13   14   15   16
>> triu(mymat)
ans =
    1  2   3   4
    0  6   7   8
    0  0  11  12
    0  0   0  16
```

一个方阵如果对于所有的 i, j 有 $a_{ij} = a_{ji}$,那么它就是对称的。换句话说,所有关于对角线对称的两个元素必须相等。在本例中,有三对关于对角线对称的值,它们都是相等的。

$$\begin{bmatrix} 1 & 2 & 9 \\ 2 & 5 & 4 \\ 9 & 4 & 6 \end{bmatrix}$$

练习 14.3

对于下面的矩阵:

$$A = \begin{bmatrix} 4 & 3 \\ 3 & 2 \end{bmatrix} \quad B = \begin{bmatrix} 1 & 2 & 3 \\ 4 & 5 & 6 \end{bmatrix} \quad C = \begin{bmatrix} 1 & 0 & 0 \\ 4 & 6 & 0 \\ 3 & 1 & 3 \end{bmatrix}$$

哪些是相等的?

哪些是方阵?

对于所有的方阵:

- 计算其迹。
- 哪些是对称的?
- 哪些是对角矩阵?

- 哪些是下三角矩阵？
- 哪些是上三角矩阵？

14.3.1.2　矩阵运算

通用的矩阵运算有好几种，我们已经见到过其中的几种了。它们包括矩阵转置，矩阵扩充和逆矩阵。

矩阵转置是将矩阵的行和列互换。对于一个矩阵 A，在数学中它的转置被写作 A^T。例如，如果

$$A = \begin{bmatrix} 1 & 2 & 3 \\ 4 & 5 & 6 \end{bmatrix}$$

那么

$$A^T = \begin{bmatrix} 1 & 4 \\ 2 & 5 \\ 3 & 6 \end{bmatrix}$$

在 MATLAB 中，如我们所见，使用一个单引号进行内部转换运算。

如果一个矩阵 A 与另外一个矩阵相乘，所得的结果是一个单位矩阵 I，那么第二个矩阵是矩阵 A 的逆。矩阵 A 的逆写作 A^{-1}，因此有

$$AA^{-1} = I$$

通过手工去计算一个矩阵的逆 A^{-1} 并不是容易的事情。然而，MATLAB 有一个函数 inv 可以计算逆矩阵。例如，创建一个矩阵，也得到了它的逆，然后用初始的矩阵去乘以逆矩阵来验证，实际上它们的乘积是一个单位矩阵：

```
>> a = [1 2; 2 2]
a =
    1  2
    2  2
>> ainv = inv(a)
ainv =
    -1.0000    1.0000
     1.0000   -0.5000
>> a * ainv
ans =
    1  0
    0  1
```

矩阵扩充意味着添加列到最初的矩阵中。例如，矩阵 A

$$A = \begin{bmatrix} 1 & 3 & 7 \\ 2 & 5 & 3 \\ 9 & 8 & 6 \end{bmatrix}$$

可能被一个 3×3 的单位矩阵扩充：

$$\left[\begin{array}{ccc|ccc} 1 & 3 & 7 & 1 & 0 & 0 \\ 2 & 5 & 4 & 0 & 1 & 0 \\ 9 & 8 & 6 & 0 & 0 & 1 \end{array}\right]$$

有时在数学中这条垂直线是为了表示矩阵已经被扩充了。在 MATLAB 中，矩阵扩充可以使用方括号来完成连接两个矩阵。方阵 A 被一个大小和方阵 A 相同的单位矩阵所连结：

```
>> A = [1 3 7; 2 5 4; 9 8 6]
A =
     1  3  7
     2  5  4
     9  8  6
>> [A eye(size(A))]
ans =
     1  3  7  1  0  0
     2  5  4  0  1  0
     9  8  6  0  0  1
```

14.3.2 线性代数方程组

一个线性代数方程是一个形式如下的方程

$$a_1x_1 + a_2x_2 + a_3x_3 + \cdots + a_nx_n = b$$

其中 a 是常系数, x 是未知数, b 是一个常数。一个解答就是能满足方程的一系列数字。例如,

$$4x_1 + 5x_2 - 2x_3 = 16$$

是有三个未知数 x_1, x_2, x_3的方程。这个方程的一个解是 $x_1 = 3, x_2 = 4, x_3 = 8$, 因为 4 * 3 + 5 * 4 - 2 * 8 等于 16。

一个线性代数方程组是一系列形式如下的方程:

$$\begin{aligned}
a_{11}x_1 + a_{12}x_2 + a_{13}x_3 + \cdots + a_{1n}x_n &= b_1 \\
a_{21}x_1 + a_{22}x_2 + a_{23}x_3 + \cdots + a_{2n}x_n &= b_2 \\
a_{31}x_1 + a_{32}x_2 + a_{33}x_3 + \cdots + a_{3n}x_n &= b_3 \\
\vdots \qquad \vdots \qquad \vdots \qquad\qquad \vdots \quad & \quad \vdots \\
a_{m1}x_1 + a_{m2}x_2 + a_{m3}x_3 + \cdots + a_{mn}x_n &= b_n
\end{aligned}$$

这叫做一个 $m \times n$ 的方程组; 有 m 个方程和 n 个未知数。

由于矩阵乘法的工作方式, 这些方程可以表示为矩阵形如 Ax = b, 其中 A 是一个系数矩阵, x 是一个未知的一列向量, b 是由等式右边的常数组成的列向量:

$$\underset{A}{\begin{bmatrix} a_{11} & a_{12} & a_{13} & \cdots & a_{1n} \\ a_{21} & a_{22} & a_{23} & \cdots & a_{2n} \\ a_{31} & a_{32} & a_{33} & \cdots & a_{3n} \\ \vdots & \vdots & \vdots & \vdots & \vdots \\ a_{m1} & a_{m2} & a_{m3} & \cdots & a_{mn} \end{bmatrix}} \underset{x}{\begin{bmatrix} x_1 \\ x_2 \\ x_3 \\ \vdots \\ x_n \end{bmatrix}} = \underset{b}{\begin{bmatrix} b_1 \\ b_2 \\ b_3 \\ \vdots \\ b_n \end{bmatrix}}$$

一个解集是方程组所有可能答案的集合(所有满足方程的未知数的值)。所有的线性代数方程组可能是以下情况中的一种:

- 无解
- 只有一组解
- 无限多组解

线性代数的主要概念之一就是解决(或试图去解决)线性代数方程组的不同方法。MATLAB有许多种支持这一过程的函数。

一旦方程组被写成矩阵的形式, 我们想要求解的就是等式 Ax = b 中的未知数 x。为了做到

这一点，我们需要将 x 单独放到等式的一边。如果我们进行的是标量运算，可以将等式的两边都除以 A。事实上，在 MATLAB 中我们可以使用 divided into 运算符来进行运算。然而，大多数语言不能够处理矩阵，因此，用另外一种方式，在等式的两边都乘以系数矩阵 A 的逆：

$$A^{-1}Ax = A^{-1}b$$

然后，由于使用一个矩阵的逆乘以这个矩阵所得的结果是单位矩阵 I，并且由于任何一个矩阵乘以单位矩阵 I 都得到原矩阵，我们有：

$$Ix = A^{-1}b$$

或是

$$x = A^{-1}b$$

这意味着位置列向量 x 被发现是矩阵 A 的逆乘以列向量 b 的结果。因此，如果我们可以找到 A 的逆，就可以求出未知数 x。

例如，考虑以下带有 3 个未知数 x_1, x_2, x_3 的三个方程：

$$\begin{aligned} 4x_1 - 2x_2 + 1x_3 &= 7 \\ 1x_1 + 1x_2 + 5x_3 &= 10 \\ -2x_1 + 3x_2 - 1x_3 &= 2 \end{aligned}$$

我们将其写成 Ax = b 的形式，其中 A 是系数矩阵，x 是未知数 x_i 组成的列向量，而 b 是等式右边的值构成的列向量：

$$\underset{A}{\begin{bmatrix} 4 & -2 & 1 \\ 1 & 1 & 5 \\ -2 & 3 & -1 \end{bmatrix}} \underset{x}{\begin{bmatrix} x_1 \\ x_2 \\ x_3 \end{bmatrix}} = \underset{b}{\begin{bmatrix} 7 \\ 10 \\ 2 \end{bmatrix}}$$

其解是 $x = A^{-1}b$。在 MATLAB 中有两种简单的方法可以解决这个问题。内部函数 inv 可以被用于求 A 得逆，然后再将结果乘以 b，或可以使用 divided into 运算符。

```
>> A = [4 -2 1; 1 1 5; -2 3 -1];
>> b = [7; 10; 2];
>> x = inv(A) * b
x =
     3.0244
     2.9512
     0.8049
>> x = A  b
x =
     3.0244
     2.9512
     0.8049
```

14.3.2.1　求解 2 ×2 方程组

尽管在 MATLAB 中看起来很简单，一般情况下求解方程组却是不容易的。然而，2 ×2 方程组是相当简单的，而且有几种这些方程组的求解方法在 MATLAB 中都有内部函数。

思考下面 2 × 2 方程组：

$$\begin{aligned} x_1 + 2x_2 &= 2 \\ 2x_1 + 2x_2 &= 6 \end{aligned}$$

在 MATLAB 中，我们可以使用一个脚本去绘制这些直线；结果如图 14.6 所示。

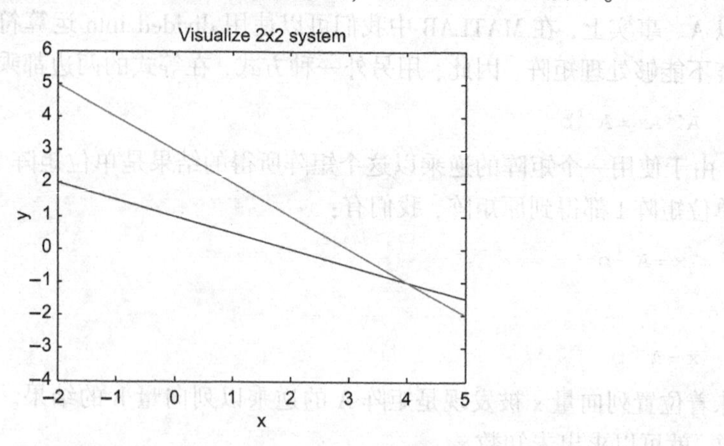

图 14.6　将 2×2 方程组形象化成直线

两条直线的交叉点是点(4，-1)。也就是说，$x_1=4.$，$x_2=-1$。

这个方程组的矩阵形式是：

$$\begin{matrix} A & x & b \end{matrix}$$

$$\begin{bmatrix}1 & 2\\2 & 2\end{bmatrix}\begin{bmatrix}x_1\\x_2\end{bmatrix}=\begin{bmatrix}2\\6\end{bmatrix}$$

我们已经看到了解，即 $x=A^{-1}b$，因此如果我们可以找到 A 的逆，就可以得到解。一种可以找到 2×2 矩阵逆的方法包括计算行列式 D。

对于一个 2×2 矩阵

$$A=\begin{bmatrix}a_{11} & a_{12}\\a_{21} & a_{22}\end{bmatrix}$$

其行列式 D 被定义如下：

$$D=\begin{vmatrix}a_{11} & a_{12}\\a_{21} & a_{22}\end{vmatrix}=a_{11}a_{22}-a_{12}a_{21}$$

行列式被写成使用垂直线包围的系数矩阵，被定义成对角线上两个数值的乘积减去另外两个数的乘积。

对于一个 2×2 矩阵，矩阵的逆根据 D 被定义成如下：

$$A^{-1}=\frac{1}{D}\begin{bmatrix}a_{22} & -a_{12}\\-a_{21} & a_{11}\end{bmatrix}$$

因此矩阵的逆是上面的矩阵中的每个元素都乘以标量 1/D 的结果。注意此矩阵不是矩阵 A，但是被矩阵 A 中的元素以如下的方式所决定：对角线上的值互相颠倒，并且给另外两个值加上负号。

注意如果行列式 D 的值是 0，那么我们将找不到矩阵 A 的逆。

对于我们的系数矩阵

$$A=\begin{bmatrix}1 & 2\\2 & 2\end{bmatrix},\ D=\begin{vmatrix}1 & 2\\2 & 2\end{vmatrix}=1*2-2*2=-2$$

因此

$$A^{-1} = \frac{1}{1*2-2*2}\begin{bmatrix} 2 & -2 \\ -2 & 1 \end{bmatrix} = \frac{1}{-2}\begin{bmatrix} 2 & -2 \\ -2 & 1 \end{bmatrix} = \begin{bmatrix} -1 & 1 \\ 1 & -\frac{1}{2} \end{bmatrix}$$

并且

$$\begin{bmatrix} x_1 \\ x_2 \end{bmatrix} = \begin{bmatrix} -1 & 1 \\ 1 & -\frac{1}{2} \end{bmatrix}\begin{bmatrix} 2 \\ 6 \end{bmatrix}$$

计算这个矩阵的乘法，就找到了未知数。结果是，

$x_1 = -1*2+1*6 = 4$

$x_2 = 1*2+(-1/2)*6 = -1$

当然，结果与两条直线的交叉点坐标是一样的。

要在 MATLAB 中执行这个过程，我们首先创建系数矩阵的变量 A 和列向量 b。

```
>> A = [1 2; 2 2];
>> b = [2; 6];
```

编程方法

对于 2 × 2 矩阵，使用简单的语句就可以得到其行列式和逆。

```
>> deta = A(1,1) * A(2,2) - A(1,2) * A(2,1)
  deta =
   -2
>> inva = (1/deta) * [A(2,2) -A(1,2); -A(2,1) A(1,1)]
  inva =
    -1.0000    1.0000
     1.0000   -0.5000
```

有效方法

我们已经看到，MATLAB 有一个内置的函数 inv，用来求解矩阵的逆。它还有一个内置函数 det，用来求解行列式：

```
>> det(A)
ans =
     -2
>> inv(A)
ans =
   -1.0000    1.0000
    1.0000   -0.5000
```

练习 14.4

对于下面 2 × 2 方程组

$x_1 + 2x_2 = 4$

$-x_1 = 3$

按以下要求写在纸上：

- 写出方程组的矩阵形式 Ax = b
- 通过找到矩阵的逆 A^{-1} 来求解，$x = A^{-1}b$

接下来，用 MATLAB 验证你的答案。

14.3.2.2 Gauss，Gauss-Jordan 消元法

对于 2×2 的方程组，有便于定义和简单的解决方案。然而，对于较大规模的方程组，寻找解决方法常常不是那么简单的。

下面将描述两种解线性方程组的相关方法：Gauss(高斯)消元法和 Gauss-Jordan(高斯–约当)消元法。这两种方法都是基于如果方程组有相同的解集，那么这些方程组就是等价的。此外，对一个矩阵的行进行简单的操作，称为初等行变换(ERO)，可以得到等价的矩阵。这些可以分为以下 3 个类别。

缩放：这个操作通过乘以一个非零的标量 s 改变一个行，写为

$$sr_i \rightarrow r_i$$

行的互换：例如，互换行 r_i 和 r_j，写为

$$r_i \longleftrightarrow r_j$$

替换：通过给行加上缩放后的其他行来代替原来的行。对于一个给定的行 r_i，这种操作被写成

$$r_i \pm sr_j \rightarrow r_i$$

注意当替换行 r_i 时，不能对它进行缩放。而行 r_j 却要乘以一个标量 s(这可能是一小部分)并且被加到行 r_i 或从行 r_i 中减去。

例如，对于这个矩阵：

$$\begin{bmatrix} 4 & 2 & 3 \\ 1 & 4 & 0 \\ 2 & 5 & 3 \end{bmatrix}$$

对于行的互换的例子，我们用 $r_1 \longleftrightarrow r_3$，得出：

$$\begin{bmatrix} 4 & 2 & 3 \\ 1 & 4 & 0 \\ 2 & 5 & 3 \end{bmatrix} r_1 \longleftrightarrow r_3 \begin{bmatrix} 2 & 5 & 3 \\ 1 & 4 & 0 \\ 4 & 2 & 3 \end{bmatrix}$$

然后从这个矩阵开始，给出一个缩放的例子 $2r_2 \rightarrow r_2$，这意味着第 2 行的所有元素都将乘以 2。得出：

$$\begin{bmatrix} 2 & 5 & 3 \\ 1 & 4 & 0 \\ 4 & 2 & 3 \end{bmatrix} 2r_2 \rightarrow r_2 \begin{bmatrix} 2 & 5 & 3 \\ 2 & 8 & 0 \\ 4 & 2 & 3 \end{bmatrix}$$

然后从这个矩阵开始，给出一个替换的例子 $r_3 - 2r_2 \rightarrow r_3$。第 3 行的元素逐个被替换成第 3 行元素减去 2 乘以第 2 行中对应的元素。得出：

$$\begin{bmatrix} 2 & 5 & 3 \\ 2 & 8 & 0 \\ 4 & 2 & 3 \end{bmatrix} r_3 - 2r_2 \rightarrow r_3 \begin{bmatrix} 2 & 5 & 3 \\ 2 & 8 & 0 \\ 0 & -14 & 3 \end{bmatrix}$$

练习 14.5

写出下面每个初等行变换(ERO)的结果：

$$\begin{bmatrix} 4 & 2 & 3 \\ 1 & 4 & 0 \\ 2 & 5 & 3 \end{bmatrix} r_2 \longleftrightarrow r_3$$

$$\begin{bmatrix} 2 & 2 & 4 \\ 1 & 4 & 0 \\ 2 & 6 & 3 \end{bmatrix} r_2 - \frac{1}{2}r_1 \rightarrow r_2$$

$$\begin{bmatrix} 2 & 3 & 4 \\ 0 & 6 & 2 \\ 1 & 5 & 4 \end{bmatrix} \frac{1}{2}r_2 \rightarrow r_2$$

Gauss 和 Gauss-Jordan 方法都是从方程组的矩阵形式 Ax = b 开始的，然后将列向量 b 加入系数矩阵 A。

Gauss 消元法

Gauss 消元法由以下几个方面组成：

- 创建扩充矩阵[A b]
- 将初等行变换应用到被扩充后的矩阵上，使其变成梯阵式，简单来说就是一种上三角的形式(称为向前消元)
- 回代求解

例如，对于一个 2 ×2 的方程组，其扩充矩阵是：

$$\begin{bmatrix} a_{11} & a_{12} & b_1 \\ a_{21} & a_{22} & b_2 \end{bmatrix}$$

然后，使用初等行变换将此扩充矩阵变成上三角的形式(即左边的方阵部分是上三角的形式)：

$$\begin{bmatrix} a'_{11} & a'_{12} & b'_1 \\ 0 & a'_{22} & b'_2 \end{bmatrix}$$

因此，目标仅仅是将 a_{21} 替换成 0。这里三单式表明数值(可能)已经被改变。

把结果代回矩阵方程，得到：

$$\begin{bmatrix} a'_{11} & a'_{12} \\ 0 & a'_{22} \end{bmatrix} \begin{bmatrix} x_1 \\ x_2 \end{bmatrix} = \begin{bmatrix} b'_1 \\ b'_2 \end{bmatrix}$$

执行矩阵乘法得到：

$$a'_{11}x_1 + a'_{12}x_2 = b'_1$$
$$a'_{22}x_2 = b'_2$$

所以，方程的解是：

$$x_2 = b'_2 / a'_{22}$$
$$x_1 = (b'_1 - a'_{12}x_2) / a'_{11}$$

类似地，对于一个 3 ×3 方程组，其扩充矩阵被化简成上三角的形式：

$$\begin{bmatrix} a_{11} & a_{12} & a_{13} & b_1 \\ a_{21} & a_{22} & a_{23} & b_2 \\ a_{31} & a_{32} & a_{33} & b_3 \end{bmatrix} \rightarrow \begin{bmatrix} a'_{11} & a'_{12} & a'_{13} & b'_1 \\ 0 & a'_{22} & a'_{23} & b'_2 \\ 0 & 0 & a'_{33} & b'_3 \end{bmatrix}$$

(这个过程将会被有系统性地完成，首先在 a_{21} 的位置得到一个 0，然后是 a_{31}，最后是 a_{32}。)然后方程组的解将是：

$$x_3 = b'_3 / a'_{33}$$

$x_2 = (b'_2 - a'_{23}x_3)/a'_{22}$
$x_1 = (b'_1 - a'_{13}x_3 - a'_{12}x_2)/a'_{11}$

注意我们首先找到最后一个未知数 x_3，然后是第 2 个未知数。再然后是第 1 个未知数。这就是为什么称之为回代法。

思考下面的 2×2 方程组，将其作为一个例子来看：

$x_1 + 2x_2 = 2$
$2x_1 + 2x_2 = 6$

变成矩阵方程的形式 Ax = b，是：

$$\begin{bmatrix}1 & 2\\2 & 2\end{bmatrix}\begin{bmatrix}x_1\\x_2\end{bmatrix} = \begin{bmatrix}2\\6\end{bmatrix}$$

第一步是用 b 去扩充系数矩阵 A，得到一个扩充的矩阵[A|b]：

$$\begin{bmatrix}1 & 2 & 2\\2 & 2 & 6\end{bmatrix}$$

对于向前消元法，我们想要在 a_{21} 的位置上得到一个 0。为了完成它，我们将修改矩阵的第 2 行，把它减去 2 乘以第 1 行。

我们将写出如下的初等行变换：

$$\begin{bmatrix}1 & 2 & 2\\2 & 2 & 6\end{bmatrix} r_2 - 2r_1 \to r_2 \begin{bmatrix}1 & 2 & 2\\0 & -2 & 2\end{bmatrix}$$

现在，把它代回矩阵方程：

$$\begin{bmatrix}1 & 2\\0 & -2\end{bmatrix}\begin{bmatrix}x_1\\x_2\end{bmatrix} = \begin{bmatrix}2\\2\end{bmatrix}$$

如此可知第 2 个方程现在是 $-2x_2 = 2$，所以 $x_2 = -1$。代入第 1 个方程，$x_1 + 2(-1) = 2$，因此 $x_1 = 4$。

这就是回代法。

Gauss-Jordan

Gauss-Jordan 消元法开始的方式与 Gauss 消元法相同，但是，不使用回代法，而是继续消元。Gauss-Jordan 消元法由以下几个步骤组成：

- 创建扩充矩阵[A|b]
- 通过使用初等行变换得到一个上三角矩阵，进行向前消元
- 对矩阵进行向后消元得到对角矩阵的形式，并得出结果

对于一个 2×2 的方程组，这个方法将会得出

$$\begin{bmatrix}a_{11} & a_{12} & b_1\\a_{21} & a_{22} & b_2\end{bmatrix} \to \begin{bmatrix}a'_{11} & 0 & b'_1\\0 & a'_{22} & b'_2\end{bmatrix}$$

对于一个 3×3 的方程组，

$$\begin{bmatrix}a_{11} & a_{12} & a_{13} & b_1\\a_{21} & a_{22} & a_{23} & b_2\\a_{31} & a_{32} & a_{33} & b_3\end{bmatrix} \to \begin{bmatrix}a'_{11} & 0 & 0 & b'_1\\0 & a'_{22} & 0 & b'_2\\0 & 0 & a'_{33} & b'_3\end{bmatrix}$$

注意，结果对角矩阵不包括最右边的一列。

例如，对于前面小节的 2×2 方程组，向前消元法得出矩阵：

$$\begin{bmatrix}1 & 2 & 2\\0 & -2 & 2\end{bmatrix}$$

现在，继续向后消元，我们需要在 a_{12} 的位置上得到 0：

$$\begin{bmatrix}1 & 2 & 2\\0 & -2 & 2\end{bmatrix} r_1 + r_2 \rightarrow r_1 \begin{bmatrix}1 & 0 & 4\\0 & -2 & 2\end{bmatrix}$$

因此，方程组的解是 $x_1 = 4$；$-2x_2 = 2$ 或 $x_2 = 1$。

下面是一个 3×3 方程组的例子：

$$\begin{aligned} x_1 + 3x_2 \quad\quad &= 1\\ 2x_1 + x_2 + 3x_3 &= 6\\ 4x_1 + 2x_2 + 3x_3 &= 3 \end{aligned}$$

在矩阵的形式中，扩充矩阵[A|b]是

$$\begin{bmatrix}1 & 3 & 0 & 1\\2 & 1 & 3 & 6\\4 & 2 & 3 & 3\end{bmatrix}$$

对于向前消元法（系统性地首先在位置 a_{21} 得到一个 0，然后是 a_{31}，最后是 a_{32}。）：

$$\begin{bmatrix}1 & 3 & 0 & 1\\2 & 1 & 3 & 6\\4 & 2 & 3 & 3\end{bmatrix} r_2 - 2r_1 \rightarrow r_2 \begin{bmatrix}1 & 3 & 0 & 1\\0 & -5 & 3 & 4\\4 & 2 & 3 & 3\end{bmatrix}$$

$$r_3 - 4r_1 \rightarrow r_3 \begin{bmatrix}1 & 3 & 0 & 1\\0 & -5 & 3 & 4\\0 & -10 & 3 & -1\end{bmatrix} r_3 - 2r_2 \rightarrow r_3 \begin{bmatrix}1 & 3 & 0 & 1\\0 & -5 & 3 & 4\\0 & 0 & -3 & -9\end{bmatrix}$$

对于高斯消元法，后面将要执行的就是回代法。对于 Gauss-Jordan 消元法，后面的步骤将会被向后消元所代替：

$$\begin{bmatrix}1 & 3 & 0 & 1\\0 & -5 & 3 & 4\\0 & 0 & -3 & -9\end{bmatrix} r_2 + r_3 \rightarrow r_2 \begin{bmatrix}1 & 3 & 0 & 1\\0 & -5 & 0 & -5\\0 & 0 & -3 & -9\end{bmatrix}$$

$$r_1 + 3/5r_2 \rightarrow r_1 \begin{bmatrix}1 & 0 & 0 & -2\\0 & -5 & 0 & -5\\0 & 0 & -3 & -9\end{bmatrix}$$

因此

$$\begin{aligned} x_1 &= -2\\ -5x_2 &= -5\\ x_2 &= 1\\ -3x_3 &= -9\\ x_3 &= 3 \end{aligned}$$

这里是使用 MATLAB 进行这个求解过程的例子：

```
>> a = [1 3 0; 2 1 3; 4 2 3]
a =
    1  3  0
    2  1  3
    4  2  3
```

```
>> b = [1 6 3]'
b =
    1
    6
    3
>> ab = [a b]
ab =
    1  3  0  1
    2  1  3  6
    4  2  3  3
>> ab(2, :) = ab(2, :) - 2 * ab(1, :)
ab =
    1   3  0  1
    0  -5  3  4
    4   2  3  3
```

14.3.2.3 最简化的梯阵形式

Gauss-Jordan 消元法得出一个对角矩阵；例如，对于一个 3×3 的方程组：

$$\begin{bmatrix} a_{11} & a_{12} & a_{13} & b_1 \\ a_{21} & a_{22} & a_{23} & b_2 \\ a_{31} & a_{32} & a_{33} & b_3 \end{bmatrix} \rightarrow \begin{bmatrix} a'_{11} & 0 & 0 & b'_1 \\ 0 & a'_{22} & 0 & b'_2 \\ 0 & 0 & a'_{33} & b'_3 \end{bmatrix}$$

将以简化的梯阵形式进行更进一步化简，将对角线上的元素都化成 1 而不是系数 a，所以 b 这一列就是方程的解。要完成这一步，需要对每一行进行缩放。

$$\begin{bmatrix} a_{11} & a_{12} & a_{13} & b_1 \\ a_{21} & a_{22} & a_{23} & b_2 \\ a_{31} & a_{32} & a_{33} & b_3 \end{bmatrix} \rightarrow \begin{bmatrix} 1 & 0 & 0 & b'_1 \\ 0 & 1 & 0 & b'_2 \\ 0 & 0 & 1 & b'_3 \end{bmatrix}$$

换句话说，我们要将$[A|b]$化简成$[I|b']$。MATLAB 有一个内部函数可以进行这样的化简，称为 rref。例如，对于前面的例子：

```
>> a = [1 3 0; 2 1 3; 4 2 3];
>> b = [1 6 3]';
>> ab = [a b];
>> rref(ab)
ans =
    1  0  0  -2
    0  1  0   1
    0  0  1   3
```

方程的解在矩阵的最后一列，所以 $x_1 = -2, x_2 = 1, x_3 = 3$。为了在 MATLAB 中得到单独的列向量：

```
>> x = ans(:, end)
x =
    -2
     1
     3
```

练习 14.6

对于下面的 2×2 方程组

$$\begin{aligned} x_1 + 2x_2 &= 4 \\ -x_1 &= 3 \end{aligned}$$

使用 Gauss，Gauss-Jordan 和 RREF 手工求解。

通过化简一个扩充矩阵求矩阵的逆

对于一个规模大于 2×2 的方程组，有一种数学的方法可以求得矩阵 A 的逆，即用同样大小的单位矩阵去扩充原矩阵，然后进行化简。算法过程是：

- 用 I 扩充矩阵，如[A|I]
- 化简成形式如[I|X]；X 即是 A^{-1}

例如，在 MATLAB 中，我们可以创建一个矩阵，并且用一个单位矩阵去扩充它，然后使用 rref 函数去化简它。

```
>> a = [1 3 0; 2 1 3; 4 2 3];
>> rref([a eye(size(a))])
ans =
    1.0000         0         0   -0.2000   -0.6000    0.6000
         0    1.0000         0    0.4000    0.2000   -0.2000
         0         0    1.0000         0    0.6667   -0.3333
```

在 MATLAB 中，函数 inv 可以验证这个结果。

```
>> inv(a)
ans =
   -0.2000   -0.6000    0.6000
    0.4000    0.2000   -0.2000
         0    0.6667   -0.3333
```

14.4　符号数学

符号数学意味着在符号上进行数学运算（而不是数字！）。例如：$a+a$ 为 $2a$。符号数学的函数在 MATLAB 的符号数学工具箱中。工具箱包括相关函数，属于 MATLAB 的附件。符号数学工具箱包括解方程的替代方法，并且将涵盖在该章节中。

14.4.1　符号变量和表达式

MATLAB 有一种用于符号变量和表达式的类型函数 sym。例如，要创建一个字符变量 a 并且执行刚才描述的加法，首先将一个字符串'a'传递给函数 sym 来创建一个符号变量：

```
>> a = sym('a');
>> a+a
ans =
2*a
```

符号变量也可以存储表达式。例如，变量 b 和变量 c 存储符号表达式：

```
>> b = sym('x^2');
>> c = sym('x^4');
```

所有基本的数学操作都可以用于符号变量和表达式（如加，减，乘，除，自乘，等等）。如以下的例子：

```
>> c/b
ans =
x^2
>> b^3
```

```
ans =
x^6
>> c*b
ans =
x^6
>> b+sym('4*x^2')
ans =
5*x^2
```

从最后一个例子可以看出，MATLAB 将合并这些表达式的同类项，将 x^2 和 $4x^2$ 相加得到结果 $5x^2$。

下面通过传递字符串创建一个符号表达式，但是同类项不会自动合并：

```
>> sym('z^3 +2*z^3')
ans =
z^3 +2*z^3
```

另一方面，如果 z 是开始的符号变量，在表达式中是不需要引用的，同类项则被自动合并：

```
>> z = sym('z');
>> z^3 + 2*z^3
ans =
3*z^3
```

如果想要使用多个变量作为符号变量名，则 syms 可以作为快捷函数而不必重复使用 sym。例如：

```
>> syms x y z
```

相当于

```
>> x = sym('x');
>> y = sym('y');
>> z = sym('z');
```

内置函数 sym2poly 和 poly2sym 将符号表达式和多项式向量互相转换。例如：

```
>> myp = [1 2 -4 3];
>> poly2sym(myp)
ans =
   x^3 +2*x^2 -4*x +3
>> mypoly = [2 0 -1 0 5];
>> poly2sym(mypoly)
ans =
   2*x^4 -x^2 +5
>> sym2poly(ans)
ans =
   2  0  -1  0  5
```

14.4.2 简化函数

有些函数可以简化和合并表达式。虽然不是所有表达式都可以简化，但是 simplify 函数尽其可能来简化表达式，包括合并同类项。例如：

```
>> x = sym('x');
>> myexpr = cos(x)^2 + sin(x)^2

myexpr =
cos(x)^2 +sin(x)^2
```

```
>> simplify(myexpr)
ans =
1
```

函数 collect、expand 和 factor 可用于多项表达式。函数 collect 可以合并系数，如下：

```
>> x = sym('x');
>> collect(x^2 + 4*x^3 + 3*x^2)
ans =
4*x^2 + 4*x^3
```

函数 expand 的作用是乘出项，而 factor 则相反：

```
>> expand((x+2)*(x-1))
ans =
x^2 +x -2
>> factor(ans)
ans =
(x+2)*(x-1)
```

如果参数不能被因式分解，将会返回原始输入的参数。

函数 subs 可以将一个表达式的符号变量替换为另一个值。例如：

```
>> myexp = x^3 +3*x^2 -2
myexp =
x^3 +3*x^2 -2
>> subs(myexp,3)
ans =
    52
```

如果表达式中有多个变量，默认选择一个变量进行替换(在例子中是 x)，或被替换的变量可以被选定：

```
>> syms a b x
>> varexp = a*x^2 +b*x;
>> subs(varexp,3)
ans =
9*a +3*b
>> subs(varexp,'a',3)
ans =
3*x^2 +b*x
```

通过符号数学，MATLAB 可默认用于有理数，这就意味着结果是小数形式。例如，运行 1/3 + 1/2，会得到一个 double 类型的值：

```
>> 1/3 +1/2
ans =
    0.8333
```

然而，使用符号表达式，结果也是符号的。任何数值函数(如 double)都可以转化：

```
>> sym(1/3 +1/2)
ans =
5/6
>> double(ans)
ans =
    0.8333
```

函数 numden 可以分别返回一个符号表达式的分子和分母：

```
>> sym(1/3 +1/2)
```

```
ans =
5/6
>> [n,d] = numden(ans)
n =
5
d =
6
>> [n,d] = numden((x^3 + x^2)/x)
n =
x^2 * (x + 1)
d =
x
```

14.4.3 显示表达式

函数 pretty 可以以指数的形式显示表达式。例如：

```
>> b = sym('x^2')
b =
x^2
>> pretty(b)
```

在 MATLAB 中有一些以'ez'开头的绘图函数，将符号表达式转化为数字并且绘制出来。例如，函数 ezplot 可以绘制一个 x 范围在 -2π 到 2π 之间的二维图。

```
>> ezplot('x^3 + 3 * x^2 -2')
```

上式可生成如图 14.7 所示的图。

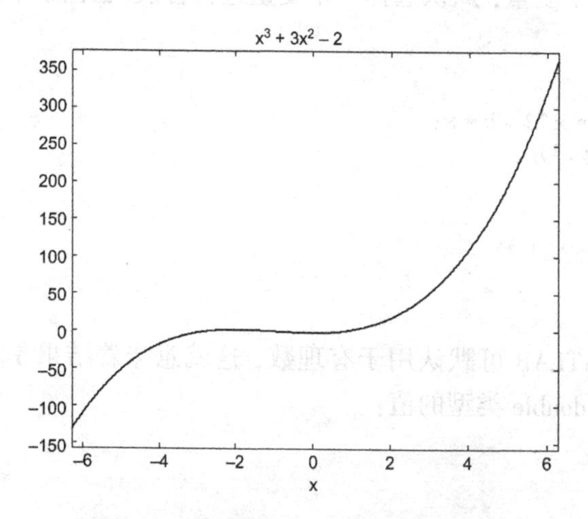

图 14.7　使用函数 ezplot 产生的图像

函数 ezplot 的域也可以被设定。例如要改变 x 轴的范围为 0 到 π，它被设定为一个向量。结果如图 14.8 所示。

```
>> ezplot ('cos(x)',[0 pi])
```

14.4.4 解方程

我们现在已有多种用一个矩阵表示来解联立线性方程的方法。MATLAB 也可以用符号数学来解这类方程。

函数 solve 用于解方程，并且以符号表达式的方式返回解。解可以被任何数字函数转化为数字，如 double：

```
>> x = sym('x');
>> solve('2 * x^2 + x = 6')
ans =
    -2
    3/2
>> double(ans)
ans =
    -2.0000
     1.5000
```

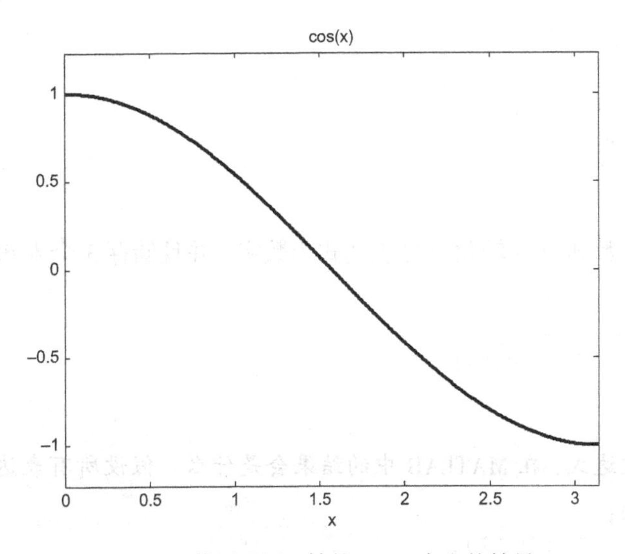

图 14.8　使用通用 x 轴的 ezplot 产生的结果

如果传递给 solve 函数的参数是一个表达式而不是一个方程，则设表达式等于 0，并且解此方程。例如，求解 $3x^2 + x = 0$：

```
>> solve('3 * x^2 + x')
ans =
    0
  -1/3
```

如果有多个变量，MALAB 将会选择求解哪个。在下面的例子中，解方程 $ax^2 + bx = 0$。有 3 个变量。从 a 和 b 表示的结果中可以看到，方程是为求解 x 的。MATLAB 遵循内定的规则选择解哪个变量。例如，如果方程和表达式中存在 x，则 x 通常作为第一选择。

```
>> solve('a * x^2 + b * x')
ans =
    0
  -b/a
```

然而，也可以设定求解哪个变量：

```
>> solve('a * x^2 + b * x','b')
ans =
-a * x
```

MATLAB 也可以解方程组。在这个例子中，x,y,z 的解返回一个以 x,y,z 的域组成的结构。单独的解是存储在结构体域中的符号表达式。

```
>> solve('4*x-2*y+z = 7','x+y+5*z = 10','-2*x+3*y-z = 2')
ans =
    x:[1×1 sym]
    y:[1×1 sym]
    z:[1×1 sym]
```

要访问结构体域中的单独的解，可使用 dot 运算符。

```
>> x = ans.x
x =
124/41

>> y = ans.y
y =
121/41

>> z = ans.z
z =
33/41
```

然后可以使用函数 double 转化符号表达式为数字，并且储存 3 个未知数的结果在向量中：

```
>> double([x y z])
ans =
    3.0244  2.9512  0.8049
```

练习 14.7

对于以下每个表达式，在 MATLAB 中的结果会是什么。假设所有表达式都按顺序键入。

```
x = sym('x');
a = sym(x^3 - 2*x^2 ? 1);
b = sym(x^3 ? x^2);
res = a? b
p = sym2poly(res)
polyval(p, 2)
sym(1/2 ? 1/4)
solve('x^2 - 16')
```

14.5 微积分：积分和微分

MATLAB 有一些对数学函数 f(x) 执行常见微积分运算的函数，如 integration 和 differentiation。

14.5.1 积分和梯形法则

在从 x = a 到 x = b 的范围内，函数 f(x) 的积分写成

$$\int_a^b f(x)\,dx$$

只要这个函数是在 x 轴之上的，它被定义为 f(x) 曲线下从 a 到 b 围成的面积。数值积分方法涉及近似面积。

一种简单的近似求曲线下面积的方法是从 f(a) 到 f(b) 画一条直线并且计算得到梯形的面积

$$(b - a)\frac{f(a) + f(b)}{2}$$

在 MATLAB 中这能够作为一个函数来实现。

编程思想

该函数接收传递来的函数句柄和界限 a 和 b。

trapint.m

```
function int = trapint(fnh,a,b)
% trapint approximates area under a curve f(x)
%  from a to b using a trapezoid
% Format: trapint(handle of f,a,b)
int = (b-a) * (fnh(a) + fnh(b))/2;
end
```

要调用这个函数，例如，对于函数 $f(x) = 3x^2 - 1$，定义一个匿名函数，然后将它的句柄传递给 trapint 函数。

```
>> f = @ (x)3 * x.^2 -1;
approxint = trapint(f,2,4)
approxint =
    58
```

高效方法

MATLAB 有一个内建函数 trapz 实现了梯形规则。把包含 x 的值的向量和 y = f(x) 都传递给这个函数。例如，采用刚才定义的匿名函数：

```
>> x = [2 4];
>> y = f(x);
>> trapz(x,y)
ans =
    58
```

这种方法的一种改进是将 a 到 b 的区域分割为 n 个间隔，对每个间隔应用梯形规则，然后求和。例如，对于上述情况，如果有两个间隔，可以画一条直线从 f(a) 到 f((a+b)/2)，另一条直线从 f((a+b)/2) 到 f(b)。

编程思想

这是对前面提到的函数的修改，它接收传递来的函数句柄、界限及间隔的数目。

trapintn.m

```
function intsum = trapintn(fnh,lowrange,highrange,n)
% trapintn approximates area under a curve f(x) from
%  a to b using trapezoid with n intervals
% Format: trapintn(handle of f,a,b,n)
intsum = 0;
increm = (highrange-lowrange)/n;
for a = lowrange:increm:highrange-increm
    b = a + increm;
    intsum = intsum + (b-a) * (fnh(a) + fnh(b))/2;
end
end
```

例如，它近似的给出了前面给出的函数 f 在有两个间隔时的积分值：

```
>> trapintn(f,2,4,2)
ans =
  55
```

高效方法

采用内建函数 trapz 来完成相同的事情，使用值 2、3 和 4 创建 x 向量：

```
>> x = 2:4;
>> y = f(x)
>> trapz(x,y)
ans =
  55
```

在这些例子中，使用一阶多项式的直线。其他的方法涉及高阶多项式。内建函数 quad 采用辛普森方法来实现。通常需要传递给它 3 个参数：函数的句柄、界限 a 和 b。例如，对于之前的函数：

```
>> quad(f,2,4)
ans =
  54
```

MATLAB 中有一个 polyint 函数，它能够求多项式的积分。例如，多项式 $3x^2+4x-4$，可以用向量表示为[3 4 -4]，其积分求法如下：

```
>> origp = [3 4 -4];
>> intp = polyint(origp)
intp =
    1  2  -4  0
```

这就表示上述多项式的积分是多项式 x^3+2x^2-4x。

14.5.2 微分

函数 $y=f(x)$ 的导数写作 $\frac{dy}{dx}f(x)$ 或 $f'(x)$，它被定义为因变量 y 随着 x 的变化率。导数是函数在给定点处切线的斜率。

MATLAB 有一个 polyder 函数，可以计算一个多项式的导数。例如，多项式 x^3+2x^2-4x+3，它用向量[1 2 -4 3]表示，计算它的导数：

```
>> origp = [1 2 -4 3];
>> diffp = polyder(origp)
diffp =
   3       4       -4
```

结果显示该导数为多项式 $3x^2+4x-4$。函数 polyval 能够计算在确定值 x 处的导数，例如对于 $x=1,2,3$：

```
>> polyval(diffp,1:3)
ans =
   3    16    35
```

导数能够写成极限形式：

$$f'(x) = \lim_{h\to 0}\frac{f(x+h)-f(x)}{h}$$

并且可以用一个差分方程近似。

回想一下 MATLAB 的内置函数 diff，它返回一个向量中每两个连续的元素的差。对于函数

$y = f(x)$，其中 x 是向量，$f'(x)$ 的值可以近似为 diff(y) 除以 diff(x)。例如，方程 $x^3 + 2x^2 - 4x + 3$ 可以写成一个匿名函数。可以看出，近似导数接近使用 polyder 和 polyval 找到的值。

```
>> f = @ (x) x .^3 + 2 * x .^2 - 4 * x + 3;
>> x = 0.5:3.5
x =
    0.5000  1.5000  2.5000  3.5000
>> y = f(x)
y =
    1.6250  4.8750  21.1250  56.3750
>> diff(y)
ans =
    3.2500  16.2500  35.2500
>> diff(x)
ans =
    1  1  1
>> diff(y) ./diff(x)
ans =
    3.2500  16.2500  35.2500
```

14.5.3　符号数学工具箱中的微积分

在符号数学工具箱(Symbolic Math Toolbox)中有很多函数可以执行符号微积分操作。例如，diff 求差分，int 求积分。例如为了从命令窗口获得 int 函数的信息：

```
>> help sym/int
```

例如，为了求出函数 $f(x) = 3x^2 - 1$ 的不定积分：

```
>> syms x
>> int(3 * x^2 -1)
ans =
x^3 - x
```

相反，为了求函数从 $x = 2$ 到 $x = 4$ 范围内的定积分：

```
>> int(3 * x^2 -1,2,4)
ans =
54
```

极限可以使用 limit 函数来计算，例如，对于之前介绍的差分方程：

```
>> syms x h
>> f
f =
      @ (x)x.^3 +2.*x.^2 -4.*x +3
>> limit((f(x +h) - f(x)) /h,h,0)
ans =
3 * x^2 -4 +4 * x
```

对于微分，替代之前的匿名函数，以符号化形式写出：

```
>> syms x f
>> f = x^3 + 2 * x^2 -4 * x+ 3
f =
x^3 +2 * x^2 -4 * x +3
>> diff(f)
ans =
 3 * x^2 -4 +4 * x
```

练习 14.8

对于函数 $3x^2-4x+2$：

- 计算该函数的不定积分。
- 计算函数从 x=2 到 x=5 的定积分。
- 估计曲线下从 x=2 到 x=5 的面积。
- 计算它的导数。
- 估计当 x=2 时的导数。

探索其他有趣的特征

- 了解 interp1 函数，包含一个内插或外插的一览表。
- 了解 fminsearch 函数，寻找一个函数的极小值。
- 了解 fzero 函数，在指定的 x 附近尝试寻找函数值为 0。
- 了解线性代数函数，例如 rank，矩阵的秩；null，返回一个矩阵的零空间。
- 了解 blkdiag 函数，创建一个分块对角矩阵。
- 了解返回特征值和特征向量的函数，例如 eig 和 eigs。
- 了解 norm 函数寻找向量或矩阵的范数。
- 了解常微分方程求解函数，例如 ode32 和 ode45，使用 Runge-Kutta 集成方法。
- 在命令窗口，输入"odeexamples"可以看见一些常微分方程的例子代码。
- 了解其他一些数值积分的函数，例如 integral 和 integral2 是对二重积分而言，而 integral3 是对于三重积分而言。
- 了解 poly 函数，寻找一个矩阵的特征方程，polyeig，在指定程度下解决一个多项式特征值的问题。

总结

常见错误

- 忘记 fprintf 函数默认情况下只打印复数的实部。
- 外插值点离数据集太远。
- 忘记了用一个矩阵去扩充另一个矩阵时，两个矩阵的行数必须相同。

编程风格指南

- 曲线拟合得越好，外插值和内插值数据就越精确。
- 当处理符号表达式时，开始时就将变量表示为符号变量将更容易。

MATLAB 函数和命令		
roots	triu	subs
polyval	tril	numden
polyfit	inv	pretty
complex	det	ezplot

续表

MATLAB 函数和命令		
real	rref	solve
imag	sym	trapz
isreal	syms	quad
conj	sym2poly	polyint
angle	poly2sym	polyder
polar	simplify	int
diag	collect	limit
trace	expand	
eye	factor	

习题

1. 将下面的多项式表达成系数的行向量：

    $2x^3 - 3x^2 + x + 5$
    $3x^4 + x^2 + 2x - 4$

2. 对下面的函数求方程式 f(x) = 0 的解。除此之外，创建 x 和 y 向量，作出函数从 -3 到 3 区间的图像，以便使它的解可视化。

    $f(x) = 3x^2 - 2x - 5$

3. 计算多项式 $3x^3 + 4x^2 + 2x - 2$ 在 x = 4、x = 6、x = 8 处的值。
4. 有时多项式方程的根是复数。例如，创建多项式行向量 pol：

    ```
    >> pol = [3 6 5];
    ```

    采用 roots 函数计算它的根。同样，采用 ezplot(poly2sym(pol))来观察图像。然后将 pol 中的最后一个数字 5 改为 -7，再计算它的根并观察图像。
5. 写一个可以产生包含 10 个随机整数的向量的脚本程序，每个整数的取值范围是 0 ~ 100。如果这些数字比较分散，那么从小到大排列后，它们应该在一条直线上。为了测试确定一条通过这些点的直线并且绘制点和带有说明的直线。
6. 写一个函数，接收以 x、y 向量形式表示的数据点。如果向量的大小不一样，它们就不能表示数据点，将打印一个错误信息。否则这个函数将通过这些点确定一个随机次数的多项式，并且绘制出这些点和标题是指定的多项式次数的结果曲线。多项式次数必须小于数据的个数 n，因此这个函数必须生成一个范围为 1 ~ (n - 1) 的随机整数作为多项式的次数。
7. 一些数据点已经随着 y 的值上升到最高点，然后又落下。然而，不是通过这些点拟合二次曲线，而是通过这些点找到两条适合的直线：一条是通过从开始到 y 最大值的所有点；另一条是从 y 最大值的点到最后一个点，写一个 fscurve 函数接收 x 和 y 向量作为输入参数，然后用红星和两条线(默认的颜色和宽度，等等)绘制原始的点。图 14.9 显示例子使用函数的结果窗口。

    ```
    >> y = [2  4.3  6.5  11.11  8.8  4.4  3.1];
    >> x = 1: length (y);
    >> fscurve (x,y)
    ```

    (假设除了点上升到最高值然后又下降，不知道任何关于数据的信息。)
8. 创建一个用于存储数据点的数据文件(第 1 列存 x 的值，第 2 列存 y 的值)。写一个具有以下功能的脚本：

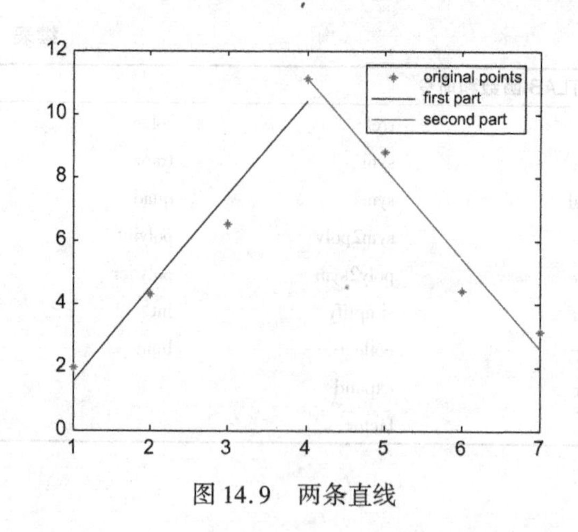

图 14.9 两条直线

- 读取数据点
- 拟合一条曲线
- 创建一个向量存储每一个 x 值对应的 y 的实际值和直线上的预测值的差
- 计算并打印向量 diffv 的标准差
- 绘制原始数据点和拟合的直线
- 打印 y 实际值大于预测值的个数
- 打印 y 实际值和预测值偏差为 1(+1 或 -1)的个数

对于设计桥梁的民用工程师来说，他们对有关河流和小溪中水流量的数据非常感兴趣，而对于环境工程师来说，他们关心的是灾难性事件对环境的影响，如洪水。

9. 神秘河在某一天的水流速度如下表所示。时间以小时为单位，水流速度以每秒立方英尺为单位。编写一个脚本，拟合数据的 3 级和 4 级多项式，并绘制这两个多项式的子图。在这些图中同时使用黑圈绘制原始数据。子图的标题应该包括多项式拟合的度。另外，绘制的图应该包括 x 和 y 的适当的标签。

Time	0	3	6	9	12	15	18	21	24
Flow Rate	800	980	1090	1520	1920	1670	1440	1380	1300

10. 编写一个脚本，使用向量化代码完成以下要求：
    - 创建一个元素从 1 到 10，步长为 0.5 的向量 x
    - 将 x 向量代入直线 y = 3x - 2，用得到的 y 值创建向量 y
    - 通过给向量中的每个元素随机增加或减少 0.5 来修改 y 向量
    - 为 x 向量和修改后的 y 向量拟合一条直线
    - 以蓝星绘制数据点(x、修改后的 y)并绘制这些点的拟合直线
    - 以通过这些点的拟合直线为图的名称

    注意，通过这些点的拟合直线只需要接近即可，不需要与创建原始数据点的直线完全相同(如图形窗口所示)。编写一个脚本是图形窗口如图 14.10 所示。使用逻辑随机增减 0.5 来创建修改后的 y 向量。

11. 写一个函数接收表示数据点的 x、y 向量。假设向量有相同的长度，向量 x 中的值都是正数，但不一定是整数。函数拟合这些点的 2 级和 3 级多项式。用黑星(*)绘制原始数据点，并且绘制曲线(在范围中每 100 个点以 x 向量给出，所以曲线看起来平滑)。它也会产生一个随机正数值 x，并且在这个 x 值中插入曲线。随机正数的范围必须在 x 向量范围内以便插入，而不是推断(例如，下面的例子 x 的值的范围从 0.5 到 5.5，所以随机整数产生的范围是 1 到 5)。插入的值用红星绘制(*)，两个值的平均值用红色的圈绘制(坐标轴和曲线的颜色都是默认的)。例如，图 14.11 由所求函数生成(随机整数是 4)。

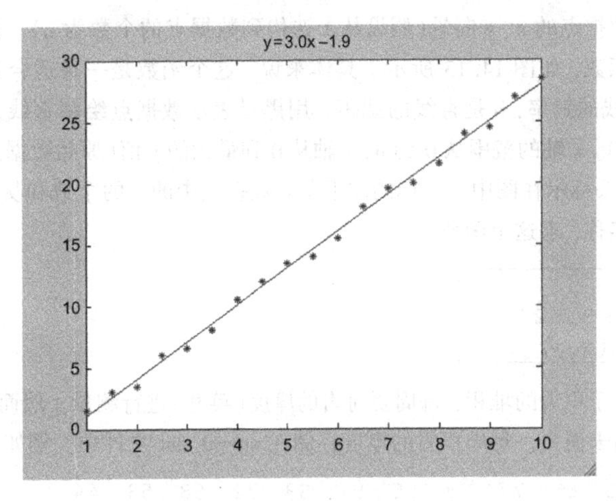

图 14.10　拟合直线

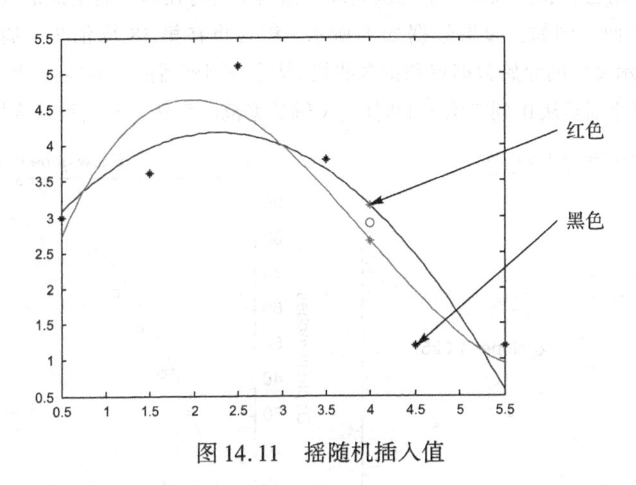

图 14.11　摇随机插入值

12. 写一个函数接收表示数据点的 x、y 向量。在一个图形窗口中，该函数用圆圈表示这些数据点，并且在图的顶部是一个最适合这些数据点的二阶多项式，底部为一个三阶多项式。顶部线的宽度为 3，颜色为灰色。底部图线的宽度为 2，颜色为蓝色。例如，图形窗口如图 14.12 所示。使用默认坐标轴。注意，改变线的宽度也将改变表示数据点的圆圈的大小。不需要使用循环。

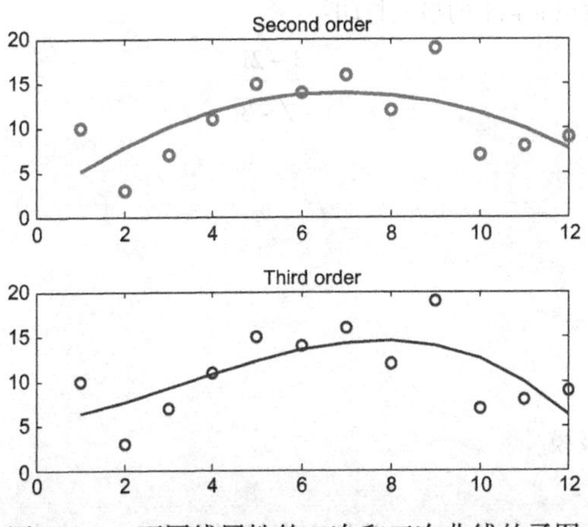

图 14.12　不同线属性的二次和三次曲线的子图

13. 下面的脚本创建表示数据点的 x、y 向量(假设从 1 迭代到数据点的个数为 n)。然后，将这些向量传递给一个产生图形窗口的函数，如图 14.13 所示。具体来说，这个函数是一条适合这些数据点的直线，形如 mx + b，其中，m 是直线的斜率，b 是直线的截距。用黑星表示数据点绘制直线，为了可以看见直线的截距，将直线延伸到 x = 0。x 轴的范围从 0 到 n，y 轴从 0 到最大的 y 值(原始数据点和直线上显示的 y 中的较大者)。斜率被用箭头标示在图中。坐标的左下角是数据点中的 x 的个数和从直线上得来的 y 值，并且直线的截距作为图的名称，求这个函数。

```
x = 1:6;
y = [8 7.5 5 3 2.7 2];
plotLineText(x,y)
```

14. 在一个寒冷的地方，由于积雪的堆积，每周要对雪的厚度(英寸)进行测量。然而，随着季节转换，天气变暖，雪堆开始变小但尚未消失。每周积雪的厚度存储在' snowd. dat '文件中。例如，数据可能如下：

```
8  20  31  42  55  65  77  88  95  97  89  72  68  53  44
```

写一个脚本程序，使用已有数据拟合一个二次曲线来预测积雪将在哪一周全部消失。把这周称为“雪消失的周数，并标记在上面。例如，如果数据如上所示，积雪将在第 18 周消失。脚本程序将会绘制成如图 14.14的图形，显示文件的原始数据点和拟合曲线(从第一周到雪消失那周)。雪消失的周数也将打印在标题中。x 轴的数值范围是从 0 到雪消失的时间，y 轴数据范围为从 0 到雪堆最大厚度。

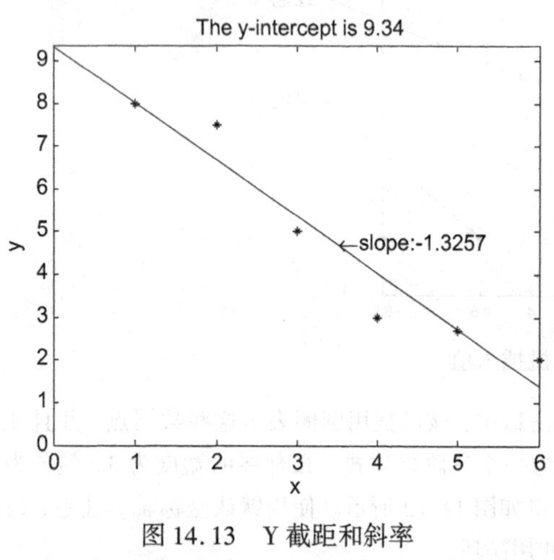

图 14.13 Y 截距和斜率

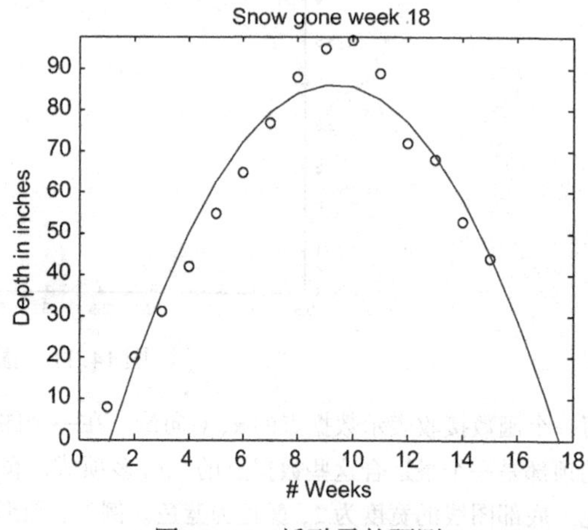

图 14.14 摇融雪的预测

15. 存储以下复数到变量中，并以 a + bi 的格式打印：

$$3-2i$$

$$\sqrt{-3}$$

16. 创建复数变量：

```
c1 = 2 - 4i;
c2 = 5 +3i;
```

然后执行以下操作：

- 相加
- 相乘
- 求每个复数的共轭复数及模
- 极坐标表示

17. 以系数行向量的形式表示 z^3-2z^2+3-5i，并把它存储到变量 compoly 中。使用 roots 函数求解方程 $z^3-2z^2+3-5i=0$，并通过 polyval 求当 z =2 时，变量 compoly 的值。

18. 确定如何使用 polar 函数绘制一个极坐标形式的复数的模和角度。
19. 复数的实部和虚部分别存储在不同的变量中，例如：

```
>> rp = [1.1 3 6];
>> ip = [2 0.3 4.9];
```

确定如何使用 complex 函数把这些独立的部分组合成复数，如：

```
1.1000 + 2.0000i  3.0000 + 0.3000i   6.0000 + 4.9000i
```

20. 对于以下矩阵：

$$A = \begin{bmatrix} 3 & 2 & 1 \\ 0 & 5 & 2 \\ 1 & 0 & 3 \end{bmatrix} \quad B = \begin{bmatrix} 2 \\ 1 \\ 3 \end{bmatrix} \quad]I = \begin{bmatrix} 1 & 0 & 0 \\ 0 & 1 & 0 \\ 0 & 0 & 1 \end{bmatrix}$$

如果它们是可行的，执行下列 MATLAB 运算，如果不可行，请解释原因。

```
I + A
A.*I
trace(A)
```

21. 写一个 issquare 函数，能够接收数组参数，如果是一个方阵则返回逻辑 1，否则返回逻辑 0。
22. n×n 单位矩阵迹的值是多少？
23. 写一个 myupp 函数，它能够接收一个正整数 n，返回一个随机正整数组成的 n×n 上三角矩阵。
24. 当使用高斯消元法求解一组代数方程时，解可以根据回代时相应矩阵的上三角形形式得到。编写一个 istriu函数，它接收矩阵变量，如果矩阵是上三角形形式就返回一个逻辑 1，否则返回逻辑 0。有两种方法解决这个难题：使用循环和内置函数。
25. 我们已经知道，如果对所有的 i 和 j 有 $a_{ij} = a_{ji}$，则方阵是对称的，如果对所有的 i 和 j 有 $a_{ij} = -a_{ji}$，则方阵是斜对称的。这就意味着对角线上的值都是 0。写一个函数，它接收方阵作为输入参数，如果方阵是斜对称的，则返回逻辑 1，否则返回逻辑 0。
26. 为了分析电路，经常需要联立方程组。对于给定的电路，电压 V_1，V_2和 V_3可以通过下面的方程式求解：

$$V_1 = 5$$
$$-6V_1 + 10V_2 - 3V_3 = 0$$
$$-V_2 + 51V_3 = 0$$

在 MATLAB 中用矩阵解上述方程组。

27. 用矩阵的形式重写下面的方程组

$$\begin{aligned} 4x_1 - x_2 + 3x_3 &= 10 \\ -2x_1 + 3x_2 + x_3 - 5x_4 &= -3 \\ x_1 + x_2 - x_3 + 2x_4 &= 2 \\ 3x_1 + 2x_2 - 4x_3 &= 4 \end{aligned}$$

在 MATLAB 中建立矩阵并用所有能用的方法解上述方程。

28. 对于下面 2×2 的方程组：

$$-3x_1 + x_2 = -4$$
$$-6x_1 + 2x_2 = 4$$

- 重写方程组，在 MATLAB 中作为直线方程画出它们并找到交点
- 求解其中的一个未知数，然后代入其他的方程求解别的未知数
- 计算行列数 D
- 有多少组解？一组解，没有解，还是有无穷解？

29. 对于下面 2×2 的方程组：

$$-3x_1 + x_2 = 2$$
$$-6x_1 + 2x_2 = 4$$

- 重写方程组为直线方程，画出它们并找到交点
- 求解其中的一个未知数，然后代入其他的方程求解别的未知数
- 计算行列数 D
- 有多少组解？一组解，没有解，还是有无穷解？

30. 对 2×2 的方程组，克莱姆法则指出未知数 x 是行列式的分数。分子由常量 b 替换未知系数的列，所以：

$$x_1 = \frac{\begin{vmatrix} b_1 & a_{12} \\ b_2 & a_{22} \end{vmatrix}}{D} \quad 和 \quad x_2 = \frac{\begin{vmatrix} a_{11} & b_1 \\ a_{21} & b_2 \end{vmatrix}}{D}$$

使用克莱姆法则求解下面的 2×2 方程组：

$$-3x_1 + 2x_2 = -1$$
$$4x_1 - 2x_2 = -2$$

31. 写一个函数实现克莱姆法则(参考上一个习题)。
32. 写一个函数返回 2×2 矩阵的转置矩阵。
33. 对于下面给出的 2×2 方程组：

$$3x_1 + x_2 = 2$$
$$2x_1 = 4$$

使用所有前面学到的方法求解，并且使解可视化。先手算再用 MATLAB 验证。

34. 对下面的方程组：

$$\begin{aligned} 2x_1 + 2x_2 + x_3 &= 2 \\ x_2 + 2x_3 &= 1 \\ x_1 + x_2 + 3x_3 &= 3 \end{aligned}$$

- 写出对应的增广矩阵[A|b]
- 用高斯消元法求解
- 用高斯-约当法求解
- 用 MATLAB 创建一个矩阵 A 和一个向量 b，计算矩阵 A 的转置矩阵和行列式，用以求解 x。

35. 对于下面的方程组：

$$\begin{aligned} x_1 - 2x_2 + x_3 &= 2 \\ 2x_1 - 5x_2 + 3x_3 &= 6 \\ x_1 + 2x_2 + 2x_3 &= 4 \\ 2x_1 + 3x_3 &= 6 \end{aligned}$$

把方程写成矩阵形式，用高斯消元法或高斯-约当法求解。用 MATLAB 验证答案。

36. 写一个 myrrefinv 函数，它可以接收一个方阵 A 作为参数，返回 A 的转置矩阵。函数不能使用内置函数 inv，相反，这个函数必须使用 I 增广，然后用 rref 函数简化为 $[I\ A^{-1}]$ 这样的形式。如下是调用这个函数的例子：

```
>> a = [4 3 2; 1 5 3; 1 2 3]
a =
    4  3  2
    1  5  3
    1  2  3
>> inv(a)
ans =
    0.3000   -0.1667   -0.0333
         0    0.3333   -0.3333
   -0.1000   -0.1667    0.5667
>> disp(myrrefinv(a))
```

```
   0.3000   -0.1667   -0.0333
        0    0.3333   -0.3333
  -0.1000   -0.1667    0.5667
```

37. 用 solve 解联立方程 $x - y = 2$ 和 $x^2 + y = 0$。在同一个图中绘制相应的函数，$y = x - 2$ 和 $y = -x^2$，x 的范围是 -5 到 5。

38. 对于以下方程组

$$
\begin{aligned}
2x_1 + 2x_2 + x_3 &= 2 \\
x_2 + 2x_3 &= 1 \\
x_1 + x_2 + 3x_3 &= 3
\end{aligned}
$$

将其写成符号形式，并且用 solve 函数解方程组。从符号解中，创建一个等价的数字(double)向量。

39. 对于以下方程组

$$
\begin{aligned}
4x_1 - x_2 + 3x_4 &= 10 \\
-2x_1 + 3x_2 + x_3 - 5x_4 &= -3 \\
x_1 + x_2 - x_3 + 2x_4 &= 2 \\
3x_1 + 2x_2 - 4x_3 &= 4
\end{aligned}
$$

用 solve 函数解该方程组。在 MATLAB 中用任何一种其他方法验证答案。

40. 生物医学工程师正在为糖尿病人研究一种胰岛素泵。为了研究这个，了解饭后胰岛素如何从人体清除很重要。胰岛素在任何时间 t 的浓度可以用方程式描述：

$$C = C_0 e^{-30t/m}$$

C_0表示胰岛素的初始浓度，t 是以分为单位的时间，m 是一个人的公斤体重。用函数 solve 来确定一个体重 65kg 的人多长时间可以使初始浓度 90 降到 10。用 double 获取你的分钟数结果。

41. 为了分析电路，经常需要解联立方程式。为了找到节点 a、b 和 c 的电压 V_a、V_b和 V_c，方程为

$$
\begin{aligned}
&2(V_a - V_b) + 5(V_a - V_c) - e^{-t} = 0 \\
&2(V_b - V_a) + 2V_b + 3(V_b - V_c) = 0 \\
&V_c = 2\sin(t)
\end{aligned}
$$

找出如何用 solve 函数解出 V_a、V_b和 V_c，使得返回的结果是关于 t 的形式。

42. 在一个菌落中细胞的增值对于许多环境工程应用来说很重要，例如废水处理。公式为

$$\log(N) = \log(N_0) + t/T \log(2)$$

可以被用来模拟，N_0是原始群体数，N 是 t 时刻的群体数，T 是群体数翻倍所用的时间。使用 solve 函数确定如下：如果 $N_0 = 10^2$，$N = 10^8$，$t = 8$ 小时，翻倍的时间 T 为多少？用 double 获取结果小时数。

43. 使用符号函数 int，求出函数 4x2 +3 的不定积分，并求出当 x 的范围为[-1, 3]时该函数的定积分，并使用 trapz 函数进行近似。

44. 使用 quad 函数估计曲线 $4x^2 + 3$ 下从 -1 到 3 的面积。首先创建一个匿名函数，且将它的句柄传递给 quad 函数。

45. 使用 polyder 函数求 $2x^3 - x^2 + 4x - 5$ 的导数。

46. 生产部件的成本包括初始安装成本和每个部件的额外成本，所以每个部件的生产成本会随着生产部件数量的增加而降低，总收入是每个售出的小部件的单价和，所以收入会随着销售量的增加而增加。盈亏平衡点是已生产小部件的总成本和销售收入相等时所生产的小部件的数量。生产成本可能是 $5000，每个小部件 $3.55，每个小部件可以卖 $10。写一个脚本用 solve 函数计算盈亏平衡点，然后绘制生产成本和收入函数，部件数量从 1 到 1000。在图上用 text 函数打印盈亏平衡点。

47. 检查一颗子弹在空气中的运动轨迹或弹道。假设初始高度为 0，并且忽略空气阻力，子弹的初速度为 v_0，射出的角度为 θ_0，重力加速度 $g = 9.81 m/s^2$。子弹的位置由坐标 x，y 给出，其中原点是子弹在时间 t = 0 的初始位置，子弹的射程是它行进的总的水平距离（在它撞击地面之前），最高峰（或垂直距离）叫做顶点。子弹的方程是 x 和 y 关于时间 t 的函数，下面给出了任意时刻 t 子弹的位置：

$$x = v_0\cos(\theta_0)t$$

$$y = v_0\sin(\theta_0)t - 1/2^{gt2}$$

对初始速度 v_0，初始角度 θ_0，编写一个脚本程序描述子弹的轨迹，回答下面的问题：

- 射程是多少？
- 使用合适的 x 轴，描绘子弹距离随时间变化的曲线
- 描绘高度随时间的变化曲线
- 子弹达到最高点用了多长时间？

48. 写一个图形化用户界面程序，它能够创建 4 个随机的点。多选按钮用来选择拟合这些数据点的多项式的阶数。绘制数据点和选定的曲线。

附录1　MATLAB 函数

(不包括出现在“探索其他有趣的特征”的函数)

abs　绝对值
all　如果所有的输入参数正确时返回 true
angle　复数的角度
any　如果输入的参数中任意元素正确则返回 true
area　填充二维区域图形
asin　弧度的反正弦
asind　角度的反正弦
asinh　反双曲正弦弧度
axis　设置图形的限制轴
bar　二维柱状图
bar3　三维柱状图
bar3h　三维横条图
barh　二维横条图
blanks　创建一个空格字符串
ceil　循环无穷大
cell　创建一个单元数组
celldisp　显示一个单元数组的内容
cellplot　显示盒子中单元数组的内容
cellstr　将字符矩阵转换为字符串的单元数组
char　创建一个字符矩阵
checkcode　为代码文件显示代码分析结果
class　返回类型或输入参数的类
clear　从工作空间中清除变量
clf　清除图形窗口
clock　将当前的日期和时间存储在一个向量中
collect　收集相似特征数学表达式(合并同类项)
colorbar　绘图中显示色度
colormap　返回当前的颜色映射，或为当前颜色映射设置一个矩阵
comet　二维动画图形
comets　三维动画图形
complex　创建一个复数
conj　复共轭
cross　向量积
cumprod　一个向量或一个矩阵的列向量的累计积
cumsum　一个向量或一个矩阵的列向量的累计和
cylinder　返回三维数据向量创建一个柱面
date　将当前日期存储为一个字符串
dbcont　在调试模式下继续执行代码
dbquit　停止调试模式
dbstep　在调试模式中单步调试代码
dbstop　在调试中设置一个断点
deblank　在字符串中排除空格
demo　在 Help 浏览器中显示 MATLAB 例子
det　寻找矩阵的行列式
diag　返回矩阵对角线或创建矩阵对角线
diff　比较连续元素间的不同，用于近似导数
disp　简单展示(输出)
doc　调出文档页面
dot　点积
double　类型转换为 double 型
echo　开关；显示执行的所有语句
end　结束控制语句和函数，显示最后一个元素
eval　评估一个字符串作为函数或命令
exit　退出 MATLAB
exp　指数函数
expand　扩展一个符号数学表达式
eye　创建一个单位矩阵
ezplot　简单的绘图函数，绘制一个函数而不需要数据向量
factor　分解一个符号数学表达式
factorial　对整数 n 阶乘，1 * 2 * 3 * … * n
false　等同于 logical(0)；创建一个 false 值的数组
fclose　关闭打开的文件
feof　如果指定的文件在文件尾则返回 true
feval　评估一个字符串函数句柄作为函数调用
fgetl　低级输入函数从文件中读一行作为一个字符串
fgets　和 fgetl 一样，但是不删除换行符
fieldnames　返回结构的名称字段作为一个字符串单元数组
figure　创建或显示一个图形窗口
find　返回逻辑表达式正确的数组索引
fix　循环到 0
fliplr　从左到右翻转矩阵的列
flipud　从上到下翻转矩阵的行
floor　循环至负无穷大
fopen　用于低级文件函数；打开文件得到特定运算符
format　格式显示的许多选项
fplot　绘制一个函数作为函数句柄
fprintf　格式显示(输出)，写入文件或屏幕(默认)
fscanf　低级文件输入函数，从文件读取到一个矩阵
func2str　将一个函数句柄转换为字符串
fzero　尝试找到值为 0 的函数，给出函数句柄
gca　处理当前轴
gcf　处理当前图形
get　得到一个图形对象的属性
getframe　得到一个电影画面，它是当前图形的快照
ginput　通过点击鼠标得到图形坐标

grid 图形切换，打开网格线或关闭
gtext 允许将一个字符串放置在图形中鼠标点击的位置
help 显示内置或用户自定义函数或脚本的提示信息
hist 绘图函数：绘制直方图
hold 图形切换，在图形窗口将图形保留，因此下个图形会叠加
i 负数的平方根恒为常数
imag 复数的虚部
image 显示一个影像矩阵
imread 读一个影像矩阵
imwrite 将矩阵写入一个影像格式
inf 常数为无穷大
input 提示用户和读者输入
int 符号数学一体化
int2str 将整数转换为字符串并存储整数
int8 将一个数字转换为 8 位带符号整数
int16 将一个数字转换为 16 位符号整数
int32 将一个数字转换为 32 位符号整数
int64 将一个数字转换为 64 位符号整数
intersect 集合交
intmax 指定的整数类型中可能的最大值
intmin 指定的整数类型中可能的最小值
inv 逆矩阵
iscellstr 如果输入参数是一个单元数组并且只存储字符串则返回 true
ischar 如果输入参数是一个字符串或字符向量则返回 true
isempty 如果输入参数是一个空字符串或空向量则返回 true
isequal 如果两个输入数组参数都相等则返回 true
isfield 如果一个字符串是一个结构的字段名称则返回 true
iskeyword 如果字符串输入参数是关键字的名字则返回 true
isletter 如果输入参数是一个字母表的一个字母则返回 true
ismember 集函数接收两组；第 1 个集合的数字也是第 2 个集合的数字则返回 true
isreal 如果输入参数是实数(不是复数)则返回 true
issorted 如果输入向量是按照升序分类的则返回 true
isspace 如果输入参数是一个空白字符则返回 true
isstruct 如果输入参数是一个结构体则返回 true
j 负数的平方根恒为常数
jet 返回颜色映射中的全部或部分 64 种颜色
legend 显示一个图形的图例
length 长度，或向量中元素的个数，矩阵的最大维数
limit 计算符号数学表达式的限制
line 创建一个行的图元对象
linspace 创建一个线性间隔值的向量
load 将一个文件输入矩阵，或从一个 .mat 文件(默认)读取变量
log 自然对数
log10 以 10 为底的对数
log2 以 2 为底的对数
logical 将数字转换为逻辑类型
loglog 为 x 轴和 y 轴使用对数刻度创建绘图函数
logspace 创建一个对数间隔值的向量
lookfor 在文件中 H1 注释行寻找一个字符串
lower 将字符串转换为小写字母
max 向量或矩阵中每一列的最大值
mean 向量或矩阵中每一列的平均值
median 排序号的向量或矩阵中每一列的中间值
menu 显示一个菜单按钮并返回选项的个数
mesh 三维网格曲面图
meshgrid 创建 x 和 y 向量用于图像或作为函数参数
min 向量或矩阵中每一列的最小值
mod 除法后的模值
mode 向量或矩阵中每一列的最大值
movegui 在屏幕中移动图形窗口
movie 扮演一个电影或屏幕截图序列
namelengthmax 识别字名称的最大长度
NaN 数学常数“Not a Number”
nargin 传递给函数的输入参数
nargout 函数期望返回的输出参数
nthroot 一个数字的根
num2str 将一个实数转换为包含数字的字符串
numden 符号数学函数，分开分数的分子和分母
numel 向量或矩阵的所有元素
ones 创建一个全为 1 的矩阵
patch 创建一个装入二维多边形的图元对象
pi 常数 π
pie 创建一个二维饼图
pie3 创建一个三维饼图
plot 简单的绘图函数，绘出二维点，标签，颜色等
plot3 简单的三维绘图函数，绘出 3D 点
polar 为复数绘制函数，绘出大小和角度
poly2sym 将多项式的系数向量转换为符号表达式
polyder 多项式的导数
polyfit 符合指定程度的多项式曲线数据点
polyint 整型多项式
polyval 用指定的值计算多项式
pretty 使用指数显示符号表达式
print 打印或保存一个图形或图像
prod 一个向量的最大值或矩阵中每列的最大值
profile 标签，分析器生成代码报告执行的时间
quad 使用辛普森的方法集成
quit 退出 MATLAB
rand 生成均匀分布在开区间(0,1)的随机实数
randi 在指定的范围内生成随机整数
randn 生成正态分布随机实数
real 复数的实数部分
rectangle 采用图元创建一个三角形，曲率可以改变
rem 取余
repmat 复制一个矩阵，创建一个 m × n 维副本矩阵

reshape 将矩阵的维数改变成其他任意维数，矩阵中的元素不改变
rmfield 删除结构的字段
rng 随机数字产生器，为随机函数设置种子并得到声明
roots 多项式方程的根
rot90 将矩阵逆时针旋转 90 度
round 将一个实数四舍五入到临近的整数
rref 放置一个参数矩阵来降低行梯阵形
save 给文件写一个矩阵或将变量保留在 .mat 文件中
semilogx 绘制函数，使用 x 的对数范围和 y 的线性范围
semilogy 绘制函数，使用 x 的线性范围和 y 的对数范围
set 设置一个图形对象的属性
setdiff 设置函数，返回的元素在一个向量中，而不在另一个中
setxor 设置异或，返回的元素不在两组的交集中
sign 正负号函数，返回 -1、0 或 1
simplify 简化符号数字表达式
sin 正弦弧度
sind 正弦角度
single 将一个数字转换为单曲类型
sinh 双曲正弦的弧度
size 返回一个矩阵的维数
solve 符号数学函数用来解决方程或联立方程
sort 对向量中的元素进行排序(默认为升序)
sortrows 对一个矩阵的行进行排序，对于一个字符串按字母顺序进行排序
sound 给输出设备发出一个声音信号(振幅向量)
sphere 返回一个三维数据向量创建一个范围
spiral 创建一个整数方阵，从中间的 1 开始旋转
sprintf 创建一个字符串
sqrt 平方根
std 标准偏差
stem 二维分布茎叶图
stem3 三维分布茎叶图
str2double 将包含数字的字符串转换为一个浮点型数字
str2func 将一个字符串转换为函数句柄
str2num 将一个包含数字的字符串转换为一个数组
strcat 横向字符串连接
strcmp 字符串比较，对字符串不使用等号运算符
strcmpi 比较字符串，忽略实例
strfind 在一个长字符串中寻找一个子串
strncmp 比较字符串的前 n 个字符
strncmpi 比较字符串的前 n 个字符，忽略实例
strrep 在一个长字符串中将一个现有的字符串中所有字符用另一个字符串代替
strtok 将一个长字符串分成两个小的子字符串，保留所有的字符
strtrim 删除前导和尾随的两个空白字符串
struct 通过字段名和值创建一个结构体
subplot 在图形窗口创建一个图形矩阵
subs 将一个值代入符号数学表达式中
sum 一个向量的和或一个矩阵每列的和
surf 三维曲面图
sym 创建一个符号变量或表达式
sym2poly 将一个符号表达式转换为多项式的系数向量
syms 创建多元符号变量
text 图元对象在一个图形上放置一个字符串
textscan 文件输入函数，从文件读入一个列向量的单元数组
tic/toc 用于时间代码
title 写一个字符串作为图像的标题
trace 跟踪矩阵
trapz 梯形积分法近似曲线下的面积
tril 将一个矩阵转换为一个下三角矩阵
triu 将一个矩阵转换为一个上三角矩阵
true 等同于 logical(1)，创建一个全为 true 的矩阵
type 在命令窗口显示文件的目录
uibuttongroup 集合按钮对象
uicontrol 基础函数创建一个不同类型的图形用户界面
uint16 将一个数字转换为一个 16bit 无符号整型
uint32 将一个数字转换为一个 32bit 无符号整型
uint64 将一个数字转换为一个 64bit 无符号整型
uint8 将一个数字转换为一个 8bit 无符号整型
uipanel 集合图形用户界面对象
union 集函数，两个集合的结合
unique 返回一个集合中的唯一值
upper 将所有的字母转换为大写
var 方差
varargin 内置单元数组存储输入参数
varargout 内置单元数组存储输出参数
who 在基本工作空间显示变量
whos 在基本工作空间显示有关变量的更多信息
xlabel 把一个字符串作为一个图形的 x 轴标签
xlsread 从 filename. xls 的电子表格中读取
xlswrite 写一个 filename. xls 的电子表格
xor 异或，只有其中一个参数正确返回结果 true
ylabel 把一个字符串作为一个图形的 y 轴标签
zeros 创建一个值全为 0 的矩阵
zlabel 把一个字符串作为一个图形的 z 轴标签

附录 2　MATLAB 和动态仿真工具箱

Symbolic Math Toolbox　符号数学工具箱
Statistics Toolbox　统计工具箱
Curve Fitting Toolbox　曲线拟合工具箱
Optimization Toolbox　优化工具箱
Partial Differential Equation Toolbox　偏微分方程工具箱
Image Processing Toolbox　图像处理工具箱
Image Acquisition Toolbox　图像获取工具箱
Data Acquisition Toolbox　数据采集工具箱
Instrument Control Toolbox　仪器控制工具箱
Signal Processing Toolbox　信号处理工具箱
Control System Toolbox　控制系统工具箱
Parallel Computing Toolbox　并行计算工具箱
Aerospace Toolbox　航空航天工具箱
Neural Network Toolbox　神经网络工具箱